科学出版社"十三五"普通高等教育本科规划教材

发育生物学
（第二版）

王方海　金立培　编著

科学出版社

北京

内 容 简 介

本书主要以模式动物个体发育过程为主线，从分子、细胞、组织、器官等不同层面阐述发育的遗传控制和图式形成的部分机制。全书共 12 章，具体包括绪论，配子发生及发育前的准备，受精、卵裂和胚胎发育，早期发育的遗传控制，图式形成与胚胎诱导，细胞凋亡与发育，细胞分化，性别决定与分化，变态与多型现象，滞育，发育异常与癌，衰老。通篇力求基本概念清晰、基本原理透彻，既考虑基本知识的普遍性，又顾及实例选择的代表性和实用性。课程知识结构编排上，在确保不失系统性的前提下，注重新知识和新生长点的介绍与讨论。章后添加"问题与思考"，便于读者复习思考，有利于读者把握该章知识要点。

本书可作为高等院校生命科学、医学、农学等相关专业的教材，也可作为相关领域科研人员的参考书。

图书在版编目（CIP）数据

发育生物学/王方海，金立培编著.—2 版.—北京：科学出版社，2017.11
科学出版社"十三五"普通高等教育本科规划教材
ISBN 978-7-03-055212-9

Ⅰ.①发… Ⅱ.①王… ②金… Ⅲ.①发育生物学-高等学校-教材 Ⅳ.①Q132

中国版本图书馆 CIP 数据核字（2017）第 271528 号

责任编辑：刘　畅／责任校对：孙婷婷
责任印制：赵　博／封面设计：铭轩堂

科学出版社 出版
北京东黄城根北街 16 号
邮政编码：100717
http://www.sciencep.com

天津市新科印刷有限公司印刷
科学出版社发行　各地新华书店经销
*
2011 年 11 月第　一　版　开本：787×1092　1/16
2017 年 12 月第　二　版　印张：16 3/4
2025 年 1 月第六次印刷　字数：428 000
定价：69.00 元
（如有印装质量问题，我社负责调换）

前　言

发育生物学是一门研究生物体从生殖细胞发生、受精、发育、生长到衰老死亡规律的科学，它既是整合胚胎学、遗传学、细胞生物学、生物化学和分子生物学等多门学科知识的前沿学科，又是一门应用前景极其广泛的学科。中山大学生命科学学院在本科教学中一直将发育生物学作为专业基础课程开设，同时中山大学通识教育部门也将发育生物学纳入全校核心通识课程，每年在南校区和东校区开设，选修人数每年约达400人，得到领导和学生的高度重视，学校从"985工程"二期建设项目中拨出了部分经费给予支持。编者参与编写的《发育生物学》（王方海，金立培，中山大学出版社，2011年11月）教材已试用5年，学生评价很好。根据教学效果和学生每年反馈的意见，编者对教材进行了适当的补充和修改，另外由于教材已出版5年，好多新的研究成果和进展需要补充，因此编者在原教材的基础上进行了补充修订，形成了这本新版的《发育生物学》教材，修改和增加的内容达20%左右。全书彩图以二维码的形式展示，可用手机扫描免费浏览。

全书共12章，具体包括绪论，配子发生及发育前的准备，受精、卵裂和胚胎发育，早期发育的遗传控制，图式形成与胚胎诱导，细胞凋亡与发育，细胞分化，性别决定与分化，变态与多型现象，滞育，发育异常与癌，衰老。本书可供生命科学、医学、农学及其他相关专业的高等院校师生和科研技术人员作为教材或参考书。

本教材编写过程中参考并引用了国内外大量的文献资料，在文献资料收集和整理过程中得到多位老师和同学的热心帮助。同时本教材在编写和出版过程中还得到了中山大学生命科学学院张艳副院长和科学出版社刘畅编辑的大力支持。另外，本教材还得到了"中山大学品牌专业建设项目——生物科学大类"的经费资助。在此，一并致以最诚挚的谢意！由于本教材涉及内容较为庞杂，某些知识点和内容的处理或许存有不合理的地方，敬请广大读者给予批评指正，编者将万分感谢。

编　者
2017年10月

目 录

前言
第1章 绪论 1
1.1 什么是发育生物学？ 1
1.2 用于发育生物学研究的主要模式生物 1
1.2.1 线虫 2
1.2.2 果蝇 3
1.2.3 斑马鱼 3
1.2.4 爪蟾 3
1.2.5 鸡 3
1.2.6 小鼠 4
1.3 发育生物学的发展简史 4
1.3.1 先成论与渐成论 4
1.3.2 冯·贝尔定律 6
1.3.3 生物发生律 6
1.3.4 发育的遗传基础 7
1.4 发育生物学的现状和发展趋势 8
1.4.1 发育生物学的发展机遇 8
1.4.2 从分析式思维逐步向整体式思维过渡 9
1.4.3 发育工程的美好前景 10
问题与思考 12
主要参考文献 12
第2章 配子发生及发育前的准备 14
2.1 配子发生 14
2.1.1 原始生殖细胞的起源与决定 14
2.1.2 雌雄配子的发生过程 24
2.2 发育前的准备 25
2.2.1 灯刷染色体与RNA转录 26
2.2.2 核仁扩增与rRNA储备 27
2.2.3 滋养细胞与母体效应基因的活动 28
2.3 亲缘印迹 29
2.3.1 亲缘印迹的发现 29
2.3.2 发育需要两个不同的基因组版本 30
2.3.3 亲缘印迹的机制 31

问题与思考··32
　　主要参考文献··32
第3章　受精、卵裂和胚胎发育···35
　3.1　受精··35
　　3.1.1　精子获能···35
　　3.1.2　顶体反应与受精···36
　　3.1.3　阻止多精授精及异种精子入卵的机制·······································38
　　3.1.4　卵的激活···39
　3.2　卵裂与囊胚形成··41
　　3.2.1　卵裂时的细胞周期···41
　　3.2.2　卵裂类型···43
　　3.2.3　囊胚形成···44
　3.3　胚层分化··46
　　3.3.1　两栖类胚胎体轴的决定···47
　　3.3.2　原肠胚的形成···47
　　3.3.3　神经胚的形成···48
　　3.3.4　三个胚层的分化···50
　　3.3.5　胚细胞的发育潜能···51
　　3.3.6　定域图的绘制···52
　3.4　器官系统的形成及其调控··52
　　3.4.1　肾的发生···52
　　3.4.2　乳腺的发生···55
　　3.4.3　眼的发生···56
　　3.4.4　脊椎动物神经系统的发生···58
　　问题与思考··63
　　主要参考文献··64
第4章　早期发育的遗传控制···66
　4.1　母体效应··66
　　4.1.1　短暂的母体效应···66
　　4.1.2　持久的母体效应···66
　4.2　果蝇的胚胎发育与遗传控制··68
　　4.2.1　果蝇的卵子发生和胚胎发育···68
　　4.2.2　母体效应基因与体轴的决定···70
　　4.2.3　分节基因与体节的形成···74
　　4.2.4　基因互作与图式形成···77
　4.3　同源异形基因与发育途径的选择··79
　　4.3.1　同源异形基因突变···79
　　4.3.2　同源异形基因的作用···79
　　4.3.3　同源异形基因的调控···80

4.4 同源异形基因与进化 ··· 81
4.4.1 同源异形基因与物种形成 ··· 81
4.4.2 同源异形基因复合体的相似性 ··· 82
4.4.3 同源异形框结构的保守性 ··· 82
4.4.4 同源异形基因的排位与时空表达的一致性 ··· 83
4.4.5 同源异形基因与执行基因 ··· 83
4.5 脊椎动物早期发育的遗传控制 ··· 84
4.5.1 脊椎动物前-后轴和背-腹轴的分化 ··· 85
4.5.2 脊椎动物左-右轴的分化 ··· 86
4.5.3 同源异形基因对哺乳动物体节分化的影响 ··· 88
问题与思考 ··· 89
主要参考文献 ··· 90

第5章 图式形成与胚胎诱导 ··· 92
5.1 图式形成 ··· 92
5.1.1 成形素与位置信息 ··· 92
5.1.2 位置信息的起源 ··· 94
5.1.3 相邻细胞之间的相互作用 ··· 96
5.1.4 肢体的形成模式 ··· 97
5.1.5 位置记忆 ··· 99
5.2 胚胎诱导的机制 ··· 100
5.2.1 Spemann 组织者与 Nieuwkoop 中心 ··· 101
5.2.2 诱导信号的发送与接收 ··· 105
5.2.3 胚胎诱导是一级联反应过程 ··· 107
问题与思考 ··· 108
主要参考文献 ··· 108

第6章 细胞凋亡与发育 ··· 110
6.1 细胞凋亡与细胞坏死 ··· 110
6.2 细胞凋亡的形态学特征 ··· 111
6.3 细胞凋亡的生物化学特征 ··· 112
6.4 细胞凋亡的检测方法 ··· 112
6.4.1 形态学方法检测细胞凋亡 ··· 112
6.4.2 生物化学方法检测细胞凋亡 ··· 113
6.5 细胞凋亡的生物学意义 ··· 114
6.5.1 细胞凋亡在机体生长发育过程中的作用 ··· 114
6.5.2 细胞凋亡在机体防御反应过程中的作用 ··· 117
6.5.3 细胞凋亡在医学中的作用 ··· 118
6.6 细胞凋亡的发生机制 ··· 118
6.6.1 参与细胞凋亡的主要基因及其作用机制 ··· 118
6.6.2 细胞凋亡的信号转导途径 ··· 125

问题与思考 128
主要参考文献 129

第7章 细胞分化 131

7.1 细胞分化的基本概念 131
7.2 细胞特化的方式及其特征 132
- 7.2.1 自主特化 132
- 7.2.2 条件特化 132
- 7.2.3 合胞特化 133

7.3 影响细胞分化的因素 133
- 7.3.1 细胞质对细胞分化的诱导 133
- 7.3.2 基因的差别表达 134
- 7.3.3 细胞间相互作用对细胞分化的影响 135
- 7.3.4 信号分子对细胞分化的影响 135
- 7.3.5 位置信息对细胞分化的影响 136

7.4 细胞分化的分子生物学机制 136
- 7.4.1 细胞分化与基因组变化 136
- 7.4.2 细胞分化的实质是基因在时空上的选择性表达 137

7.5 肌细胞的决定和分化 139
7.6 分化细胞基因组的可逆性和全能性 140
- 7.6.1 再生与去分化 140
- 7.6.2 细胞分化的可逆性 141
- 7.6.3 分化细胞基因组的全能性 142

7.7 干细胞研究进展 142
- 7.7.1 干细胞的特点及分类 142
- 7.7.2 干细胞的研究现状 143
- 7.7.3 干细胞的临床应用 144

问题与思考 148
主要参考文献 148

第8章 性别决定与分化 150

8.1 性别决定的多样性 150
- 8.1.1 性别的染色体决定 150
- 8.1.2 其他类型的性别决定 151

8.2 雌雄同体和雌雄嵌合体 153
- 8.2.1 雌雄同体 153
- 8.2.2 雌雄嵌合体 153

8.3 果蝇的性指数与性别决定 154
- 8.3.1 性指数 154
- 8.3.2 性别决定与分化中的基因互作 155

8.4 哺乳动物的性别决定及性别发育畸形 159

8.4.1	性别的初级决定	159
8.4.2	性别的次级决定	159
8.4.3	性腺的发育	160
8.4.4	性别决定与分化的遗传基础	162
8.4.5	性别发育畸形	168

问题与思考 ··· 168
主要参考文献 ··· 168

第9章 变态与多型现象 ··· 171

9.1 动物变态的基本特征 ··· 171
9.2 昆虫的变态 ··· 171
- 9.2.1 昆虫变态类型 ··· 171
- 9.2.2 昆虫变态的形态学特征 ··· 172
- 9.2.3 变态时的代谢特点 ··· 172
- 9.2.4 成虫盘的发育 ··· 172
- 9.2.5 激素对蜕皮和变态过程的控制 ··· 174
- 9.2.6 microRNA 对蜕皮和变态过程的控制 ··· 178

9.3 两栖动物的变态 ··· 179
9.4 节肢动物的多型现象 ··· 180
9.5 蝗虫多型现象的神经内分泌调控 ··· 181
- 9.5.1 蝗虫概述 ··· 181
- 9.5.2 咽侧体和保幼激素 ··· 182
- 9.5.3 前胸腺和蜕皮激素 ··· 184
- 9.5.4 神经分泌细胞、心侧体和神经激素 ··· 185

问题与思考 ··· 187
主要参考文献 ··· 187

第10章 滞育 ··· 191

10.1 滞育的基本概念 ··· 191
10.2 环境因子和滞育的关系 ··· 192
- 10.2.1 光周期 ··· 192
- 10.2.2 温度 ··· 192
- 10.2.3 食物 ··· 193

10.3 昆虫滞育的基本类型及其激素调控方式 ··· 193
- 10.3.1 卵滞育 ··· 193
- 10.3.2 幼虫滞育 ··· 195
- 10.3.3 蛹滞育 ··· 198
- 10.3.4 成虫滞育 ··· 201

问题与思考 ··· 204
主要参考文献 ··· 204

第 11 章 发育异常与癌 ... 207

11.1 癌的类群 ... 207
11.2 癌细胞的主要特征 ... 207
11.3 癌的起因 ... 209
11.3.1 环境致癌因素 ... 209
11.3.2 病毒因素 ... 210
11.3.3 其他有关因素 ... 212
11.4 癌基因与抑癌基因 ... 212
11.4.1 癌基因 ... 213
11.4.2 抑癌基因 ... 220
11.5 致癌的可能机制 ... 225
11.5.1 细胞癌变多阶段假说 ... 225
11.5.2 原癌基因的激活 ... 225
11.5.3 DNA 甲基化异常对于肿瘤发生的影响 ... 226
11.5.4 端粒酶、ALT 和肿瘤发生 ... 227
11.5.5 核糖体与肿瘤发生 ... 228
11.5.6 基因组"巨变"与肿瘤发生 ... 229

问题与思考 ... 229
主要参考文献 ... 229

第 12 章 衰老 ... 231

12.1 衰老的基本特征 ... 232
12.1.1 在分子水平上 ... 232
12.1.2 在细胞水平上 ... 232
12.1.3 在组织、器官水平上 ... 233
12.1.4 在整体水平上 ... 233
12.1.5 人体器官开始衰老的时间 ... 233
12.2 机体与细胞的寿限 ... 234
12.2.1 动物寿命 ... 234
12.2.2 细胞的寿命 ... 235
12.3 影响人类寿命的各种因素 ... 236
12.3.1 遗传因素 ... 236
12.3.2 后天因素 ... 236
12.4 衰老的机制 ... 237
12.4.1 遗传程序学说 ... 238
12.4.2 差误灾难学说 ... 238
12.4.3 交联学说 ... 239
12.4.4 自由基学说 ... 239
12.4.5 端粒学说 ... 240
12.4.6 免疫学说 ... 241

12.4.7　DNA 甲基化与衰老关系的学说 242
　　　12.4.8　线粒体衰老学说 243
　　　12.4.9　脂褐素累积学说 244
　　　12.4.10　神经内分泌功能减退学说 244
　　　12.4.11　细胞凋亡学说 244
　12.5　延缓衰老的措施或方法 244
　　　12.5.1　体育运动 245
　　　12.5.2　合理饮食 246
　　　12.5.3　中草药 247
　　　12.5.4　抗氧化剂 247
　　　12.5.5　抗交联剂 248
　　　12.5.6　免疫调节剂 248
　　　12.5.7　膜稳定剂 249
　　　12.5.8　艾灸 249
　　　12.5.9　针刺和按摩 249
　12.6　去衰老技术 250
　　　12.6.1　移植疗法 250
　　　12.6.2　自身器官干细胞分离培养技术 251
问题与思考 251
主要参考文献 252

第1章 绪 论

1.1 什么是发育生物学?

发育(development)是生命活动的共同属性。从单细胞生物到多细胞生物,从原核生物到真核生物,任何生物体都有一个发生、发展、终结的有序变化过程,其结构和功能也随之经历由简单到复杂然后衰退的变化。研究生物体在整个生命周期中发生及演化机制的科学就是发育生物学(developmental biology),确切地讲,它是一门研究生物体从精子和卵子发生、受精、发育、生长到衰老、死亡规律的学科。发育生物学既是整合胚胎学、遗传学、细胞生物学和分子生物学知识的前沿学科,又是解释生命活动根本奥秘的最基本学科,近年来已成为世界上生命科学最活跃和最激动人心的研究领域。同时,发育生物学也是一门应用前景非常广泛的学科,有关生殖细胞发生、受精等过程的研究是动植物人工繁殖、遗传育种、动物胚胎与生殖工程等生产应用技术发展的理论基础。

任何物种的个体形态结构都打上了该物种特有的烙印,一代一代重复出现,形成该物种特定的空间结构模式。这一演变程序便是图式形成(pattern formation),是各类分化细胞按照相同的时间和空间顺序进行有序排列,构建世代相同的形态结构模式的过程。这一过程本身提示发育有其遗传基础,受遗传控制,是遗传属性的表达和展现。从现代遗传学的观点来看,发育是基因按特定时空顺序进行选择性表达的结果,是基因型与内外环境相互作用逐步转化为表型的过程。那么是否可以这样认为,生物基因组中包含了构建整个机体的设计蓝图?事实并非如此简单,生物个体中所具有的基因组并不能完全反映其成体的图式形成架构,如一个人脑中就有 $10^{18} \sim 10^{24}$ 个突触连接,这样详细的图样远远超出了基因组的记忆能力。由此可见,生物体最终的图式形成非常复杂,基因组的 DNA 信息含量太低,不足以储存如此详尽的建筑图样。生物体的发育为何建立在如此少的信息基础上,在当今的发育生物学中还是一个未解之谜。

1.2 用于发育生物学研究的主要模式生物

用于发育生物学研究的主要模式生物有线虫、果蝇、斑马鱼、爪蟾、鸡、小鼠等,图1-1是这些具有代表性模式动物的发育概况。各种模式动物各有优点,其研究成果不仅可以揭示特定物种的特点,还有助于揭示动物发育的一些普遍规律和机制。

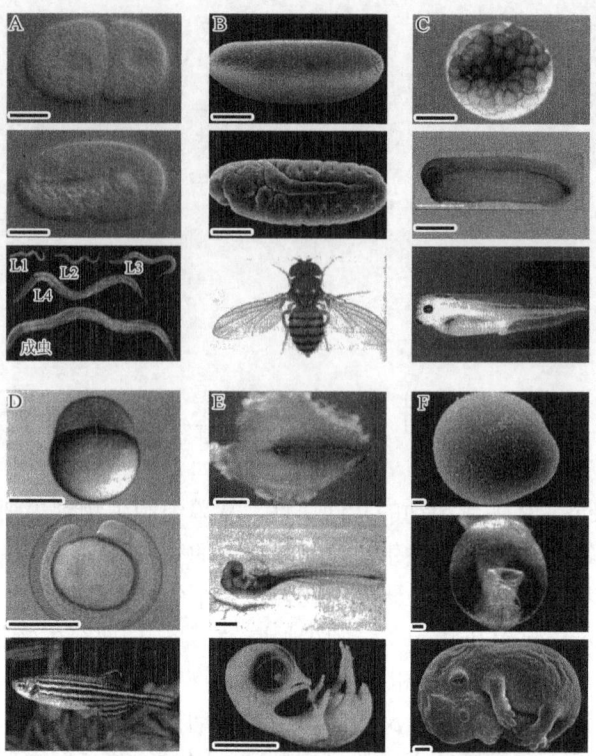

图 1-1　几种模式动物的发育（引自 Wolpert，2002）

A. 线虫（L1～L4 分别代表 1～4 期幼虫）；B. 果蝇；C. 爪蟾；D. 斑马鱼；E. 鸡；F. 小鼠

1.2.1　线虫

秀丽隐杆线虫（*Caenorhabditis elegans*）长 1mm、直径 70μm，自然条件下在土壤中生活，生命周期只有 3.5d 左右，线虫的卵直径为 50μm 左右，在 25℃条件下，胚胎发生持续约 12h。线虫通常是雌雄同体，有 XX 性染色体，外形和解剖学上表现为雌性，但它既能产卵，又能产生精子。有时会因 X 染色体丢失产生 0.2%的 XO 雄性体，而相应的 XXX 胚胎是不能存活的。在线虫中，交叉受精和自体受精均有发生。线虫出生时有 556 个体细胞和 2 个原始生殖细胞，大约持续 3d，经过 4 次蜕皮后，由幼虫变为成虫。发育结束时，雌雄同体的成熟成虫有 959 个体细胞和大约 2000 个生殖细胞；而雄性成虫则有 1031 个体细胞和大约 1000 个生殖细胞。神经系统由 302 个神经细胞组成，这些细胞来自 407 个前体细胞，但其中有 105 个前体细胞因发生了细胞程序化死亡（凋亡）而消失，未形成神经细胞。

线虫为恒定细胞系示例，其作为模式生物的主要优点有：①易于养殖。实验室培养时，一般是先使琼脂培养基长满细菌，然后再接种线虫，线虫将靠食用这些细菌进行生长发育和繁殖。此外，成虫体长 1mm，易冷冻保存。②性成熟用时短，为 2.5～3d，有两种成虫。③细胞数量少，谱系清楚。④能观察到生殖细胞的发生和种系颗粒的传递过程。⑤易于诱变。⑥基因组序列已全部测出，97Mb 的基因组预计含有 19 099 个编码蛋白质的基因，每个基因平均含有 5 个内含子。

1.2.2 果蝇

黑腹果蝇（Drosophila melanogaster），属节肢动物门昆虫纲双翅目果蝇科果蝇属。是一种小型蝇类，喜在腐烂的水果上生活，其生活史包括卵、幼虫、蛹、成虫4个阶段，历时2～3周，胚胎发生只需1d，幼虫经历三个龄期后，大概第5天开始化蛹，蛹期历时5d，然后羽化为成虫。成年果蝇长度为2mm，可存活9d左右。

果蝇作为模式生物的主要优点有：①体积小，易于繁殖。成虫体长仅2mm，在普通的玻璃罐头瓶里就可以饲养一大群。②产卵力强，25℃条件下黑腹果蝇平均产卵量高达375.4粒。③性成熟用时短，新孵成虫在14h内就可交配产卵。④易于遗传操作，如诱变。⑤幼虫存在变态过程，是分析研究器官芽（imaginal disc）细胞增殖机制的理想模型。⑥基因组序列已全部测出，基因组大约180Mb，编码的基因大约有13 600个。

1.2.3 斑马鱼

斑马鱼原产印度和孟加拉国，又名蓝条鱼、花条鱼，为小型热带鱼类。鱼体呈梭形，长5cm左右，因满身条纹似斑马而得名。斑马鱼对水质条件要求不高，水温20℃或以上就能生活，最适生长温度为25℃，各种动物性饵料、干饲料都能摄食，宜大规模繁育。斑马鱼生活周期较短，大约12周。雄体偏黄色，形体瘦小，腹部较窄；雌鱼偏蓝色，腹部膨大。雌鱼每次产卵200余枚，最多可达上千枚。斑马鱼的繁殖周期约7d，一年可连续繁殖6～7次，而且产卵量高。斑马鱼卵直径大约0.6mm，呈透明状，为沉性卵，在石缝间孵化，胚胎发育很快，4d内即可完成，仔鱼纤小，半透明状。

斑马鱼作为模式生物的主要优点有：①体积小，易于饲养繁殖；②产卵力强；③性成熟用时短；④易于遗传操作，如诱变；⑤体外受精和发育，卵和胚体透明，易于观察；⑥基因组序列已全部测出。

1.2.4 爪蟾

爪蟾全称为光滑爪蟾，属两栖纲无尾目负子蟾科爪蟾属，终生水栖。成体长约7cm，眼小，无眼睑及舌，后肢粗壮，趾蹼发达，适应水生生活。因内侧3趾末端有"爪"，故名爪蟾。由于没有舌头，只能利用其前肢搅食水中的无脊椎动物。广栖于淡水水域，特别喜好静止水域的环境。白天常潜藏于水底，夜晚则会爬至浅滩。雌蛙繁殖期在初春至晚夏，每胎可产下2000粒以上的卵，卵的直径为1～2mm，相对较大。

爪蟾提供了脊椎动物发育研究最好的卵子和典型的胚胎，其作为模式生物的主要优点有：①性成熟用时短，通过注射促性腺激素可以诱导爪蟾在任何时候产卵；②卵体大，方便操作；③抗感染力强，易于胚胎组织移植。

1.2.5 鸡

鸡卵大，使其可以用于观察鸡的发育，古希腊的亚里士多德（Aristotle，公元前384～前322）等在很久以前就开始这样做了，但在孵育的最初2d，因胚胎很小，没有放大镜是很难找到和看清胚胎的。鸡的胚胎发育经历大约为21d。公鸡交配和射精是有时间限制的，仅在卵从卵巢中释放后不久至在输卵管中被包裹以前这段时间才可以。受精后，卵裂在母鸡输卵管中立即开始。很早期的胚胎不利于实验操作，将卵子从输卵管移出后，开展的已是鸡卵裂的形态学事件的研究了，这是用鸡胚为材料做发育研究的一个局限性。但作为卵生羊膜动物，鸡的胚胎发育程式与低等脊椎动物存在较大的差异，如由于适应陆地生活，鸡胚胎发育过程中出现了羊膜，并造成了胚外器官与胚体在发育过程中的优先分化。故仅用低等脊椎动物作为模式动物是很难阐明和了解高等动物鸟类的胚胎发育过程和特点的。

1.2.6 小鼠

哺乳动物为胎生动物，因要适应胎生，其发育与其他脊椎动物相比有了较大的改变。当胚胎留在子宫里时，它从母体获得充足的营养供应，故卵子中的卵黄供应就多余了，从而卵黄大大减少，但胚胎面临着与提供营养的母体建立起密切联系的需要。由于哺乳动物胚胎发育发生在母体内，为了研究和实验操作，必须进行手术，在许多国家这种干涉受到伦理和道德及政府的约束，且只有早期胚胎可以从输卵管里冲出来，着床后，胚胎很难在不受伤害的情况下取出，同时胚胎不易处理且难以在实验室保存很长时间，故哺乳动物不是很适合用于发育研究。

要想揭示包括人类在内的一大批高等脊椎动物的发育规律和特点，则必须在哺乳动物中选择一个较为理想的物种作为模型进行研究。而小鼠就是因为具备比一般实验动物快繁、多仔等优势特点，而被选为发育生物学的模式动物，且受到了很多关注。在医学研究中小鼠发育成为实验哺乳动物胚胎学的范例；而快速、不随季节变化的繁殖，大量可靠的有图谱的突变体，以及可以相对容易生产转基因动物，使小鼠成为哺乳动物发育的领先模式。

1.3 发育生物学的发展简史

根据文字记载，对于生物发生的思辨一直可以追溯到公元前。古希腊希波克拉底（Hippocrates，公元前 460～前 377）猜想生物体将身体各部分所产生的微量物质凝聚在一起传递给后代，然后凝聚物分散开来重新塑造后代身体的各部分，使后代具有与亲代相似的形态特征。因此，希波克拉底是泛生论（pangenesis）的先驱。中国古代早有白石化羊、腐草化萤、腐肉生蛆的传说，亚里士多德也认为苍蝇和爬虫可能自发产生于腐败之物，说明人类早就对生物的发生产生了浓厚兴趣和揣测。今天，更常见的莫过于幼儿往往令父母感到尴尬的发问："我是如何来到这个世上的？"由此可见，古往今来，人类对发育现象的探索精神长盛不衰，体现了人类好奇、求知、观察与思考的共同禀性，无数学者为此付出了毕生的精力，走过了漫长而又曲折的道路。

在探索生物发育奥秘的发展史中，有几个学派对学术界产生过广泛的影响，下面分别予以简单介绍。

1.3.1 先成论与渐成论

先成论（theory of preformation）者认为，生物成年个体的形体都以雏形的方式预先存在于卵子（卵源论者）或精子（精源论者）之内，发育只不过是这些雏形个体各部分的伸展长大。马尔皮基（Malpighi，1628～1694）和斯瓦默丹（Swammerdam，1637～1680）是卵源论的代表，Vallisneri（1661～1730）其至宣称，夏娃的卵巢内共有2亿个雏形人，一个套一个，直到这些雏形人用完就是世界末日。列文虎克（Leewenhoek，1632～1723）等则是精源论的代表，主张微型生物或雏形人（homunculi）预先存在于精子内（图1-2），大的套小的，小的套更小的，认为生殖和发育只不过是套在最外面的那一个雏形体的长大而已。卵源论者与精源论者曾展开过一场旷日持久的论战，他们各持己见，但谁也拿不出任何证据来说服对方。当司巴兰扎尼（Spallanzani，1729～1799）用实验证明精卵结合（受精）是产生一个新个体的前提和基础时，精源论和卵源论的学派之争才算收场。

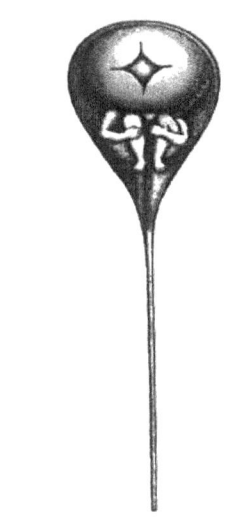

图1-2 精子内假想的雏形人（引自 Hartsoeker，1694）

亚里士多德通过对鸡胚发育的观察发现小鸡形体是逐步形成的，因而主张发育是一个逐渐形成的过程，从而开创了渐成论（theory of epigenesis）的先河。然而，他将发育的内因和动力归结为"灵魂"，带有浓厚的唯心主义色彩。此外，由于认为某些生物可以从腐败物中自发产生，他同时又是一个自然发生论（spontaneous generation）者。在主张渐成论的人中，有的还假想早期胚胎内没有任何结构，是由血液和胚种（seed）组成的一个混沌世界，通过发育最早形成血管，然后逐渐出现其他组织器官，进而发展成为一个完整的人体（图1-3）。这与中国古代关于"万物生于有，有生于无"的看法很相似，其意不是无中生有，而是有形生于无形。尽管这些解释是唯物的、自然的，但没有实验观察作为依据，带有浓厚的神秘色彩。

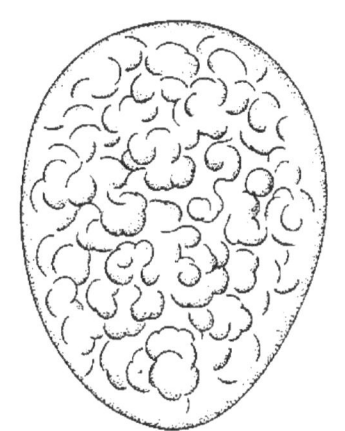  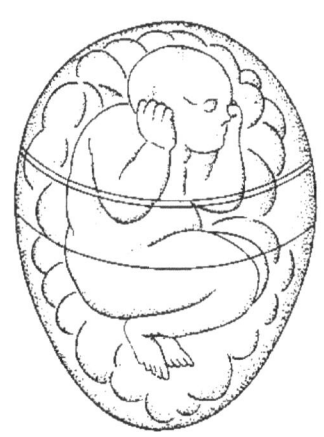

图1-3 假想的人体发育（引自 Rueff，1554）

沃尔夫（Wolff，1738～1794）借助显微镜对鸡胚的发育进行了仔细观察，发现新的形态结构发生于均质卵黄物质，而且某些器官如胚盘上的血管、肠等是从无到有，从简单到复杂逐步形成的，从而为渐成论奠定了实验基础。至于发育的动因，沃尔夫未能超越亚里士多德，他仍然求助于非物质的生命特有的活力（vitalism），即亚里士多德曾经所说的"灵魂"。

1.3.2 冯·贝尔定律

冯·贝尔（von Baer，1792～1876）也是渐成论者，但他为近代胚胎学的产生做出了巨大贡献，被誉为"比较胚胎学之父"。他对多种脊椎动物的胚胎发育进行了长期的比较研究，发现多种胚胎发育早期具有相同或相近的最高分类单元的种系特征性结构（图1-4），如脊索、体节、脊椎等结构，鱼类、两栖类、爬行类、鸟类和哺乳类都在胚胎发育早期优先发生，概莫能外；随着胚胎发育的继续进行，发育途径开始发生分歧，逐步出现较低分类单元的种系特征性结构，只是到了发育晚期才各自分化出具有种属特征的结构来，如鳍、四肢、翼、羽毛、毛发、乳腺等。因此，他得出结论，所有脊椎动物只有在通过一个非常相近的胚胎期之后，才发生了发育途径的分歧。这就是著名的冯·贝尔定律（von Baer law）。

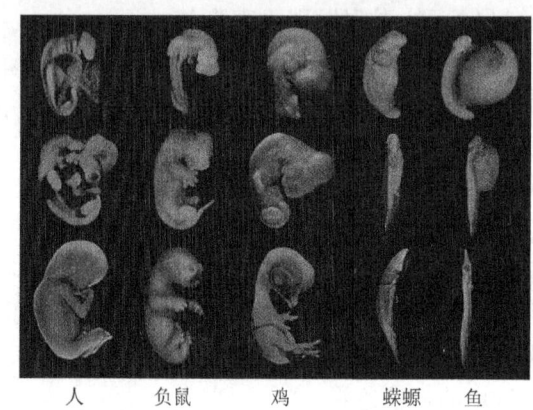

人　　负鼠　　鸡　　蝾螈　鱼

图1-4　几种脊椎动物胚胎发育阶段的相似性及其差异（引自Gilbert，2000）

不同脊椎动物胚胎发育过程中所出现的相似性和差异，随着进一步发育其相似性越来越少而差异不断扩大

对于冯·贝尔这一经典性的结论，生物学界仍有不同的看法，如卵裂的形式多种多样，从囊胚到原肠胚的发育在不同分类单元的脊椎动物中存在显著的差异，即使在哺乳动物中也不尽相同。由此可见，在脊椎动物胚胎发育的初期已存在明显的发育途径的分歧，这些分歧只有与不同门类动物卵子的结构特点（如多黄卵、少黄卵）及其发育的环境（如体外发育、体内发育）密切联系起来考虑才能予以满意的解释。但无论如何，冯·贝尔首次在个体发育与系统发育之间架起了一座桥梁，通过比较胚胎学探讨生物的进化问题，无疑给后来的相关研究以诸多启迪和巨大推动。

1.3.3 生物发生律

受冯·贝尔定律的影响，德国动物学家赫克尔（Haeckle，1834～1919）进一步提出了生物发生律（biogenetic law）或重演论（recapitulation law），认为生物的个体发育（ontogeny）重演了系统发育（phylogeny）的进程，或者说个体发育是对其种族进化史的微缩重演。如果假设多细胞动物是从单细胞动物进化来的，那么受精卵就代表了一种单细胞动物形式，他进一步认为，囊胚和原肠胚分别重演了假设的"囊胚虫"和"原肠虫"等中间阶段，最后发育为多细胞动物个体。

重演论将胚胎发育的各个阶段等同于进化史上古代生物个别的成体，忽视了个体发育方式和途径对环境的适应及进化，还错误地认为哺乳动物的原肠胚也和海胆、文昌鱼及两栖类一样通过囊胚的外壁内陷以产生原肠，因而引起了广泛的争议。与基于实验观察的冯·贝尔定律不同，重演论只是一种假设。

虽然生物的个体发育并非是对物种系统发育的重演，但重演了其祖先的个体发育过程。例如，在哺乳动物胚胎发育过程中存在中空的卵黄囊和无功能的尿囊等结构，这与爬行动物类似而又不同于鱼类和两栖类，从发育生物学的角度来看，它昭示了生物进化的因果关系，的确存在种系特征性发育阶段的特征。仅从这个角度来考虑，重演论仍有其可取之处。另外，重演论如此明确地把个体发育与进化（系统发育）联系在一起，对于探讨二者的关系，推动和扩展相关研究无疑有积极意义。

1.3.4 发育的遗传基础

以上对于发育的解释都未触及生物的遗传基础，未把发育与遗传联系起来。19世纪中后期，胚胎学、细胞学、遗传学已有了一些重要发现，魏斯曼（Weismann，1834~1914）是第一个把发育与遗传联系在一起来思考发育真谛的人，是发育遗传学的倡导者和先驱者。在他的种质学说（germplasm theory，1892）中，把生物体分为体质和种质两部分，体质来自种质并随着个体的死亡而死亡；但种质不受体质与环境的影响，可以代代相传。他认为种质与自我复制的染色体相关，与其内的"决定子"（determinant）相关，并认为决定子在胚胎中局部的差别分布即可导致细胞分化。他所说的"决定子"与现今所知的遗传信息载体基因及其表达产物很相似，是发育的遗传基础。由于发育信息预先储藏于细胞核中的染色体内，故种质学说又称为新先成论（neopreformation）。至于种质是否不受体质和环境的影响则长期存在争议，迄今尚无结论。

19世纪末20世纪初，对发育和遗传关系的认识进一步深化。威尔逊（Wilson，1856~1939）对软体动物和昆虫，O. Hertwig（1849~1922）和其弟R. Hertwig（1850~1937）对海胆受精，博韦里（Boveri，1862~1915）对蛔虫卵的研究等工作大大推动了染色体理论的发展，认为细胞核内的染色体含有形态建造的遗传控制因子，是发育的重要基础。例如，如果去掉原生动物的细胞核，所剩下的细胞质就不能完成再生和形态发生。

有趣的是，摩尔根（Morgan，1866~1945）当时对此持相反的意见，认为发育早期的原动力来自细胞质而非细胞核，因为去掉细胞质的水母卵照样不能发育。1905年，摩尔根的学生史蒂文斯（Stevens）对某些昆虫所进行的研究发现，雌性体细胞的核内含有两条相同的性染色体（XX），为同配性别；而雄性体细胞的核内则含有两条不同的性染色体（XY）或仅含一条性染色体（XO），为异配性别。因而，他提出细胞核内的X染色体和Y染色体是性别决定与分化的控制因子的假设，但摩尔根仍坚持认为染色体受到细胞质内某种性别决定物质的控制。直到1910年，摩尔根首次将一个白眼基因定位于X染色体上，以及发现其他某些性状的控制基因与X染色体的连锁关系后，才放弃了原来的观点，承认染色体控制发育，是发育的遗传基础。摩尔根早年从事胚胎发育的研究，后来转向遗传学研究，晚年又回到发育生物学领域。由此可见，遗传与发育有着密不可分的历史渊源，才使摩尔根对二者产生了挥之不去的眷恋情结。然而在当时的历史条件下，科学知识的积累尚不足以解决发育的遗传控制这一核心问题。

20世纪30年代末40年代初，有两位学者瓦尔施（Walsch）和沃丁顿（Waddington）既熟悉胚胎学，又在摩尔根的实验室工作过，且掌握遗传学知识。他们首次把发育与遗传紧密联系起来进行研究，成功地把握了两个学科的交汇处，为发育的遗传控制理论的深入发展找到了新的生长点。瓦尔施发现小鼠早期胚胎发育的突变体，涉及 T 座位上一系列等位形式的突变，不同等位形式的纯合突变体会在各自特定时期阻断发育（图 1-5），而杂合体则导致短尾（T/+）或无尾（T/t）。在此期间，沃丁顿则成功地在果蝇中鉴定出了几个与翅膀形态结构相关的基因，这些基因的突变会导致翅形态发生异常。基因与性状、基因型与表现型、遗传与发育，人们从这些发现中已经窥见到了新的曙光，为发育生物学的蓬勃发展揭开了新的序幕。

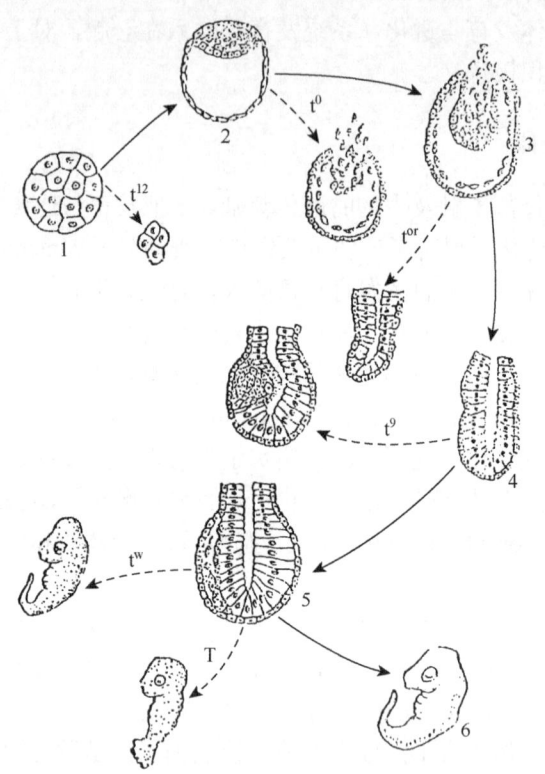

图 1-5 小鼠 T 座位上的突变对胚胎发育的影响（引自刘祖洞，1991）

1. 桑椹胚；2. 胚泡，t^{12} 纯合体不能形成胚泡；3. 着床期，t^0 纯合体滋养层发育不良，不能着床而死亡；4. 卵圆柱体晚期，t^{or} 纯合体外胚层变性，终止发育；5. 原条形成，胚层分化，t^9 纯合体不能形成正常中胚层而死亡；6. 脊索、神经管、体节形成，T 纯合体因体节、神经管及后肢发育异常而死亡；t^w 纯合体胚胎小，神经、脊髓发育异常

1.4 发育生物学的现状和发展趋势

20 世纪中叶，随着胚胎学、细胞生物学、遗传学、生物化学和分子生物学等学科不断发展及相互渗透，人们对生物发育的研究已从单纯的形态描述发展到对发育机制的深入探讨，以研究生物体在整个生命周期中的发生和演化规律。发育生物学历经数十载的蓬勃发展，已成为生命科学研究领域最诱人的主导学科之一。

1.4.1 发育生物学的发展机遇

近半个世纪以来，生命科学尤其是分子生物学和分子遗传学取得了重大进展。"中心法则"揭示了遗传、发育和进化的内在联系；基因组的结构及其表达调控的机制开始得到初步阐明；体细胞核移植能克隆动物，说明高度分化的细胞仍保持着基因组的发育全能性；遗传对发育的控制已显示是严格按照遗传程序在时空上对基因进行选择性表达来实现的；发育的图式形成、形态发生和时空秩序性等发育相关问题在分子水平上的研究均取得了不同程度的进展；特别是对果蝇发育途径选择起"主开关"作用的同源异形基因群的发现更是一大突破，并以此为起点进一步在多种生物尤其是哺乳动物找到了这类同源基因群，表明发育途径选择的"主开关"在约 5 亿年的进化历程中相当保守。这使人们在生物界看到了发育机制的普遍性和统一性，为建立遗传、发育和进化的统一理论提供了线索，增强了信心。

生命科学领域另一轰动世界的大事更促成了发育生物学的加速发展。随着堪与曼哈顿计划、阿波罗计划相媲美的人类基因组计划的顺利实施，其他模式生物如细菌、酵母、线虫、果蝇、拟南芥、水稻、小鼠等的比较基因组学研究也向纵深发展，多数基因组的作图与测序工作已经完成或接近完成。然而，人类基因组由 4 种符号排列的约 30 亿个核苷酸对所组成的序列可以印刷成百万页之巨的"天书"。要读懂这本"天书"，必须破译其"遗传语言"，对其蕴含的大量基因及各种调控序列进行鉴定。因此，基因组的研究重心必将由结构向功能转移，对基因组的功能信息进行提取、鉴定和开发利用。生物基因组的结构是长期进化的结果，其功能只有在细胞的生命活动和个体发育中才能得到充分的表现，故"遗传语言"的破译必须结合细胞、发育和进化的研究进行。其中，借助转基因动物进一步检测新发现的 DNA 序列的功能，通过基因在生物体内不同组织细胞、不同发育阶段的表型效应及表达谱来识别、鉴定其功能信息，无疑是最客观、最有效的手段。"后基因组学"正是在这种发展形势下提出来的，它的产生为发育生物学带来了前所未有的发展机遇，开创了广阔的发展空间。

1.4.2 从分析式思维逐步向整体式思维过渡

生命活动是生物个体的整体行为，是通过整体来体现和完成的，而不是组成它的各部分、各层次性质的简单叠加。分子、细胞、组织、器官只有作为生命整体的组成部分才能发挥最客观、最真实的作用，才能表现出自身存在的价值和意义，脱离了整体的部分结构难以说明生命的属性、运动和行为。虽然为了研究的方便，需要将其分解为不同的层次和部分，但任何组成成分的功能最终都要放回整体内进行检测，在充分分析的基础上进行综合，才能揭示整体生命活动的规律。在分子、细胞、组织器官各个层面上的研究取得巨大成就的今天，在方法论上实现从分析式思维逐步向整体式、综合式思维过渡的时机正在成熟。在此转变过程中，发育生物学将担当不可替代的重要角色。

一个单一的受精卵如何逐渐分化发育为由千千万万个具不同结构和功能类型的细胞所组成的生命整体，一直是发育生物学研究的核心问题。发育最重要的不是单个基因的表达过程，而是相关基因表达过程在时空上的密切联系与配合，严格按照发育的遗传程序通过级联反应来实现的。例如，人的受精卵里有 23 对染色体，近 3 万个基因，涵盖生、长、育、病、老、死等全部遗传信息。在卵子发生和成熟的过程中，母体效应基因已将发育信息储存于卵的结构之中，经受精和卵裂，通过核质之间、卵裂球之间及胚胎不同部位之间的相互作用，诱导基因按一定的时空秩序进行选择性表达，控制特异蛋白质的合成与分布，导致细胞增殖、分化、发育为由约 10^{14} 个细胞组成的个体。这些细胞具有相同的遗传组成，但结构及功能各异，共同组成五脏六腑、五官四肢齐全的既分工又协调的统一整体。随着控制发育的母体效应基因、胚体分节基因和同源异形基因的发现，发育的遗传程序研究在果蝇中已取得了初步成果。发育生物学将与其他学科密切合作，进一步揭示其他生物特别是人类自身发育的机制。

细胞是生命活动最基本的结构单元。多细胞生物体是由细胞构成的多层次的复杂系统。基因如何控制细胞的生命活动；胞外信号如生长因子、激素、神经递质、形态发生素等如何跨膜进入细胞核内，引起基因的选择性表达；而细胞又如何对特定的信号起专一反应并建立特定的基因反应程序，从而使自己处于特定的分化和功能状态等机制是维持这个复杂系统成为统一整体的关键。最新研究成果表明，所有这些信号之间、细胞与细胞之间、胚层与胚层之间、各组织器官之间形成了一个复杂的信息网络系统，并以特殊的生物学语言通过"信息相互交谈"进行联络和相互作用，协调控制细胞的行为与发育，如生长、增殖、分化、凋亡、修复、免疫等。在不同的发育阶段需要不同的信号作用，在同一发育阶段也需要多种不同的信号协调作用，由此控制细胞之间的识别、粘连、迁移和通信，并直接影响图式形成、胚层分化、组织分化和器官形成等形态发生过程。因此，细胞生物学的研究已从孤立的细胞转向细胞群体或细胞社会，从单个细胞的结构与功能转向细胞群体的结构、功能及其相互联系，从而把各层次的生命活动有机地联系起来，在新的高度上揭示生命的奥秘。因此，又一门新的分支学科——细胞社会学应运而生，成为从细胞生物学向发育生物学过渡的重要边缘领域。细胞社会学从系统论的观点出发，研究细胞群中细胞间的相互关系，以及细胞群和整体对细胞行为的调节控制。该分支学科的兴起必将促进发育生物学的迅速发展。

1.4.3 发育工程的美好前景

自20世纪70年代以来，基因工程的兴起和辉煌成就带动了细胞工程和组织工程的迅猛发展。它们的有机结合不仅是基础理论研究的得力工具，还大大推动了动物生物技术的发展，特别是近几年发展迅猛的转基因动物技术、体细胞克隆技术和基因打靶技术等将成为推动人类社会进步的巨大动力，对社会的产业结构、经济、法律、伦理等将产生深远影响。

随着细胞核移植技术的逐步改善（图1-6），人们成功获得了马、牛、羊、猴、鼠、兔等克隆动物，我国科学家在2001年首次成功获得了克隆牛；1980年应用显微注射将重组的外源基因导入小鼠受精卵内，首次获得了转基因动物（图1-7）；1982年转生长激素基因动物培育宣告成功，获得了个体比亲本大得多的"超级鼠"。1999年10月，中国科学院发育生物学研究所和扬州大学合作研究，成功地采用克隆技术获得了转基因羊。目前动物转基因技术经过数十年的发展已有了很大进步，其主要技术有体细胞核移植技术、慢病毒载体法、转座子介导的基因转移法、RNA干扰介导的基因敲除法和近几年兴起的特异核酸酶-基因打靶技术等，应用范围不断扩展，取得的重要成果越来越多。特别是针对某一基因位点构建出作用非常专一的特定核酸酶技术发展异常迅猛，目前已建立有锌指核酸酶技术（ZFN）、类转录激活效应子核酸酶技术（TALEN）和成簇规律间隔短回文重复序列系统（CRISPR-Cas9）等新型基因组靶向编辑技术，国际上也有科学家正在潜心于新的NgAgo-gDNA基因编辑技术研究和开发，一旦获得突破，将来很有可能成为第四代基因编辑技术。胚胎干细胞既可在体外进行继代培养，又可以放回胚胎内继续分化发育并保持发育的全能性。而近几年诱导多能干细胞（iPSC）的成功为尚未获得胚胎干细胞的大动物建立多能干细胞系提供了一种新的途径。这些干细胞的分离和培养获得成功，在细胞和个体之间、体细胞和生殖细胞之间架起了桥梁，成了基因工程和发育工程的交汇点。

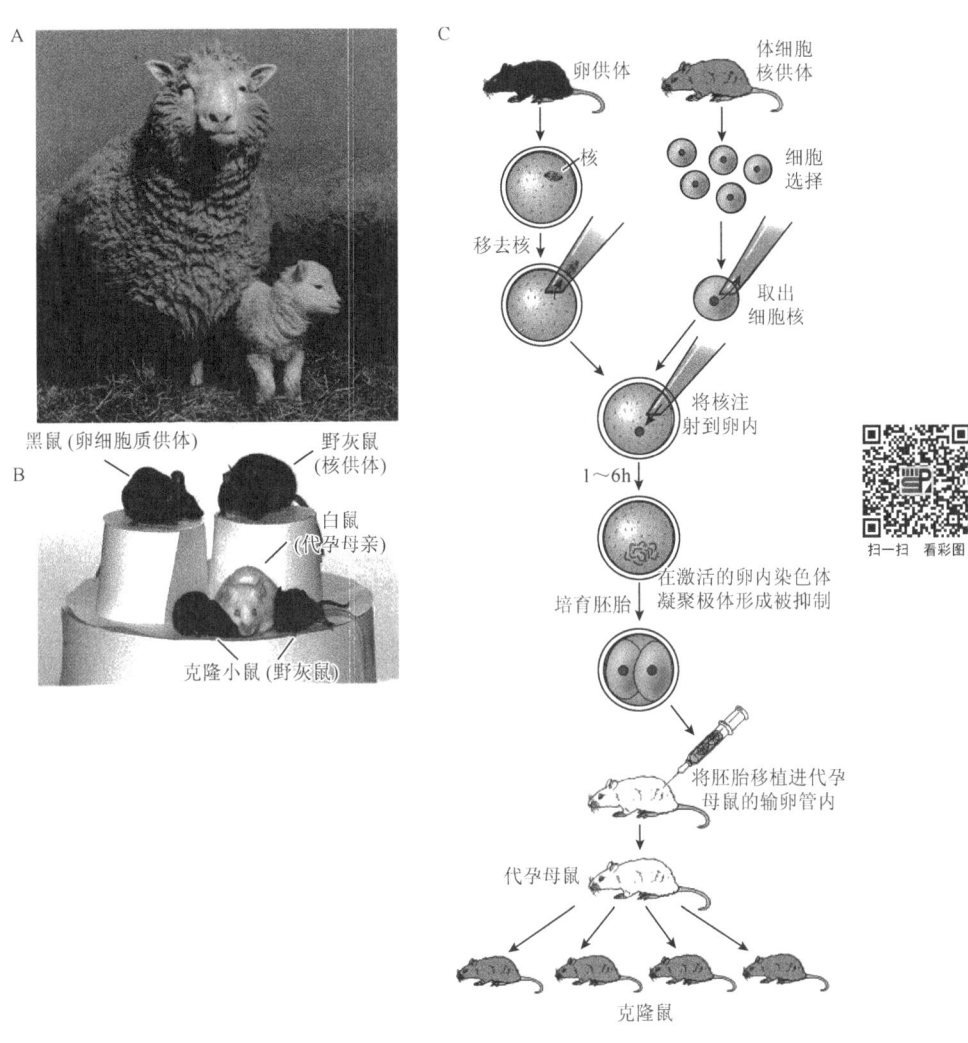

图 1-6　克隆动物（引自 Gilbert，2000）

A. 克隆羊多莉和她的羔羊；B. 克隆小鼠及其卵细胞质供体（黑鼠）、核供体（野灰鼠）和代孕母亲（白鼠）；
C. 克隆小鼠的操作程序

应用上述克隆技术、转基因技术和胚胎干细胞技术，可以将外源目的基因导入胚胎内，达到改造、更新物种的遗传组成，实现品种改良，培养高产、优质、抗逆性强的新品种；可以利用奶牛、猪、羊、马等大型动物作为生物反应器，为人类生产干扰素、白细胞介素、肽类或蛋白类激素、生长因子、凝血因子、酶制剂等多种廉价的生物活性物质，成为新型药物开发的支柱产业；也可以从这些转基因动物得到消除了免疫原性的活体组织器官，为临床组织修复、器官移植提供安全可靠的原材料；还可以建立各种动物模型，广泛用于探讨癌的成因、各种疾病致病机制的研究、新药或新治疗方法的试验。尤为重要的是，人类的遗传病估计高达 6000 种，每 100 个新生儿中就有 1 个患遗传病或是先天畸形，每个人平均携带 5 个有害的隐性基因。因此，改善遗传素质，提高人口质量是关系全人类兴衰的大事。要降低或消除人类的遗传负担，产前诊断和基因治疗是根本出路。为此，必须借助动物模型进行周密设计和反复试验，只有在机制明了、技术娴熟、万无一失的前提下方可应用于人类。

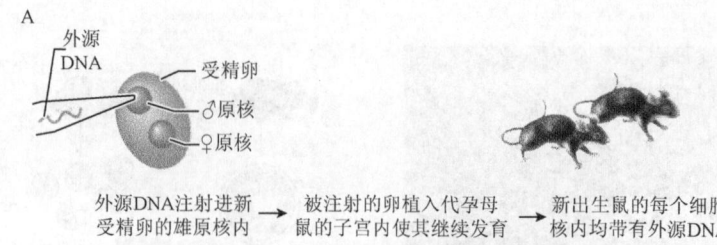

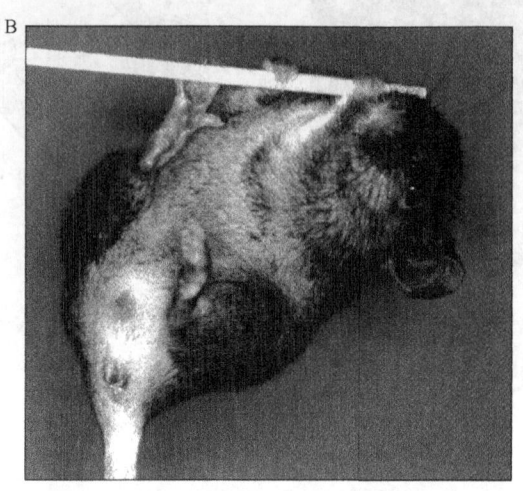

图 1-7　转基因动物（引自 Hartwell，2000）

A. 将外源基因注射于受精卵的雄原核内，以获得转基因动物；B. 带有外源基因 *sry* 的转基因雄性小鼠，其核型为 XX

以上对发育生物学的兴起、现状、在生命科学及社会发展中的重要地位和发展态势作了简要论述。无论从揭示生命奥秘，建立遗传、发育和进化的统一理论还是从其广泛的应用来看，发育生物学都是极富生命力的可持续发展的新兴学科。其发展之势方兴未艾，前景诱人。

问题与思考

1. 什么叫发育生物学？
2. 简述冯·贝尔定律的主要内容。
3. 简述先成论和后成论。
4. 简述发育生物学的主要模式动物及其优点。
5. 简述发育生物学的重要性。
6. 简述生物发生律的主要内容。
7. 简述近半个世纪对发育生物学发展产生重大影响的分子生物学和遗传学的主要成就。
8. 简述动物发育工程的三大基本技术及其应用前景。

主要参考文献

安利国. 2010. 发育生物学. 北京：科学出版社
陈吉龙. 1994. 发育生物学进展. 北京：高等教育出版社
代长云，黄海军，向敏，等. 2010. 动物乳腺生物反应器研究进展. 现代农业科技，4：332～333
丁汉波. 1987. 发育生物学. 北京：高等教育出版社

樊启昶, 白书农. 2002. 发育生物学原理. 北京: 高等教育出版社
桂建芳, 易梅生. 2002. 发育生物学. 北京: 科学出版社
李宝健. 1996. 面向21世纪生命科学前沿. 广州: 广东科技出版社
李瑞国, 苗朝华. 2010. 现代动物生物技术的发展及应用前景. 生物技术通报, 8: 82~88
刘厚奇, 蔡文琴. 2012. 医学发育生物学. 北京: 科学出版社
刘祖洞. 1991. 遗传学. 2版. 北京: 高等教育出版社
罗庆苗, 苗向阳, 张瑞杰. 2011. 转基因动物新技术研究进展. 遗传, 33 (5): 449~458
日本NAME学会. 1986. 哺乳动物的发育工程. 谢厚祥, 译. 长沙: 湖南科学技术出版社
王加强, 周琪. 2016. 干细胞与再生医学. 中国科学: 生命科学, 46 (7): 791~798
张红卫. 2006. 发育生物学. 2版. 北京: 高等教育出版社
张远强, 李质馨. 2007. 发育生物学. 北京: 人民卫生出版社
张治军, 郦卫弟, 贝亚维, 等. 2013. 温度对黑腹果蝇生长发育、繁殖和种群增长的影响. 浙江农业学报, 25 (3): 520~525
Muller W A. 1998. 发育生物学. 黄秀英等, 译. 北京: 高等教育出版社
Arias A M, Stewart A. 2002. Molecular Principles of Animal Development. Oxford: Oxford University Press
Gao F, Shen X Z, Jiang F, et al. 2016. DNA-guided genome editing using the *Natronobacterium gregoryi* Argonaute. Nature Biotechnology, 34 (7): 768~773
Geurts A M, Cost G J, Freyvert Y, et al. 2009. Knockout rats via embryo microinjection of zinc-finger nucleases. Science, 325 (5939): 433
Gilbert S F. 2000. Developmental Biology. 6th ed. Sunderland: Sinauer Associates Inc.
Hartwell L. 2000. Genetics: From Genes to Genomes. New York: MicGraw-Hill Companies Inc.
Klug W S, Cummings M R. 2002. Essentials of Genetics. 4th ed. Englewood: Pearson Higher Isia Education
Meng X D, Noyes M B, Zhu L J, et al. 2008. Targeted gene inactivation in zebrafish using engineered zinc-finger nucleases. Nature Biotechnology, 26 (6): 695~701
Niu Y Y, Yu Y, Bernat A, et al. 2010. Transgenic rhesus monkeys produced by gene transfer into early-cleavage-stage embryos using a simian immunodeficiency virus-based vector. Proceedings of the National Academy of Sciences of the United States of America, 107 (41): 17663~17667
Tong C, Li P, Wu N L, et al. 2010. Production of *p53* gene knockout rats by homologous recombination in embryonic stem cells. Nature, 467 (7312): 211~213
Twyman R M. 2001. Instant Notes in Developmental Biology. Oxford: BIOS Scientific Publishers Limited
Wolpert L. 2002. Principles of Development. Oxford: Oxford University Press
Woltjen K, Michael I P, Mohseni P, et al. 2009. *piggyBac* transposition reprograms fibroblasts to induced pluripotent stem cells. Nature, 458 (7239): 766~770
Zhao X Y, Li W, Lv Z, et al. 2009. iPS cells produce viable mice through tetraploid complementation. Nature, 461 (7260): 86~90

第 2 章　配子发生及发育前的准备

在多细胞生物的胚胎发育过程中，原始生殖细胞是最早分化出来的一群细胞，即生殖干细胞（germ stem cell）。这群细胞的出现与卵子内的生殖质（germ plasm）分布密切相关。由于在线虫、昆虫等生物的卵细胞内，其生殖质位于卵子的后极，故又称极细胞质或极质（pole plasm），已于80多种动物（8个门）中发现了类生殖质成分的存在。生殖质由RNA和蛋白质组成，均为母体效应基因转录或翻译的产物。在卵子发生过程中，不同生物的母体效应基因以多种方式被激活并进行高效表达，将大量产物储藏在卵母细胞内，为受精后迅速启动胚胎发育做了充分的物质准备。

2.1　配　子　发　生

配子发生涉及原始生殖细胞起源的方式、途径，以及参与调控、决定的有关基因。配子独立于性腺原基产生，但必须迁入性腺后才能完成增殖、生长和成熟等发育阶段。下面分别予以讨论。

2.1.1　原始生殖细胞的起源与决定

动物卵裂有多种方式和类型，因种类不同而存在明显的差异。然而，无论采用哪种卵裂方式，通过细胞不断分裂和增殖最终将导致细胞之间的分化，首先是原始的生殖细胞从胚细胞中分化出来。例如，不对称细胞分裂能使所产生的两个子细胞出现发育途径的分歧；部分卵裂球内染色体发生消减而另一部分则保持完整会直接导致体细胞与种系细胞之间的分化；某些母体效应基因的转录、表达产物在卵子内的局部差异分布对原始生殖细胞的形成具有决定作用。

2.1.1.1　不对称细胞分裂与生殖细胞的起源

在某些动物的受精卵中，母体效应基因的产物如RNA和蛋白质所组成的RNP颗粒等发育决定因子呈不均匀的区域分布。当卵裂时，这些决定因子被不均匀地分配到子细胞中，导致两个细胞具有不同的发育潜能并朝着不同方向演变。这种细胞分裂方式称为不对称细胞分裂（asymmetrical cell division）。在卵裂早期，每一次不对称分裂产生一个建立者细胞（founder cell）和一个干细胞（stem cell）。前者将朝着被决定的方向产生分化的细胞后代（体细胞或生殖细胞），后者则继续通过不对称分裂形成新的建立者细胞和干细胞。由于建立者细胞是由卵子内的发育决定因子预先决定的，其子细胞将按既定的发育程序进行自主发育，不受环境变化的影响。

通过不对称细胞分裂产生原始的生殖细胞和体细胞，角贝是一个最经典的例子（图2-1）。角贝的受精卵在第一次卵裂前期，于植物极伸出一个突起的泡状结构，称为极叶（polar lobe）。第一次卵裂完成后，一个子细胞得到全部极叶的细胞质，另一个子细胞则不含极叶成分。第二次卵裂前期，含极叶的那个子细胞同第一次卵裂一样又产生两个不同的子细胞，而不含极叶的子细胞同样进行第二次卵裂。经过多次卵裂之后，凡获得含极叶细胞质的子细胞将分化成原始的生殖细胞，而不含极叶细胞质的子细胞将朝体细胞的方向分化。在这里，通过角贝卵裂过程中极叶的形态变化可以直接跟踪观察和证明不对称细胞分裂与原始生殖细胞起源之间的因果关系。

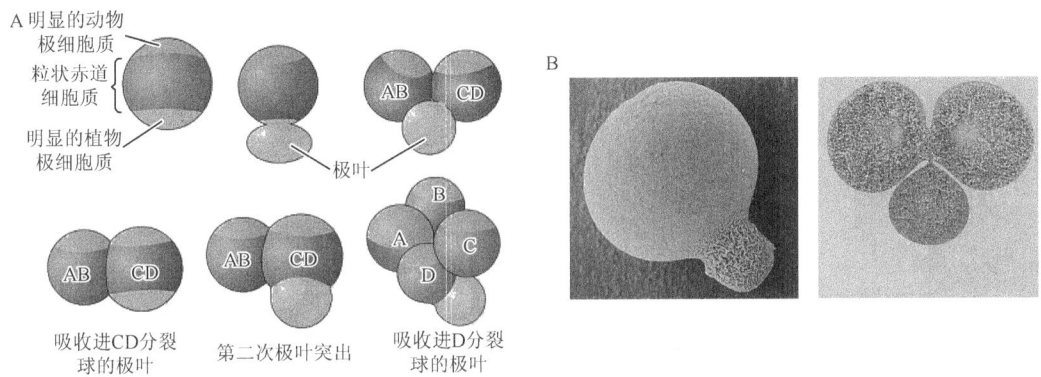

图2-1 角贝的极叶与卵裂（引自Gilbert，2000）

A. 角贝卵裂时，极叶外凸和回缩两次；B. 极叶的电镜照片

秀丽隐杆线虫是一种生活于土壤中的小型多细胞动物（图2-2），以细菌为食，可在含有细菌的培养基上生长。由于通体透明，运用适当的标记技术易于对其胚胎发育全程进行跟踪观察和遗传操作，从而获得最完整的个体细胞谱系发生资料，是发育生物学中理想的模式生物之一。

扫一扫 看彩图

图2-2 秀丽隐杆线虫（引自Hartwell，2000）

线虫的性染色体组成通常为 XX，外表是雌体，实为雌雄同体，生殖腺内既能产生卵子，又能产生精子，通过自体受精进行繁殖。然而在配子发生或卵裂过程中，由于 X 染色体不分离等原因会导致某些细胞丢失一条 X 染色体。如果合子核仅含有一条 X 染色体（XO）的话，便发育为雄性个体，并与 XX 个体进行异体受精，其后代雌雄性比按 1∶1 分离。线虫的生命周期很短，只有 3.5d。为卵胎生，在 25℃ 条件下 12h 即可完成胚胎发育。线虫的卵裂也是不对称细胞分裂（图 2-3）。

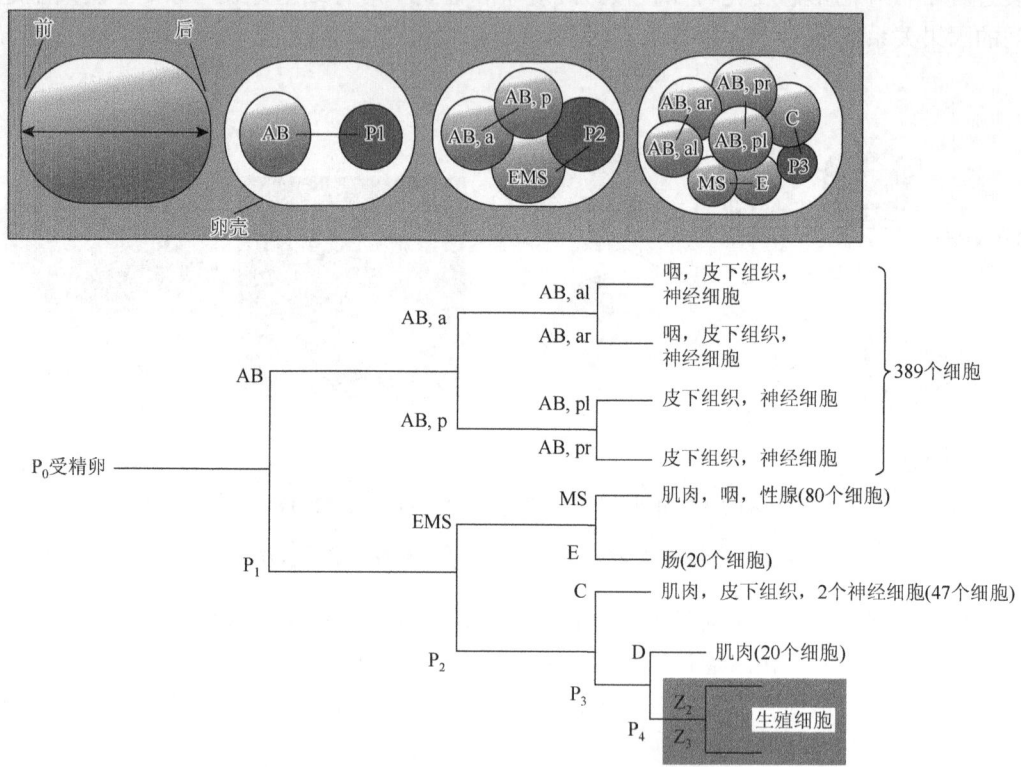

图 2-3　线虫的不对称卵裂（引自 Gilbert，2000）

线虫受精卵通过不对称卵裂产生 P 系细胞及体细胞的建立者细胞

从受精卵（P_0 细胞）开始，每次分裂后凡细胞质中含有极粒（polar granule）的子细胞均称为 P 系细胞（图 2-4），包括 P_1、P_2、P_3 和 P_4 细胞，最终由 P_4 细胞分化为原始的生殖干细胞；而没有获得极粒的子细胞将成为建立者细胞，朝体细胞方向发育，分化为神经、肌肉、上皮、肠等细胞。发育结束时，雌雄同体成虫具有 959 个体细胞及约 2000 个生殖细胞；雄性成虫含有 1031 个体细胞和约 1000 个生殖细胞。

2.1.1.2　染色体消减

马蛔虫（*Parascaris equorum*）是染色体数（$2n=4$）最少的一种多细胞动物。虽同为线虫，但马蛔虫原始生殖细胞的发生走的是另一条不同的途径。博韦里是在生物发育过程中跟踪观察染色体变化的第一人。1904 年，他发现马蛔虫第一次卵裂时赤道板将合子分成动物半极和植物半极，至第二次卵裂时，动物极分裂球染色体的端部于细胞分裂前碎裂成许多片段，原来的染色体仅保留一部分，这种现象称染色体消减（chromosome diminution）（图 2-5）。这些细胞因此丢失了许多基因。与此同时，植物极分裂球的染色体保持完整。第二次分裂时，动

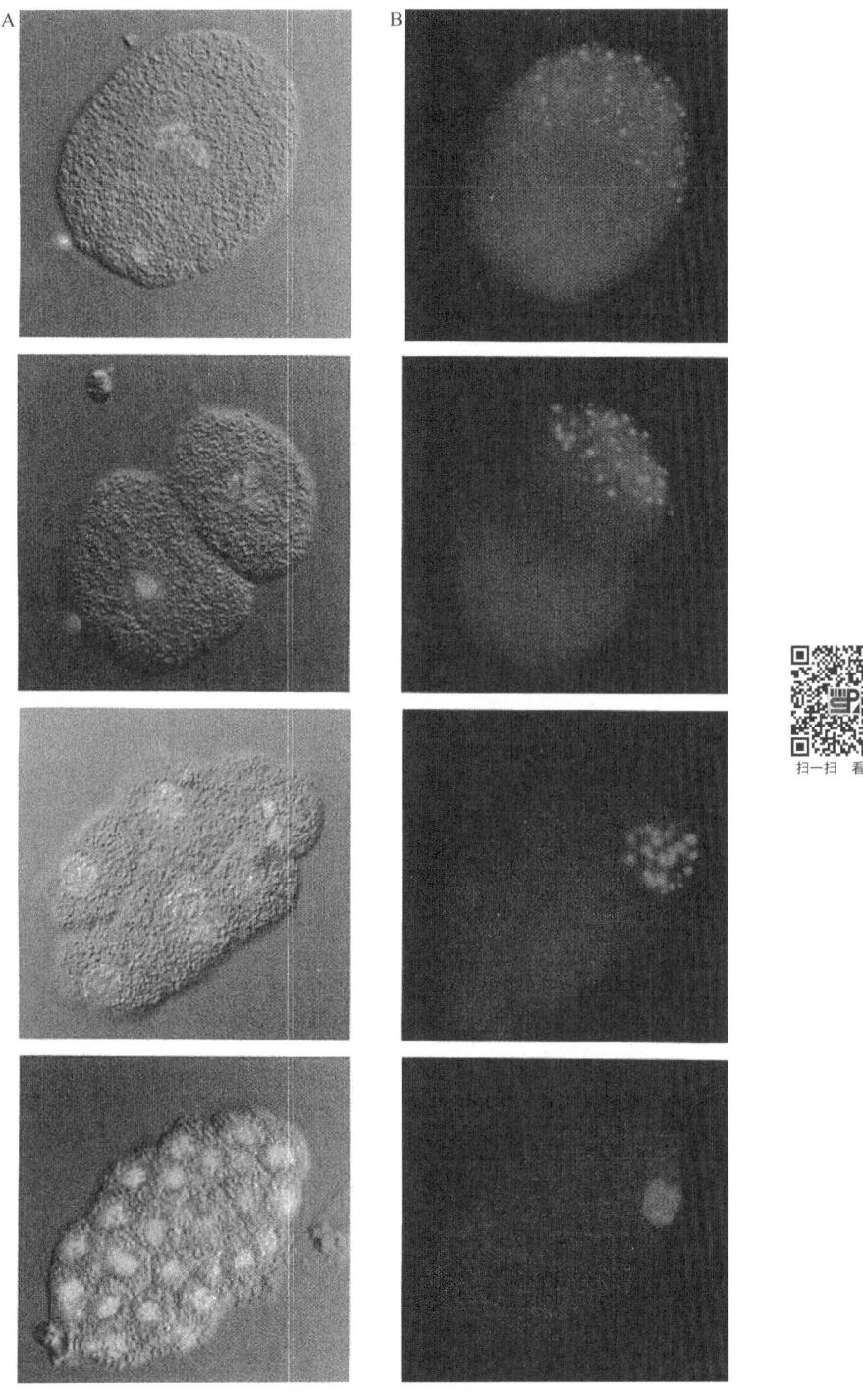

图 2-4 线虫的极粒与 P 系细胞（引自 Gilbert，2000）

线虫的卵裂，A 图为细胞核，B 图细胞相应与 A 图同期，示极粒进入 P 系细胞

物极细胞沿子午线分裂而植物极细胞仍沿赤道板分裂。然而第三次卵裂之前，靠近动物极的那个植物分裂球在分裂后期同样要进行染色体消减，故 4 细胞期唯有最靠近植物极那个细胞才具有完整的染色体组。经过 4 次卵裂形成 16 个细胞后，其中仅 2 个细胞保留 4 条完整染

色体，将成为生殖干细胞；其余细胞均含有消减染色体，便成为建立者细胞，朝体细胞的方向分化发育。博韦里并不满足于对种系细胞发生的形态观察，他还推测植物极细胞质区域内可能存在阻止染色体消减的决定因子。假若如此的话，偶然进入该细胞质区内的任何细胞核都将会避免染色体消减的出现。于是博韦里对马蛔虫受精卵在第一次卵裂前进行离心干扰来检测他的假设（图 2-5）。结果，离心处理改变了纺锤体的方向，刚好与正常方向垂直，致使两个分裂球都含有某些植物极细胞质而均不发生染色体消减的现象。然而，下一次卵裂仍沿着动植物极轴的赤道板进行，结果两个动物极分裂球仍会经历消减，而两个植物极分裂球则不发生染色体消减。因此，他得出结论，受精卵内局部细胞质分布不均，植物极区一定存在阻止染色体消减的细胞质因子和决定植物极细胞成为种系（germ line）细胞的决定因子。

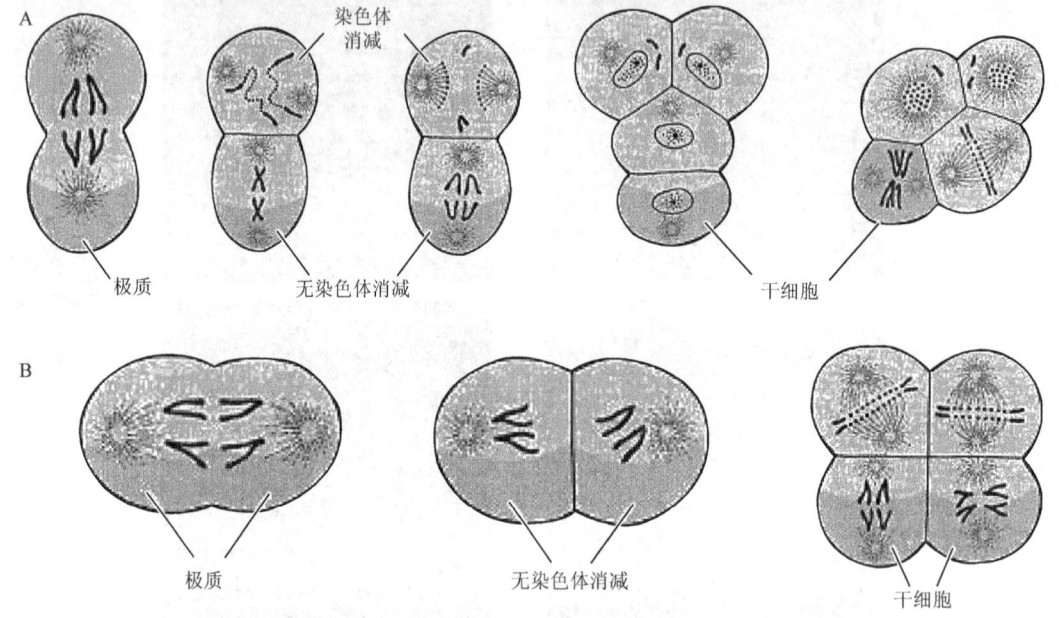

图 2-5 马蛔虫的卵裂与染色体消减（引自 Waddington，1966）

A. 马蛔虫卵裂时极质正常分布于植物极，经两次卵裂后只有最靠近植物极的 1 个子细胞获得极质，而成为生殖干细胞，其染色体保持完整；其他子细胞均发生染色体消减。B. 卵裂前进行离心处理，第一次卵裂的中期板与正常的呈 90°，两个子细胞均获得了极质，染色体都不消减；第二次卵裂后，植物极的两个子细胞均含有极质，染色体不发生消减而成为生殖干细胞；动物极的两个子细胞照常发生染色体消减而朝体细胞方向分化

小麦瘿蚊（*Mayetiole destructor*）的受精卵中染色体数为 $2n=40$，所有染色体位于卵细胞质中央。当核分裂 3~4 次时，其中 2 个核向后迁移进入极细胞质区，细胞化以后便成为原始的生殖细胞（种系细胞）；而位于卵细胞质中部及前部的细胞核进一步分裂时，便失去 32 条染色体，仅保留其中 8 条。它们迁移至卵细胞膜内周缘，细胞化后继续增殖，分化发育成为体细胞。如果对受精卵后端的极细胞质区进行结扎，从而阻止中央的细胞核迁移进入该区，或用紫外线照射破坏该区域，则所有细胞核均放弃 32 条染色体朝体细胞方向分化发育，因原始生殖细胞不能产生而导致成虫不育。

2.1.1.3 极质、极粒与生殖细胞决定

昆虫卵子后端的极细胞质与生殖细胞决定相关的现象最早由 Hegner 报道，他发现极细胞形成之前，若除去或毁坏甲虫卵的极细胞质区，胚胎发育就不能形成生殖细胞而导致成虫不

育。Geigy 证明，用紫外线照射果蝇卵的极细胞质则产生不育的果蝇。Okada 和同事将供体正常的未经辐射的极质注射到辐射过的受体卵的后端，结果能挽救果蝇的不育性。该项研究还表明，极质以其内含有颗粒状结构为特征（图 2-6），这些颗粒称为极粒或 P 颗粒（polar granule），而其他部位的细胞质则没有极粒，也不具有逆转其不育性的功能。由此可见，极质内的极粒直接与生殖细胞决定相关联。

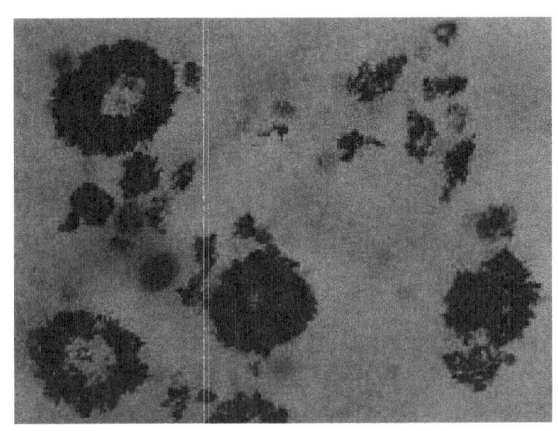

图 2-6　果蝇的极粒（引自 Gilbert，2000）

图为从果蝇极细胞中分离所得极粒的电镜照片

关于极质的研究，近期主要集中于果蝇。果蝇的原始生殖细胞称为极细胞（pole cell），由数个细胞核迁移至卵后端极质内然后细胞化而成，是胚胎中最早形成的细胞。这些极细胞形成时，将极质内的极粒包裹于内。极粒含蛋白质和 RNA，包括生殖细胞决定因子。这些决定因子是母体效应基因的产物，如 oskar 基因的表达产物 OSKAR 蛋白。若将 OSKAR 注射到卵子前端下方，可诱导极细胞在胚前端异位（ectopic）发生，但前端产生的极细胞不能进入生殖腺。由此可见，合胞期的胚核是全能的，能分化成任何类型的细胞。到达后极的无论是哪些核，都是最早形成的细胞，并与极质相结合变成配子的前体。

自然界也提供了极质和极粒的重要证据。果蝇有一种无孙辈突变体（grandchildless），其纯合雌蝇（gg）能产生形体正常但不育的后代，即 gg♀×GG♂所产生的全部杂合体子代 Gg 都是不能生育的。Mahowald 及其同事证明，上述杂交后代胚胎的细胞核不向极质内迁移，没有极细胞形成，故成体也没有产生配子的原始生殖细胞。另一个母体效应基因无配子突变体（agametic），其纯合雌蝇突变体后代的性腺内没有生殖细胞或者发育异常。这里虽能形成正常数量的极细胞，但受精后极粒很快退化而导致不育。

2.1.1.4　极粒的主要成分与母体效应基因

线虫包括秀丽隐杆线虫和蛔虫在内，其植物极细胞质的实质在很大程度上是不清楚的。已有研究表明，RNA 解旋酶（helicase）出现于它们的极细胞质内。抗体研究提示，这种酶很可能是极粒的组成成分。然而，果蝇的相关研究进展较快，早在 20 世纪 70 年代已分离得到极粒，主要由蛋白质和 RNA 构成，都是母体效应基因的产物，但这些大分子的身份和功能直到应用遗传学方法后才逐步得以揭示。

极质的成分之一是无生殖细胞基因（germ cell-less，gcl）的 mRNA。gcl 由 Jongens 等发现，当时他们诱变果蝇并筛选到没有孙辈的雌性突变体。他们假设，如果一个雌蝇未能将有功能的极质储存于所产的卵子内，受精后这些卵子仍能发育成为后代，但这些后代因其胚胎内缺乏生殖细胞而导致不育。野生型 gcl 基因在成蝇卵巢中的滋养细胞内转录，其 mRNA 被输送进卵子的最后部，成为极质的一部分，并于卵裂早期翻译成蛋白质（图 2-7）。相反，纯合突变雌蝇（gcl^-gcl^-）所产的卵子和胚胎中则检测不到该基因的产物。跟踪观察表明，gcl 编码的蛋白质进入了细胞核内，它对于极细胞的产生非常关键。当把 gcl 信使的反义 RNA 导入胚内时，同样会失去产生生殖细胞的能力。

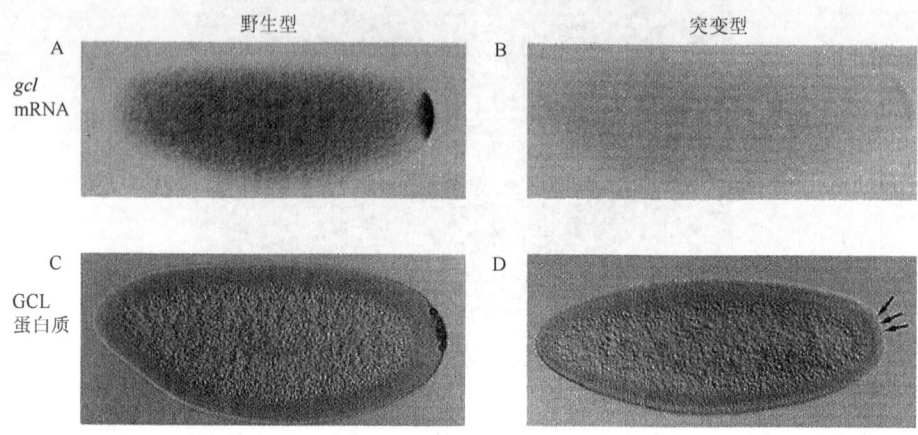

图 2-7　gcl mRNA 及 GCL 蛋白质在卵子及胚胎中的定位（引自 Jongens et al., 1992）

gcl mRNA 仅存在于野生型雌蝇所产卵子的后端（A）而未见于突变型的卵子（B）；抗体研究表明，GCL 存在于野生型细胞囊胚的后端（C）而未见于突变型的细胞囊胚（D）

极质成分的第二组候选者是 oskar 和 nanos 等基因的产物，其中 OSKAR 蛋白是最关键的，因为将 oskar mRNA 注射到胚胎的其他部位就会导致该区域的细胞核形成异位的原始生殖细胞。OSKAR 还与生殖细胞产生的数量有关，如果卵母细胞内的 oskar mRNA 增加就会形成更多的生殖细胞。OSKAR 通过促成生殖细胞形成所必需的蛋白质和 RNA 的定位而发挥作用，nanos mRNA 是受其作用的 RNA 之一。NANOS 是果蝇腹节形成所必需的，同时也是生殖细胞形成所必需的。没有 NANOS 的极细胞不能迁移进生殖腺，因而不能变成配子。NANOS 在生殖细胞形成时还起到阻止有丝分裂和转录的作用。

第三个候选者是线粒体的核糖体 RNA（mitochondrial ribosomal RNA，mtrRNA）。应用辐射检测系统，Kobayashi 和 Okada 证明，向被紫外线照射过的胚胎导入 mtrRNA 可以恢复该胚胎形成极细胞的能力。在正常卵子内，mtrRNA 仅位于卵裂期胚胎极质内线粒体的外侧，以极粒的成分出现。mtrRNA 与介导极细胞的形成有关，但后来并没有进入极细胞。

第四种极质成分是极粒组成部分，是一种不翻译的 RNA（polar granule component，pgc）。虽然 pgc 的确切功能尚不清楚，但其反义 DNA 的转基因果蝇的极细胞不能迁移进卵巢，这可能与原始生殖细胞向生殖嵴迁移有关。

是什么指引 gcl mRNA、nanos mRNA 和 mtrRNA 等成分定位到卵子的后端呢？发现至少还有另外 6 个基因发挥了作用，它们的突变体不能形成生殖细胞，而且也很少形成腹节。这些突变基因是 cappucino、spire、staufen、vasa、valois 和 tuder。所有这些基因活跃于卵巢并将其产物输送到生长着的卵母细胞内。以某一基因为探针分别探测另一基因的突变体和野生型内某基因 mRNA 或蛋白质的定位，现已查明上述基因是按一个明确的顺序发挥作用的。这些研究表明：cappucino 和 spire 指令合成的两种蛋白质为 STAUFEN 蛋白定位到卵子后部所必需的；STAUFEN 又是 oskar mRNA 定位卵子后部不可缺少的。OSKAR 是极粒的组成部分，同时又是另一极粒组分 VASA 定位于卵子后部的关键所在。tudor 和 valois 不影响 VASA 的定位，但却是极质形成后保持其结构稳定不可或缺的。

极质的装配由 oskar 信使组织，该 mRNA 的数量和位置决定极细胞的数量和位置。来自仅有 1 个 oskar 拷贝的果蝇胚胎在细胞囊胚期产生 10～15 个极细胞，而 2 个拷贝的果蝇胚胎则可产生约 35 个极细胞，4 个拷贝的就会形成约 50 个极细胞。Ephrussi 和 Lehmann 还证明，生殖细胞将在 oskar mRNA 定位的任何地方形成。如果将 oskar mRNA 移至胚胎的前端，极质及原始生殖细胞将在前端形成。OSKAR 是极粒骨架的主要组分，VASA 和 TUDOR 再附着到 OSKAR 上形成更复杂的空间结构并与生殖细胞决定子相结合。gcl mRNA 和 mtlrRNA 在卵后部的定位能够被前述 7 种基因中的任何一种突变所消除。在 valois 和 tudor 突变体中，开始能发现少量 gcl mRNA 定位于早期胚胎的后端，但在卵裂后期便消失了。由此可见，极粒由两大部分组成：一是生殖细胞决定因子；二是维持这些决定子正确定位与稳定的骨架结构。该骨架与 gcl mRNA 及其他可能作为生殖细胞决定因子的基因产物相结合。这些信使于卵裂早期翻译成蛋白质，然后进入极细胞的核内，通过激活所控制的下游基因来启动生殖细胞的发育程序。

2.1.1.5 脊椎动物生殖细胞的决定

对于生殖质或类生殖质在脊椎动物的卵子和胚胎中的定域分布及其与生殖细胞决定的关系也有研究报道，但不及对果蝇研究得深入。Bounoure 证明青蛙受精卵的植物极区含有一种物质，具有类似于果蝇极质的染色特性（图 2-8）。他曾追踪发现，这种特定的细胞质进入预定为内胚层的少数细胞内，然后这些细胞迁移进入生殖嵴。Blackler 利用遗传标记将这些细胞从一个胚胎移植到另一胚胎，证明这些细胞是原始的生殖细胞。生殖质的早期移动已由 Savage 和 Danilchik 作了详细分析，他们用荧光染料标记生殖质，发现未受精卵的生殖质由微岛（tiny island）组成，并与近植物极皮层的卵黄团结合在一起。这些生殖质岛在受精后的皮层转动期间随卵黄团迁移。接着，生殖质岛从卵黄团释放出来，开始融合在一起并迁向植物极。此后，植物极细胞表面的周期性收缩将生殖质沿卵裂沟推进，使其进入胚内。然后，极质与位于囊胚腔底的内胚层细胞结合成为原始的生殖细胞，当腹腔形成时便沿肠的背侧肠系膜经腹壁进入生殖嵴。

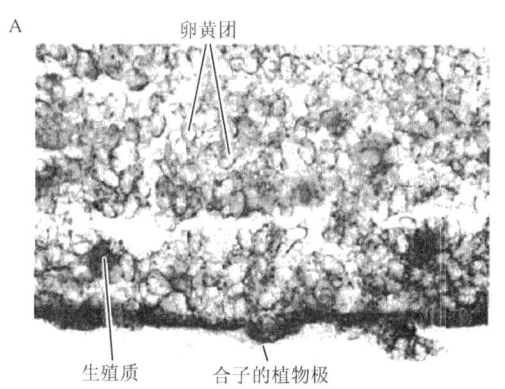

扫一扫 看彩图

图 2-8　两栖类的生殖质（引自 Gilbert，2000）

A. 位于合子植物极的生殖质；B. 对爪蟾 Xcat2（nanos 的同源基因）的 mRNA 进行原位杂交，发现该 mRNA 定位于第一次卵裂的植物极皮层（上）和第四次卵裂胚的卵裂沟处（下）

当用紫外线照射蛙胚植物极表面时，蛙的发育是正常的，但性腺内没有生殖细胞。在类似的研究中也发现极少数原始生殖细胞能迁移进性腺，但这些细胞只有正常细胞的 1/10，核是畸形的，同样不育。Savage 和 Danilchik 发现，紫外线能阻止细胞植物极表面收缩并抑制生殖质迁移进植物极。在对爪蟾的研究中，该区域存在与果蝇 NANOS 和 VASA 同源的蛋白质。由此可见，两栖类合子植物极的细胞质与果蝇的极质类似，含有生殖细胞形成的决定因子。

两栖类极质的成分如 NANOS、VASA 等蛋白质和非翻译 RNA 的功能至今仍不十分清楚。有一种假设认为，极质的成分抑制转录和翻译，阻止含有极质的细胞分化为其他任何细胞。

在哺乳动物中没有发现明显的生殖质存在，早期发育时原始生殖细胞的形态也不清楚。然而，利用识别细胞表面差别的单克隆抗体进行研究表明，小鼠的原始生殖细胞最初位于原肠胚的外胚层。该区域刚好在 7d 鼠胚原条（primitive streak）后部的胚外中胚层，其中有 8 个体积较大的碱性磷酸酶着色的细胞。如果除去该区域，其胚胎便没有生殖细胞，而分离得到的这一区域则能形成大量的原始生殖细胞。人原始生殖细胞最早在约 22d 胎龄时的尿囊内胚层和间充质发现，有 50~90 个，其确切起源位置还不是很清楚。

骨形态发生蛋白（BMP）包括 BMP4、BMP8b 和 BMP2，对原始生殖细胞的形成具有重要作用。来自胚外外胚层的 BMP4 信号能诱导上胚层中 Blimp1 和 Prdm14 两个原始生殖细胞特化关键调控基因的表达；同样来自胚外外胚层的 BMP8b 能调控脏内胚层发育，限制脏内胚层前端的抑制信号，使生殖细胞特化处于合适水平；BMP2 在小鼠 E5.5 脏内胚层表达，结构与 BMP4 非常相似，能够提高 BMP4 的诱导作用，确保形成足够数量的原始生殖细胞。Blimp1 编码一个有效的转录抑制因子，该因子具有一个 N 端 PR/SET 结构域、5 个 C2H2 组成的富含脯氨酸的锌指结构和 C 端酸性区域，是原始生殖细胞特化的关键调控元件。Blimp1 最初在原肠作用发生之前约 6.25d 小鼠胚胎上胚层近后端少量细胞中有表达，随着胚胎的不断发育，Blimp1 阳性细胞数量也在不断增加，如小鼠 E6.75 大约有 20 个聚集成群的阳性细胞，E7.25 细胞数量则增加到 40 个。遗传谱系追踪证实胚胎早期发育阶段几乎所有 Blimp1 阳性细胞最终都发育为呈 stella 阳性的原始生殖细胞，故认为小鼠 E6.25 近端上胚层出现的 Blimp1 阳性细胞是原始生殖细胞的前体细胞。在 Blimp1 突变体中，胚胎的原始生殖细胞特化停止在一个非常早期阶段，碱性磷酸酶着色的阳性细胞数量会显著减少，形成一些紧密的细胞聚集体，不具有向后肠内胚层迁移的行为，也不能完全表达 stella、fragilis 等原始生殖细胞中所表达的特异基因。

在正常的小鼠胚胎中，生殖细胞前体从胚外中胚层背部通过尿囊迁入胚内（图 2-9），这与无尾两栖类的情况很相似。鼠胚发育约 7.5d 时，原始生殖细胞在尿囊集合并迁至邻近的卵黄囊。它们分成两群，然后从卵黄囊经新形成的后肠移动，沿背肠系膜上溯分别进入左、右两个生殖嵴。大约在发育 12d 的鼠胚生殖腺内，原来 10~100 个原始生殖细胞已增殖至 2500~5000 个。原始生殖细胞迁移过程受很多因子的影响，如干扰素诱导跨膜蛋白（IFITM）调节启动；纤维连接蛋白（FN）能刺激原始生殖细胞的迁移、启动原始生殖细胞从后肠向生殖嵴的主动迁移，并指引原始生殖细胞迁移的方向；转录因子 Blimp1 蛋白具有维持原始生殖细胞正常迁移的能力；转化生长因子 TGF-β1 与生殖嵴对原始生殖细胞的迁移有趋化作用；阶段性特异性胚胎抗原 SSEA-1 和 Steel/kit 则能介导原始生殖细胞与体细胞的黏附过程等。

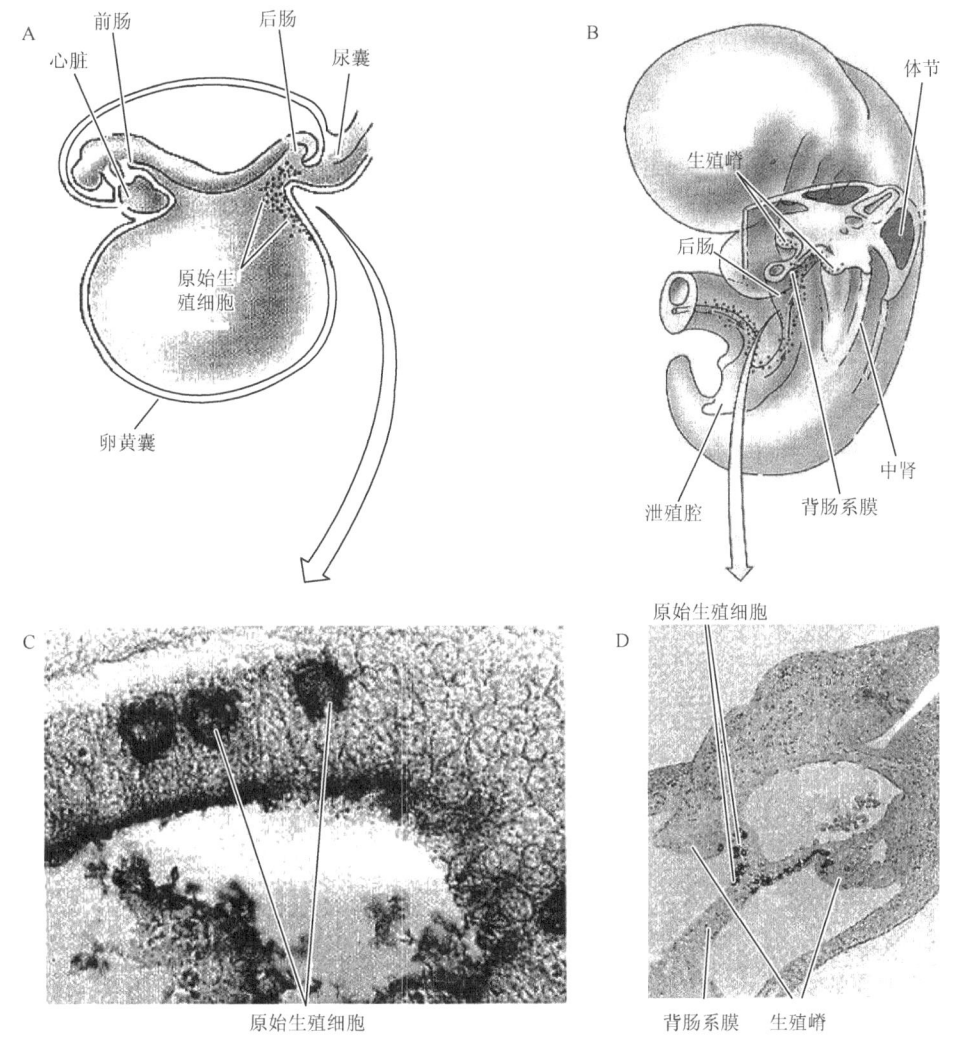

图 2-9 哺乳动物原始生殖细胞的迁移（引自 Gilbert，2000）

卵黄囊内的原始生殖细胞位于后肠与尿囊衔接处（A），此时鼠胚靠近卵黄囊和尿囊的后肠部分切片可见数个碱性磷酸酶染色很深的原始生殖细胞（C）；原始生殖细胞通过肠和背肠系膜向生殖嵴迁移（B），该期原始生殖细胞沿背肠系膜向生殖嵴迁移的定位切片（D）

　　虽然在哺乳动物中未发现生殖质的存在，但研究表明一种转录因子 Oct4 的表达与细胞全能性的保持密切相关。这种转录因子在早期所有卵裂球细胞核内表达，至囊胚期其表达仅限于内细胞团。到原肠形成期，只有那些将产生原始生殖细胞的后部外胚层细胞才表达 Oct4。此后，这些转录因子仅见于原始生殖细胞和卵母细胞。Oct4 对维持原始生殖细胞的生存及多潜能性有重要意义，Oct4 缺失导致原始生殖细胞凋亡。

　　自 Waldeyer 于 1870 年首先在鸡胚的生殖腺中发现原始生殖细胞以来，大量研究表明，禽类原始生殖细胞起源于 X 期的胚盘上胚层，大约包含 30 个原始生殖细胞或者它们的前体细胞，在迁移过程中原始生殖细胞的数量保持不断增长。4 细胞期时经下胚层迁移到原条期的生殖新月部位，此时原始生殖细胞的数量达到 250 个左右，10 细胞期时进入初形成的胚胎血管系统，随着血液循环至生殖原基附近，然后穿过毛细血管壁到达生殖原基定居，至 19 细胞期，大量的原始生殖细胞聚集在肢体后端的生殖嵴处，在 31 细胞期时，原始生殖细胞的数量已增长到 1000 个以上。

从前面的讨论中可以看到，一方面，生殖干细胞是最早从胚胎中分化出来的一群细胞，从无脊椎动物到高等的脊椎动物遵循相似的规律，某些与果蝇同源的基因参与了这一演变过程，表明原始生殖细胞的发生机制相当保守；另一方面，不同门类动物的生殖干细胞产生的模式不尽相同，这些差别是它们分歧进化后各自发展的结果。与此同时，其他门类尤其是哺乳动物的原始生殖细胞起源的研究领域与果蝇相关研究的差距，使得仍有许多难题需要去深入探索与研究。

2.1.2　雌雄配子的发生过程

前已述及，原始生殖细胞是多细胞动物胚胎发育过程中最早分化出来的一群细胞。这些细胞只有迁移进原始的生殖腺（生殖嵴）内继续发育才能成为成熟的配子。现以脊椎动物为例讨论雌雄配子的发生过程。

在脊椎动物胚胎发育早期，生殖嵴没有雌雄之分，同时具有发育为卵巢或睾丸的两种潜能，迁移进来的原始生殖细胞广泛分布于内部髓质和外部皮质。例如，如果人类的胚胎细胞为 XY 型，在主导基因 *sry* 的作用下，皮质退化，其内的原始生殖细胞发生凋亡，而髓质分化为睾丸，其内的原始生殖细胞分化为精原细胞（spermatogonium）；若胚胎细胞为 XX 型，没有 Y 染色体及 *sry*，则髓质退化，其内的原始生殖细胞发生凋亡，而皮质发育为卵巢，其内的原始生殖细胞分化为卵原细胞（oogonium）。

在卵巢内，卵原细胞通过有丝分裂大量增殖。增殖期结束后，这些细胞的发育止于卵母细胞阶段。卵母细胞体积增大，持续相当长的时间，进行大量物质的合成和储备，为受精后的胚胎发育奠定基础。在人类卵子发生过程中（图 2-10），从卵黄囊迁移到生殖嵴内的原

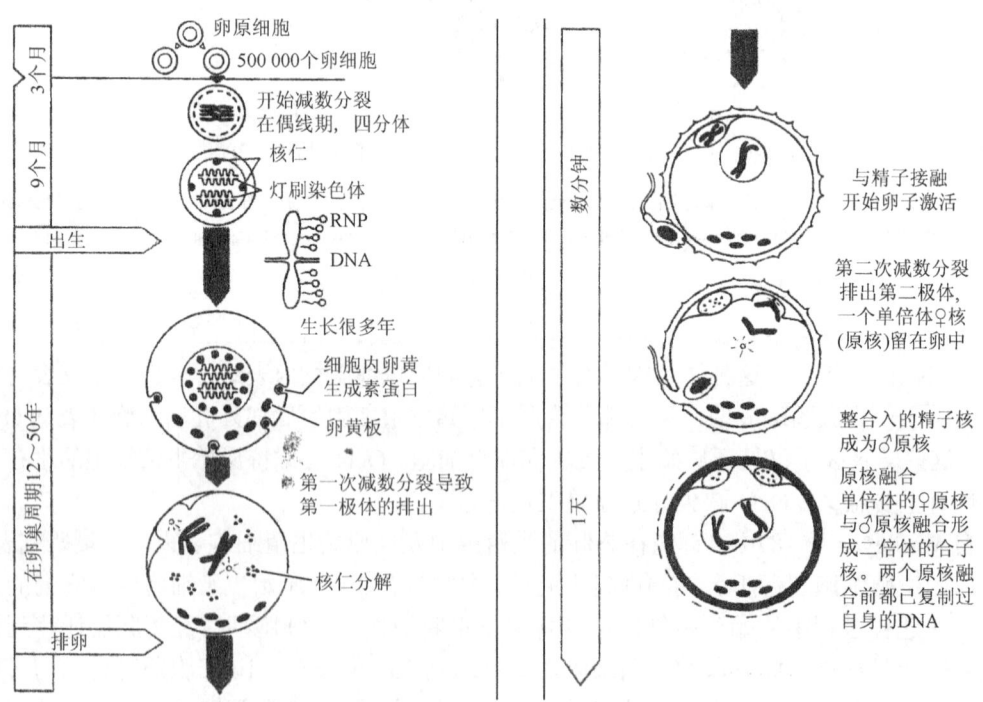

图 2-10　人类卵子的发生（引自 Muller，1996）

始生殖细胞开始大量增殖，在胚胎发育的前3~5个月即可增加至几百万个卵原细胞。随后，细胞停止分裂，其中大部分细胞发生凋亡而小部分细胞开始长大成为卵母细胞，在胎儿的卵巢内大约含有50万个卵母细胞。至青春期开始，仅约10%的卵母细胞存活下来。在胎儿发育至3~7个月时，卵母细胞成为初级卵母细胞（primary oocyte）并开始进入第一次减数分裂前期，已复制的两条同源染色体配对形成联会复合体（synaptonemal complex），以灯刷染色体的形式（lampbrush chromosome）停滞于双线期（diplotene）。这一细胞形态结构可从人的12岁（初潮）持续至50余岁（绝经）。在此期间进行大量物质的合成和储存，其周围由卵泡（follicle）细胞包裹以供给卵黄物质。初级卵母细胞的体积比原来增大了约500倍。

人在青春期时，在脑垂体分泌的促卵泡激素（follicle stimulating hormone，FSH）的作用下，每一卵巢活动周期有5~12个卵母细胞开始成熟，再在促黄体生成素（luteinizing hormone，LH）的作用下，唤醒沉睡的卵母细胞恢复减数分裂，排出第一极体成为次级卵母细胞（secondary oocyte），启动成熟卵从卵巢中释放出来，每次通常只有一枚卵泡达到成熟状态。在28~30d的卵巢活动周期中，上次月经后约14d，其中一枚卵子完成第一次减数分裂，排出第一极体，并从卵巢中排放出来（ovulation），直到受精时才完成第二次减数分裂，排出第二极体。

卵子的发生在个体生活史中有的时间很长，有的时间较短，因物种不同而异。例如，林蛙的卵子从增殖至成熟约需3年，每年产卵1次，每年又有卵原细胞增殖产生新的卵母细胞，而鸡等完成这一过程仅需几个月。

与卵子发生不同，精原细胞在精巢内一直处于静止状态，直到青春期才恢复增殖，既不断产生精原细胞，又不断形成精母细胞（spermatocyte）。每个精母细胞通过成熟分裂形成4个精细胞，然后变形成为精子（图2-11）。

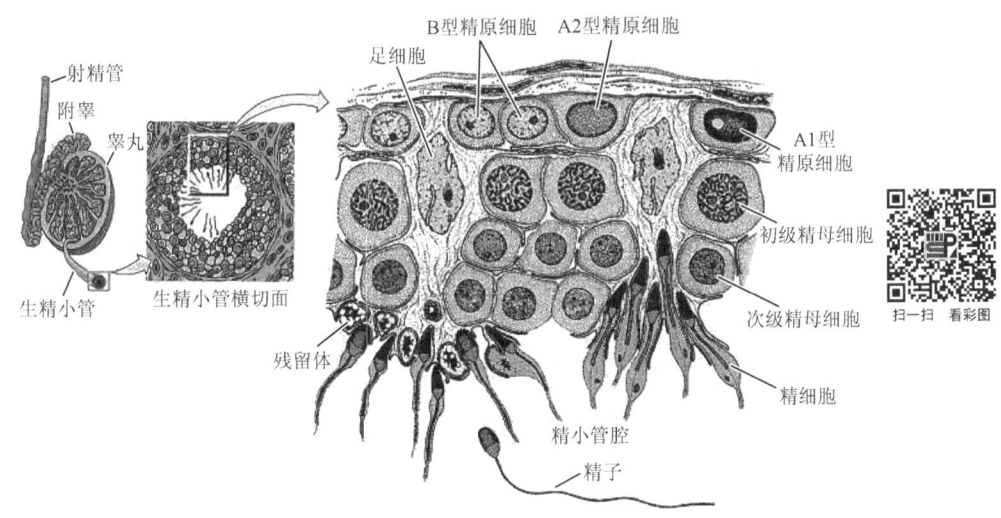

图2-11　精子的发生（引自Gilbert，2000）

图示睾丸、曲细精管及其内精子发生各个阶段的细胞形态

2.2　发育前的准备

动物卵子受精之后，从卵裂至囊胚形成其细胞分裂速度很快，细胞周期没有G_1期和G_2期，只有S期和M期。在此过程中，合子基因组几乎是不活动的，那么生长、发育所需的

mRNA、rRNA、tRNA、各种酶类和蛋白质、卵磷脂蛋白及糖原等物质从何而来呢？原来，在卵子发生期间，母体效应基因起着十分关键的作用，通过它们的转录和表达，在卵母细胞中积累、储藏了大量所需的各种物质，为启动早期发育做了充分的准备。这种发育前的准备在所有动物中普遍存在，但具体的方式和途径各有不同，下面分别予以讨论。

2.2.1 灯刷染色体与 RNA 转录

在某些动物卵子发生过程中，常可观察到卵母细胞内的染色体以一种特殊的形态存在，其形状似灯刷，故名灯刷染色体。在地中海伞藻（*Acetabularia metiterranea*）也可观察到这一典型的结构，而在果蝇、玉米等雌配子发生过程中则可看到非典型灯刷染色体的存在。

灯刷染色体是双线期同源染色体开始分离的二价体（图 2-12），每个二价体由 4 条染色单体组成，其间可见染色体交叉现象。每一染色体由轴和侧环组成，两个相近大小的侧环从轴伸出，轴上有大小不等的染色粒，染色粒由浓缩的染色质构成。一个侧环平均约含 100kb DNA，每个环共有 4 个拷贝。蝾螈每组染色单体约含 5000 个侧环，每个卵母细胞核内共有侧环约 20 000 个（5000×4）。

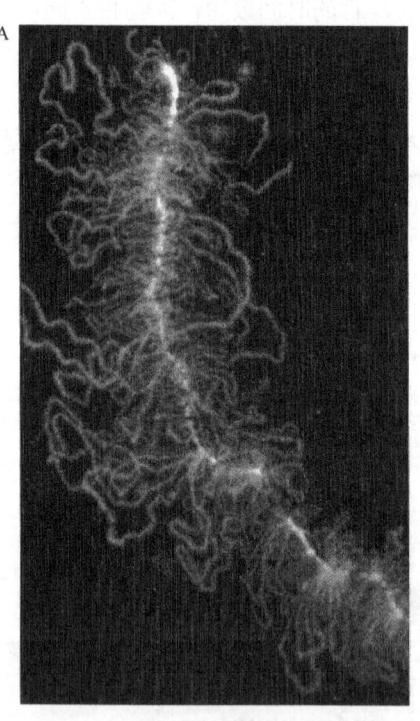 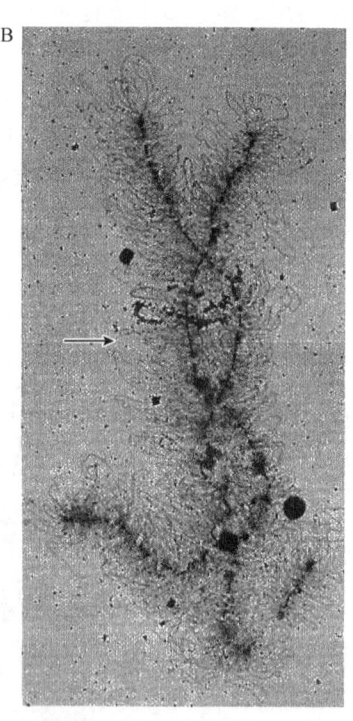

图 2-12　蝾螈的灯刷染色体（引自 Gilbert，2000）

A. 图示高度螺旋化的 DNA 轴及向两侧伸展的侧环和侧环上转录的 RNA；B. 通过原位杂交和放射自显影对组蛋白基因在灯刷染色体上进行定位（箭头）

研究表明，灯刷染色体的侧环为去螺旋化的 DNA 双链，是 RNA 活跃转录的部位。每个侧环多为一个大的转录单元，但也有的侧环包含几个转录单元。转录本的 3′端由 RNA 聚合酶固定在侧环上，5′端游离于侧环并与蛋白质结合成核糖核蛋白（ribonucleoprotein，RNP）复合物。合成后的 RNP 进入细胞质，使卵母细胞储备大量各种所需的 mRNA 及其 RNP，为受精后启动早期胚胎发育做好准备。

2.2.2 核仁扩增与 rRNA 储备

为了满足早期胚胎快速发育的需要，必须在短期内合成大量的多种蛋白质。因此，不仅要提供大量的多种多样的 mRNA，还要有大量作为蛋白质合成工厂的核糖体存在，包括大量 rRNA。由于合子基因组在发育早期是不活动的，蛋白质的合成完全依赖于母体效应基因储存在卵子细胞质内的转录和表达产物。下面我们来看看 rRNA 在卵母细胞内是如何进行高效合成的。

真核生物共有 4 种 rDNA，分别编码 18S、5.8S、28S 和 5S rRNA。前 3 种依序相连在一起共同组成一个转录单元。因物种不同，每个基因组中有 100～5000 个这种转录单元的重复序列，它们串联重复簇聚在单条染色体或少数几条染色体上，构成单个或数个核仁组织者（nucleolar organizer，NOR），参与间期核仁的形成。例如，人的基因组中有 200 个 rDNA 转录单元，串联重复簇聚在 5 条不同的染色体上；爪蟾每个基因组中有 450 个重复单元，簇聚于 1 条染色体上。这些 rDNA 由 RNA 聚合酶 I 专一进行转录，然后转录本被剪接加工为 18S、5.8S 和 28S rRNA。此外，5S rRNA（120bp）的基因不定位于 NOR 内，其拷贝多达数千（人约为 2000×4）至数万（爪蟾约为 24 000×4），它们同样以串联重复的方式簇聚排列在其他染色体上。5S rDNA 由 RNA 聚合酶Ⅲ转录。

尽管在卵母细胞中存在如此众多的包含 3 种 rDNA（18S、5.8S 和 28S）重复序列，但所合成的 rRNA 仍难以满足早期胚胎发育的需要，某些生物如软体动物、昆虫、鱼类和两栖类还必须通过额外的 rDNA 扩增（rDNA amplification），为 rRNA 的大量合成提供更多的模板。例如，爪蟾的卵母细胞含有 4 个 NOR，每个 NOR 有 450 个包含上述 3 种 rDNA 的相同转录单元，共 1800 个备份。但实际上其卵母细胞内远不止 4 个 NOR，而是通过 DNA 的滚动复制，每个 NOR 又额外复制了 250 份，共另增加了 1000 份 NOR 拷贝（250×4）。每份复制的拷贝从 rDNA 母链上脱离，各自闭合成环并与蛋白质结合成复合体，形成 1000 个游离的核仁，散布于核膜内周缘，故这一过程也称核仁扩增（nucleolar amplification）。正是由于存在如此众多的 rDNA 模板（图 2-13），以致在 6 个月内使卵母细胞里装配积累了约 10^{12} 个核糖体，足以维持早期胚胎快速发育过程中的蛋白质合成之需。如果没有 rDNA 的扩增，要合成装配相同数量的核糖体需要 400～500 年。从下面的研究实例中，核仁扩增的重要性会给我们留下更加深刻的印象。

爪蟾体细胞含 2 个核仁，1958 年，牛津大学的学者发现一种突变体的体细胞内只有单个核仁，故称 1-nu 突变体。1-nu×1-nu，后代按 2-nu（1-nu/1-nu）：1-nu（1-nu/0-nu）：0-nu（0-nu/0-nu）呈 1：2：1 孟德尔式分离。令人惊奇的是，0-nu/0-nu 纯合缺失突变体合子能进行正常的早期胚胎发育，并一直持续到蝌蚪期才死亡。这一结果表明，卵母细胞内已经储藏了大量核糖体或构建核糖体所必需的各种材料和信息，在自身基因组对此毫无作为的情况下，单靠母体效应基因所提供的储备就能维持其发育至蝌蚪期。虽然在正常情况下，两栖类胚胎发育至囊胚中期，合子基因逐步被激活并表达，逐渐取代母体效应基因产物的发育功能，即中期囊胚转换（midblastula transition），但从上例来看，卵母细胞内的某些储备物至囊胚中期还远未耗尽。

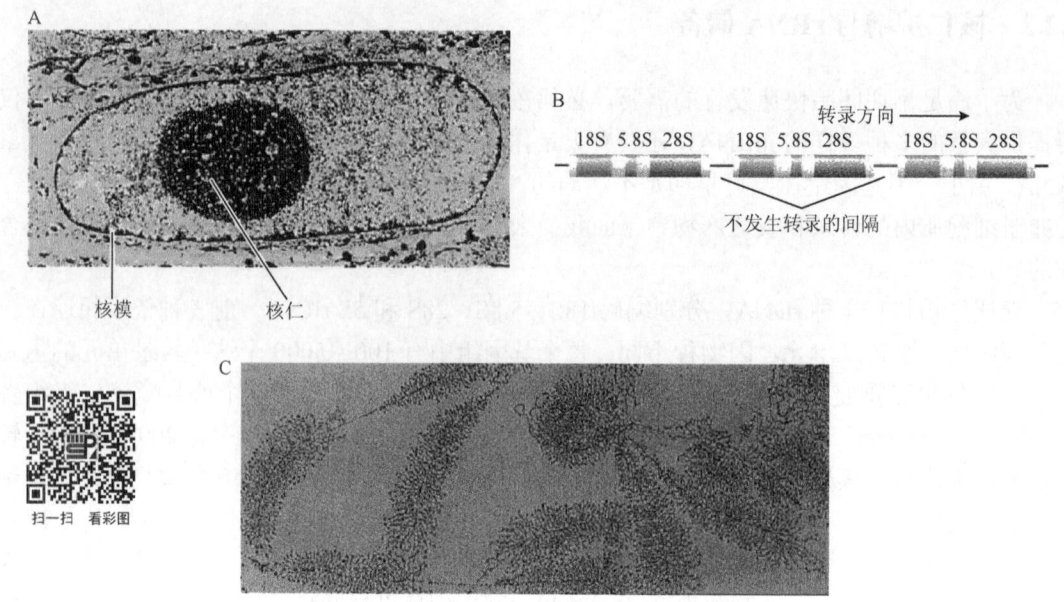

图 2-13　核仁与转录（引自 Hartwell，2000）

A. 人上皮细胞的电镜照片，示长椭圆形细胞核内一枚大核仁；B. 示 18S、5.8S 和 28S rRNA 基因转录单元的串联重复；C. 核仁内 rRNA 基因的转录，示串联重复的转录单元（轴线）及旁侧的转录物，其中最短的线为转录起始处，最长的线为转录完成处，长线外端的颗粒可能是部分装配的核糖体

2.2.3　滋养细胞与母体效应基因的活动

昆虫的卵母细胞内同样储备了大量物质供早期胚胎发育之需，但与上述情况不同的是，这些物质主要不是卵母细胞自主合成的，而是由滋养细胞（nurse cell）代劳完成的，然后储藏到卵母细胞中。因此，这些动物的卵母细胞内不出现灯刷染色体，也没有核仁扩增现象。果蝇的研究表明，滋养细胞的基因组扩增了 500～1000 倍，由这些多倍体细胞来保证所需物质的高效合成。

果蝇的卵原细胞位于卵巢管中，每个卵原细胞连续进行 4 次有丝分裂共产生 16 个子细胞，只有中间的两个子细胞各与 4 个相邻姐妹细胞相联系。这两个细胞中的一个便成为卵母细胞，其他 15 个细胞则多倍化后成为滋养细胞。

滋养细胞合成大量 RNA 和蛋白质，通过特殊的通道输送，储藏在卵母细胞内，其胞体不断增大。例如，这些产物中包括 *bicoid*、*nanos*、*oska* 等基因转录的 mRNA，*bicoid* mRNA 位于卵子的前极，*nanos*、*oska* 等的 mRNA 位于后极，受精后表达形成由前到后或由后到前的成形素（morphogen）浓度梯度，以决定头胸部与腹部前后轴的极性。所谓成形素，特指某些可溶的能够扩散的物质，它们以其分布的浓度梯度特化受影响细胞的分化途径。此外，围绕卵母细胞的滤泡细胞（follicle cell）也会合成其他 RNA 及卵磷脂蛋白等物质储存在卵母细胞内，供发育之需。

从上述讨论可知，一个新生命的诞生与成长，实际上早在受精之前的卵母细胞甚至卵子中，通过母体基因组的活动与表达，储备了早期发育的各种必需物质，做了充分的准备。参与后代发育的这些母体基因组的基因称为母体效应基因（maternal effect gene）。

2.3 亲缘印迹

除了上述母体效应基因为子代发育所做的各种物质储备外，近年在哺乳动物中还发现来自父亲和母亲的两个基因组版本对子代发育的贡献各不相同且缺一不可，即正常的发育同时需要两个来源不同的基因组版本。这种同一遗传结构因来源不同（父源或母源）而表现出功能差异的现象称亲缘印迹（parental imprinting）或基因组印迹（genomic imprinting）。因基因组版本的改写发生于配子发生阶段，故将这一问题安排在本章讨论。

2.3.1 亲缘印迹的发现

在某些遗传病中，因致病基因来自父亲还是母亲的不同而临床表现存在明显的差异，偏离了经典的孟德尔遗传方式。这一现象起初令人大惑不解，难道同一遗传结构因来源不同而功能有别？难道雌雄配子发生时各自打上了亲缘的印迹？让我们先从几种遗传病的表现说起。

人类的两种遗传病（图 2-14），一种是 Prader-Willi（PW）综合征，患儿智力迟钝，过度肥胖，身材矮小，手、脚异常短小，行为异常，性腺机能减退；另一种是 Angelman（AM）综合征，患儿大嘴，面容特殊，常不能自制地发笑，出现痉挛性运动、步态不稳、癫痫及思维综合征。研究表明，这两种病的遗传原因看似相同，皆因 15 号染色体长臂上同一片段（15q11—q13）缺失所致。如果小孩从父亲得到 15q—，则患 PW 综合征；如果从母亲得到 15q—，则患 AM 综合征。由此看来，缺失基因在后代的表现不同有赖于这些基因属父源版本还是母源版本，即源于双亲的同源染色体或等位基因存在功能上的差异。

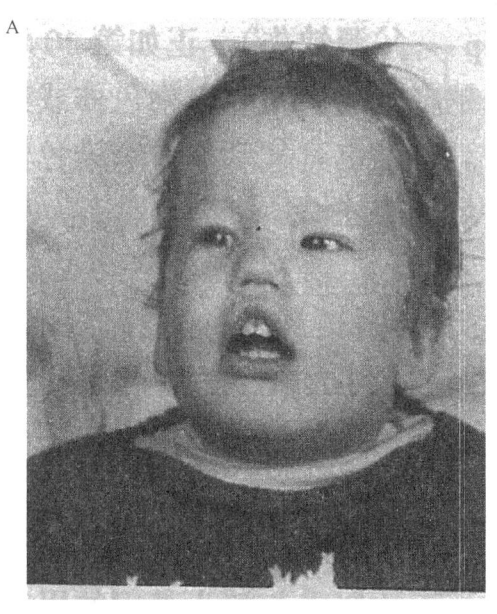
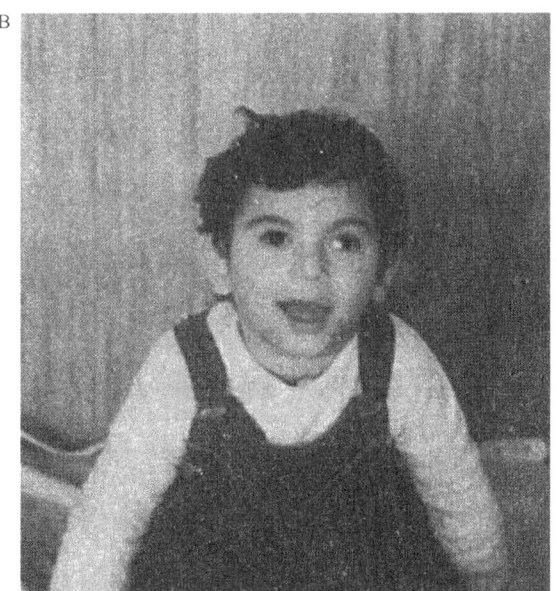

图 2-14　Prader-Willi 综合征（A）和 Angelman 综合征患儿（B）（引自 Vogel，1997）

脆性 X 染色体综合征（fragile-X syndrome）患者具有不正常 X 染色体。在一定培养条件下，该染色体长臂端部特定位置[fra（X）（q27）]非随机地表现出不着色的裂隙，可见由一细线与其余部分悬挂在一起，常导致末端缺失、无着丝粒断片及微核出现。大约 1‰ 的男婴和 0.5‰ 的女婴为脆性 X 染色体综合征患者，主要表现为精神障碍（弱智）、面容特殊（瘦长脸，大耳，前额突，嘴大唇厚，上门齿长，下颌大，下巴前突）、语言障碍（口吃，语言表达困难）、行为异常（有的表现为胆怯，忧虑，孤僻，表情礼貌，且有一定谋生技能；有的则表现为欢愉，好动，情绪烦躁，手势能力增强，但行为粗暴）。此外，患者还存在多种发育缺陷，男性伴有巨睾。以前认为脆性 X 综合征属于简单的 X 染色体显性遗传（XD），但现在看来其遗传方式要复杂得多，因为并非所有具脆性 X 染色体的人都表现该综合征临床症状。有证据显示，母源脆性 X 染色体比父源的更可能表现该症状。某些研究者相信该染色体缺损部分的母性印迹是致病的重要原因。这可以解释为什么该综合征男性比女性更常见，因 XY 的 X 必来自母亲，而 XX 的 X 既可来自父亲，又可来自母亲，各占 1/2，其中来自父亲的脆性 X 染色体的携带者往往并不表现该综合征的临床症状。

上述现象可以解释为，某些基因每代以某种方式打上印迹，印迹不同有赖于这些基因源于雄性亲本还是雌性亲本。换言之，相同的等位基因或遗传结构对后代具有不同的表型效应，这有赖于它们经由卵子还是精子进入合子。在新的一代中，父母原来的印迹在配子发生时被抹掉（erased），其基因组再按该个体的性别重新打上自己的印迹后遗传给下一代。

除上述两例外，已发现人类数十种遗传疾病与亲缘印迹有关，其中部分列于表 2-1。

表 2-1 亲缘印迹与某些遗传病的关系

遗传病	遗传方式	遗传版本来源及病情
葡萄胎	同源二倍体	父源
多发神经纤维瘤 I	17 号染色体显性遗传	母源，发病严重
多发神经纤维瘤 II	22 号染色体显性遗传	母源，发病提前
视网膜母细胞瘤	13 号染色体部分缺失	多为父源
猫叫综合征	5 号染色体短臂缺失	多为父源
成骨肉瘤	13 号染色体部分缺失	母源
Prader-Willi 综合征	15 染色体长臂缺失	父源
Angelman 综合征	15 染色体长臂缺失	母源
亨廷顿舞蹈病	4 号染色体显性遗传	父源，发病提前、严重
脊髓小脑共济失调	6 号染色体显性遗传	父源，发病提前
强直性肌萎缩	19 号染色体显性遗传	全为母源遗传
脆性 X 综合征	X 染色体显性遗传	母源

2.3.2 发育需要两个不同的基因组版本

一种称为单亲二体（monoparental disomy）的染色体的改变提供了亲缘印迹的进一步证据。让我们再次回到 PW 和 AM 综合征的问题上来。研究发现，大多数 PW 综合征患者显示出典型的父源 15q-核型，但也有少数例外的患者具有两条完整的 15 号染色体，未发现存在缺失的现象。进一步研究查明，这两条正常的 15 号染色体均来自母亲，故称单亲二体，推测这种染色体组成可能源于一个没有 15 号染色体的精子与具双份 15 号染色体的卵子（染色体不分开）融合。为何具有两份正常 15 号染色体的个体也会患 PW 综合征呢？对于 15 号染色体而言，如果考虑到父亲的印迹不同于母亲的印迹，就不难找到答案。因为这种个体虽然有两条 15 号染色体，但都来自母亲，属同一版本，而父源版本的 15 号染色体及其长臂则完全缺失，这与父源 15q-导致 PW 综合征如出一辙。这个例子清楚地表明，正常发育需要父母印迹的两种版本同时存在，缺一不可。

为了阐明发育需要两个基因组版本的另一例证，有必要先对哺乳动物早期胚胎发育过程作一简要叙述。当桑椹胚向囊胚转变时，细胞形态发生变化，囊胚外层细胞扁平，互相连接为滋养层（trophoblast），中间一空腔为囊胚腔。滋养层内壁有一群细胞局部聚集形成内细胞团（inner cell mass）。由滋养层围成的含内细胞团和囊胚腔的球状体称胚泡（blastocyst），其中内细胞团是胚胎发育的本体，滋养层则分化为胚外组织绒毛膜（chorion）和胎盘（placenta）。滋养层和内细胞团的出现是哺乳动物早期发育的关键。囊胚之后，胚体开始增长，局部细胞迅速增殖，出现细胞迁移等复杂变化，进入原肠胚形成期（gastrulation）。胚胎通过原肠作用分化出外、中、内三个胚层。

对哺乳动物原肠胚发生过程的研究表明，父源基因组和母源基因组分别起着不同的作用。例如，对小鼠人工诱导孤雌生殖或孤雄生殖发现，父源单亲二倍体小鼠胚胎能产生正常绒毛膜，但胚体本身有缺陷而死亡；母源单亲二倍体则胚体发育正常，但绒毛膜因有缺陷而死亡。由此可见，父源基因组为绒毛膜正常发育所必需的，母源基因组为胚体正常发育所不可缺少的。若将正常 4 细胞胚与单亲二倍体卵裂球融合，由此发育而来的胚泡各部分均可找到单亲来源的细胞，但原肠胚近结束时，父源单亲二倍体细胞几乎都出现于滋养层，母源单亲二倍体细胞则仅见于胚体。这些研究结果为发育需要两个不同的基因组印迹版本的假设提供了进一步的佐证。

2.3.3 亲缘印迹的机制

精子和卵子所携带的基因组版本是在配子发生时改写的，分别打上了父亲或母亲的印迹，因而两种版本具有不尽相同的功能。那么，这种亲缘印迹的实质是什么呢？研究表明，它与 DNA 尤其是基因的启动子及增强子的甲基化程度存在密切的关系。在真核生物中，当胞嘧啶与鸟嘌呤处在 DNA 链上相邻的位置时，胞嘧啶往往被甲基转移酶识别并加上一个甲基基团后成为 5'-甲基胞嘧啶，如 C^*pG 或 GpC^*。除了 CpG 外，CpT、CpA、CpC 中的 C 也存在甲基化的现象。DNA 合成时，该甲基化模式可以通过甲基转移酶予以复制，使两个子细胞获得相同甲基化的遗传组成。在哺乳动物中，大约 70%的 CpG 或 GpC 序列中的 C 被甲基化。一般而言，基因的甲基化程度与该基因的转录活性成反比。

在哺乳动物配子发生过程中，C^*多被去甲基化还原为 C，然后再按自身的性别重新进行甲基化。精子 DNA 的甲基化程度高于卵子，即使受精后各自仍保持原样，导致父源和母源基因组版本的转录活性出现差异。因此，父源基因组和母源基因组对后代性状的程序性控制并不总是一样的。因甲基化修饰程度不同所产生的功能性差异在胚外结构（滋养层、胎盘）和胚胎本体的发育中使两个基因组版本发生了分工，也使同一遗传结构的缺陷因来源不同而表现出临床症状的差异。

由于 DNA 的甲基化及去甲基化与基因的转录活性调节密切相关，已成为当今生命科学中的研究热点之一。新的成果不断涌现，如发现斑马鱼的早期胚胎完整地继承了精子的 DNA 甲基化图谱；而哺乳动物的早期胚胎和原始生殖细胞发育过程则经历了整体去甲基化并重新建立甲基化图谱的过程，小鼠原始生殖细胞在 6.5d 时开始分化，在 13.5d 时，平均甲基化水平降至最低点，此时全基因组 DNA 的甲基化水平大约在 5%，接着雄性的原始生殖细胞开始重新建立甲基化图谱，而雌性原始生殖细胞重新甲基化的时间稍晚些，重新甲基化后，雄性生殖细胞的甲基化水平高于雌性生殖细胞，从而形成精子和卵子，小鼠精子的平均甲基化水平约为 80%，卵细胞约为 50%；胚胎发育过程中基因的印迹区未发生 DNA 去甲基化，而生殖细胞发育过程中印迹区的甲基化修饰被消除。

这些研究以前多集中于脊椎动物，近几年在无脊椎动物昆虫中也取得了一定的进展。尽管早期发现西方蜜蜂（*Apis mellifera*）有全套甲基化酶系，但随后有人发现黑腹果蝇等昆虫甲基化水平很低或不存在，因此认为昆虫中很少存在甲基化，而公开发表在 *Nature Biotechnology* 上的家蚕（*Bombyx mori*）全基因组甲基化图谱则展示了不一样的格局。特别是在西方蜜蜂中发现不仅存在 DNA 甲基化现象且其在调控级型分化过程中起着重要的作用，人们才又逐渐开始了对昆虫甲基化的探讨。随着 DNA 甲基化研究方法的不断改进和创新，特别是大规模测序技术的飞跃发展，使得从整个基因组水平测定和分析甲基化谱成为可能，这大大加速了昆虫甲基化的研究，大量成果不断涌现，如通过对印度跳蚁（*Harpegnathos saltator*）、家蚕、西方蜜蜂、白背飞虱（*Sogatella furcifera*）等昆虫的研究发现，昆虫中不仅存在大量 DNA 甲基化现象，且发现昆虫 DNA 甲基化除了与高等哺乳动物有一定的相似性之外，还具有独特的特点和功能，不同昆虫所具有的 DNA 甲基转移酶种类和性质差异较大，同时昆虫 DNA 甲基化具有甲基化水平较低、主要发生在基因区等特点，其功能主要涉及调节胚胎发育、参与基因组印迹、调控级型和翅型分化、影响性别决定、介入抗药性形成等。由此看来，DNA 甲基化修饰在动物界可能是一种普遍的现象。

问题与思考

1. 角贝原始生殖细胞是如何发生的？
2. 线虫原始生殖细胞是如何发生的？
3. 马蛔虫原始生殖细胞是如何发生的？
4. 简述极粒的主要成分。
5. 简述母体效应基因。
6. 简述人类雌雄配子发生的过程。
7. 两栖动物卵母细胞内形成灯刷染色体，以此大量合成 rRNA 等物质为早期胚胎发育做好准备，而果蝇没有灯刷染色体，其早期胚胎发育的物质储备靠什么？
8. 简述亲缘印迹的发生机制。
9. 斑马鱼的早期胚胎甲基化图谱与卵子还是精子的 DNA 甲基化图谱相像？

主要参考文献

安利国. 2010. 发育生物学. 北京：科学出版社
冷丽智，林戈，卢光琇. 2011. 原始生殖细胞发生的机制. 现代生物医学进展，11（18）：3569～3572
李璐，李俊杰，李祥龙. 2015. 禽原始生殖细胞的研究进展. 黑龙江畜牧兽医，8：78～79
梁士可，张梅，梁梓强，等. 2014. 昆虫 DNA 甲基化的特点和功能. 昆虫学报，57（12）：1439～1446
乔江丽，赵恩锋，彭红梅. 2012. 人类原始生殖细胞的起源、迁移、增殖及凋亡过程. 解剖科学进展，18（1）：91～96

王京京, 刘江. 2015. DNA 甲基化在动物胚胎和生殖细胞发育过程中的重编程. 生物化学与生物物理进展, 42（11）: 1047~1053

翁宏飚, 曹锦如, 叶爱红, 等. 2008. 家蚕基因组 DNA 甲基化分析. 蚕业科学, 34（1）: 28~32

Motulsky V. 1999. 人类遗传学. 罗会元, 译. 北京: 人民卫生出版社

Muller W A. 1998. 发育生物学. 黄秀英等, 译. 北京: 高等教育出版社

Twyman R M. 2006. 发育生物学. 王英典, 译. 北京: 科学出版社

Arias A M, Stewart A. 2002. Molecular Principles of Animal Development. Oxford: Oxford University Press

Bonasio R, Zhang G, Ye C, et al. 2010. Genomic Comparison of the Ants *Camponotus floridanus* and *Harpegnathos saltator*. Science, 329: 1068~1071

Deshpande G, Calhoun G, Yanowitz J L, et al. 1999. Novel functions of *nanos* in downregulating mitosis and transcription during the development of the *Drosophila* germline. Cell, 99: 271~281

Ephrussi A, Lehmann R. 1992. Induction of germ cell formation by oskar. Nature, 358: 387~392

Field L M, Lyko F, Mandrioli M, et al. 2004. DNA methylation in insects. Insect Molecular Biology, 13（2）: 109~115

Forristal C, Pondell M, Chen L, et al. 1995. Patterns of localization and cytoskeletal association of two vegetally localized RNAs vg1 and Xcat-2. Development, 121: 201~208

Frank L, Ramsahoye B H, Jaenisch R, et al. 2000. Development: DNA methylation in *Drosophila melanogaster*. Nature, 408: 538~540

Gilbert S F. 2000. Developmental Biology. 6th ed. Sunderland: Sinauer Associates Inc.

Ginsburg M, Snow M H, McLaren A. 1990. Primordial germ cells in the mouse embryo during gastrulation. Development, 110: 521~528

Hartwell L. 2000. Genetics: From Genes to Genomes. New York: MicGraw-Hill Companies Inc.

Ikenishi K, Tanaka T S, Komyia T. 1996. Spatio-temporal distribution of the protein of the *Xenopus* vasa homologue (*Xenopus* vasa-like gene-1, XVLG1) in embryos. Devlopment, Growth & differentiation, 38: 527~535

Jongens T A, Hay B, Jan L Y, et al. 1992. The germ cell-less gene product: A posteriorly localized component necessary for germ cell development in Drosophila. Cell, 70: 569~584

Kobayashi S, Yamada M, Asaoka M, et al. 1996. Essential role of the posterior morphogen *nanos* for germline development in *Drosophila*. Nature, 380: 708~711

Kucharski R, Maleszka J, Foret S, et al. 2008. Nutritional control of reproductive status in honeybees via DNA methylation. Science, 319: 1827~1830

Lyko F, Beisel C, Marhold J, et al. 2006. Epigenetic regulation in Drosophila. Current Topics in Microbiology and Immunology, 310: 23~44

Nakamura A, Amikura R, Mukai M, et al. 1996. Requirement for a noncoding RNA in *Drosophila* polar granules for germ cell establishment. Science, 274: 2075~2079

Pesce M, Wang X, Walgemutd D J, et al. 1998. Differential expression of the Oct-4 transcription factor during mouse germ cell differentiation. Mechamisms of Development, 71: 89~98

Savage R, Danilchik M. 1993. Dynamics of germ plasm localization and its inhibition by ultraviolet irradiation in early cleavage *Xenopus* eggs. Devlopmental Biology, 157: 371~382

Tobler H, Ursprung H. 1972. Molecular aspects of chromatin elimination in *Ascaris lumbricoides*. Devlopmental Biology, 27: 190~203

Vogel F, Motulsky A G. 1997. Human Genetics. Problems and Approaches. 3rd ed. Berlin: Springer

Waddington C H. 1966. The Nature of Life: the Main Problems and Trends of Thought in Modern Biology. New York: Harper Row Publisher

Wylie C. 1999. Germ cells. Cell, 96: 165~174

Xiang H, Zhu J, Chen Q, et al. 2010. Single base-resolution methylome of the silkworm reveals a sparse epigenomic map. Nature Biotechnology, 28: 516~520

Yeom Y I, Fuhrman G, Ovitt G E, et al. 1996. Germline regulatory element of Oct-4 specific for the totipotent cycle of embryonal cells. Development, 122: 881~894

Zhou Y, King M L. 1996. Localization of Xcat-2 RNA, a putative germ plasm component, to the mitochondrial cloud in *Xenopus* stage I oocytes. Development, 122: 947~2953

第 3 章　受精、卵裂和胚胎发育

从系统发育的角度来看，生命是一个连续的流，子子孙孙，生生不息。但从个体发育的角度来看，任何一种生命现象都有生有死，有始有终。一般认为，雌雄配子的融合即受精卵是个体生命之始，通过发育的各个阶段之后必然走向衰老和死亡，即个体生命之终。精子和卵子脱离成体之后，一般不具备独立发育成新个体的能力，不能看作生命的起点。

3.1　受　　精

受精（fertilization）是指雌雄配子核融合形成合子的过程。为了实现精卵相遇，许多生物如不同交配型的纤毛虫、海胆以至哺乳动物的卵子会分泌散发特异性的交配素（gamone）以吸引精子，为之导航。动物卵子的外层有三道防线：外被一层较厚的胶膜，中有一层卵黄膜，内层为卵细胞膜，精子只有突破这三道防线才能将雄配子核送入卵内。与此同时，还必须建立一套机制，既防止异种精子入卵授精，又阻止同种精子多精入卵（polyspermy）授精。在哺乳动物中，精子还必须经历一系列复杂的变化才具备受精能力。

3.1.1　精子获能

哺乳动物的精子在睾丸内形成后，便进入附睾管，逐步变为成熟的精子。精子成熟后，虽具有一定的活力，但仍不具备受精的能力。精子在通过雌性生殖道的过程中，因受到雌性分泌物的刺激而发生一系列生理、生化变化，才获得受精能力，这个过程称为精子获能（sperm capacitation）。该过程是由 Chang（张明觉）和 Austin 于 1951 年分别在兔和大鼠精子上发现的。经过多年研究，精子获能的可能分子机制如图 3-1 所示。K^+从胞内流出引起精子细胞膜的静电位发生改变，胆固醇与蛋白质结合从精子膜上排出便刺激离子通道，确保Ca^{2+}和HCO_3^-进入精子，Ca^{2+}和HCO_3^-激活腺苷酸环化酶，使 AMP 转化成 cAMP，cAMP 的升高激活蛋白激酶 A，引起酪氨酸蛋白激酶活性增加，使酪氨酸蛋白磷酸化，最终使精子获能。

大量研究表明，哺乳动物精子获能没有种属特异性和器官特异性，即一物种的雌性生殖道可使另一物种的精子获能，而许多器官如膀胱、结肠等也可使精子获能。精子获能的状态还可以逆转，当用精液处理获能精子时便失去了原先的获能状态，即去获能（decapacitation）。去获能的精子在雌性生殖道中，又可再获能。

精子获能后，其细胞核结构稳定，顶体没有明显变化，但精子内离子浓度发生改变，代谢增强，凝集素结合区发生变化等。一般认为，精子获能有助于顶体反应及精子超活化（hyperactivity）。

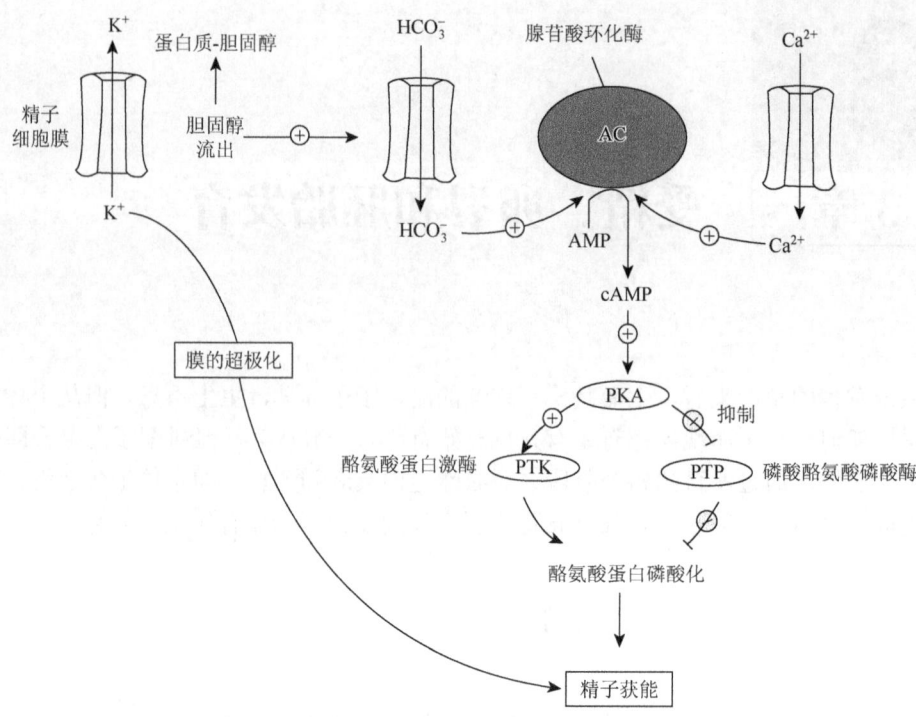

图 3-1　精子获能的分子机制示意图（引自 Kopf and Ward，1993）

模仿体内获能使精子在体外完成获能，是胚胎移植、性别鉴定、核移植和转基因等高新技术研究的基础，其意义非常重大，经过多年的研究，这方面已取得了很大进展。哺乳动物精子体外获能的完成，常受温度、动物种类和动物个体及获能液等多种因素的影响。一般认为，精子获能液中各种常规成分都直接或间接有助于获能的完成，但是研究发现，每一种成分对于精子获能都是必不可少的。近年来随着对精子获能机制、生殖道液体中诱发获能和顶体反应的因子等深入研究和了解，人们已陆续将肝素、钙离子载体、咖啡因、亚牛磺酸、孕酮、血清白蛋白等可以诱导获能的有效成分加入特定培养液中来完成精子体外获能。

3.1.2　顶体反应与受精

精子头部的前端有一膜包裹的帽状结构，称为顶体（acrosome），由顶体外膜、顶体内膜和顶体腔三部分组成（图 3-2），内有一个小泡称顶体小泡，泡内储有蛋白酶、糖苷酶、透明质酸酶、酸性磷酸酶、芳基硫酸酯酶 A、胶原酶样多肽酶、磷脂酶、放射冠穿透酶等水解酶类，总称为顶体酶系，卵子胶膜的某些成分与精子头部接触可以诱发顶体反应（acrosomal reaction，AR）（图 3-3），通过释放这些酶可以溶解胶膜和卵黄膜，就像钻头一样为精子深入到卵膜打开一条通道。

顶体反应完成之后，精子以尾部的摆动作为推动力穿越透明膜和卵黄膜，直逼卵子的细胞膜（图 3-4）。当第一个精子的顶体微丝（acrosomal filament）接触到卵细胞质膜时，精、卵的细胞膜便进行融合，精子的细胞核、中心粒和线粒体被注入卵细胞质内。有关研究表明，精子带入的线粒体后来被破坏清除，故后代细胞内的线粒体都是母源的，在秀丽隐杆线虫，研究者发现雄性精子线粒体表达一种被称作 CPS-6 的内切核酸酶 G，这种酶能够摧毁它自身的线粒体 DNA，也能降解保护这些父本线粒体的内膜，因而破坏它们的内膜完整性，并导致父本线粒体 DNA 自我降解。此后，雌雄原核形成并融合成合子核，受精即告完成。

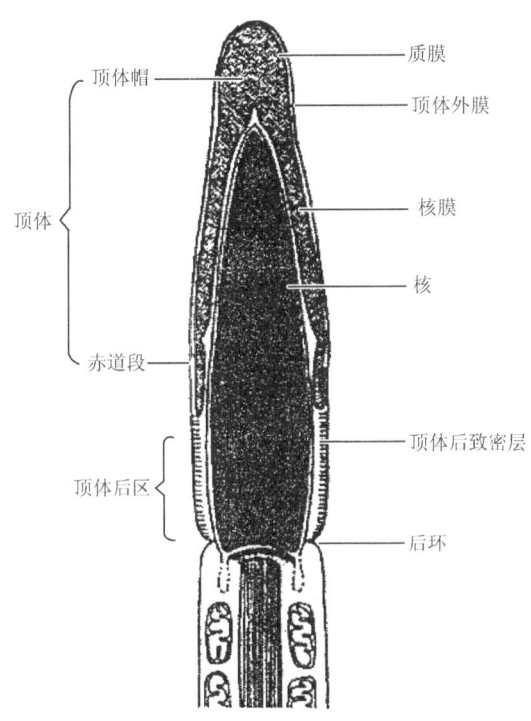

图 3-2　精子顶体的结构示意图（引自 Yanagimachi and Noda，1994）

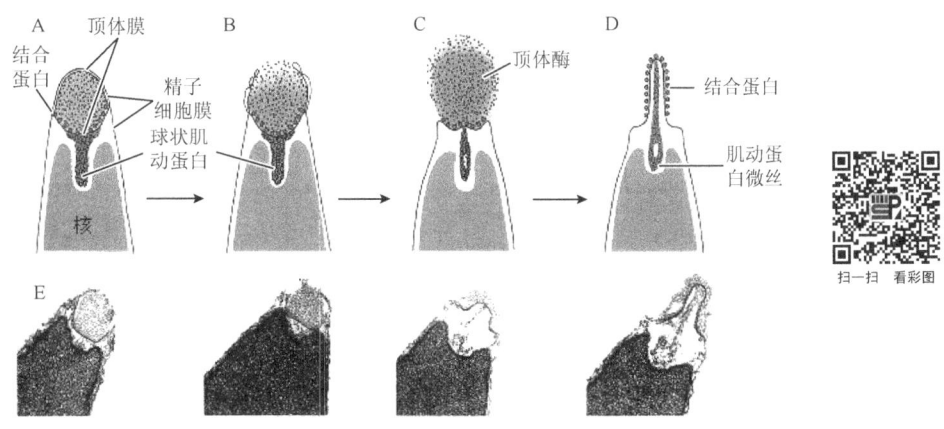

图 3-3　海胆精子的顶体反应（引自 Meizel，1984）

A~C. 顶体膜与精子膜融合，释放出顶体小泡（acrosomal vesicle）的内含物；D. 肌动蛋白分子组装成微丝并向外伸出，其上附有结合素；E. 海胆精子顶体反应对应于 A~D 图的真实摄影图片

3.1.3 阻止多精授精及异种精子入卵的机制

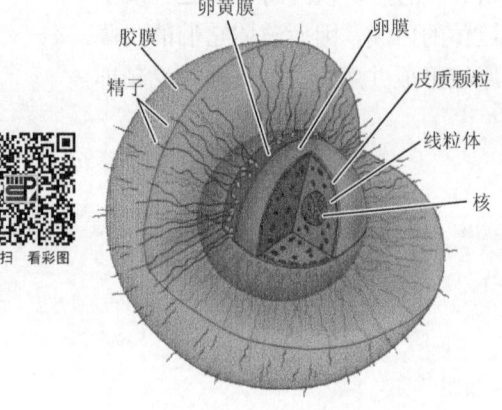

图 3-4 海胆卵子受精时的结构示意图
（引自 Epel，1977）

那么，动物卵子受精时如何避免多精授精及异种精子入卵呢？当第一个精核进入卵后，卵细胞膜上的结合素受体受到刺激立即失去活性，迅速阻止其余的精子与之接触和附着，阻断多精入卵；另一个反应是，精子与卵子融合后引起胞内游离 Ca^{2+} 升高并激活蛋白激酶 C（PKC），导致卵膜内周的大量皮质颗粒与卵膜融合发生胞吐，即发生皮质反应（cortical reaction，CR）。皮质颗粒中的内含物（主要是一些酶类）随着胞吐释放到卵周隙与卵质膜融合，引起卵质膜反应，并使透明带硬化，进而引起透明带反应，使之膨胀成为一层厚厚的受精膜，以此永久阻止多精入卵，防止多精授精（图 3-5 和图 3-6）。某些昆虫、两栖类和鸟类存在多精入卵的现象，但多余的精核后来均被破坏清除，仍然是单精授精。

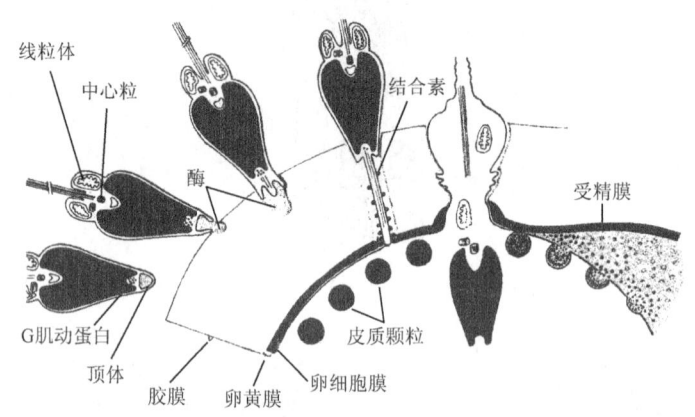

图 3-5 海胆受精模式图示顶体反应和受精膜的形成（引自 Muller，1998）

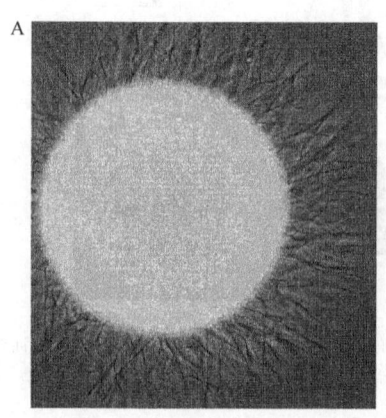
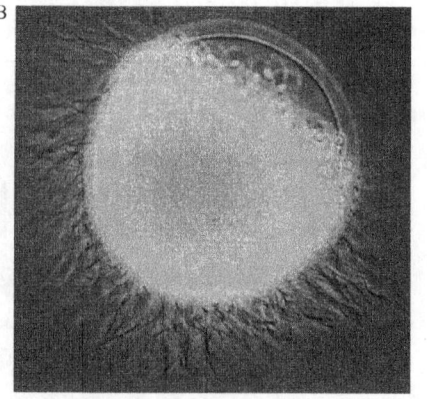

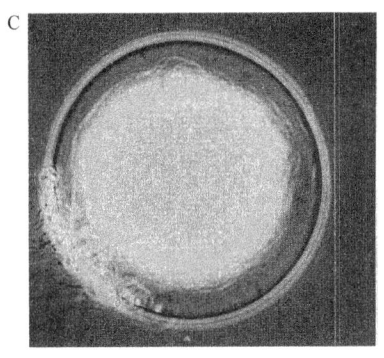 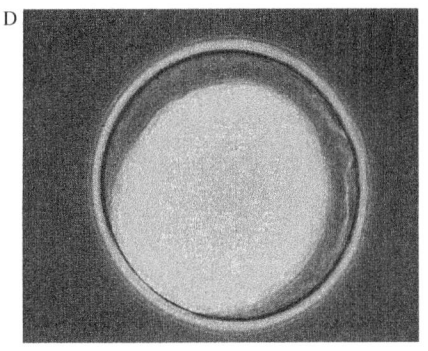

图 3-6　海胆受精膜形成照相（引自 Gilbert，2000）

A. 海胆精、卵混合后 10s，卵周充满了精子；B，C. 混合后 25s 和 30s，受精膜自精子进入点开始朝对应一极快速形成；D. 受精膜已形成，多余精子被清除

对于海胆的卵子来说，即使是异种精子也可能突破胶膜和卵黄膜前两道防线，唯有第三道防线卵细胞膜才是严格把关的，只有验明身份后才决定是否放行。当顶体微丝与卵膜接触时，其表面有该物种特异的结合素（bindin）分子（图 3-3 和图 3-5），这是过第三关的"通行证"，而卵膜上则分布着相应结合素的受体，是识别精子"身份证"真伪的"守门人"。这种受体是一种跨膜蛋白，为由二硫键相连而成的四聚体。当卵膜受体接触到异种精子的结合素时，就将其拒之门外，阻止异种精子进入卵内。

哺乳动物阻止异种精子入卵和多精入卵的机制与海胆类似，但比海胆更严格一些。现已发现其透明带（胶膜）上有物种特异的精子结合蛋白，共 3 种：ZP1、ZP2 和 ZP3。其中 ZP3 是糖蛋白，它发挥着更主要的作用，既可以检验精子的"身份证"，阻止异种精子入内，又能触发顶体反应（图 3-7）。当第一个精核入卵后，透明带上的精子结合蛋白立即失活，从而成功地阻止其他精子继续穿入透明带。由此可见，哺乳动物卵子已大大强化了第一道防线的功能。

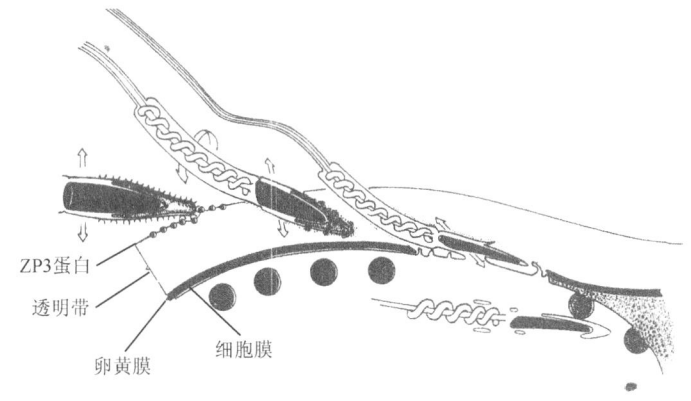

图 3-7　哺乳动物受精模式图（引自 Muller，1998）

示卵子透明带上的精子结合蛋白 ZP3、顶体反应、受精过程及受精膜的形成

3.1.4　卵的激活

当精子细胞膜与卵子细胞膜融合并将精核、中心粒和线粒体注入卵子后，卵细胞受

此刺激迅即做出一连串反应，形态、生理生化发生显著的变化，由相对静止状态转入活跃时期，激发卵子完成第二次减数分裂，雌雄原核融合，准备进行第一次卵裂。这些变化称为卵子激活（egg activation）。对海胆的有关研究证明，精子对卵的激活主要包括以下过程（图 3-8 和图 3-9）。

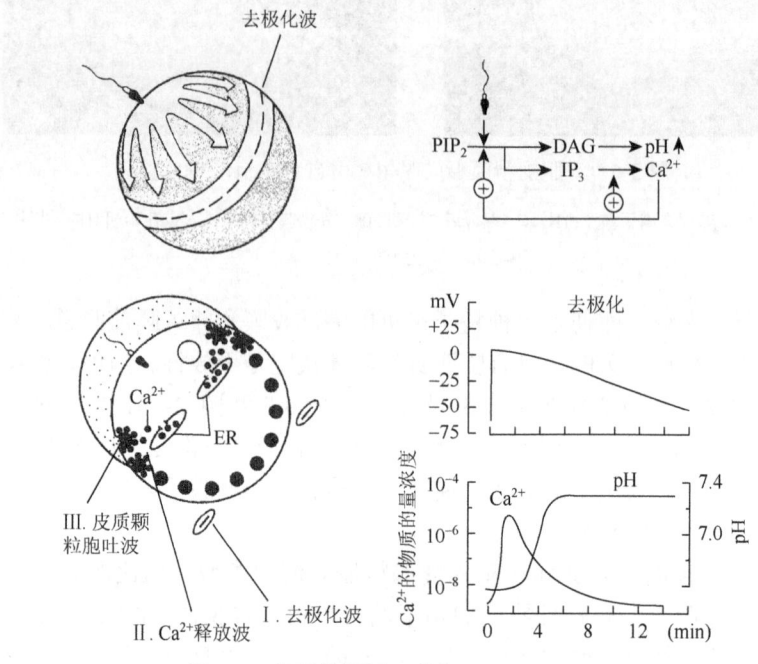

图 3-8　卵子的激活（引自 Muller，1998）

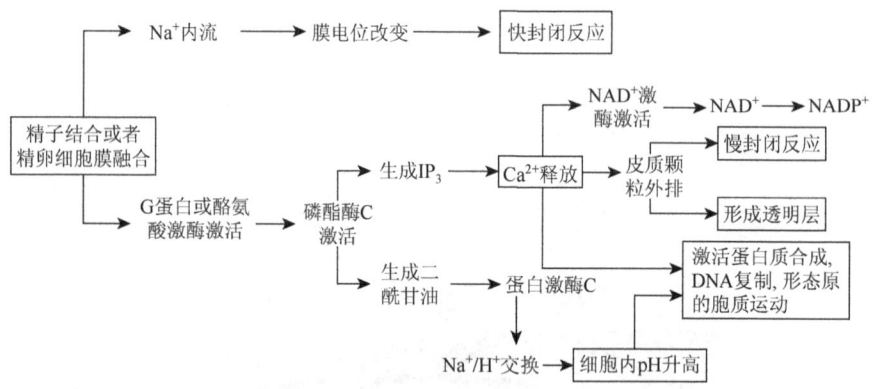

图 3-9　海胆卵子激活的途径及可能机制（引自 Gilbert，2000）

（1）卵膜从精子进入点开始，膜电位快速降低了数十毫伏，并沿着卵膜表面向对应的方向传播动作电位，使膜电位去极化，卵子受体因改变了原来的电位而失去与精子结合素偶联的能力。这种快速反应使整个卵膜形成了最早的屏障，封闭切断了多精入卵的所有通道。

（2）在精卵细胞膜接触处，第一信使磷脂酰肌醇（PI）信号转导通路开启并激发第二信使三磷酸肌醇（IP_3）和二酰甘油（DAG），以及 cGMP 和环腺苷二磷酸-核糖（cycle ADP-ribose）产生，它们与精子的激活因子一起诱导钙离子从内质网（ER）中释放出来。钙离子通过正反馈引起邻近 ER 进一步释放钙离子，形成整个卵子传播的钙波。钙离子还可以迅速被 ER 回收，在下一个传播波循环使用。在豚鼠和小鼠，每隔 1～10s 发生 1 次钙波。

（3）钙离子浓度爆发性升高的传播，所到之处激发皮质颗粒大量吐出，所释放的胶状物质在卵膜和卵黄膜之间迅速膨胀，形成一层厚实的受精膜。对哺乳动物的研究表明，皮质颗粒还释放某些酶类，专门破坏透明带上精子结合蛋白，进一步封锁了多精入卵的门户。

（4）钙波和 DAG 信号同时还激活了卵子的新陈代谢，在一种蛋白激酶 C（PRC）的作用下，刺激卵膜上的离子交换，Na^+ 进 H^+ 出，使细胞质内 pH 上升。一般认为，这种改变有利于 mRNA 从 RNP 中释放出来，为新的蛋白质如组蛋白的合成创造了条件。

（5）激发卵子第二次减数分裂完成，排出第二极体。同时启动雌雄单倍体核分别复制基因组，之后变成雌雄原核，雄原核向雌原核迁移，最终配合为合子核，准备进行第一次卵裂（图 3-10）。

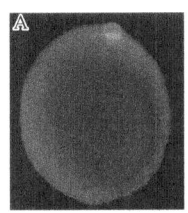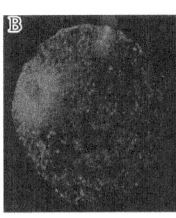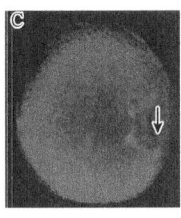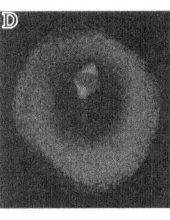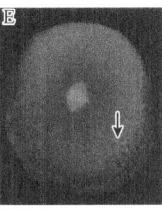

图 3-10　人卵受精及合子核形成（引自 Gilbert，2000）

A. 未受精卵，第一次减数分裂；B. 精子入卵，第二次减数分裂；C. 受精后 15h，雌雄原核靠近；D. 第一次卵裂前期，当纺锤体极性形成时，父源和母源染色体分别各自浓缩；E. 父源和母源染色体在中期板混合，开始第一次有丝分裂。箭头示精子的尾部

3.2　卵裂与囊胚形成

任何一种生物的生存和发展必须与周围的环境相适应，这种适应是在长期进化过程中形成的。许多卵生动物的卵子受精后，因为脱离了母体的保护，必须尽快地通过胚胎发育过程，形成具有独立生活能力的个体，一方面从自然界摄取食物，进行物质交换和能量交换；另一方面获得逃避敌害和不良环境的自主能力。例如，广东有一种蛙在春夏雨季积水的小水坑产卵，数天即可完成变态。由于这类动物的卵子在母体已储存了大量发育所需的 RNP、蛋白质、卵黄等物质，为快速卵裂（cleavage）即受精卵不断进行细胞分裂的过程和早期发育创造了条件。哺乳动物的受精卵因继续停留在母体内发育，受到母体的保护并不断从母体获得营养，其卵裂周期长，不同于上述卵生动物的卵裂。

3.2.1　卵裂时的细胞周期

许多动物在原肠胚之前合子的基因组多不活动，不进行转录，仅利用母体效应基因的转录表达产物进行蛋白质合成和 DNA 复制，其细胞周期大为缩短，没有 G_1 期和 G_2 期，只有 S 期和 M 期的连续交替（图 3-11）。受精卵胚胎发育早期进行同步快速卵裂，0.5h 左右即可完成一次细胞分裂，如海胆、蟹类、鱼类等的卵裂。爪蟾从卵裂至中期囊胚，细胞周期仅有 S 期和 M 期，从中期囊胚开始启动合子基因的转录，细胞周期才出现 G_1 期和 G_2 期。中期囊胚转换导致细胞开始不同步分裂。

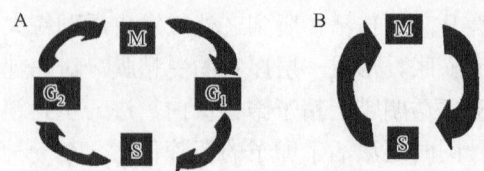

图 3-11　标准有丝分裂细胞周期（A）与早期两栖类胚胎细胞周期（B）的比较

细胞周期主要受分裂促进因子（mitosis-promoting factor，MPF）的调控。MPF 由两类分子结合而成，一类是 P34cdc2，为蛋白激酶，构成 MPF 的催化亚基，人类的 P34cdc2 家族中已发现有 11 种；另一类是细胞周期蛋白或称细胞周期素（cyclin），构成 MPF 的调节亚基，该家族在海胆中发现有 A 型、B2 型，脊椎动物中发现有 A、B、B2、C、D、E 等型，酵母中有 30 余种。通过不同的细胞周期蛋白与不同的 P34cdc2 的聚合离散、磷酸化与去磷酸化以带动细胞周期的运转。

在细胞周期中，P34cdc2 持续存在，cyclin 则周期性地产生和降解（图 3-12）。卵子激活时合成、积累 cyclin B，并与 P34cdc2 结合成 MPF，但还没有活性，只有当 P34cdc2 第 161 位的苏氨酸残基磷酸化，第 14 和 15 位的苏氨酸和酪氨酸残基去磷酸化后，MPF 才具有促进分裂的活性。在此过程中，MPF 的激活又受到若干检测点（check point）的监控，而检测点又

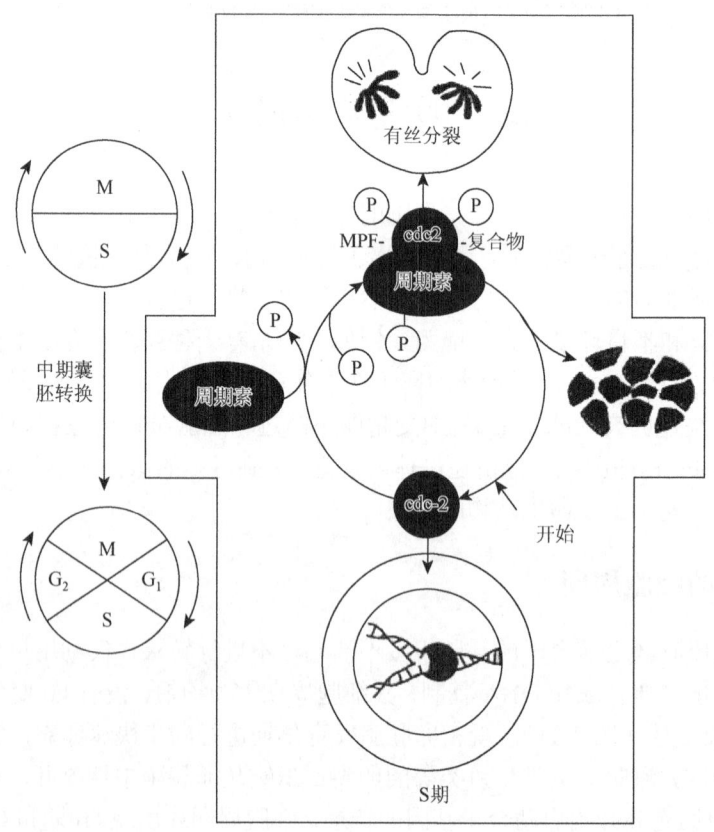

图 3-12　细胞分裂促进因子（MPF）在胚胎细胞周期中的变化（引自 Muller，1998）

受到反馈调控。如果细胞分裂一切准备就绪，如 DNA 复制完成、纺锤体成功进行组装等，便放行，MPF 被激活，促进分裂；否则，MPF 受抑制，阻止分裂进行。例如，P53 就是这种反馈调控的成分之一，其表达可阻断损伤 DNA 进入 S 期，抑制细胞进行分裂。只有当 DNA 合成完毕，才反馈给检测点放行。

细胞分裂将结束，P34cdc2 与 cyclin B 分离，后者被降解。然后 G_1 期 cyclin C、D、E 等（因物种不同而不同）表达，并与 P34cdc2 结合，进入 S 期后降解。cyclin A 于 S 期启动点前表达并与 P34cdc2 结合。稍后 cyclin B 在 S 期表达，于 G_2/M 积累达峰值，于 M 中后期再次被降解。在卵裂过程中，M 期完成之后即进入 S 期，DNA 合成之后又直接转入 M 期。通过不同种类的 P34cdc2 和 cyclin 的周期性离合以决定细胞周期中各个时期的起始与转换。

3.2.2 卵裂类型

卵裂的速度有快有慢，卵裂方式多种多样，因不同物种而异，受遗传控制和环境影响。例如，斑马鱼卵裂 15min/次，海胆 30min/次，蛙 60min/次，小鼠 10~20h/次。卵裂产生的细胞称卵裂球（blastomere）。许多动物第一、第二次卵裂为纵裂，垂直等分，第三次为横裂，不等分，上小下大，下层细胞含大量卵黄（yolk）颗粒。受精卵含卵黄少的一端称动物极（animal pole），含卵黄多的一端称植物极（vegetative pole）。卵黄含量的多寡、分布及有丝分裂器的取向等均直接影响卵裂的方式。

按卵裂沟分割细胞是否完全，可将卵裂分为全裂（total or holoblastic cleavage）和不完全裂（incomplete cleavage）两大类（图 3-13）。全裂又可以细分为辐射裂、螺旋裂、两侧对称裂、旋转裂等；不完全裂则可分为盘状裂（鱼、鸟等）、表面裂（绝大多数昆虫）等。

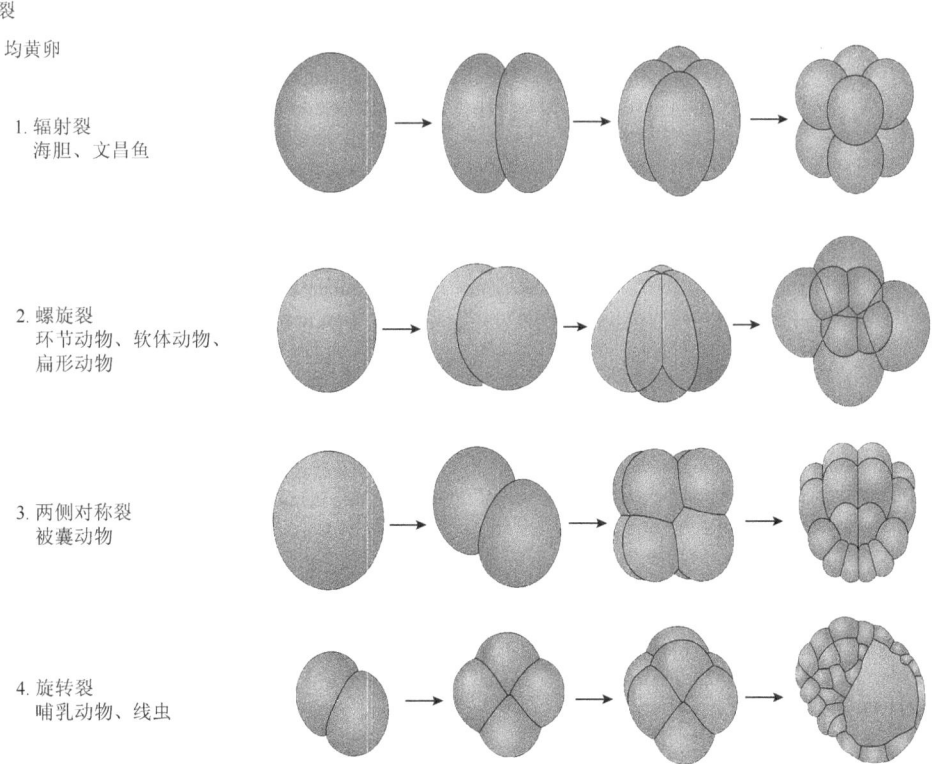

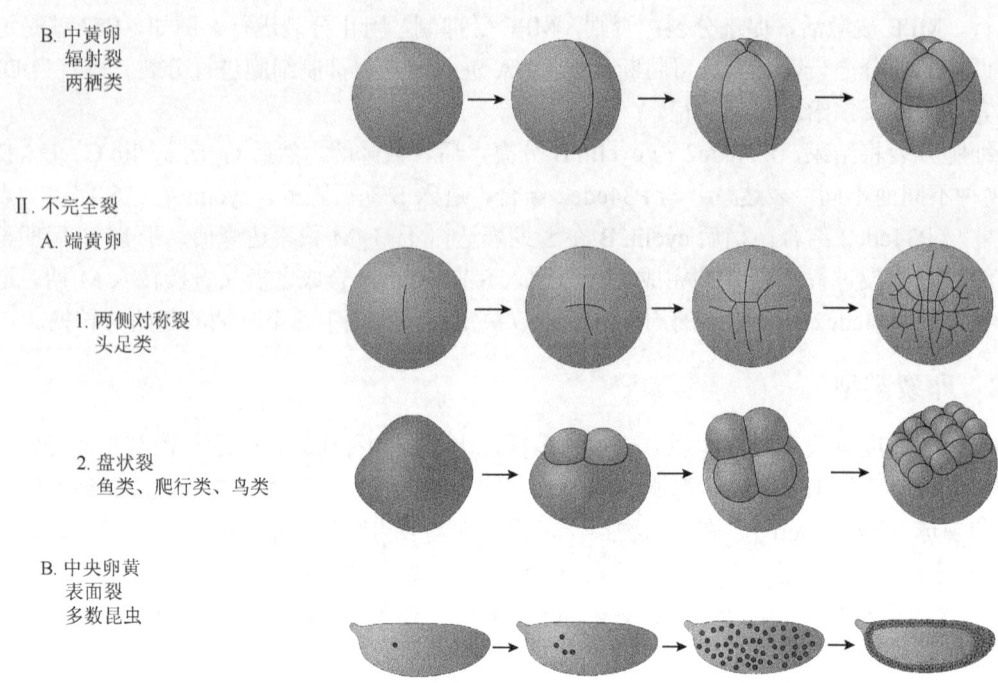

图 3-13　卵裂的基本类型（引自 Gilbert，2000）

3.2.3　囊胚形成

卵裂 3～4 次后，含 8～16 个细胞的细胞团便进入了囊胚期（blastula），卵裂将持续至囊胚晚期。在这一发育时期，细胞只有分裂但没有生长，细胞数不断增加而细胞的体积却越来越小，但整个胚胎的大小保持不变。细胞团中央没有空腔的囊胚通常称桑椹胚（morula），如哺乳动物的早期囊胚。

由于卵子类型及卵裂方式的差别，囊胚的形态结构也不一样，大致可以分为以下几种主要类型（图 3-14）：①有腔囊胚（coeloblastula），如海胆、文昌鱼、两栖类等。哺乳动物也属有腔囊胚（图 3-15），但发育较为特殊，其内侧由一团细胞形成，称内细胞团（inner cell mass，ICM），是胚胎发育的主体。②表面囊胚（superficial blastula），见于绝大多数昆虫，如果蝇合子核每 9min 复制一次，直至经过 13 次分裂形成具有约 6000 个核的合胞体（syncytium）。当核分裂 7～8 次后，核迁至卵外周皮质层并继续分裂，然后每个核由卵子表面向内延伸的细胞膜包围，成为完整的细胞，这一演变过程称为细胞化（cellularization）。此时，围绕胚胎的外层细胞便是囊胚层，但胚内没有囊胚腔存在（图 3-16）。③盘状囊胚（discoidal blastula），见于鱼类、爬行类和鸟类等端黄卵，因囊胚似盘状而得名。

现以两栖类青蛙为例，简述其囊胚的形成过程（图 3-17）。蛙卵受精后 2h 左右即开始卵裂，第一次和第二次分裂为经裂，二者的卵裂面相互垂直。第三次为纬裂，产生 8 个分裂球，上部（动物极）4 个细胞小，下部（植物极）4 个细胞大。第四次为经裂，第五次为纬裂。

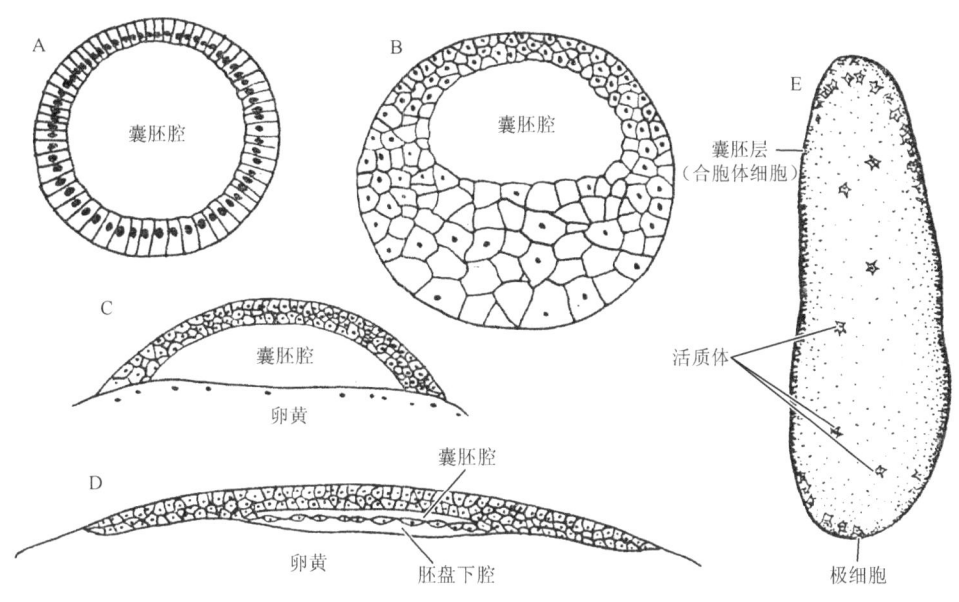

图 3-14 囊胚的主要类型（引自丁汉波等，1987）

A. 海胆；B. 两栖类；C. 硬骨鱼类；D. 鸟类；E. 昆虫

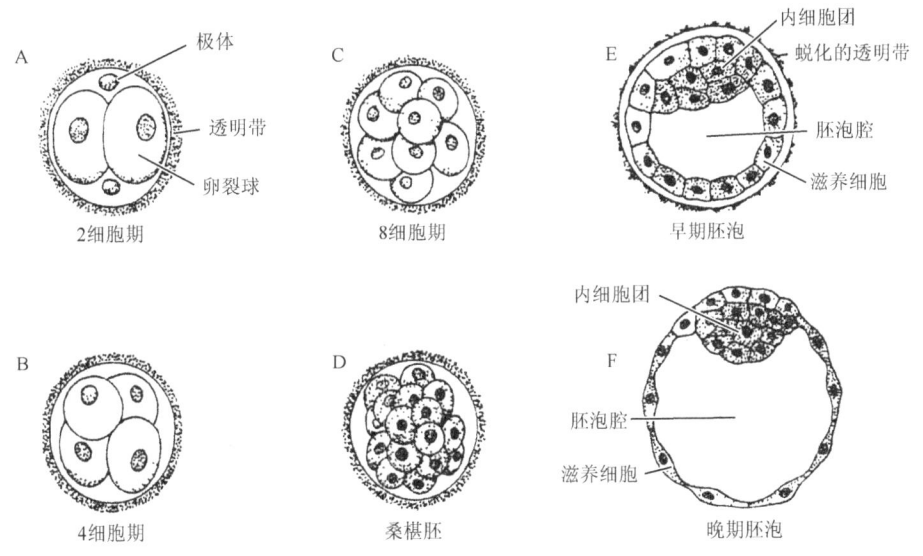

图 3-15 人类早期胚胎的发育（引自王亚馥和戴灼华，1999）

A~F 示卵裂、桑椹胚和含内细胞团的囊胚

从第五次分裂开始，上部小细胞分裂较快，下部大细胞含卵黄较多，分裂速度减慢。此后，卵裂开始不规则、不同步。第六次卵裂后进入囊胚期，形成一个中空的球状体，中间偏动物极的空腔称囊胚腔。大约 12h 后，胚胎进入囊胚晚期。

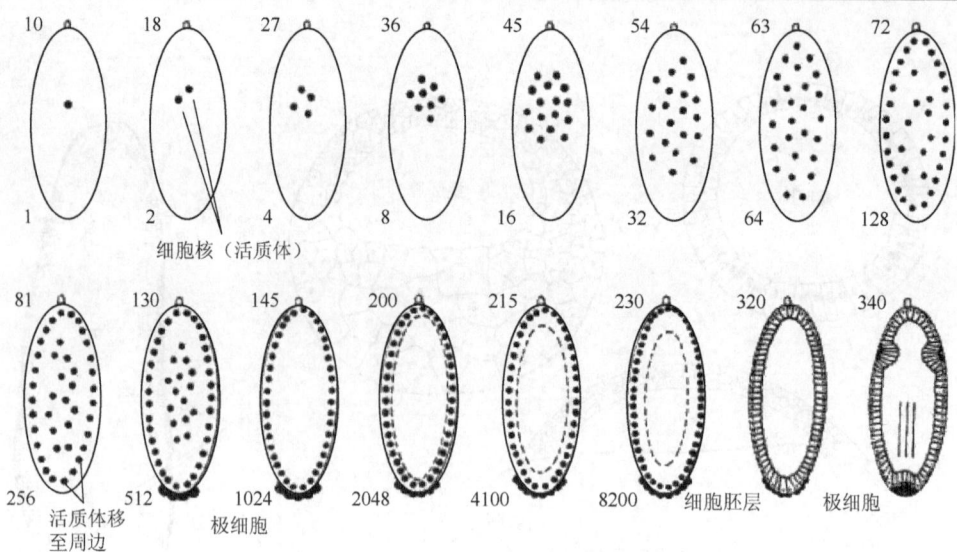

图 3-16 果蝇的卵裂及表面囊胚（引自王亚馥和戴灼华，1999）

上方数字表示分钟数；下方数字表示细胞核数

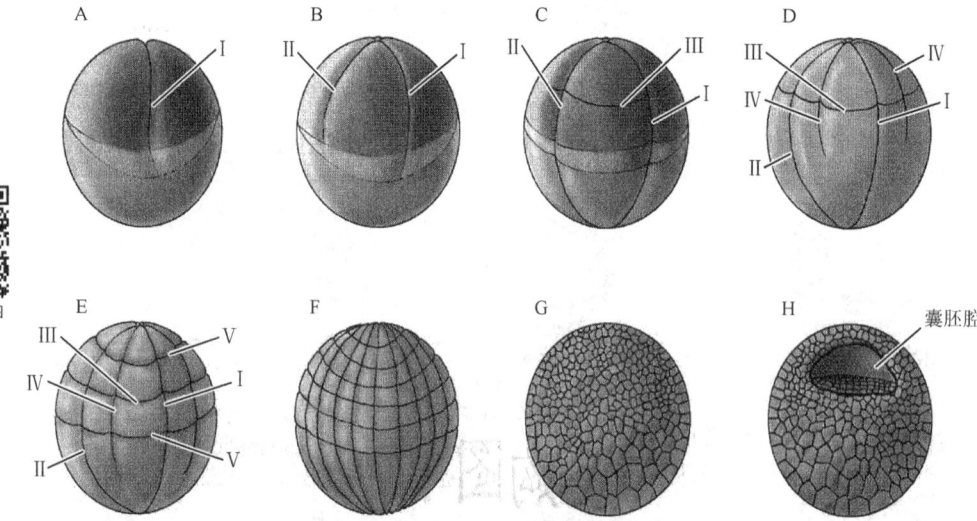

图 3-17 蛙的卵裂与囊胚形成（引自 Gilbert，2000）

Ⅰ～Ⅴ依次示第一至第五次分裂的卵裂沟，A～H 示发育顺序

3.3 胚层分化

囊胚发育末期，细胞分裂速度放慢，合子基因逐步被激活，按自己的遗传信息合成 RNA 和蛋白质，以取代母体效应基因的作用。与此同时，囊胚细胞开始运动转移，进行细胞重排，使胚体细胞重新定位。预定成为内胚层和中胚层的细胞迁移至胚胎内部，而预定成为皮肤及神经组织的外胚层细胞则分布在胚胎外部，从而初步形成了具三个胚层的胚胎。这一演变是通过原肠胚形成（gastrulation）实现的，然后才有三个胚层——内胚层、中胚层和外胚层之间的相互作用与分化，进而发育为结构复杂的胚胎有机体。

3.3.1 两栖类胚胎体轴的决定

在讨论胚层分化之前,有必要先简单交代一下两栖类胚胎体轴决定的问题。与果蝇的情况不同,两栖类胚体前-后、背-腹体轴的决定不是由母体效应基因转录的产物通过在卵细胞质内的定域及梯度分布所预先决定的,因为其卵除了一个深色的动物性半球和一个浅色的植物性半球呈旋转对称外,看不出有极性轴的存在。那么两栖类的体轴是如何决定的呢?

受精时,精子附着处即入卵处虽限于动物极半球,但确切的穿入点是随机定位的。精核入卵后,受精膜形成,卵细胞在受精膜内可以自由旋转。在重力的作用下,重的植物极朝下,动物极朝上。与此同时,卵细胞膜和胞质皮层朝精子进入点的方向移动了约30°,引起动物半球色素颗粒及其他细胞质重新分配(图3-18),使精子进入点相对应的皮层失去了部分色素颗粒而颜色比原来浅了些。这一区域形似灰色的新月,灰色新月区(gray crescent)由此而得名(在爪蟾的受精卵上不能直接观察到此区,因动物极半球色素本来就较浅)。胚孔及原肠化开始的位置均定位于此区。

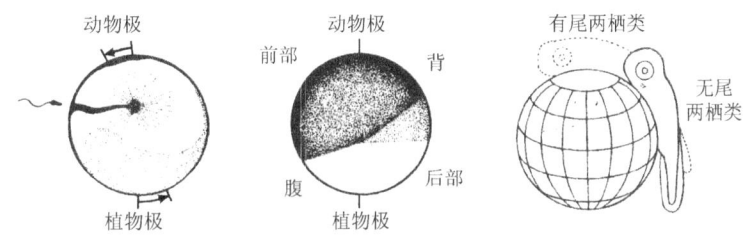

图3-18 两栖动物胚胎前-后、背-腹体轴与精子进入点的关系(引自 Muller, 1998)

观察表明,精子进入点与灰色新月区的连线正好和胚胎头部至尾芽的背部连线相吻合。由此可见,精子入卵处和灰色新月区的形成就规划了胚胎前-后、背-腹极性的空间模式。当然,这种规划模式只是从整个空间大的格局来说的,较笼统的看法是,受精和重力作用所引起的细胞质旋转使母体效应基因储藏在细胞质内的决定因子中,如某些诱导因子、转录因子等发生了分离和布局模式化。

实际上,胚胎发育过程中通过原肠胚形成阶段时其内部发生了复杂的变化,各种物质的局部分布通过大规模的细胞迁移还会重新进行布局和具体化,如动物极和灰色新月区之间的物质将进入胚内,灰色新月区周围物质将转移到头部,动物极附近物质逐步移至尾区,更详细的发生机制尚不清楚。

3.3.2 原肠胚的形成

原肠胚形成之初,囊胚细胞开始向内迁移,因物种及发育的时期不同,其细胞转移的方式有一定的差别,大致可以分为如下类型(图3-19)。

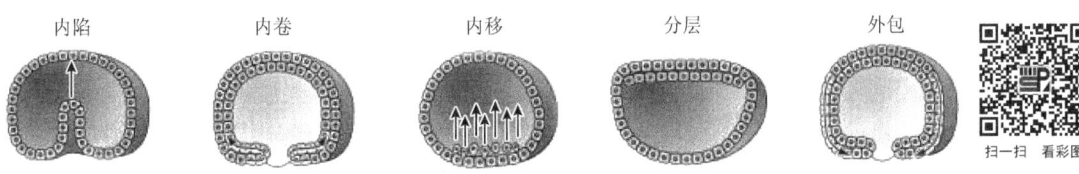

图3-19 原肠形成过程中细胞迁移的几种主要方式(引自 Gilbert, 2000)

内陷，即胚胎植物极一群细胞向囊胚内陷入转移，如海胆内胚层的形成；内卷，即一群细胞沿外胚层内缘向内卷入，如两栖类中胚层的形成；内移，即单个的细胞向胚内迁移，如海胆中胚层的形成以及果蝇成神经细胞的产生；分层，即从单层细胞分化成两层细胞，或者通过迁移形成另一层细胞，如哺乳动物和鸟类下胚层的形成；外包，即外层细胞不断增殖、扩展而将内层细胞包裹覆盖，如两栖类、海胆及被囊动物外胚层的形成。

现以两栖类原肠胚的形成为例进一步予以说明。原肠胚形成开始，以新月区为中心，一群细胞向囊胚内陷入，可见一弧形的浅沟，沟的上侧（靠动物极）称为背唇（dorsal lip）。背唇的出现表示胚胎背-腹极性的确立，其上表面将构成胚体的背部，细胞内陷所产生的小腔即是原肠腔的开始。

随着细胞的内陷，动物极的细胞也不断向下迁移，逐步覆盖卵黄细胞，即外包。从背部下迁的细胞自背唇及两侧卷入（内卷），致使原肠腔向内深入扩大，囊胚腔则随之缩小。向下外包的细胞最终几乎覆盖了所有植物极卵黄细胞，在灰色新月中心区形成一个环，即胚孔（blastopore）。胚孔背唇对应的一边为腹唇，两侧为侧唇。胚孔中尚未被覆盖的卵黄细胞称卵黄栓。在内卷和外包的过程中，原肠胚外壁细胞通过分裂以弥补迁走的细胞，同时细胞变成扁平形（图3-20）。

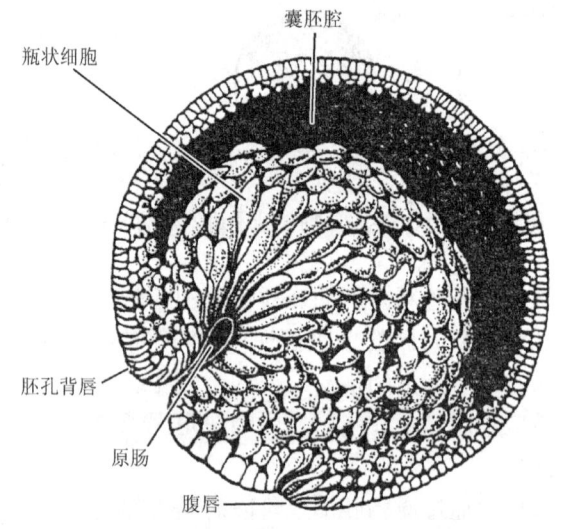

图3-20　原肠胚形成过程中的细胞迁移（引自Holtfreter，1946）

随着原肠腔的不断扩大，原来的囊胚腔几近消失。从背唇卷入沿动物极囊胚内表面滑行扩展的原肠顶部为中胚层（脊索中胚层），开始内陷后被外包的植物极卵黄细胞组成原肠的底部为内胚层，原肠胚的外壁成为外胚层。通过复杂的形态发生运动（morphogenetic movement）所形成的原肠胚，便确立了三个胚层的格局（图3-21）。

3.3.3　神经胚的形成

两栖类原肠胚形成后，胚体开始伸长，背部出现一个前宽后窄的神经板（图3-22）。神经板周边的细胞隆起成为神经褶。与此同时，胚孔缩小，两侧唇相互靠拢形成原条，于背腹各留一孔，腹孔将成为消化道的肛门。随着两侧的神经褶上举并于背中线相会，融合成一条纵向中空的神经管。此时的胚胎称神经胚（neurula）。然后神经管下沉并与外胚层分离，外胚层重新闭合成外壁（图3-23）。神经管前部扩展将形成脑和感觉器官，后部向后延伸将分化为脊髓。

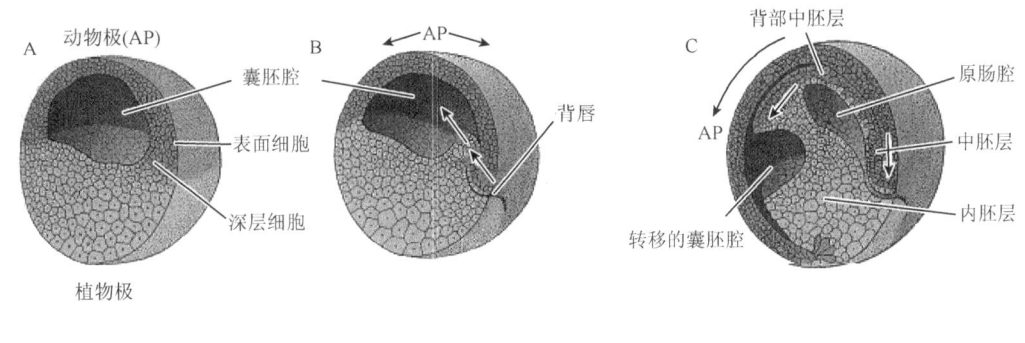

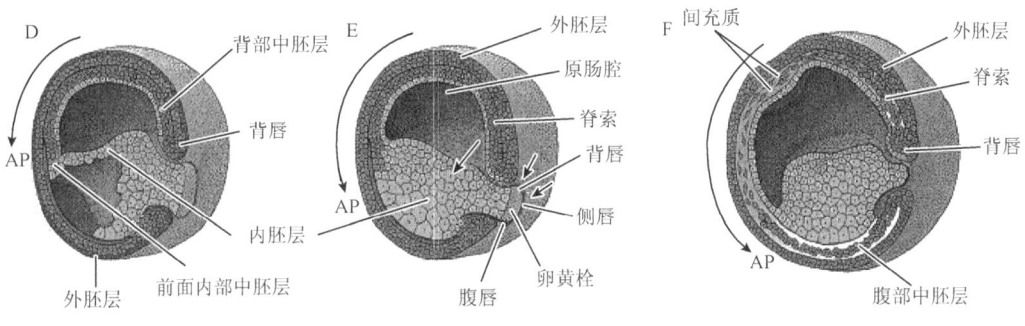

图 3-21 两栖类原肠胚形成过程中的细胞迁移（引自 Keller，1986）

箭头示细胞迁移的方向。A 和 B、C 和 D、E 和 F 依次表示原肠胚形成的早、中、晚期

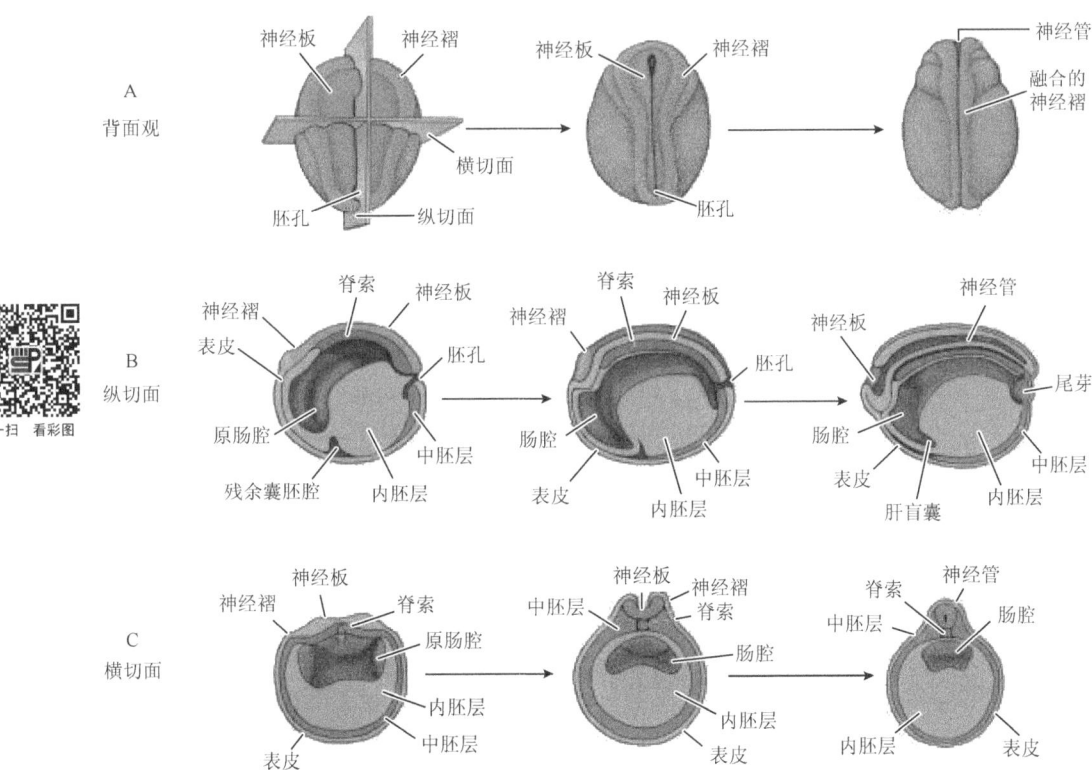

图 3-22 两栖类神经胚的形成（引自 Balinsky，1975）

左、中、右分别表示神经胚发生的早、中、晚期

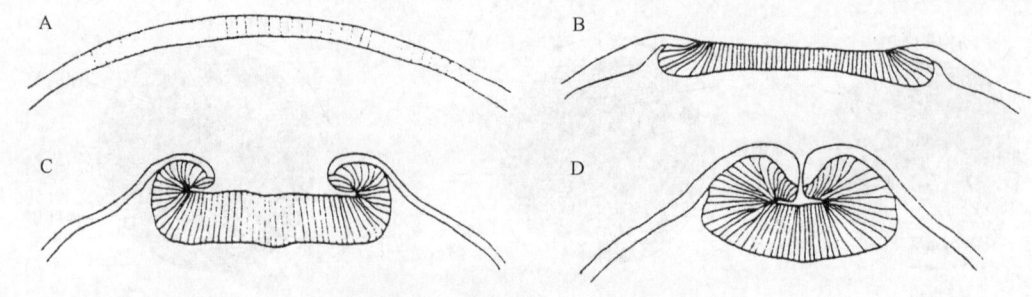

图 3-23 神经管形成示意图（引自丁汉波等，1987）

A. 神经板；B. 神经板周边的细胞隆起成为神经褶；C. 两侧的神经褶上举并向背中线延伸；
D. 两侧神经褶于背中线相会，融合成神经管

3.3.4 三个胚层的分化

三个胚层的出现，为各种器官原基（organ rudiment）的产生与器官形成奠定了基础。大致来说，三个胚层形成后，外胚层分化为表皮和神经系统，中胚层演化为骨骼和肌肉，内胚层形成消化系统（digestive system）及相关器官（图 3-24）。现分述如下。

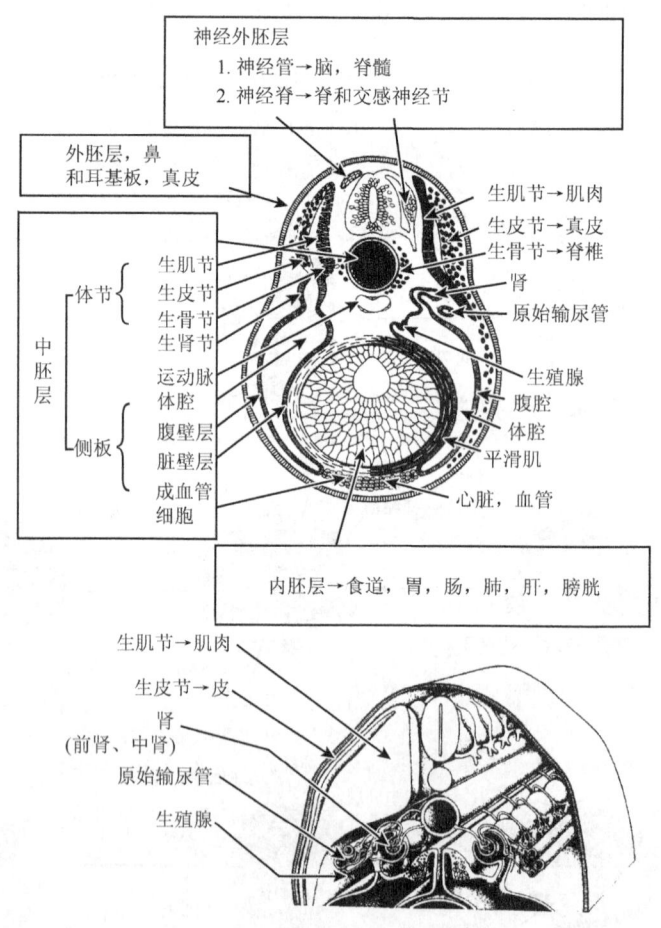

图 3-24 两栖类胚层分化示意图（引自 Muller, 1998）

1）外胚层的分化 外胚层分为神经外胚层和体表外胚层。原肠胚形成时，位于脊索背侧胚表的细胞层是神经外胚层。在脊索中胚层诱导下，神经外胚层细胞形成神经板、神经

褶闭合成神经管，构成中枢神经系统的原基。在神经褶闭合时，一部分神经褶的细胞留在管外分化为神经嵴，位于神经管和体表外胚层之间。神经管和神经嵴进一步分化，发育为中枢神经系统和周围神经系统。其余外胚层将来分化为表皮及其衍生物，如腺体、毛发、甲、爪、牙齿、晶状体等。

2）中胚层的分化　　原肠形成时最先内陷卷入的中胚层位于脊索的前部，称脊索前板，将来分化为头部肌肉。

脊索（notochord）紧接脊索前板，位于神经管的下方，在组织中枢神经系统和脊柱发育中起重要作用，是一种临时性结构，完成其诱导作用后将退化。

脊索两旁的中胚层在腹中线会合，背部中胚层称体节板（背中胚层），体节由体节板形成，并进一步分化为生肌节、生皮节、生骨节，将分化出脊椎、肌肉、真皮等。

腹侧的中胚层称为侧板（侧中胚层）。侧板分成内外两层，外层为体壁中胚层，内层为脏壁中胚层，中间的空腔为体腔（coelom）。体腔再进一步分化为心周腔（包心）和大体腔。体壁中胚层紧贴外胚层构成体壁，脏壁中胚层黏附于内胚层将形成肠、胃的肌肉系统和肠系膜。在原肠前部的下方两侧板靠近处，由中胚层迁移来的生肌细胞独立组成心脏和相邻的主要血管。生骨节细胞迁移、聚集在脊索周围，构成脊椎体的软骨细胞。生肌节延展并生成躯体交义条纹的肌肉系统。生皮节的细胞迁移并广泛扩展，黏附到外胚层的内表面形成真皮（dermis）。

所有结缔组织和骨骼的最终分化非常复杂，其中软骨和骨细胞前体多由体节衍生；真皮骨（dermal bone）如鱼的鳞片、龟鳖骨板、穿山甲的鳞板等脊椎动物的外骨骼则由真皮产生；头颅及咽颅等内脏骨骼由神经嵴细胞衍生，并非起源于中胚层。

3）内胚层的分化　　随着胚胎的伸长，原肠前端膨大为前肠，其后变细变长的部分为中肠，接着略膨大的部分为后肠。前肠内胚层进一步分化形成口腔后部，咽、食道、胃、胰、气管、支气管、肺、胆囊、肝和十二指肠的上皮。从原始咽的内胚层分化出甲状腺、甲状旁腺及胸腺的上皮。前肠的前端扩大为咽部并向前扩展成口突，口突前面对着的是外胚层口窝，二者由口板相隔。口板破裂后，消化道通过口腔与外界相通。中肠内胚层形成小肠的上皮，后肠内胚层则形成直肠的上皮。咽部两侧由内胚层向外突出成咽囊，并诱导与其对应的鳃板外胚层形成鳃沟。

3.3.5　胚细胞的发育潜能

细胞分化能力的大小称为发育潜能（developmental potential），大致可分为全能性、多能性、专能性及终末分化细胞数类。哺乳动物卵属于调整型卵，在卵裂早期只有几个卵裂球时，每个细胞都能独立地发育为一个完整的个体，即具有发育的全能性（totipotency）。在哺乳动物中，同卵双生、同卵三生就是对这种全能性的最好诠释。研究表明，具有 8 个卵裂球的胚胎，各个细胞的生化、形态和发育潜能并无差异，可以把它们分拆开单独进行培养和代孕，仍保持发育为完整个体的全能性。然而，随着卵裂继续进行，这种发育为完整个体的全能性就会丧失。鉴于内细胞团中的细胞、生殖干细胞以及成熟组织中分离出来的干细胞等在适合的条件下也能分化成其他多种类型的体细胞，许多教科书中也称其为"发育全能性"，但这些细胞毕竟不能单独发育为完整的个体，即发育潜能受到一定限制，与早期卵裂球的发育全能性不应混为一谈。

通过人工合成嵌合鼠（chimeric mice）可以探明 8 细胞期每个细胞发育的全能性，以及 8

个细胞中有几个细胞参与了胚体的形成（图 3-25）。将黑色和白色两种纯种小鼠 8 细胞期的胚胎去透明带后人工融合为一个共同的胚胎，植入代孕母鼠的子宫内，若生出黑白相间的嵌合鼠，说明两种基因型的细胞都参与了胚体的形成。

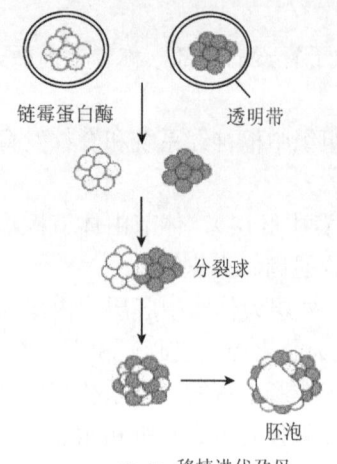

如果囊胚中只有一个细胞形成胚体，则生下的小鼠要么全黑，要么全白，不会出现嵌合型小鼠。如果囊胚中有两个细胞共同参与了胚体的形成，则黑鼠∶嵌合型鼠∶白鼠应按 1BB∶2BW∶1WW 分离。如果 3 个细胞参与胚体的形成，则嵌合型鼠应按 75%（1BBB∶3BBW∶3BWW∶1WWW）分离，即 6/8。如果 4 个细胞参与胚体形成，则嵌合型鼠的出现率为 87.5%（14/16）。Mintz 的实验结果表明，嵌合型鼠约占 73%，暗示 8~16 细胞期有 3 个细胞参与了胚体的形成，由这些细胞增殖、分化、发育为一个完整的个体。

3.3.6 定域图的绘制

为了探明两栖类囊胚或早期原肠胚的动物半球、植物半球和赤道区细胞在三个胚层分化以至器官形成中的作用及分布，常对胚胎进行活体局部染色追踪。例如，用无毒染料硫酸尼罗兰（nile blue sulphate）、中性红（neutral red）或俾斯麦棕（Bismarck brown）等 1% 剂量溶于 1%~2% 琼脂中，然后制成干的薄片，并将其置于囊胚或早期原肠胚不同部位，隔一定时间后，该部位局部细胞便染上颜色。经过原肠期的形态发生运动，被染细胞的空间定位可通过解剖或切片跟踪观察，确定染色部位的细胞参与了哪些胚层或器官的形成，从而绘出胚层分化或器官发生的定域图（fate map）（图 3-26）。

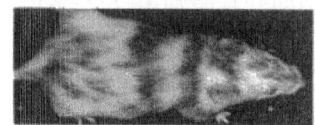

图 3-25 人工合成嵌合鼠
（引自 Gilbert，2000）

研究结果表明，动物半球的细胞主要形成神经系统、感觉器官和外胚层表皮部分；植物半球主要形成内胚层组成的中、后消化管道和呼吸系统上皮等；赤道部则主要形成脊索、体节、循环系统和泌尿生殖系统等。

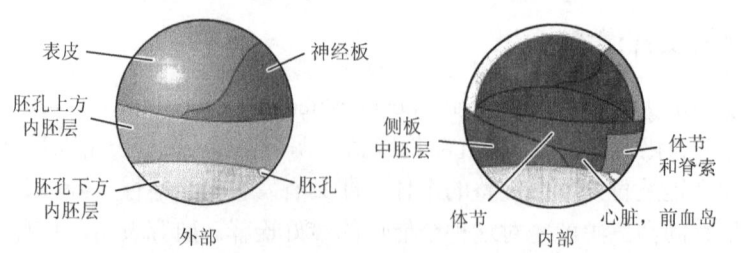

图 3-26 两栖类囊胚发育的定域图（引自 Gilbert，2000）

3.4 器官系统的形成及其调控

3.4.1 肾的发生

高等脊椎动物的排泄器官——肾从中胚层生肾节发生而来，分三个不同的发育阶段，经前肾、中肾，然后发育出后肾，成为爬行类、鸟类和哺乳类的永久性排泄器官。前肾是原始鱼类的功能肾；中肾是高等鱼类和两栖类的功能肾。高等脊椎动物胚胎发育时，最早形成前肾，继而在前肾之后发生中肾，前肾则开始退化，最后形成后肾而中肾也随之退化（图 3-27）。

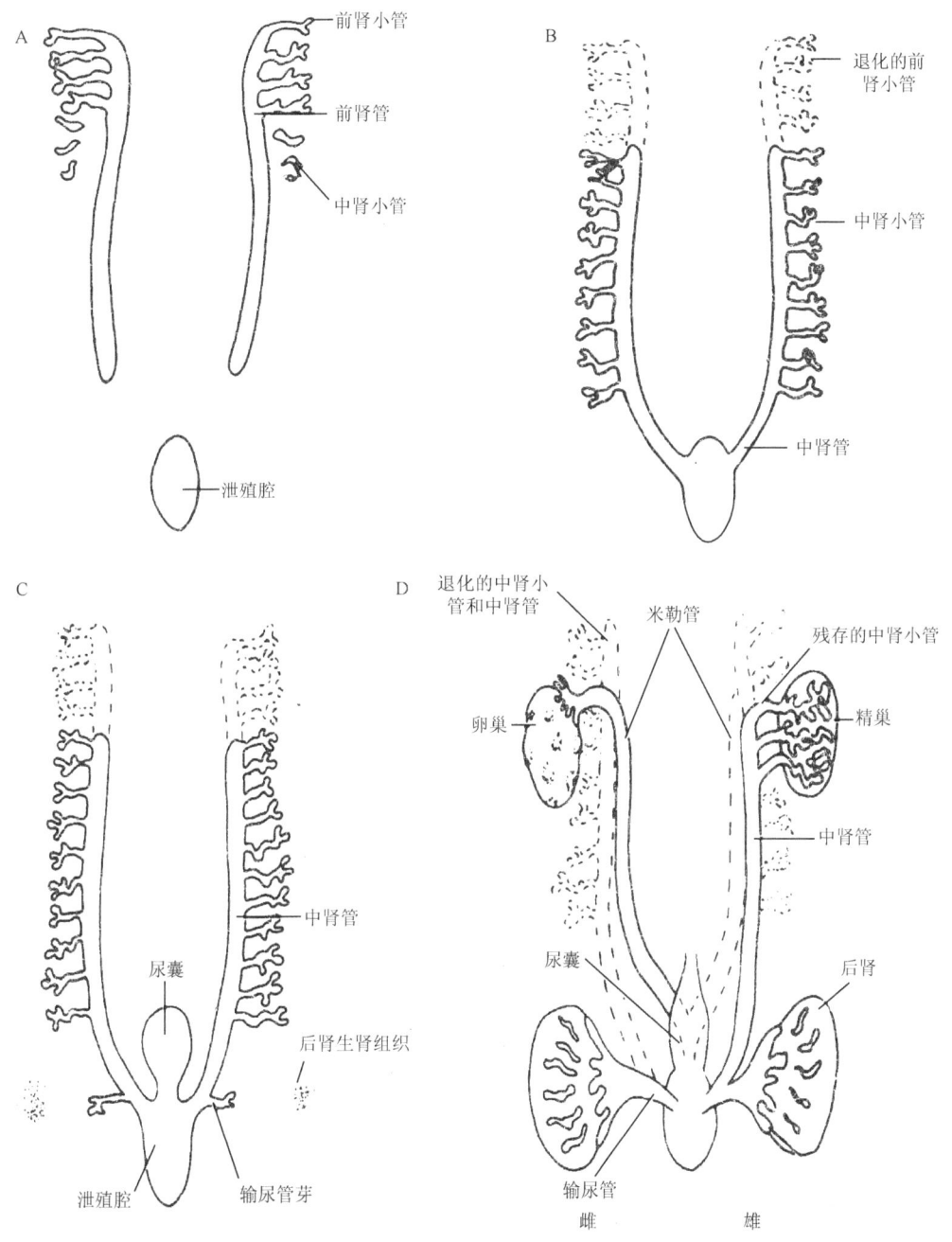

图 3-27　前、中、后肾的发育（引自 Saunders，1982）

A. 前肾；B. 前肾退化，中肾形成；C. 中肾管基部出现输尿管芽并向后肾生肾组织伸延；D. 中肾退化，后肾形成。在雄性胚胎，米勒管退化，中肾管成为输精管。在雌性胚胎，中肾管退化，米勒管变成输卵管

前肾在胚胎发育早期出现，没有生理功能，很快就退化了。然而，前肾管的中后段并未消失，遗留下来作为中肾管（wolffian duct）并向后延伸与泄殖腔相连。在前肾管的诱导下，生肾组织分化为中肾小管并与前肾管相通。如果破坏前肾管，中肾则不能形成。

其后，中肾管的基部各形成一芽状突起，称输尿管芽，将形成输尿管或后肾管。输尿管芽朝后肾生肾组织生长并与之接触，诱导其形成后肾。

此外，在中肾管的诱导下，于前肾退化的部位由前而后产生一套新的管道，称为米勒管（Müllerian duct）。在性别尚未分化的胚胎中，米勒管与中肾管平行并存。当性别开始分化时，雄性胚胎的精巢分泌抗米勒管激素（anti-Müllerian duct hormone，AMH）使米勒管退化，中肾管在睾酮的作用下成为输精管；雌性胚胎因没有 AMH，米勒管则分化为输卵管和子宫，而中肾管没有睾酮的影响便自然退化。

有关后肾发生的分子调控研究表明，不同阶段的生后肾原基和输尿管芽之间的相互作用存在众多的分子信号系统介入。①HOX-11 和 WT1 诱导生后肾原基的形成。研究发现，生后肾原基形成阶段特有的转录分子主要有 2 类：一类为 Hoxa-11、Hoxc-11 和 Hoxd-11，若小鼠这类分子被敲除后，其胚胎的生后肾原基将停止分化，无法诱导输尿管芽的形成，导致肾单位的数目大幅度减少，肾发育严重不全；另一类分子为 WT1（wilms tumor suppressor gene-1），缺少这类分子的生后肾原基将不会应答输尿管芽对其的诱导。②生后肾原基分泌的源于神经胶质的神经营养因子（glial-derived neurotrophic factor，GDNF）诱导输尿管芽的发生。GDNF 是诱导两个输尿管芽从中肾管上长出的关键因子，剔除 gdnf 基因的小鼠在出生后不久就死亡，因为它们没有肾。其受体为 Ret，早先在整个中肾管均有表达，随后不断集中，出现在将发生输尿管芽的部位，最后主要在输尿管芽的顶端表达，缺少 Ret 的鼠也会由于后肾发育不全而死亡。干扰 GDNF/Ret 信号转导途径不但会抑制输尿管芽的分支和生长，同时也会导致 Wnt4 和 Wnt11 的表达下降。③输尿管芽分泌的成纤维细胞生长因子-2（fibroblast growth factor-2，FGF2）和骨形成蛋白 7（bone morphogenetic protein 7，BMP7），作用于肾间质组织的分化，可阻止生后肾原基间充质细胞的凋亡。FGF2 主要抑制间充质细胞凋亡、促进间充质细胞集聚及维持 WT1 的合成；BMP7 在输尿管芽和生后肾原基都有表达，可阻止生后肾原基细胞的凋亡，且低水平时能刺激输尿管芽的分支，而高水平时则抑制输尿管芽的分支。④输尿管芽分泌的白血病抑制因子（leukemia inhibitory factor，LIF）和 WNT6 诱导生后肾原基间充质细胞的集聚及向上皮细胞的转化，奠定了肾皮质区域管道结构发生的基础。生后肾原基细胞上具有输尿管芽分泌的 FGF2 和 LIF 因子的受体，在 FGF2 存在时，LIF 具有促使间充质细胞向上皮细胞转变的功能，而由输尿管芽顶端分泌的 WNT6 则能促进间充质细胞的集聚。⑤Wnt4 和配对盒基因 2（paired box 2，Pax2）表达的蛋白质等成分在肾单位形成过程中起着重要的作用。许多 Wnt 蛋白家族成员参与了肾发育的调控，其中 Wnt4 蛋白由后肾间充质细胞分泌产生，当它启动经典的 Wnt/β-catenin 信号通路时，调控细胞的增殖，诱导小泡体转化为肾小囊的上皮结构，并参与小管的形成；当它启动非经典的 Wnt/PCP 信号通路时，则参与调节肾小管上皮细胞的极性，调控细胞的分裂和迁移，促进肾小管的延长，但不增加小管的直径。缺少 Wnt4 小鼠的间充质细胞虽能发生集结，但不能形成上皮化的后肾小泡。Pax2 在前、中、后肾发育的全过程表达，集中分布在发育的各级小管和间充质成分，具有特定的时空特性，是肾发育过程中的重要转录调控因子，能与多种调节肾发育的因子如 Gdnf、Ret、SHH、Wnt4 及 Fgf 等相互作用，不但共同参与诱导生肾索的形成、前/中肾管的形成及分化、输尿管芽的发生及分支，且在肾单位的诱导分化过程中也起着十分重要的作用。Pax2 的变异可导致多种先天性肾及输尿管发育畸形，相关的肾疾病包括肾-视神经盘缺损综合征、先天性肾单位减少症伴代偿肥大、肾发育不全、单侧的肾缺如、肾小球和小管纤维化及膀胱输尿管反流等。⑥生后肾原基中的 GDNF、转化生长因子 β1（transforming growth factor β1, TGF-β1）、BMP4 等信号分子诱导和维持输尿管芽分支。GDNF 不仅能诱导输尿管芽的发生，还能诱导已伸入生后肾原基的输尿管芽分支；TGF-β1 除了可以促进细胞外基质蛋白质的合成外，也能抑制能够消化细胞外基质的金属蛋白酶活性，故其能够维持输尿管芽的分支；BMP4 可促进输尿管芽在适当的位置分支，若其发生异位激活，将出现输尿管芽分支严重扭曲的现象。

3.4.2 乳腺的发生

在小鼠胚胎发育过程中，乳腺由外胚层向皮下出芽生长发育而成，但雌性的乳腺发达而雄性的退化且没有功能。

雄性乳腺退化，这是因为皮下中胚层在乳腺芽周围快速聚集、生长，对乳腺芽的扩展形成一种挤压力，限制了其向空间增长的能力。中胚层细胞在乳腺芽刚深入皮下的狭窄处时就像松紧带一样越缚越紧，最终使乳腺芽与外胚层完全脱离而逐步退化。

体外培养小鼠乳腺芽的研究表明，无论来自雌性还是雄性的乳腺原基，只要在培养基中加入睾酮，就会出现中胚层对乳腺芽的挤压，并使其退化而细胞死亡。乳腺原基对睾酮最敏感的时间是 13～15d 的胚胎。

在小鼠及人的 X 染色体上，发现有一种睾丸女（雌）性化突变基因（testicular feminization, *tf*），$X^{tf}Y$ 个体乳房发达似女性，但体内有睾丸，故称睾丸女性化综合征（图 3-28）或雄性激

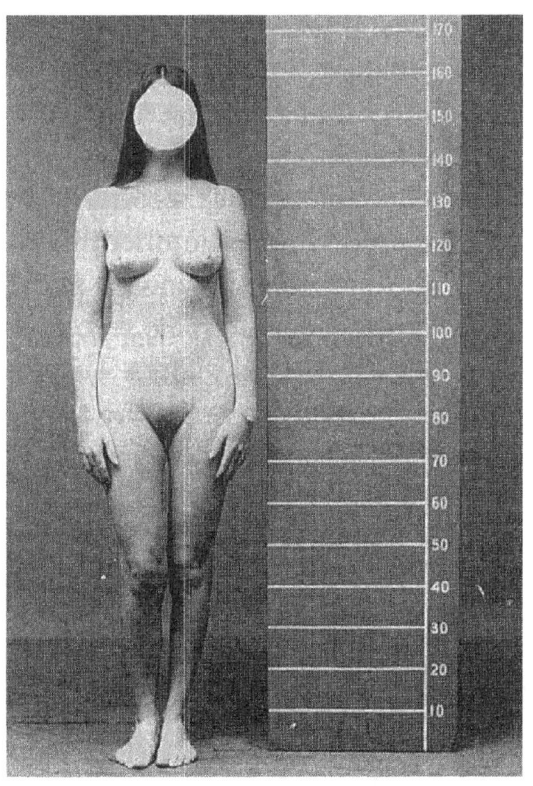

图 3-28　一睾丸女性化综合征患者（引自 Gilbert，2000）

素不敏感综合征（androgen insensitivity syndrome，AIS）。因为患者有睾丸，能正常分泌雄性激素睾酮，其乳腺芽不退化，乳腺发达是因为缺乏雄性激素受体。没有受体，故对睾酮的存在没有反应，不敏感。

将 $X^{tf}Y$ 鼠胚的乳腺外胚层与正常胚的中胚层进行组合培养并用睾酮处理，结果乳腺芽受到中胚层挤压而退化；相反，将 $X^{tf}Y$ 中胚层与正常胚的乳腺芽组合培养并用睾酮处理，结果不出现中胚层挤压乳腺芽而退化的现象（图 3-29）。由此可见，tf 突变基因使中胚层失去了对睾酮的反应能力，乳腺芽发育与否并非由自身决定。

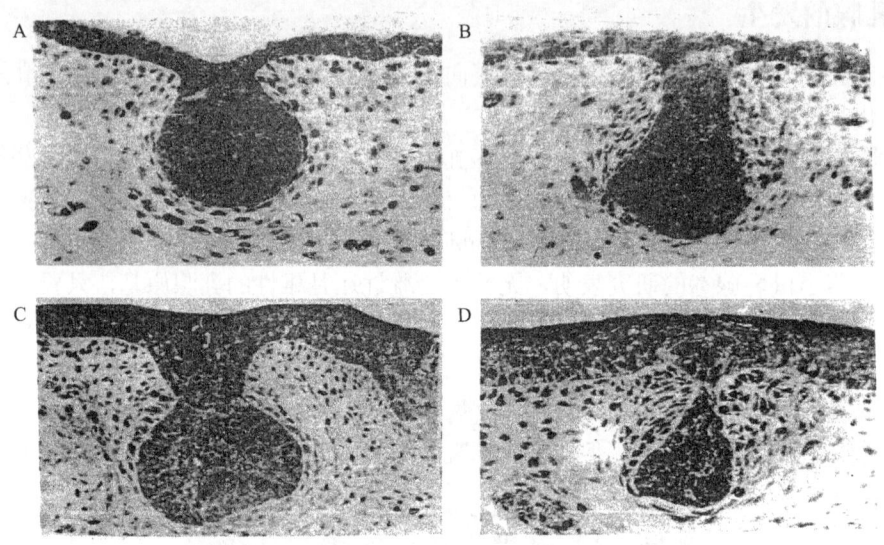

图 3-29　小鼠乳腺芽的组织切片（引自 Kratochwil and Schwartz，1976）

A. 14d 雌鼠胚正常发育的乳腺芽；B. 14d 雄鼠胚乳腺芽受中胚层细胞挤压并开始退化；C. 正常乳腺外胚层+$X^{tf}Y$ 鼠胚中胚层+睾酮，乳腺发育正常；D. tf/tf 乳腺外胚层+正常中胚层+睾酮，乳腺芽退化

3.4.3　眼的发生

脊椎动物眼睛的发育始于前脑（间脑部分）两侧突起的视泡（optic vesicle）（图 3-30 和图 3-31）。视泡与外胚层接触，诱导预定为晶状体的外胚层增厚成晶状体板（lens placode）。接着视泡内陷成视杯（optic cup），晶状体板也随之内陷成晶状体窝（lens pit），并最终闭合成球形的晶状体泡（lens vesicle）。晶状体泡脱离表皮后分化出晶状体上皮和晶状体纤维。视泡与外胚层表面紧密接触是形成晶状体的前提，如小鼠无眼基因发生突变，致使视泡不能接触外胚层，结果眼不能正常发育。

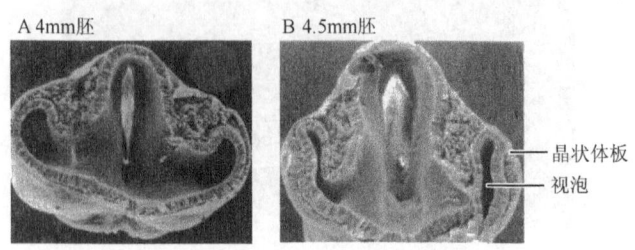

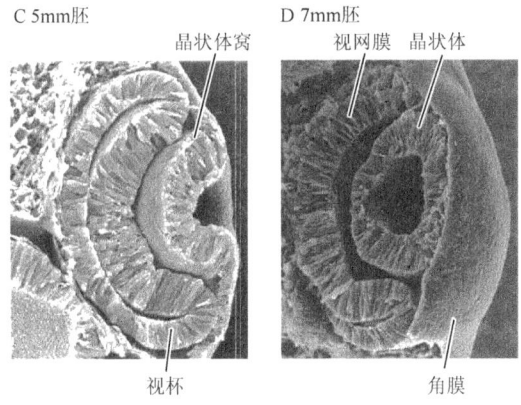

图 3-30 脊椎动物眼的发育（引自 Gilbert，2000）

A. 从间脑两侧突出的视泡与其外的外胚层接触以诱导晶状体板的形成；B. 晶状体板出现，视泡向内凹陷；C. 视泡内陷成视杯，晶状体随之内凹成晶状体窝；D. 晶状体窝闭合成晶状体泡，进而发育为晶状体。表皮外胚层覆盖其上变成角膜，视杯演变成为视网膜

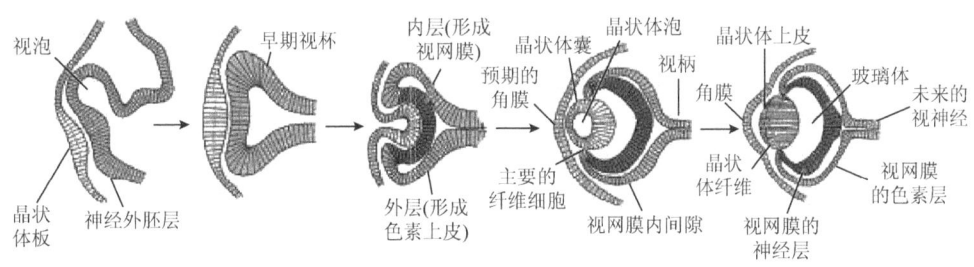

图 3-31 脊椎动物眼发育的示意图（引自 Hilfer and Yang，1980）

视杯外壁形成色素上皮，内壁分化出神经细胞和感光细胞（如视杆细胞和视锥细胞）等，二者一起构成视网膜。视杯的基部为视柄（optic stalk），与间脑相连。晶状体和视杯共同作用，诱导表皮和间充质形成角膜（cornea）。视杯的边缘围绕晶状体形成虹膜（iris）。围绕视杯的外层为脉络膜和巩膜。视网膜和虹膜由脑壁起源，晶状体和角膜起源于表皮外胚层。

视网膜的发育与转录因子 Pax6 有很大关系，Pax6 在前脑许多细胞中表达，是所有感光细胞形成所必需的。神经视网膜中的神经节细胞所发出的轴突在眼基部会合，经视柄与大脑连接，此时的视柄称为视神经。

两栖类的眼原基位于神经板最前端，排列在中线的两侧，是在下面原肠顶的诱导下定位的。

视泡的形成受其周围间充质的影响，除去间充质则眼泡发育不正常。索前板可能抑制眼的形成，因为切除索前板常发育为独眼；而正常胚体中索前板抑制中间，故两侧各发育出一只眼睛。视泡和预定晶状体外胚层的接触是诱导晶状体的条件之一（有些种类，晶状体的发育并不需要视泡的诱导）。然而，早在视泡出现之前，该预定为晶状体的外胚层在原肠期便受到头部原肠内胚层（咽部内胚层）的诱导，在神经胚期则受到侧中胚层（预定心脏中胚层）的诱导，其后才受到视泡的诱导作用。每一次诱导，都把晶状体的决定提高到一个新的水平。

3.4.4 脊椎动物神经系统的发生

3.4.4.1 神经管的形成、分化和发育

1）神经管的形成　整个形成过程分为以下4个阶段：①神经板形成，在小鼠胚胎8d、人胚18d左右，外胚层细胞在脊索诱导下形成神经板，神经板细胞逐渐增高成为假复层，开始表达神经细胞黏附分子（NCAM）等特有的标志分子；②神经板塑形，神经板随着胚体的伸长也逐渐从头尾方向增长，形成前宽后窄的形状；③神经板卷褶，首先神经板在正中线和背外侧分别与相邻组织形成一个正中结合点和两个背外侧结合点，随后在内、外力的作用下，由于正中结合点处被固定，神经板背外侧和与之相连的表皮外胚层逐渐升高，在此过程中，神经板外侧的基膜与各自相连的表皮外胚层内侧的基膜相贴，形成成对的具有双层结构的神经褶；④神经褶融合，此时神经褶开始升高并向对侧靠拢，接着双侧的神经褶与各自相连的表皮外胚层脱离，并于背中线处相互融合形成神经管的顶板，而与各自相连的神经褶脱离后的双侧表皮外胚层也相互融合形成胚体背部的皮肤。

2）神经管的分化和发育　神经板两侧上举闭合形成神经管后，前后两端形成的前神经孔和后神经孔暂时成为神经管管腔与羊膜腔之间的通道。在18~20体节期（第25天）前神经孔关闭，在25体节期（第27天）后神经孔关闭，此时神经管完全成为一个封闭的管状结构，与外胚层脱离而位于深部的间充质中，开始分化发育，具体包括脑区的形成、神经系统的组织（皮层）建设、神经细胞的迁移和分化等重要的发育现象。

人胚第4周末，脑的发育从神经管前端膨大为前脑、中脑、菱脑3个脑泡开始。到第5周时，前脑泡的前端向两侧膨大形成两个端脑，以后将演变为大脑两半球，前脑泡的后端则形成间脑；中脑泡演变为中脑；菱脑泡先演变为后脑和髓脑，再发展为小脑、脑桥和髓（图3-32）。脊索对前脑和中脑的形成有重要的影响，如敲除脊索中 *Lim1*、*Otx2* 基因的小鼠发育出现无脑现象；而后脑和脊髓的发育受 *Hox* 基因控制。

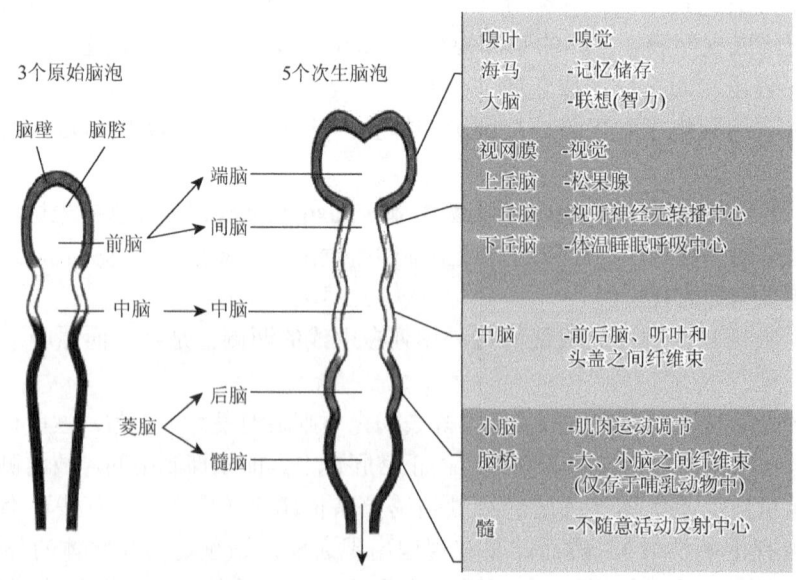

图3-32　早期人脑发育（引自Gilbert，2000）

先形成3个初级脑泡，随后形成对应于成体脑结构的次级脑泡

初形成的神经管的管壁由单层原神经上皮组成，随后原神经上皮细胞通过纵裂使细胞数目不断增加，管壁也随着逐渐加厚，在解剖上称这一层细胞为室管膜细胞（ependymal cell）。室管膜细胞在其分裂的周期中，表现出一个明显的特征，即细胞核在 DNA 合成期的外移现象。到发育的一定阶段，室管膜细胞开始出现细胞横裂，并向管壁外表面方向迁移，分化为成神经细胞（neuroblast），形成套层（mantle layer），从而出现有层次的组织结构（图 3-33），在此基础上逐渐构建成神经器官复杂的皮层结构。

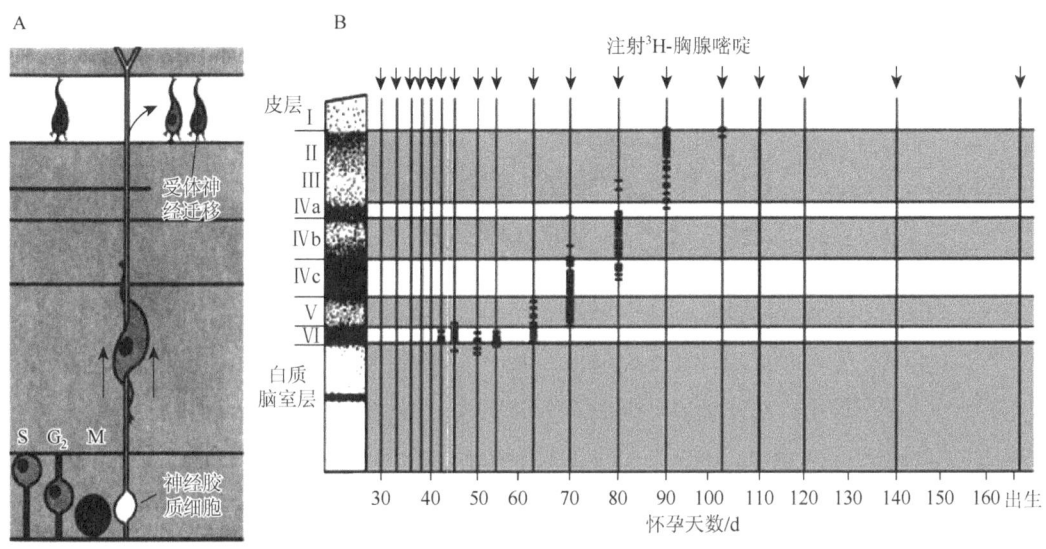

图 3-33　神经管通过细胞横裂和迁移实现分层建设（引自 Gilbert，2000）

A. 神经细胞迁移（雪貂）；B. 同位素标记显示神经细胞迁移依次形成不同的皮层（恒河猴）[在怀孕的不同时间，静脉注射 ^{3}H-胸腺嘧啶检测大脑不同皮层的形成时间。幼猴出生后（完整怀孕期 165d），可以发现不同时间被标记的神经细胞（深色）迁移到不同的皮层区域，最年轻的神经元在最外周]

各种类型的神经细胞和神经胶质细胞在套层发生分化，在人的大脑中大约分化出 10^{11} 个神经细胞和 10^{12} 个神经胶质细胞。神经细胞在分化上极为多样，它们有树突和轴突的基本结构，但有的细胞树突很少，而有的细胞树突很多，多到可以和 100 000 个其他神经细胞相连接。它们的分化方向在很大程度上取决于周围的环境因素。

3.4.4.2　神经嵴的发育

在神经褶形成过程中，神经板的外侧各出现一群细胞，这两群细胞随着神经褶的合拢，也逐渐移向中间相互融合，且脱离表皮成为单条的纵嵴，即神经嵴。脊椎动物全身的神经嵴细胞可以划分为脑神经嵴区、躯体神经嵴区、荐神经嵴区和心脏神经嵴区 4 个功能区。下面就躯体神经嵴区和脑神经嵴区的发育加以说明。

1）躯体神经嵴区　躯体神经嵴是发育过程中出现的一个过渡性结构，其细胞在神经管闭合以后很快便发生迁移，主要有背部途径和腹部途径两条迁移途径（图 3-34）。在背部迁移途径中，如黑色素前体细胞沿胚体的外周，经皮下间质组织，穿过基膜小孔，最终定植在皮肤中，将来分化为黑色素细胞。用含有不同色素的鸡作移植实验，因不同来源的神经嵴组织成分的迁移，经移植的个体可以长出毛色相间的表型（图 3-35）。在腹部迁移途径中，主要用抗体、活性染料或者荧光标记的方法发现，神经管上方的神经嵴细胞首先向前或者向后集中至自身所处体节的前方或者相邻后一体节的前方的位置，然后穿过相对应的体节迁移至不同的部位,将来形成感觉神经、交感神经、肾上腺髓质内分泌细胞、施万细胞(图3-36)。神经嵴细胞可以分化为多种形态或功能的细胞,其分化方向的决定主要与组织环境的近端诱导有关,如神经嵴细胞分化为肾上腺髓质细胞或者交感神经细胞的具体控制机制如图3-37所示。

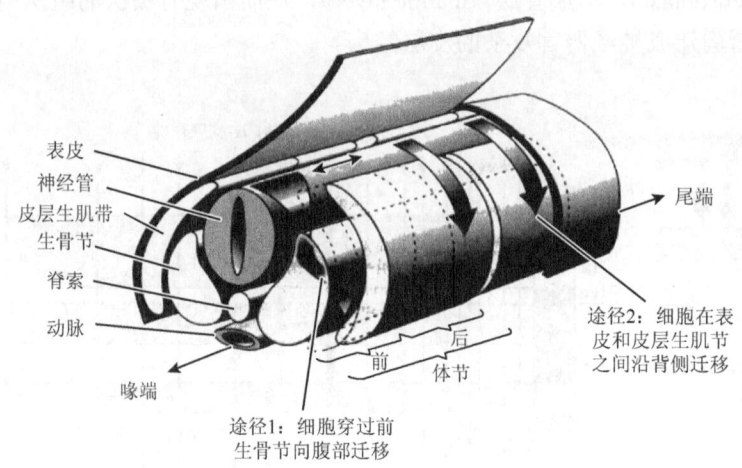

图3-34 鸡神经嵴细胞在躯干中的迁移途径(引自Gilbert,2000)

途径1:神经嵴细胞穿过前生骨节向腹部迁移,将来形成交感神经和副交感神经节、肾上腺髓质细胞和背根神经节;途径2:神经嵴细胞在表皮下沿背侧向外迁移,将来形成色素细胞

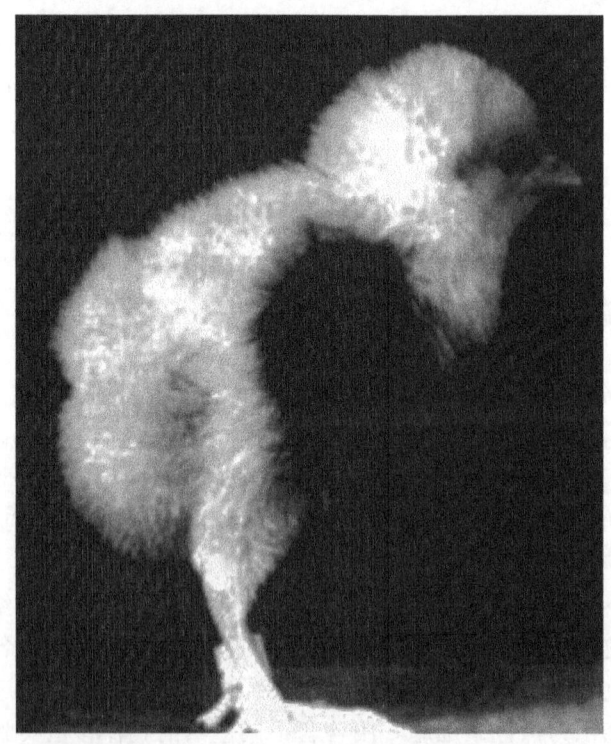

图3-35 神经嵴细胞迁移实验得到的杂色小鸡(引自Gilbert,2000)

供体为有色素品系,受体为无色素品系。胚胎期,若将供体的部分躯干神经嵴区移植到受体的相应部位,供体的产色素细胞将能迁移到翅膀皮肤中

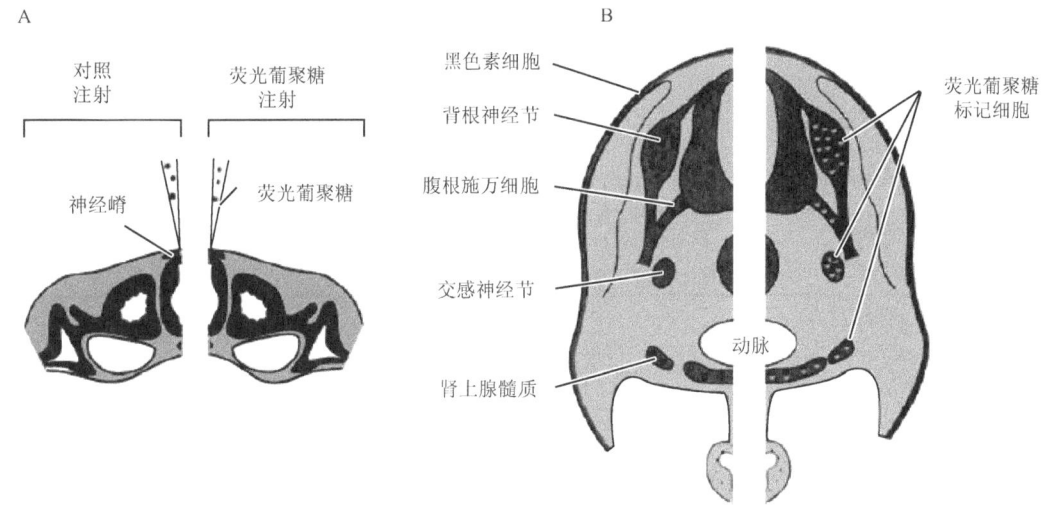

图 3-36　神经嵴细胞腹部迁移途径的实验验证（引自 Gilbert，2000）

在神经嵴细胞中注射荧光葡聚糖分子，使其后代保留标记分子而被检测到。A. 在神经嵴细胞迁移之前，向其注射荧光葡聚糖，左侧为对照；B. 2d 后，神经嵴衍生的组织中包含有注射过荧光葡聚糖的前体细胞的后代细胞

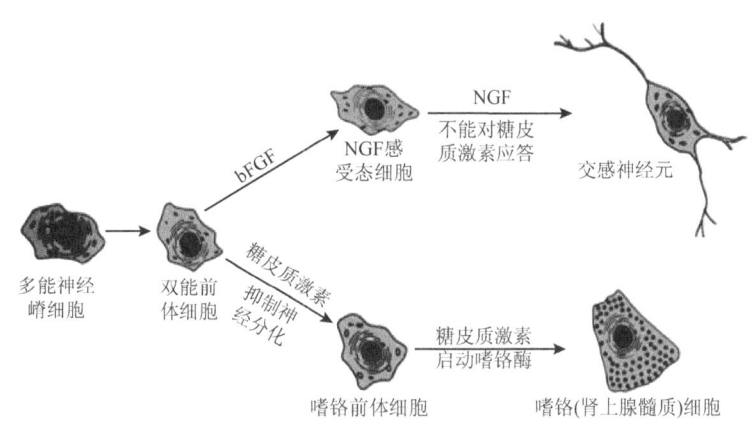

图 3-37　神经嵴细胞分化为肾上腺髓质细胞或者交感神经细胞的控制机制（引自 Gilbert，2000）

糖皮质激素的作用决定着肾上腺髓质细胞的分化方向，能抑制那些启动神经分化的因子作用；
能诱导产生肾上腺细胞的特征酶类。暴露在 bFGF（基底成纤维母细胞生长因子）
和 NGF（神经生长因子）下的细胞则分化成交感神经细胞

2）脑神经嵴区　该区域细胞的迁移主要有 3 条途径：从菱脑 2 迁移至第 1 咽囊形成三叉神经；从菱脑 4 迁移至第 2 咽囊形成颈部的舌软骨；从菱脑 6 迁移至第 3、第 4 咽囊形成甲状腺、甲状旁腺、胸腺。如果某区域的神经嵴细胞被移走，则对应的组织或器官将难以形成。表 3-1 列出了人胚胎发育过程中 6 对咽弓的发育分化和它们的起源。总体来说，脑神经嵴区细胞表现出较为广泛的分化潜能，根据鹌鹑脑神经嵴细胞分化研究所获得的成果，图 3-38 给出了脑神经嵴细胞不同分化路线间的相互关系。

表 3-1 咽弓的发育衍生

咽号	骨骼（神经嵴细胞+中胚层）	动脉（中胚层）	肌肉（中胚层）	颅神经（神经管）
1	砧骨和锤骨，下颌骨，上颌骨，颚骨区	颈动脉的上颌支	腭肌，口腔底板，耳和软腭肌肉	三叉神经的上颌支和下颌支
2	中耳镫骨，颞骨茎突，部分茎舌骨	耳区动脉，镫骨动脉	表情肌，腭和上颈肌	面神经 V
3	舌骨下缘和大孔	普通颈动脉，内颈动脉根	颈突咽肌	舌咽神经 IX
4	喉软骨	主动脉弓，右锁骨下动脉，肺动脉的原始管口	咽缩肌和声带	迷走神经 X 的喉上神经支
6	喉软骨	动脉管，定形肺动脉的根	咽内肌	迷走神经 X 的返喉神经支

资料来源：樊启昶和白书农，2002

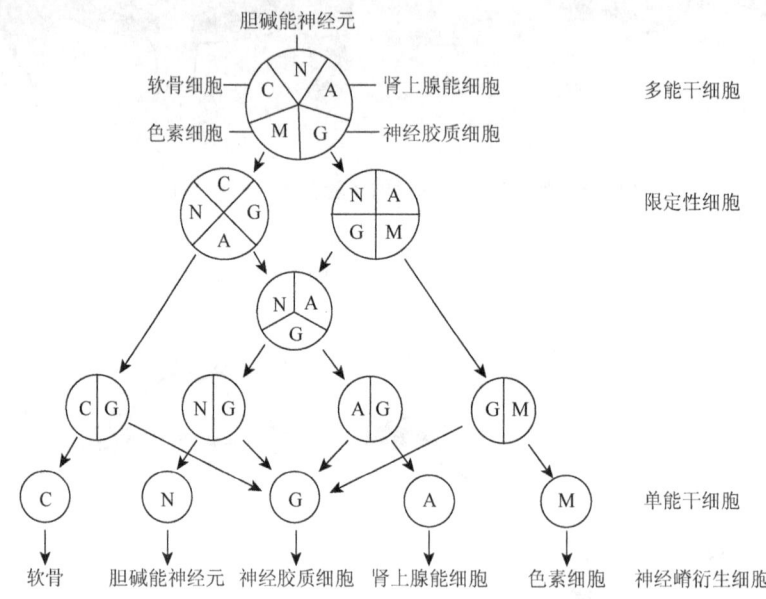

图 3-38 鹌鹑脑神经嵴细胞谱系限定假说（引自 Gilbert，2000）

观察 533 个神经嵴细胞克隆衍生出的细胞类型，发现细胞命运受到逐级限制：从多能干细胞到限定性干细胞，再到单能干细胞

3.4.4.3 神经轴突的发育导向

神经系统必须依赖神经元之间及神经元与周围靶器官之间形成的高度特异的细胞连接才能正确地执行传递和加工信息的功能。在发育过程中，当神经元完成了组织形态发生或迁移到其相应的位置后，还需要构建轴突和树突，形成神经元之间或神经元与非神经细胞之间的连接，才能较好地行使其功能。神经轴突的发育导向（axon guidance）在神经网络的建立中占有着重要的地位。神经轴突的延伸和走向是通过轴突前端的生长锥（growth cone）逐步发育完成的。目前知道影响神经生长锥生长方向有各种各样的外部因素，主要有：①向触性，指轴突倾向于沿着一定的表面生长。例如，在培养皿中轴突通常沿着划痕或伸展的细胞质凝块生长，当凝块中的纤维随意排列时，轴突随意生长，而当凝块纤维呈现出有规律地平行排列时，轴突则改为平行生长。②基质粘连性，通常轴突沿着可粘连的物质生长比不粘连的物质要好些，沿着粘连性高的物质生长比粘连性低的物质好些。③向电性，指轴突的生长可能受电场的影响，如对培养中生长的轴突施加一个几毫伏的电场，可以使轴突向阴极生长。④向化学性，指轴突受靶组织产生的可溶性分子的引导，沿某信号分子的浓度梯度生长，最

终到达靶组织。按照生物学作用方式可以将这些化学信号导向分子划分为化学吸引导向分子（主要存在于被神经元轴突支配的靶细胞或靶组织）和化学排斥导向分子（主要存在于与神经元轴突生长锥行进的道路上靶细胞或靶组织附近的组织结构）。⑤生长路线的标记，该假说认为轴突是沿着在其生长路线上存在的化学标记物运动的。⑥多重引导的线索，指许多因子综合的相互作用最终引导生长着的轴突到达靶标区。

许多神经轴突发育导向功能分子已经被成功发现和研究，其中信号素（semaphorin）构成一个包括有不同分泌型和细胞膜结合型的家族，其共同特征是都含有一个大约 500 个氨基酸长的胞外结构域，称为"Sema"结构域，信号素对轴突的生长主要起排斥作用；Netrin 是一类在结构上与层粘连蛋白（laminin）相似的分泌型小蛋白，参与中枢神经系统发育过程中多种细胞的轴突导向和细胞迁移，表现出对不同神经细胞具有吸引或者排斥的不同功能；Slit 是一类分泌型排斥性导向分子，受体 Roundabout（Robo）是一个保守的膜受体家族，Slit/Robo 在中线（midline）轴突导向中主要负责抑制纵向生长的轴突穿越中线。此外，Wnt、BMP、Shh 等多种形态发生原也都参与了部分神经轴突的导向。

普遍认为，神经发育导向都是通过生长锥丝足（filopodia）与其他细胞或者细胞间质的相互作用，以及它们之间的选择和稳定性发挥作用的，如伴随脊椎动物肢体的发育，肢端感觉神经细胞生长锥的丝足可以接力式地通过对一个个间断的靶细胞的识别，不断带动轴突生长，最终实现与中枢神经系统的沟通。秀丽隐杆线虫由于结构简单，细胞系明确，对神经轴突发育导向的研究做出了很大的贡献。应该指出的是，神经网络的发育调控十分复杂，它不仅涉及复杂的信号通道系统，并且其中包含大量的协同、拮抗机制。因此，参与轴突发育导向的具体分子及其详细调控机制还需进一步研究。

3.4.4.4 神经板发育分化过程中的调控信号

神经板是神经系统最早发育形成的早期结构，由中胚层中 noggin、follistatin、chordin 等基因编码产物诱导了神经板的发生。神经板进一步分化为两个不同的信号系统，分别调控前-后轴模式和背-腹轴模式的建立。

在前后轴分化调控过程中，BMP-Follistatin 信号系统调控前脑、中脑和菱脑的发育，FGF 和维甲酸诱导尾端细胞分化，FGF 通过抑制 BMP 的作用诱导神经板发育，而维甲酸主要参与脊髓和后脑在胚胎早期的发生。

在背腹轴分化调控过程中，腹侧细胞分化调控信号主要有 Shh（sonic hedgehog）和 N-myc。Shh 来自脊索及中轴内胚层细胞，可以通过活化 Gli 锌指转录调控因子抑制 *Pax3*、*Pax7*、*Msx2* 等同源盒基因的表达，并诱导基因 *Patched* 的表达，进而诱导腹侧细胞分化。N-myc 是 Hedgehog 途径的下游因子，只在小脑的颗粒细胞前体中表达，是小脑正常发育所必需的。Wnt 家族和 BMP 家族分子为背部神经管发育分化与决定神经细胞命运的信号系统。Wnt 信号途径在早期发育过程中发挥重要调控作用。BMP 起初由外胚层与神经板相连区域的细胞表达，然后由神经褶的边缘细胞分泌，可以诱导神经嵴细胞和背部中间神经元的发生。此外，发现在原肠胚时期外胚层的前部、神经管的背部和非神经外胚层中表达的分泌型分子 Tiarin 具有拮抗 Shh 的腹侧化作用。

问题与思考

1. 什么是细胞发育的全能性？动植物的所有细胞都具有全能性吗？

2. 简述哺乳动物受精时阻止多精入卵的机制。
3. 简述海胆卵子激活的途径与可能机制。
4. 卵裂有哪些基本类型？影响卵裂的主要因素有哪些？
5. 早期卵裂与一般的细胞分裂有什么不同？
6. 试以两栖类为例，简述动物原肠形成的过程及特点。
7. 原肠形成过程中细胞迁移有哪几种主要方式？
8. 简述三个胚层的初步分化。
9. 试述睾丸女性化综合征（雄性激素不敏感综合征）产生的原因及其发育机制。
10. 后肾是怎样形成的？调控其发育的因素有哪些？
11. 请解释这些名词：受精、精子获能、顶体反应、神经胚、胚胎定域图。
12. 简述眼的发生过程。
13. 神经管形成的整个过程可分为哪 4 个阶段？
14. 有哪些外部因素影响神经生长锥的生长方向？

主要参考文献

安利国. 2010. 发育生物学. 北京：科学出版社
陈大元. 2000. 受精生物学——受精机制与生殖工程. 北京：科学出版社
陈晓勇，敦伟涛，孙洪新，等. 2010. 哺乳动物卵子皮质反应机制的研究进展. 黑龙江畜牧兽医，8：27～29
程文志，唐春光，宋小峰. 2015. 大鼠肾发育中 Wnt4 蛋白的表达. 天津医药，43（10）：1125～1127
丁汉波，仝允栩，黄浙. 1987. 发育生物学. 北京：高等教育出版社
樊启昶，白书农. 2002. 发育生物学原理. 北京：高等教育出版社
桂建芳，易梅生. 2002. 发育生物学. 北京：科学出版社
侯晓明，陈星，王玉林. 2011. Pax2 在肾脏发育和肾疾病中的调控作用. 遗传，33（9）：931～938
刘厚奇，蔡文琴. 2012. 医学发育生物学. 北京：科学出版社
彭礼繁，罗光彬，李东全，等. 2009. 牛精子体外获能的研究进展. 中国草食动物，29（1）：57～61
秦鹏春. 2001. 哺乳动物胚胎学. 北京：科学出版社
单世梁，金一. 2008. 精子获能的分子机制及研究进展. 黑龙江动物繁殖，16（2）：1～3
王亚馥，戴灼华. 1999. 遗传学. 北京：高等教育出版社
张红卫. 2013. 发育生物学. 3 版. 北京：高等教育出版社
张珏，刘娜. 2009. 关于顶体反应的研究进展. 中国男科学杂志，23（7）：63～66
张晓梦，吕加国. 2009. 精子顶体反应与抗生育小分子化合物研究进展. 中国新药杂志，18（23）：2223～2227
张远强，李质馨. 2007. 发育生物学. 北京：人民卫生出版社
Muller W A. 1998. 发育生物学. 黄秀英等，译. 北京：高等教育出版社
Twyman R M. 2006. 发育生物学. 王英典，译. 北京：科学出版社
Arias A M，Stewart A. 2002. Molecular Principles of Animals Development. Oxford：Oxford University Press
Balinsky B I. 1975. Introduction to Embryology. 4th ed. Philadelphia：Sauders
Chang M C. 1951. Fertilization capacity of spermatozoa deposited into fallopian tubes. Nature，168：97～698
Chang M C，Hunter R H F. 1975. Capacitation of mammalian sperm：biological and experimental aspects. In Handbook of Physiology. Section 7，5：339～351
Coulombre J L. 1963. Lens development：fiber elongation and lens orientation. Science，142：1489～1490
Demarco I A，Espinosa F，Edwards J，et al. 2007. Involvement of a Na^+/HCO_3^- cotransporter in mouse sperm capacitation. Journal of Biological Chemistry，278（9）：7001～7009
Ekblom P，Feeker L. 1994. Role of mesenchymal nidogen for epithelial morphogenesis *in vitro*. Development，120：2003

Epel D. 1977. The program of fertilization. Sci Am, 237: 128~138

Fleming A D. 1982. Fertile life of acrosome reacted guinea-pig spermatozoa. Journal of Exprimental Zoology, 220: 109~115

Gilbert S F. 2010. Developmental Biology. 9th ed. Sunderland: Sinauer Associates Inc.

Halder G, Callaerts P, Gehring W J. 1995. Induction of ectopic eyes by targeted expression of the eyeless gene in Drosophila. Science, 267: 1788~1792

Hardin J D, Cheng L Y. 1986. The mechanisms and mechanics of archenterons elongation during sea urchin gastrulation. Devlopmental Biology, 115: 490~501

Hilfer S R, Yang J J. 1980. Accumulation of CPC-precipitable material at apical cell surfaces during formation of the optic cup. Anat Rec, 197: 423~433

Holtfreter J. 1946. Structure, motility and locomotion in isolated embryonic amphibian cells. J Morphol, 72: 27~62

Karavanova L D, Dove L F, Resau J H, et al. 1996. Conditioned medium from a rat ureteric bud cell line in combination with PFGF induces complete differentiation of isolated metanephric mesenchyme. Development, 122: 4159~4167

Kopf G F, Ward C R. 1993. Molecular events mediating sperm activation. Developmental Biology, 158: 9~34

Kratochwil K, Schwartz P. 1976. Tissue interaction in androgen response of embryonic mammary rudiment of mouse: identification of target tissue for testosterone. Proc Nat Acad Sci USA, 73: 4041~4044

Marphy S J, Yanagimachi R. 1984. The pH dependence of motility and the acrosome reaction of guinea pig spermatozoa. Gamete Research, 10: 1~8

Meizel S, Turner K O, Thomas P. 1984. The stimulation of hamster sperm capacitation and acrosome reactions by biogenic amines. *In*: Ben-Jonathon N, Bahr J M, Weiner R I. Catecholamines as Hormone Regulators. New York: Raven Press

More H D, Bedford J M. 1983. The Interaction of Mammalian Gametes in the Female, in Mechanism and Control of Animal Fertilozation. New York: Academic Press: 453~497

Rothenpieler U W, Dressler G R. 1993. Pax-2 is required for mesenchyme to epithelium conversion during kidney development. Development, 119: 711~720

Saunders Jr J W. 1982. Developmental Biology. New York: Macmillan Publishing

Webster E H, Silver A F, Gonsalves N L. 1984. The extracellular matrix between the optic vesicle and the presumptive lens during lens morphogenesis in an anophthalmic strain of mice. Developmental Biology, 103: 142~150

Wolpert L. 2002. Principles of Development. Oxford: Oxford University Press

Yanagimachi R, Noda Y D. 1994. Electron microscope studies of sperm incorporation into the gosden hamster egg. American Journal of Anatomy, 128: 429~462

Zhou Q H, Li H M, Li H Z, et al. 2016. Mitochondrial endonuclease G mediates breakdown of paternal mitochondria upon fertilization. Science, 353 (6297): 394

第 4 章　早期发育的遗传控制

发育的遗传基础是基因在时空上的选择性表达。在发育的开始，最先在空间上必须确立前-后极性和背-腹极性这两条坐标轴，只有当这一大的格局确立之后才有进一步的分化、图式形成和形态建成。

这两条轴的特化同样是基因选择性表达的结果，通过对果蝇发育的研究，已形成了比较清晰的轮廓，在此过程中母体效应基因的表达产物起着十分关键的作用。

4.1　母体效应

母体效应（maternal effect）是指母体基因组内某些基因的转录或表达产物通过卵细胞质影响后代表型的现象，而母体的这些相关基因便称为母体效应基因（maternal effect gene）。按母体效应基因影响后代表型时间的长短，母体效应可分为短暂的和持久的两种。

4.1.1　短暂的母体效应

现以虾眼色和体色的遗传来说明短暂的母体效应（图 4-1）。有一种虾，红眼、绿体为野生型显性性状，白眼、无色体为突变型隐性性状。在杂交 1 组合中，以野生型雌虾与突变型雄虾杂交，F_1 代核型为杂合体，表型为野生型红眼、绿体，与孟德尔遗传模式相符。然而，在杂交 2 组合中进行反交，以突变型雌虾与野生型雄虾交配，F_1 代核型同样是杂合体，但幼虾表型为突变型白眼无色体，与母体性状相同，只是在发育为成虾的过程中，眼色变红，身体变绿，杂合体的显性性状表达滞后。这一实验结果表明，虾胚的早期发育受到母体基因型的影响，由于这种影响仅限于幼体而非终生，因此称为短暂的母体效应。

```
1. 野生型♀(红眼，绿体)×突变型♂(白眼，无色体)
                    ↓
    F₁:        红眼，绿体

2. 突变型♀(白眼，无色体)×野生型♂(红眼，绿体)
                    ↓
    F₁:       白眼，无色体(幼虾)
                    ↓
              红眼，绿体(成虾)
```

图 4-1　虾眼色和体色的遗传

4.1.2　持久的母体效应

另一种母体效应对其后代的影响是终生的，称持久的母体效应。例如，椎实螺为雌雄同体动物，通常进行异体受精，但在单独隔离的情况下也能自体受精产生后代。椎实螺的螺壳分左旋和右旋两种，遗传分析表明（图 4-2），右旋为显性，受显性基因 D 控制，而左旋为隐性，受隐性基因 dd 控制。然而，基因型与表型的对应关系往往要滞后一代才表现出来，也就是说后代的表型表现还受到母体效应基因的影响。按照通常的孟德尔遗传方式，无论正交还是反交，F_1 代基因型都为杂合体 Dd，其后代表型应是一样的，但实际杂交结果正交 F_1 为右旋，反交 F_1 为左旋，各自的表型表现与其母本的基因型一致。让正、反交 F_1 代个体分别进行自交得 F_2 代，自交后代的基因型虽发生了分离，但所有 F_2 代个体均为右旋，其表型又与各自母本（F_1）的基因型一致。再让正、反交两种组合的 F_2 代个体分别进行自交得 F_3 代，其后代个体中右旋与左旋之比均为 3∶1，且各个个体的表型与各自母体（F_2）的基因型一致，这和通常应在 F_2 出现的分离比整整滞后了一代。

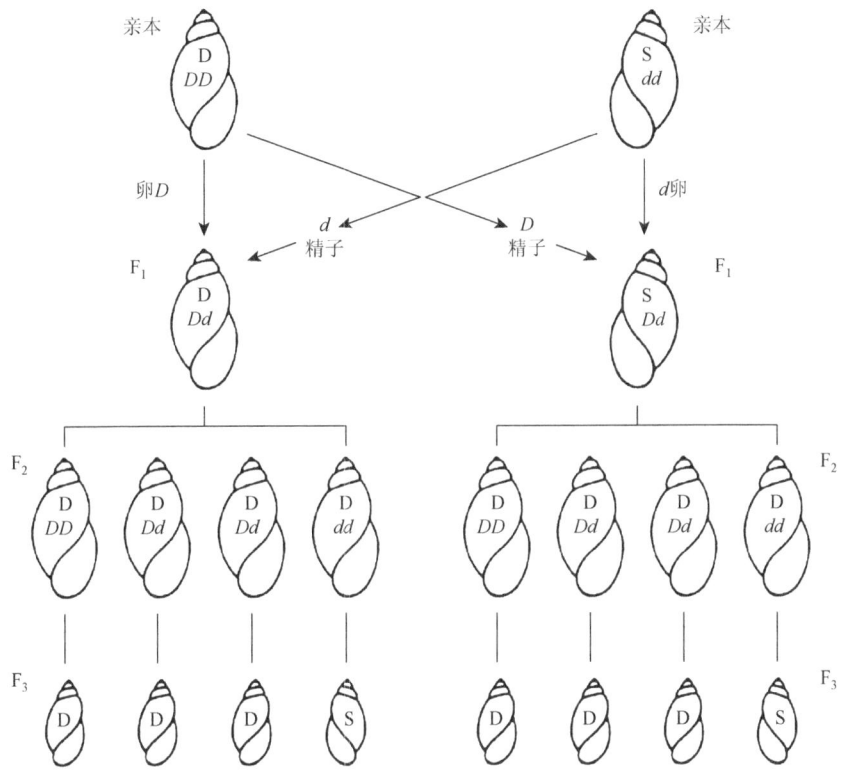

图 4-2　椎实螺螺壳右旋与左旋亲本的正交及反交

为何母体的基因型会影响其后代一生的表型表现呢？原来椎实螺的卵裂为螺旋卵裂（图 4-3），其螺壳的旋转方向取决于最先几次分裂时细胞分裂器的取向，而这时细胞分裂器的结构、取向是母体效应基因决定的，虽然后来的发育中合子基因被启动并逐步取代了母体效应基因的功能，但螺壳旋转方向一经确定便不可逆转，故这种母体效应能影响后代一生。

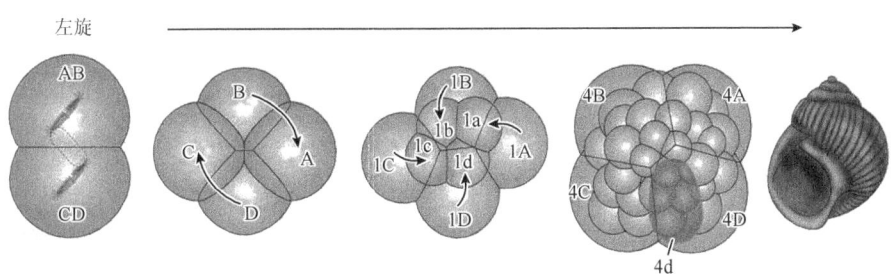

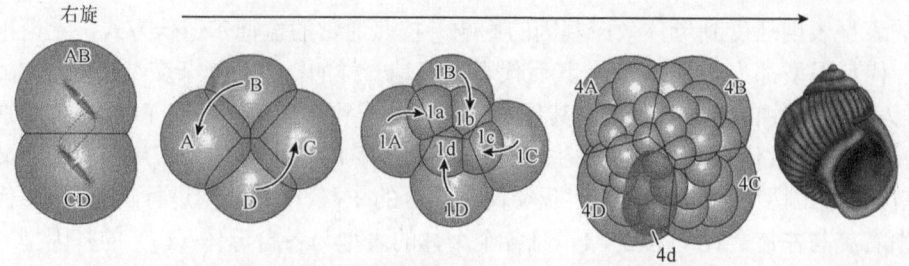

图 4-3 椎实螺的螺旋卵裂、纺锤体的取向与螺壳旋转方向的关系（引自 Gilbert，2000）

4.2 果蝇的胚胎发育与遗传控制

4.2.1 果蝇的卵子发生和胚胎发育

在果蝇输卵管内（图 4-4），卵原细胞连续进行 4 次有丝分裂，共产生 16 个子细胞，其

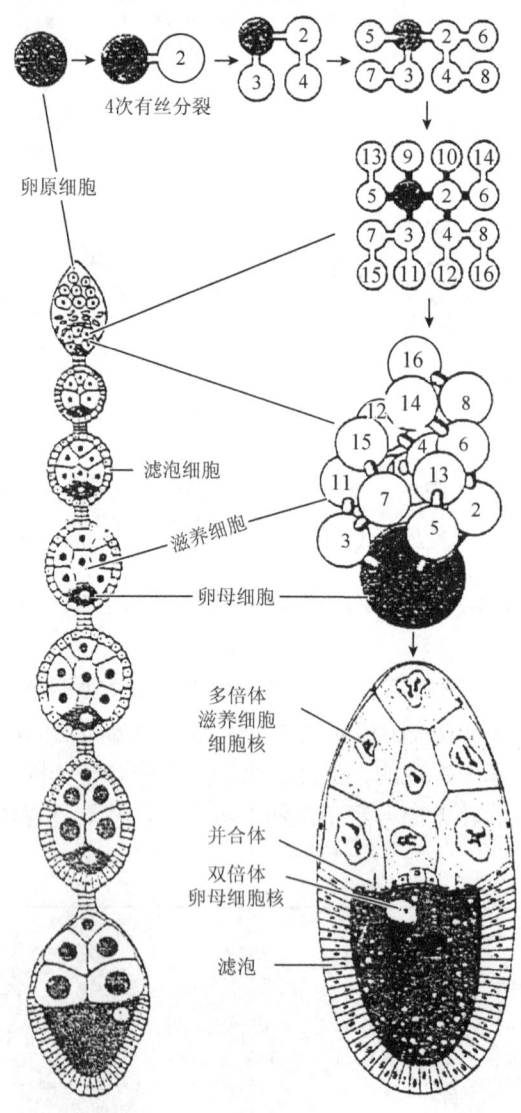

图 4-4 果蝇的卵子发生（引自 Muller，1998）

中标记为黑色的 1 号细胞与周围 4 个姐妹细胞直接相连。1 号细胞位于后部,将不断长大成为卵母细胞并最终发育为成熟的卵子,围绕在卵细胞周围的是滤泡细胞;另外 15 个子细胞位于前部,其细胞核多倍化,将发育为滋养细胞。

果蝇受精卵产出后,长约 400μm,直径 160μm,具明显的极性。在发育早期(图 4-5),合子核分裂而细胞质不分裂,生成合胞体胚盘(syncytial blastoderm)。在第 9 次核分裂周期中约有 5 个核向后迁移并达到卵子后极,分裂增殖并细胞化成为极细胞(pole cell),即原始的性细胞(种质细胞)。在此期间,其余核迁移至卵膜内周缘并继续分裂,细胞化后产生约 6000 个细胞的胚盘。大约在第 12 次卵裂前后,原本很低的转录水平急剧上升,细胞开始迁移,进入原肠胚形成期(图 4-6)。

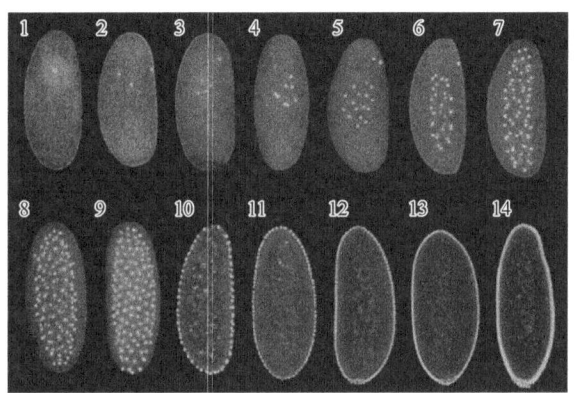

扫一扫 看彩图

图 4-5 果蝇早期胚胎发育:合胞胚与细胞化(引自 Gilbert,2000)

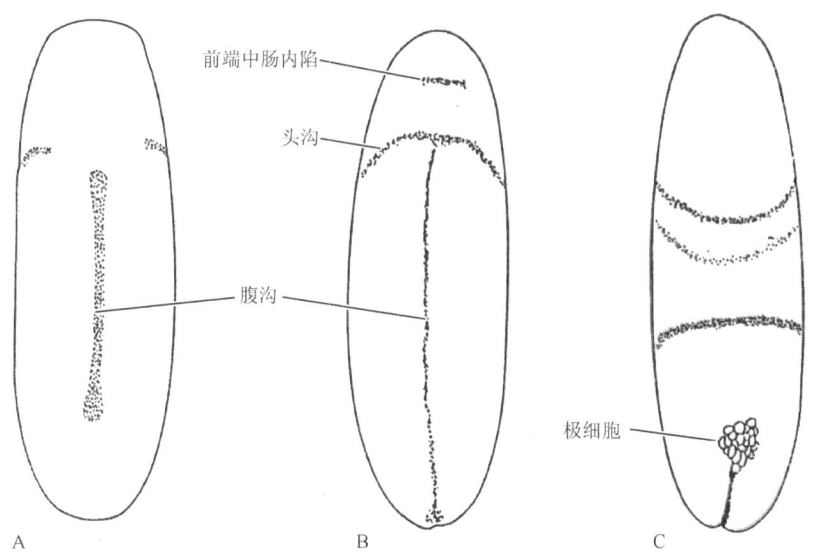

图 4-6 果蝇的原肠胚外观(引自王亚馥和戴灼华,1999)

当胚胎发育进入原肠期(图 4-6 和图 4-7),细胞开始迁移并最终分化出内、中、外三个胚层。首先约 1000 个细胞在腹中线聚集,进而折叠成腹沟,随后闭合成腹管并陷入胚内,在腹部外胚层内缘平铺为中胚层。在腹沟的前、后两端,分化为内胚层的细胞向内陷入成为前肠和后肠两个管腔,二者继续深入,相互接近并最终融合成中肠,而极细胞沿后肠内胚层进入胚胎内部。此后，胚胎开始形成体节，成虫盘（imaginal disc），即各种器官原基开始出现，在腹中线由两侧外胚层细胞构成神经管。

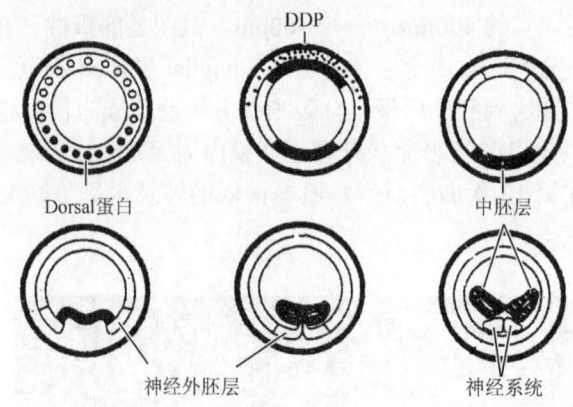

图 4-7　果蝇原肠胚及背腹图式形成的横切面示意图（引自 Muller，1998）

Dorsal 蛋白位于细胞核内，从腹部到背部形成由高到低的浓度梯度分布；DDP 因子属 TGFβ 家族，为 ddp 基因的表达产物，位于胞外，从背部到腹部形成由高到低的浓度梯度分布。在这两种信号梯度的作用下，将囊胚层进一步划分为几个不同的定域区：腹中线为将来的中胚层，两侧是神经外胚层，背侧为幼虫表皮外胚层

4.2.2　母体效应基因与体轴的决定

4.2.2.1　背-腹极性的形成

果蝇背腹极性的形成至少涉及 10 个母体效应基因，如果这些基因中任何一个发生突变或缺失，则导致胚胎不能正常发育，即使通过受精由精子给这些母体效应基因有缺陷的合子带进相应的野生型基因也无济于事，说明这些基因于受精前就确立了背腹极性。

在卵子发生过程中，母体通过 15 个多倍体滋养细胞将母体效应基因转录的 mRNA 输入卵细胞质。在滋养细胞内首先检测到这些 mRNA 的存在，后来在卵母细胞中又发现了其踪迹，进而证明与背部生成有关。

在囊胚细胞化之前，抽取野生型胚的细胞质注入相关基因各自的突变型胚胎中，可部分或完全恢复突变型为野生型。不同突变型胚的 mRNA 可以互补使背化基因（dorsalizing gene）突变的缺陷复原，说明这些基因的产物可以功能互补。

要使背基因突变纯合体胚胎的腹部结构恢复正常，须将野生型细胞质注入突变胚的腹面一侧方有效，暗示背-腹轴存在一种位置信息梯度。当将野生型细胞质注入突变胚的后腹部时，可使呼吸管恢复正常发育；注入中腹区，则使头部的感觉器官恢复正常发育。这又暗示果蝇成熟卵中同时存在前后轴的位置信息梯度。腹部极性缺陷并不影响前后轴的信息梯度，二者各自独立。

背-腹极性的分化是 dorsal 等母体效应基因介导的结果。背基因的 mRNA 于受精后 90s 翻译为背蛋白并散布于合胞体内。当细胞化时，只有合胞体腹侧的细胞具有背蛋白受体，故背蛋白只能被结合进入腹侧的细胞核内（图 4-7），从而激活或抑制所结合的基因。

若背蛋白不结合到核内，则腹化基因不能被激活，背化基因不能被抑制，于是胚胎细胞朝背细胞分化。由此可见，背-腹轴的形成是背形态发生素蛋白（dorsal morphogen protein）选择性地与核结合所决定的。如果背基因突变体不产生有功能的背蛋白，则所有细胞为背化细胞的突变胚胎；反之，若背蛋白进入所有细胞核内，则腹化基因被激活，所有细胞为腹化细胞的突变体。

研究表明，Dorsal 蛋白浓度梯度的形成与 TOLL 受体蛋白信号通路有关。TOLL 受体的配体也是母体基因产物，是 spätzle 基因编码蛋白的裂解片段。该蛋白在胚胎发育早期被释放后定位于卵周隙中，与 TOLL 受体蛋白结合并使之活化。TOLL 激活后可激发一系列细胞内信号转导，其中涉及信号转导途径中其他多个母体效应基因产物的作用，并最终使与 Dorsal 蛋白结合的 CACTUS 蛋白降解，Dorsal 蛋白得以释放而进入细胞核以形成浓度梯度，调控果蝇背-腹轴的形成。

Dorsal 蛋白为转录因子，是一种形态发生素，或称成形素（morphogen），能激活下游依赖于该成形素浓度梯度的合子基因，从而将背腹轴划分为不同合子基因表达的不连续区间（图4-8）。

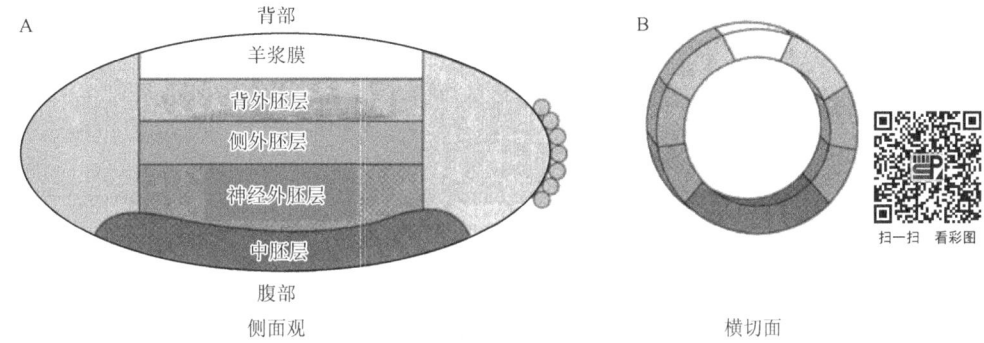

图 4-8 背蛋白对背-腹轴极性形成的影响（引自 Gilbert，2000）

A. 侧面观的定域图，腹底为中胚层，其上侧为神经外胚层，再其上为侧外胚层和背外胚层，最上面的区域则变成包围胚胎外部的羊浆膜（amnioserosa）；B. 横切面，显示与左侧定域图相对应的区域

4.2.2.2 果蝇前-后极性的形成

果蝇胚胎前-后极性的分化，实际上早在卵子发生时就决定了。在卵巢管内，卵母细胞的一端与多倍体滋养细胞相邻接并从这些细胞获得母体效应基因表达的蛋白质、mRNA 及核糖体等产物。卵母细胞与滋养细胞相连的这一端便分化为前端，将发育为胚胎的头部；对应的一端则聚集极细胞质（pole plasm），与原始生殖细胞的产生相关，是未来胚胎的后端。

决定前-后轴的母体效应基因在滋养细胞和滤泡细胞中活性很强，其产物常以 mRNA 形式经通道入卵，受精后被翻译成蛋白质。这种母源遗传信息指令合成的蛋白质，构成成形素梯度，介导整个卵空间分成不同发育定域的亚空间。现已发现 20 多种基因与果蝇前后极性的形成有关（图4-9，表4-1）。这些基因包括：①以 bicoid（bcd）为代表的前部群；②以 nanos（nos）和 caudal 为代表的后部群；③以 torso 为代表的端部群。

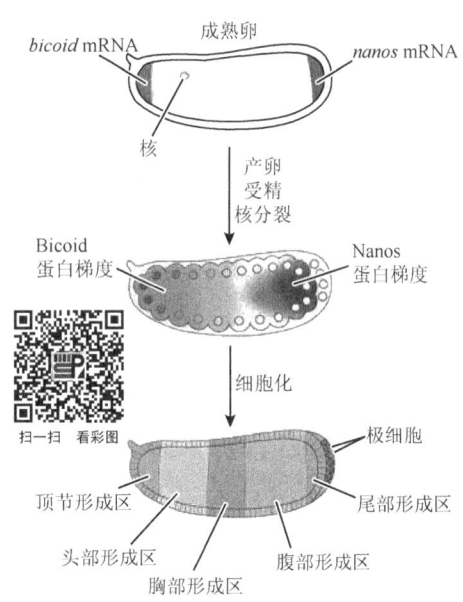

图 4-9 果蝇前-后极性分化与成形素梯度分布的关系（引自 Gilbert，2000）

前-后轴的特化，基因产物的梯度、配伍、配比等位置信息，启动、激活下游受控基因

表 4-1 影响果蝇胚胎前-后极性的母体效应基因

基因	缺失后表型	功能及结构
前部区		
bicoid（bcd）	无头部及胸部，逆向尾节取而代之	前部分级成形素，保持同源区，抑制 cad 基因
exuperantia（exu）	无前区头部结构	锚定 bcd mRNA
swallow（swa）	无前区头部结构	锚定 bcd mRNA
后部区		
nanos（nos）	无腹部	后部成形素，抑制 hb 基因
tudor（tud）	无腹部，无极性细胞	定位 Nanos
oskar（osk）	无腹部，无极性细胞	定位 Nanos
vasa（vas）	无腹部，无极性细胞，卵子发生不完全	定位 Nanos
valois（val）	无腹部，无极性细胞，细胞分裂不完全	稳定 Nanos 定位复合物
pumilio（pum）	无腹部	协助 Nanos 蛋白对 hb 起作用
caudal（cad）	无腹部	激活后端基因
尾部区		
torso（tor）	无端部	可能是端部成形素
trunk（trk）	无端部	将 torsolike 信号传递给 tor
fs（1）Nasrat[fs（1）N]	无端部，卵细胞溶解	将 torsolike 信号传递给 tor
fs（1）polehole[fs（1）ph]	无端部，卵细胞溶解	将 torsolike 信号传递给 tor

资料来源：Gilbert，2000

bicoid mRNA 的 3′端锚定在卵前极而进入卵内，使卵前端成为组织中心。受精后数分钟内该 mRNA 被翻译为 Bicoid 蛋白，在卵的前端其浓度最高，沿纵轴方向扩散至卵的一半，并进入合胞体的细胞核内，形成由高到低的位置信息梯度。若 bicoid 发生突变，在突变纯合体雌蝇的卵子中没有 Bicoid 梯度分布，则幼虫无头和胸，顶节出现一个反向的尾即双尾（图 4-10）。相反，双头突变体（bicephalic）的胚体两端各有一个头而无尾，这是因为在卵子发生过程中，卵母细胞的两端都有滋养细胞邻接，都是由滋养细胞接受了 bicoid mRNA 而引起的（图 4-11）。Bicoid 为 DNA 结合蛋白（转录因子），具螺旋-转角-螺旋结构域（helix-turn-

扫一扫 看彩图

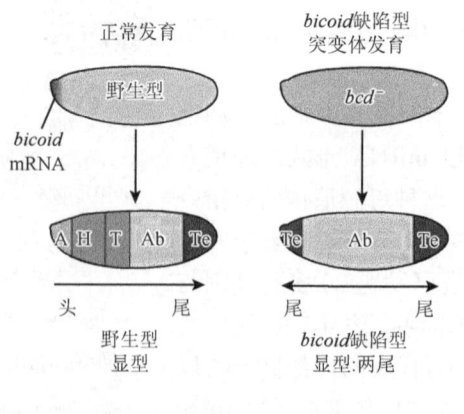

图 4-10 bicoid 野生型和突变体后代的胚胎发育（引自 Gilbert，2000）

helix domain），可把 Bicoid 与其他基因的启动子连接起来，以此控制、活化下游的合子基因。Bicoid 的梯度分布构成了位置信息（positional information），以其浓度的增减来决定头部和胸部边界的位置，增加母体 *bicoid* 基因剂量及其产物的浓度，可使头胸区域向后扩展（图 4-12）。

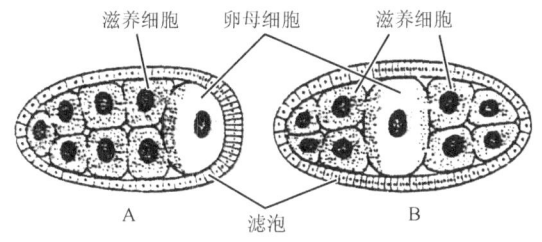

图 4-11　母体效应基因野生型卵母细胞（A）与双头突变体卵母细胞（B）的位置（引自 Muller，1998）

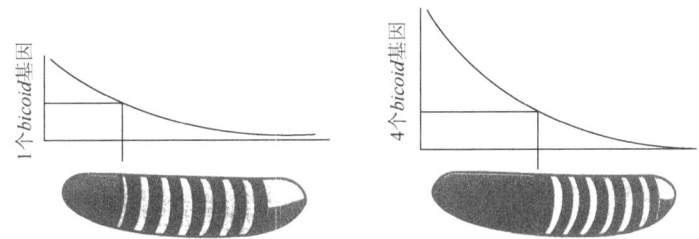

图 4-12　母体基因组中 *bicoid* 的基因剂量与头胸区的扩展范围成正比（引自 Muller，1998）

母体效应基因 *nanos* 和 *caudal* 的信使位于卵的后极，若将后极的细胞质移至前极，则会产生一个第二镜像的腹部。Nanos 从卵的后端向前部扩散，形成一个与 Bicoid 梯度反向的梯度（图 4-13）。然而与 Bicoid 不同，Nanos 不是转录因子，不与 DNA 结合，而是通过与合子基因 *hunchback* 的 mRNA 及核糖体形成复合物而抑制其翻译。结果，Bicoid 于胚前激活 *hunchback* 的转录，Nanos 于胚后抑制其 mRNA 的翻译，致使 Hunchback 蛋白由前到后也呈梯度分布。

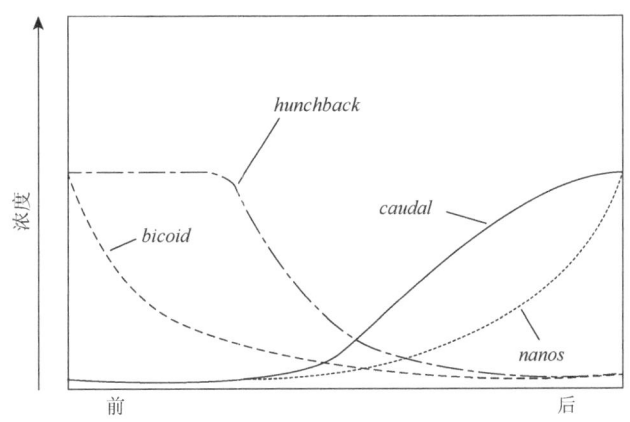

图 4-13　果蝇早期胚胎发育中与前-后轴分化相关的几种基因产物的梯度分布（引自 Gilbert，2000）

此外，Torso 编码一种胞外信号分子受体，是一种跨膜蛋白，由滤泡细胞储存于卵细胞膜和卵黄膜之间的卵黄周隙中。Torso 受体（一种酪氨酸激酶）与配基结合后能介导胚胎的末端结构即顶节和尾节的形成。

4.2.3 分节基因与体节的形成

果蝇胚胎细胞的分化分两步进行。第一步为特化（specification），即在一定的内外条件下，胚细胞会沿着特定的方向进行分化，但这种状态不稳定，如果相关环境因子发生变化，如成形素梯度信号发生改变，则原来的分化途径也会随之改变；第二步为决定（determination），即细胞或组织的发育方向既定，一般来说不可逆转，即使发育的条件有所改变。

从特化到决定由分节基因介导。相关基因如果发生突变，将影响体节或体节部分的完整性，同样也影响到副体节（parasegment）的完整性。每个副体节由前一体节的后半和后一体节的前半组成。每个胚胎由 3 个头节（Ma—上颚、Mx—下颚、Lb—唇）、3 个胸节（T1~T3）和 9 个腹节（A1~A9）组成，15 个体节包含 14 个副体节（图 4-14）。

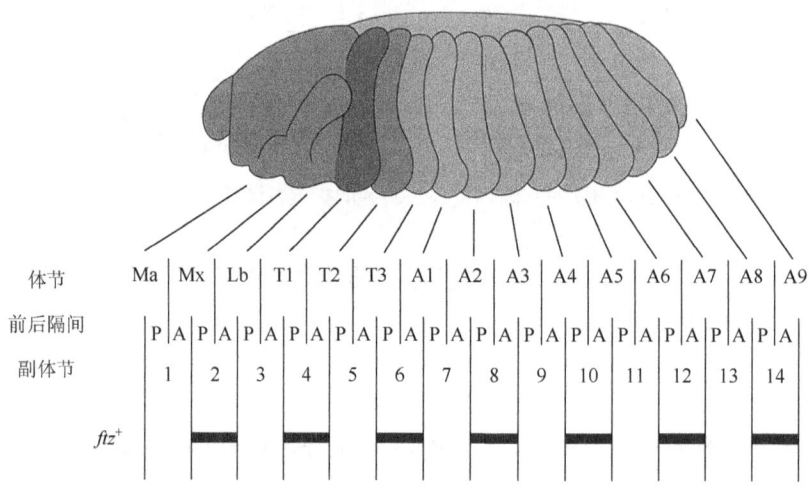

图 4-14　果蝇胚体的体节与副体节（引自 Gilbert，2000）

合子分节基因（segmentation gene）可分为间隔基因（gap gene）、成对规则基因（pair-rule gene）和体节极性基因（segment polarity gene）等三类（表 4-2），它们在母体效应基因产物的调控或相互作用下进行选择性表达，参与体节形成。这些合子基因表达的位置并不与未来的体节相吻合，而是与副体节相一致。

表 4-2　影响果蝇分节图式的主要基因

类别	具体基因	类别	具体基因
间隔基因	Krüppel（Kr）	间隔基因	tailess（tll）
	knirps（kni）		huckebein（hkb）
	hunchback（hb）		buttonhead（btd）
	giant（gt）		empty spiracles（ems）

续表

类别	具体基因	类别	具体基因
成对规则基因	orthodenticle (otd)	体节极性基因	engrailed (en)
	hairy (h)		wingless (wg)
	even-skipped (eve)		cubitus interruptus^D (ci^D)
	runt (run)		hedgehog (hh)
	fushi tarazu (ftz)		fused (fu)
	odd-paired (opa)		armadillo (arm)
	odd-skipped (odd)		patched (ptc)
	sloppy-paired (slp)		gooseberry (gsb)
	paired (prd)		pangolin (pan)

资料来源：Gilbert，2000

体节分节是分步进行的。在合胞囊胚中，胚胎开始表达自己的基因，其中许多表达产物是基因的调控因子。这些基因的表达在空间上被限定在表达区内（expression zone）。

4.2.3.1 间隔基因

间隔基因是胚胎中转录的第一批合子基因，如果发生突变，就会导致胚胎体节图式出现空缺，即成串的副体节发生丢失。例如，*hunchback*（*hb*）是胚胎进行表达的第一个合子基因，首先由 Bicoid 蛋白结合在该基因上游启动子区的 5 个相同序列 5′-TCTAATCCC-3′ 的位点上以激活 *hb* 进行转录，其表达产物 HB 蛋白由前至后呈梯度分布，继而又调控其他间隔基因的活性。

hb 是抑制腹节形成的专一胚胎基因，其表达的部位生成头胸部，hb^-hb^- 合子的胚胎则不能形成头部和胸部。Bicoid 在胚胎的前部激活 *hb* 并促进其表达，Nanos 于胚胎的后部抑制 *hb* mRNA 的翻译（图 4-15）。若 Nanos 缺失，则 HB 遍布整个胚胎，抑制生成腹节的间隔基因 *knirps* 的活性，致使该突变胚胎不能形成腹节。

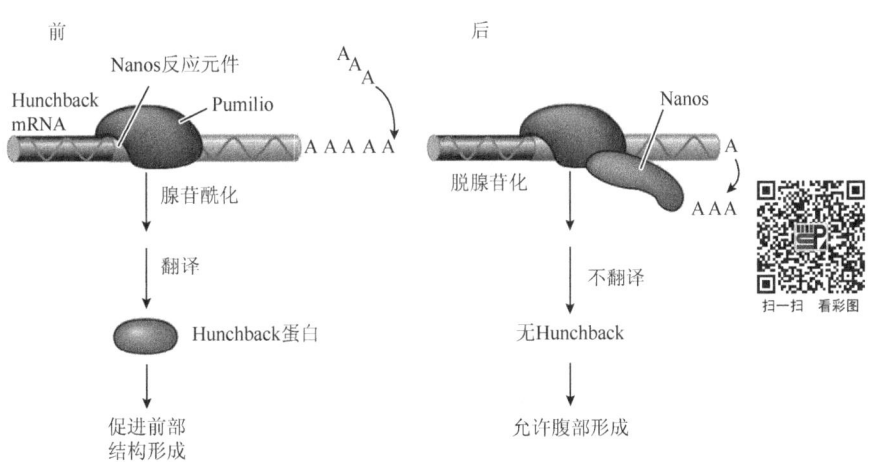

图 4-15 Hunchback mRNA 翻译的控制（引自 Gilbert，2000）

在胚胎前部，Pumilio 蛋白结合到 Hunchback mRNA 3′端的 Nanos 反应元件（NRE）上，在其 5′端加接腺苷酸至 poly（A）的正常长度，激活该 mRNA 翻译成 HB 蛋白，以促进胚前头胸部的形成；在胚胎后部，由于 Nanos 蛋白的存在并与已附着在 mRNA 上的 Pumilio 蛋白结合在一起，导致腺苷酸从 poly（A）上分解下来，结果该 mRNA 不能进行翻译，没有 HB 蛋白产生，腹节便能形成。

另一间隔基因 *Krüpple* 的表达区和其作用的部位主要在胚胎的中部，若该基因缺失，则其胚胎就会失去此基因作用范围内所发生的副体节（图 4-16）。

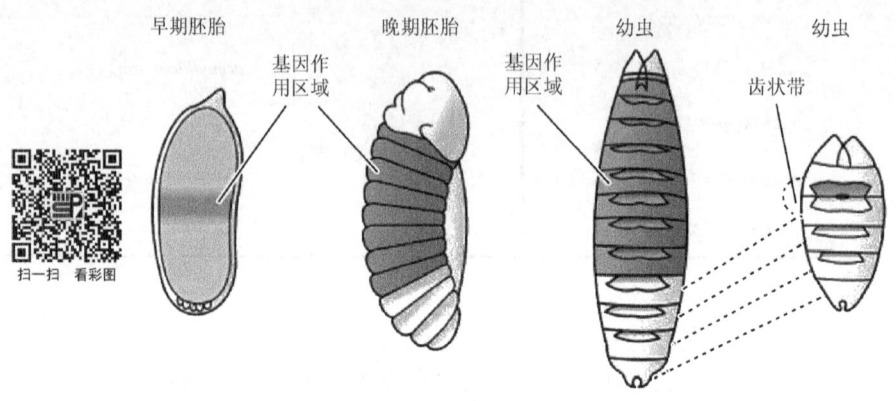

图 4-16　间隔基因 *Krüppel* 在果蝇胚胎内的表达作用区域及其突变体幼虫大部分腹节的缺失（引自 Gilbert，2000）

4.2.3.2　成对规则基因

成对规则基因在间隔基因产物的调控下，于细胞化之前开始大量表达。它们在每隔一个副体节的胚区被激活，以 7 条条纹图式（patterns of seven strip）表达同一基因，如 *even-skipped*（*eve*）在奇数副体节表达，*fushi tarazu*（*ftz*）在偶数副体节内表达。成对规则基因如果发生突变，则每隔 1 个体节就会缺失一部分，如 *ftz⁻ftz⁻* 纯合体的体节仅及正常胚胎的一半（图 4-17）。

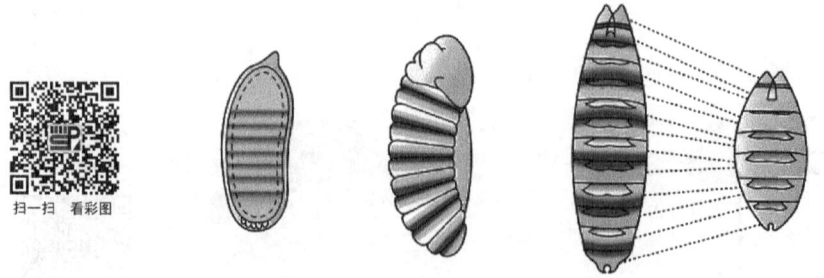

图 4-17　成对规则基因 *fushi tarazu* 在果蝇胚胎内的表达作用区域（加深的横纹区域）及其突变引起幼虫体节的部分缺失（引自 Gilbert，2000）

hairy、*even-skipped* 及 *runt* 为初级成对规则基因（primary pair-rule gene），直接受控于间隔基因；*fushi tarazu* 为次级成对规则基因（secondary pair-rule gene），受控于初级成对规则基因。

4.2.3.3 体节极性基因

发育到细胞囊胚期,成对规则基因的产物激活体节极性基因,形成更小的条纹表达区,在副体节中间划分最后的、可见的体节分界线(14 个转录带区)。这中间起主要作用的基因有 *engrailed*(*en*)、*wingless*(*wg*)和 *hedgehog*(*hh*)等。这些基因如果突变,会使每一体节的一部分结构发生缺失,而被该体节剩余部分的镜像结构所取代。例如,*engrailed* 保持前-后体节的分界,而 *en⁻en⁻* 纯合体则出现前后体节复合为一,每一体节后半部被后一体节的前半部的镜像重复结构所替代(图 4-18)。

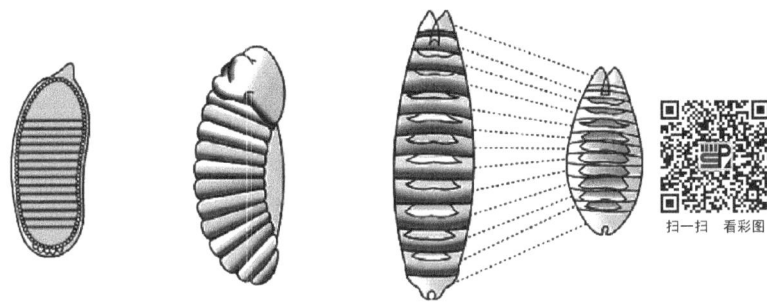

图 4-18 体节极性基因 *engrailed* 在果蝇胚胎内的表达作用区域(加深的横纹区域)及其突变引起幼虫体节的部分缺失与结构改变(引自 Gilbert,2000)

4.2.4 基因互作与图式形成

果蝇胚胎前-后极性的发生及其图式形成是通过基因一系列级联反应(cascade)来实现的,即最初表达的基因逐级激活、调控下游受控基因的活性,其效应逐级放大。这些基因主要包括:①母体效应基因;②合子分节基因,分三大类,即间隔基因、成对规则基因和体节极性基因;③同源异形选择基因(homeotic selector gene)。

通过上述基因的级联反应,同级相互作用,越级正向或反向调控等网络状的相互作用以实现其极性、分节和形态建成等发育过程。体节极性基因被激活之前,母体效应基因、间隙基因和成对规则基因的产物在合胞体内互相作用。细胞化之后,则与体节极性基因相互作用以确定体节中细胞的发育趋势。

体节极性基因把成对规则基因表达的区域分成 14 个转录区,并通过 *en* 表达的细胞与 *wg* 表达的细胞的互作以保持该转录图式的稳定。*wg* 表达的 WG 从细胞分泌出进入邻近细胞。在邻近细胞内有一种组成型活性蛋白 ZW3 则阻止转录因子进一步激活 *en* 自身的转录,WG 则阻止 ZW3 的活性,让 *en* 表达,EN 进一步激活 *hedgehog*(*hh*),HH 扩散至表达 WG 的邻近细胞,使 *wg* 保持表达活性。这两种细胞转录图式通过互作得以稳定(图 4-19)。

在各体节边界确定后,再在同源异形基因的作用下决定各体节的发育方向和结构特征,以形成完整的、统一而协调的个体整体图式。关于同源异形基因的具体功能,在下一节再详细予以讨论。

对图 4-19 分析如下,A 图显示 *wg* 和 *en* 的表达由成对规则基因启动。当细胞含有高浓度 Eve 或 Ftz 蛋白时 *en* 转录表达;当 *eve* 或 *ftz* 不活动但另一个基因 *odd-paired* 表达时则 *wg* 转录表达。B 图显示 *wg* 和 *en* 的持续表达由分别表达 *wg* 和 *en* 的细胞之间的相互作用来维持。Wg 蛋白分泌、扩散至周围细胞。在能够表达 *en* 的细胞内（含 Eve 或 Ftz 蛋白的细胞），Wg 蛋白被 Frizzled 受体缔合，使 *en* 继续保持活性。En 蛋白激活 *hedgehog* 及 *en* 本身的转录，Hedgehog 蛋白从这些细胞扩散出并与 Pached 受体蛋白结合，以阻止 Pached 蛋白对 Smoothened 蛋白所发出的信号的抑制，该信号能使 *wg* 继续转录并分泌 Wg 蛋白。

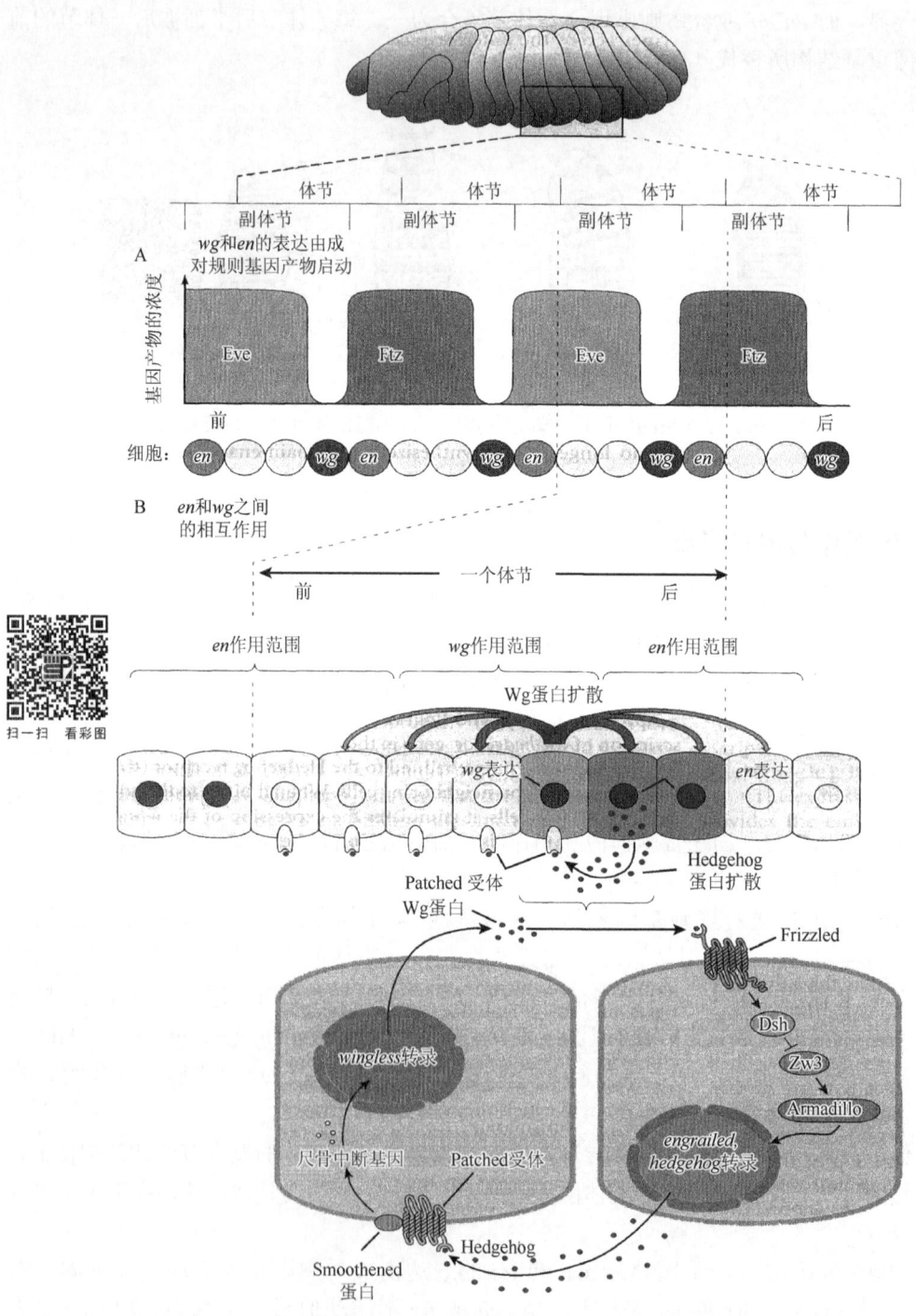

图 4-19　体节极性基因 *en* 和 *wg* 转录的模式图（引自 Gilbert，2000）

4.3 同源异形基因与发育途径的选择

当体节分化确定之后，再由同源异形基因（homeotic gene）确定每一体节的具体发育方向、结构特征和器官形成，限定每个体节与整体一致性，如决定某一特定体节为前胸无翅、中胸有翅、后胸长出平衡棒等。负责上述功能的基因也称同源异形选择基因（homeotic selector gene）或同源异形主导基因。

4.3.1 同源异形基因突变

1894 年，W. Bateson 首先发现了果蝇同源异形突变体（homeotic mutant），随后类似的突变被陆续发现，即在头部本应长触角的位置却生出了两条腿，而原本只有一对翅膀的果蝇却生出了两对（图 4-20）。这种奇特的果蝇一直使发育生物学家大惑不解，但通过数十年对这些突变体的深入研究，于 20 世纪 50 年代初，美国人 Edward Lewis 通过对果蝇双胸畸形的研究，发现同源异形基因控制着体节的发育；70 年代末，美国人 Eric Wiechaus 和德国人 Christiane Nusslein Volhard 破译了果蝇卵同源异形基因的核苷酸序列，确定这种控制生物体胚胎发育的基因就是发育遗传基因。这 3 位科学家共同荣获了 1995 年的诺贝尔生理学或医学奖。

原来，在果蝇 3 号染色体上定位着多个同源异形基因，其中 *Antp* 负责特化第二胸节，其显性突变 *Antp*$^+$ 在头节和胸节都能表达，使头区的成虫盘被特化成胸节的成虫盘，结果于头部长触角的地方长出腿来。相反，隐性突变 *Antp*$^-$ 在第二胸节中不表达，结果在长腿的地方却长出了触角。另一同源异形基因 *Ubx* 与特化第三胸节有关，当该基因缺失时，本应长平衡棒的第三胸节却转变为另一第二胸节，结果长出了另一对多余的翅膀。

正常个体

头部长腿

四翅突变体

扫一扫 看彩图

图 4-20　果蝇同源异形突变体（引自 Gilbert，2000）

4.3.2 同源异形基因的作用

果蝇的同源异形基因多排布于第三染色体上，分两大基因簇（图 4-21）。

（1）触角足复合体（antennapedia complex，Antp-C），含 5 个同源异形基因，负责头部体节特化的 Labial（*Lab*，唇）、Deformed（*Dfd*，变形），负责胸节特化的 Sex Comb reduced（*Scr*，性梳减少）和 Antennapedia（*Antp*，触角足）基因；此外还有只在成蝇中起作用的 proboscipedia（*Pb*，鼻足）基因，其突变使唇嘴部触须转变成腿。

（2）双胸复合体（bithorax complex，Bx-C）含 3 个同源异形基因，控制胸节和 8 个腹节的发育。分别是 Ultrabithorax（*Ubx*，超双胸）基因，负责第三胸节特征结构的发育；Abdominal A（*AbdA*，腹 A）和 Abdominal B（*AbdB*，腹 B）基因，控制腹节结构的形成。

Antp-C 和 Bx-C 两个复合体通常合称为同源异形复合体（homeotic complex，Hom-C）。它们在第三染色体上呈直线排列，其顺序大致与它们在时空上的表达顺序相吻合。在早期胚胎发育过程中，基因活性的级联反应被启动，前期表达的基因启动后期待表达的下游基因，或关闭另一些已表达的相关基因。

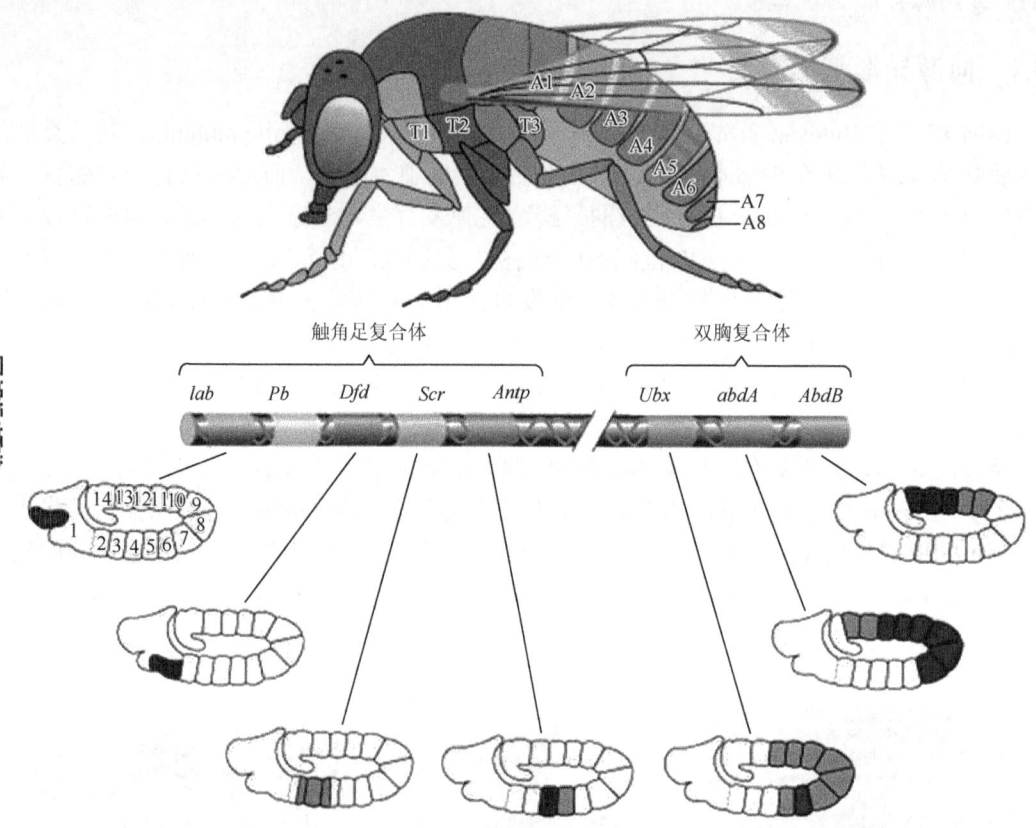

图 4-21　果蝇同源异形基因在第三染色体上的排列顺序与其在发育时空上的表达顺序相一致（引自 Gilbert，2000）

4.3.3　同源异形基因的调控

由间隔基因、成对规则基因和体节极性基因建立起胚胎发育的初始模式后，在各自表达区内进一步激活、调控同源异形基因。例如，Ftz 可提高 *Scr*、*Autp*、*Ubx* 的转录速率，这三个基因的早期表达限于 2、4、6 副体节中，正好也是 *ftz* 表达的部位，而在 *ftz*⁻ 纯合体胚胎中，*Scr*、*Antp*、*Ubx* 则不能有效地表达。相反，Ftz 对 *Dfd* 的转录起负控作用，Ftz 表达区的前沿构成 Dfd 表达范围的后缘，即阻止 Dfd 表达向后伸延，而在 *ftz*⁻*ftz*⁻ 胚胎中，Dfd 则继续向后扩展。*even-skipped* 和 *odd-paired* 等成对规则基因可促进 *Dfd* 的表达。*AbdA*、*AbdB* 基因的表达受 Hunchback、Krüppel 的抑制，致使腹部特定基因的活性在头胸部受到阻遏。*Ubx* 基因被 Hunchback 蛋白激活，故 *Ubx* 最初在胚胎中部能宽带表达。

同源异形基因之间也进行相互作用。例如，*Antp* 的表达在胚胎后部体节受到所有其他同源异形基因表达的调控。*Antp* 最初在第 4 副体节表达，然后在第 5 副体节，再后来扩展至第 12 副体节，在预定发育为神经管的细胞中表达。然而，在进一步发育中，*Antp* 表达图式回缩，转录主要出现于第 4、5 副体节，并受到后端所有同源异形基因（Bx-C）的负调控。前端同源异形基因的表达被处于后端的同源异形基因的蛋白所抑制，*Antp* 受控于 *Ubx*，*Ubx* 受控于 *AbdA*，*AbdA* 受控于 *AbdB*。如 *Ubx* 缺失，*Antp* 的活性便向后延伸至 *Ubx* 存在时所表达的区间，停止于 *Abd* 的作用区之前，结果第三胸节像第二胸节那样长出翅膀。

通过体节分节基因在不同表达区对同源异形基因活性的调控，以及同源异形基因之间相互作用，各个同源异形基因的表达区间和边界就固定了下来，各体节便朝着确定的方向分化、发育，最终完成器官发生，形成分工合作的统一整体。

4.4 同源异形基因与进化

同源异形基因的突变会招致一个体节上长出另一个体节的特征性结构，即形态正常的结构长在异常位置上，如长触角处长出腿，第三胸节上长平衡棒的地方生出了另一对翅膀等，在果蝇中首先发现的这一现象称同源异形转换（homeotic transformation）。鉴于同源异形基因在确定体节的发育方向，选择不同器官、组织在不同体节的发生位置所起的关键作用，人们自然而然从同源异形转换现象想到了四翼昆虫如蝴蝶、蜻蜓和两翼昆虫如苍蝇、蜜蜂等的系统演化的可能机制。随后，又在多种生物包括哺乳动物在内的物种中发现同源异形基因群的广泛分布，同源异形基因在进化中的作用便成为人们关注的焦点。通过科学工作者的不懈努力，已有如下问题得到初步诠释。

4.4.1 同源异形基因与物种形成

在果蝇中，*Ubx* 基因是特化第三胸节的，如果使 *Ubx* 基因发生无功能突变，那么后胸将会变成中胸而长出另一对翅膀。于是有人猜测四翼昆虫中 *Ubx* 基因在后胸也是不活动的，致使长出了另一对翅膀。实际研究表明，在蝴蝶和果蝇中 *Hom-C* 基因的表达模式基本相同，只是 *Ubx* 基因在两个物种中所作用的靶基因发生了变化，结果导致了形态建成的差异。由此可见，四翼昆虫向两翼昆虫的进化不是同源异形基因自身突变引起的，而是基因的调控尤其是对下游基因活性的调控起了变化，与 *Hom-C* 基因编码的蛋白获得了新的靶点有关。

在脊椎动物基因组中，同源异形基因群被命名为 *Hox* 基因群，以示与果蝇相区别。深入研究表明，在不同种类的脊椎动物之间，其形态建成的差异亦往往与 *Hox* 基因在体节中的特异表达区有关。例如，鼠的脊椎由 7 块颈骨、13 块胸骨、6 块腰骨、4 块骶骨和数量可变的尾骨（20 块以上）组成，而鸡的脊椎则由 14 块颈骨、7 块胸骨、12 或 13 块腰骶骨和 5 块尾椎骨组成（图 4-22）。二者同种脊椎骨的数量有别，追根探源，这些差异产生于 *Hox* 同源基因在体节上的表达部位和范围。也就是说，在脊椎动物中，不同物种形态结构上的改变往往不是 *Hox* 同源基因直接突变的结果，而是其表达位置和范围发生改变所引起的。

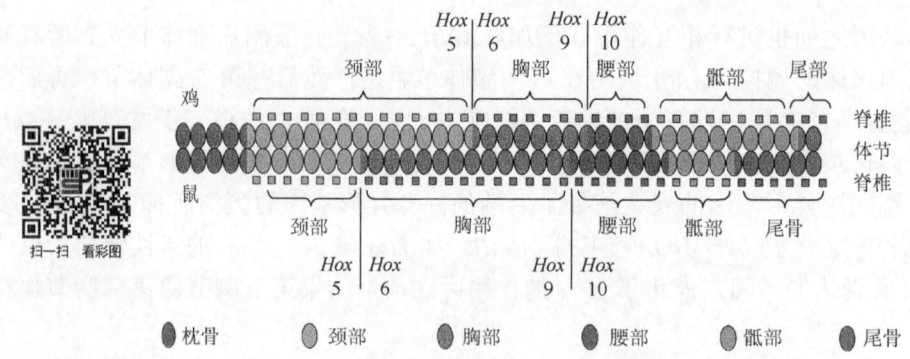

图 4-22　鼠和鸡沿前-后轴的脊椎发育图式及某些 *Hox* 基因同源群表达区的界限（引自 Burke et al.，1995）

4.4.2　同源异形基因复合体的相似性

前已述及，果蝇第三染色体上两个同源异形基因簇复合体 *Antp-C* 和 *Bx-C* 合称为同源异形复合体。在脊椎动物基因组中，发现有 4 份 *Hom-C* 基因复合体拷贝存在，分别定位在不同的染色体上。各套染色体包含有顺序排列的 13 个 *Hox* 基因（有的有缺失），整个排列顺序与果蝇极为相似，其表达模式也基本相同（图 4-23）。其中小鼠的 4 份同源异形复合体被命名为 *Hoxa*、*Hoxb*、*Hoxc*、*Hoxd*，人的被命名为 *HOXA*、*HOXB*、*HOXC*、*HOXD*，以便于相互区别。同一染色体上的 *Hox* 基因（如 *Hoxa-1*、*Hoxa-2*…*Hoxa-13*）各自构成一个同源异型基因簇。不同染色体的对应 *Hox* 基因（如 *Hoxa-1*、*Hoxb-1*、*Hoxc-1*、*Hoxd-1*）各自构成了一个同源异型基因组。此外，在文昌鱼基因组中只发现有 1 份 *Hom-C* 拷贝存在，其基因的构成和排布与昆虫的非常相似。

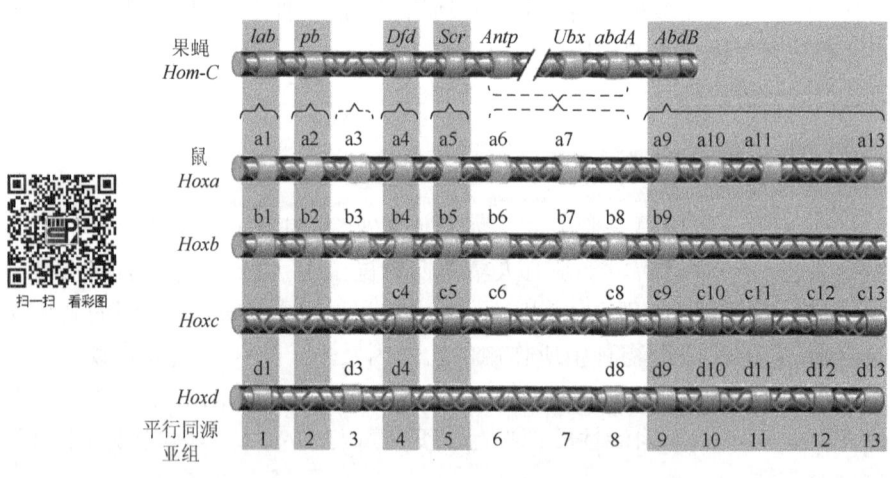

图 4-23　果蝇及小鼠的同源异形基因复合体（引自 Gilbert，2000）

4.4.3　同源异形框结构的保守性

同源异形基因和影响果蝇胚胎发育的母体效应基因、体节分节基因一样，含有一个 180 个核苷酸的保守序列，编码 60 个氨基酸的多肽，该多肽由 3 个螺旋区折叠而成，形成紧密的球状结构。前者称同源异形框（homeobox）；后者则称为同源异形域（homeodomain），其结构和功能在生物界具有普遍的同源性，都为转录因子，可与受控基因的调控序列结合以调节其转录活性。由此可见，同源异形框的结构在进化过程中具有高度的保守性。

4.4.4 同源异形基因的排位与时空表达的一致性

同源异形基因在染色体上的排布顺序与它们沿胚轴前-后按发育先后的时空程序进行表达的次序一致。例如，在染色体上的排位居前（3'端）的同源异形基因在胚轴靠前的部位最先进行表达，而在染色体上的排位居后（5'端）的同源异形基因则在胚轴靠后的部位最后进行表达，无论果蝇还是哺乳动物均是如此，二者在发育的时空程序上表现出高度的一致性（图 4-24）。此外，在果蝇中，Caudal 蛋白与诱导胚体后端结构的形成有关，而在小鼠和线虫中，Caudal 蛋白也发挥同样的功能。然而，在果蝇和哺乳动物之间，同源异形基因并无一一对应的关系，可能是趋异进化的结果。

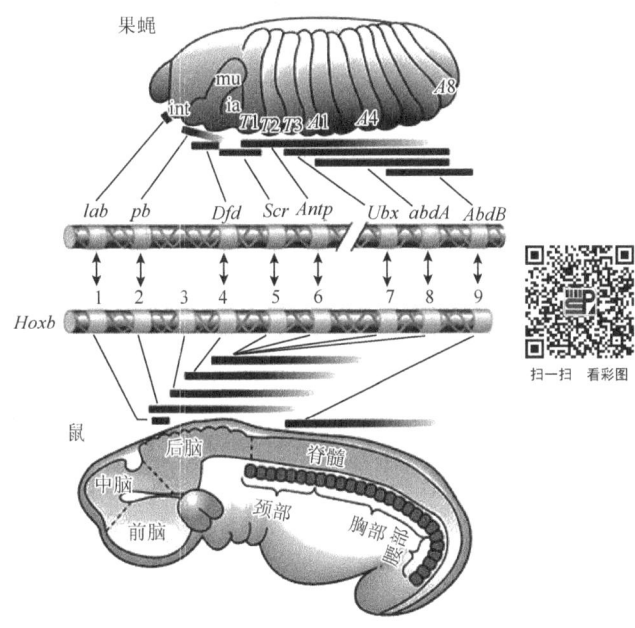

图 4-24　果蝇及小鼠胚胎发育过程中同源异形基因的时空表达模式（引自 Gilbert，2000）

4.4.5 同源异形基因与执行基因

在果蝇体节向器官系统发育的进程中，同源异形基因还必须进一步与执行基因（realisator gene）联手，否则成体的各种器官原基（成虫盘）无法发生。在果蝇的发育中，执行基因是同源异形基因的靶基因，它们的活化和表达将直接诱导特定组织和器官原基（primordia）的形成。在有关 *Antp* 基因靶基因的研究中，发现 *salm* 基因不在胸部的肢体成虫盘中表达，而在触须的成虫盘中表达（图 4-25）。结合前面提到的 *Antp* 基因的隐性突变使第二胸节应长出肢体的地方长出了触须的观察，表明 *Antp* 基因产物可以抑制 *salm* 基因的表达，从而决定了肢体在胸部的发生，而不是触须的发生。*decapentaplegic* 基因为 *Ubx2* 基因的一个靶基因，其序列结构中存在有 Ubx 蛋白的结合位区，表达于副节节 7 的脏中胚层中，对于中肠的形成有重要的作用。此外，*Distal-less* 基因只表达在果蝇的胸节中，对于肢体发生是必需的，而该基因在腹部的不表达可能是由于腹部的同源异型基因产物 Ubx 蛋白、AbdA 蛋白与 *Distal-less* 基因中的增强子结合，从而抑制了它的表达。然而这又很难解释为什么副节 5 和副节 6 都表达 *Ubx* 基因，前者发育出现肢体，而后者没有。原来 Ubx 蛋白在副节中表达的时间因素也是很重要的。在 *Ubx* 基因活化以前，4～6副节的发育潜能是同样的，到了果蝇胚胎发育的第10期，Ubx蛋白出现在副节5和副节6的前部，使它们无法发生副节4中出现的气孔结构。同时，在副节6的后半部而不是副节5的后半部，Ubx蛋白表现出对 *Distal-less* 基因表达的抑制，进而对该部位肢体原基的发生也产生了抑制。到了发育的第11期，当Ubx蛋白出现在整个副节6中时，此时 *Distal-less* 基因已经变为自我调节的状态，Ubx蛋白对它已不发生任何作用了（图4-26）。

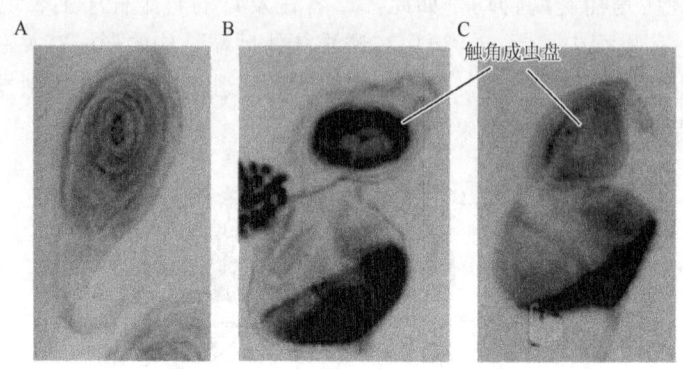

图4-25　果蝇腿成虫盘转化成触角成虫盘的实验（引自Gilbert，2000）

用β-半乳糖酶为报告基因显示 *salm* 基因的表达：A 图示 *slam* 不在肢体成虫盘中表达；B 图示 *slam* 在触角成虫盘表达；C 图示 *Anpt* 基因突变后抑制了 *slam* 在触角成虫盘中的表达

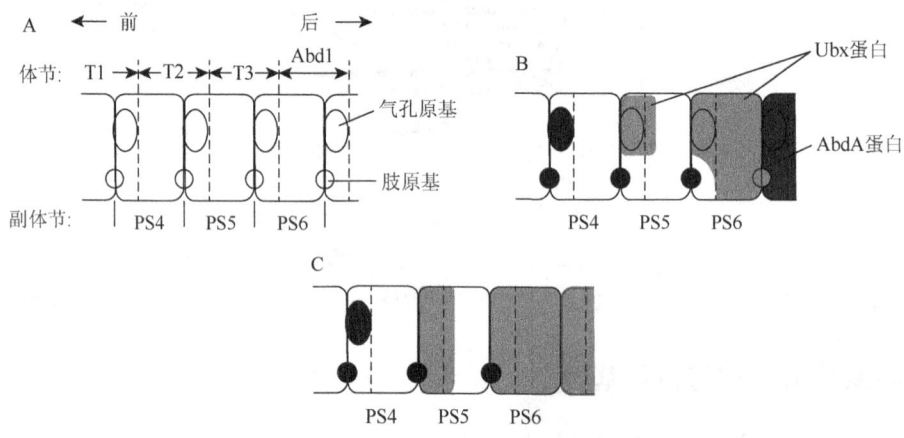

图4-26　果蝇第5、6副体节中 *Ubx* 基因表达的差异（引自Gilbert，2000）

A. 在 *Hox* 基因表达以前，各体节都具有气孔、肢体原基发生的潜能性，T1-T3、Abd1 标明不同的体节范围，PS4～PS6 标明不同的副体节范围；B. 前期，*Ubx*、*AbdA* 基因表达（阴影部位），使其覆盖的体节失去气孔与肢体原基发生的可能性，其机制为 Ubx 蛋白、AbdA 蛋白与靶基因增强子结合而抑制其表达；在未覆盖的体节中，肢体原基将发生的部位 *Distal-less* 基因获表达（黑圆形）；C. 晚期，*Ubx* 基因表达范围扩展，但对 *Distal-less* 基因已获表达的部位失去了抑制其向肢体原基发育的作用

4.5　脊椎动物早期发育的遗传控制

我们知道，果蝇胚胎的早期发育依次受到母体效应基因、体节分节基因和同源异形选择基因的调节控制。虽然脊椎动物早在5亿年前就与果蝇分道扬镳，趋异进化，但大量研究表明，脊椎动物胚胎的早期发育同样受到类似上述基因的调控，在发育过程中前-后轴的特化等发生模式与果蝇颇有相似之处。然而，脊椎动物早期发育的遗传控制更为复杂，其分子机制

远不及果蝇研究得清楚。下面仅就其体轴发生的遗传控制问题作简要讨论。

4.5.1 脊椎动物前-后轴和背-腹轴的分化

关于脊椎动物前-后轴及背-腹轴的形成机制，迄今仍未完全阐明。在第三章曾讨论过两栖动物前-后、背-腹胚轴的形成与精子进入卵子的位置有关，因为精子进入点与灰色新月区的表面连线正好和胚胎头部至尾芽的背部连线相吻合（参见第 3 章图 3-18），即精子入卵处和灰色新月区的形成就初步确定了胚胎前-后、背-腹极性的空间模式。然而，这一结论仅源于对现象的观察，至于有哪些基因参与，它们如何进行调节控制和有序的级联反应等分子机制则没有得到揭示。

近期的研究表明，两栖类 Spemann 组织者和 Nieuwkoop 中心（图 4-27）的出现与前后及背腹轴的分化密切相关，而母体效应基因 *β-catenin* 的表达产物 β-CATENIN 在组织者和 Nieuwkoop 中心的积累与稳定对于背部结构的形成则是必不可少的，因为用反义寡核苷酸清除 *β-catenin* 的 mRNA 后，其背部结构就不能发育。β-CATENIN 在上述胚区的稳定分布与另外两个母体效应基因表达产物的调控有关，一个是 *glycogen synthase kinase 3* 基因（*gsk-3*），其产物 GSK-3 对 β-CATENIN 进行负调控并令其降解，从而抑制背部结构的形成；另一个是 *dissheveled* 基因（*dsh*），其表达产物 DSH 蛋白则是 GSK-3 的抑制因子，能保护 β-CATENIN 不受降解，从而促进背部结构的形成（图 4-28）。DSH 首先在未受精卵植物极与一组特定的蛋白质结合成囊泡状。受精后，DSH 囊泡随细胞质运动沿皮下微管朝灰色新月区转移。然后，DSH 从其囊泡中释放出来并分布于未来的背区（约占单细胞胚的 1/3），在此与 GSK-3 结合并阻止其发挥作用，因而也就阻止了 β-CATENIN 在胚胎的背侧发生降解。当胚胎背区（Nieuwkoop 中心）囊胚球的细胞核获得 β-CATENIN，进而激活下游基因，启动背部结构的分化。在胚胎未来的腹区，因没有 DSH 的分布，β-CATENIN 被 GSK-3 降解，故囊胚球的细胞核内没有 β-CATENIN 进入，因而朝腹部结构的方向分化。至此，胚胎的背腹轴分化完成，而胚胎原来的动物极形成头部，植物极形成尾部，从而确立了前-后轴的格局。

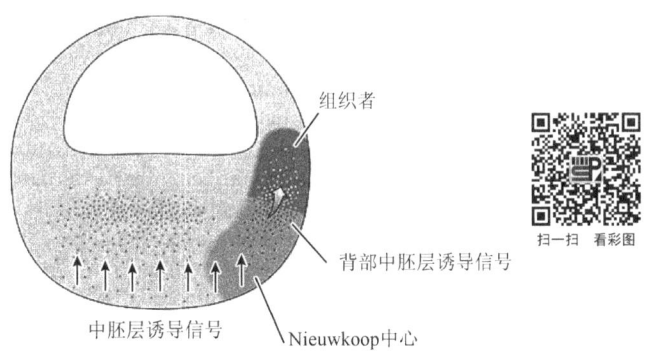

图 4-27　Spemann 组织者和 Nieuwkoop 中心在爪蟾囊胚上的定位（引自 de Robertis et al.，1992）

腹部中胚层诱导信号（可能为 FGF2 或 BMP4）自胚胎植物极区释放，诱导其外层细胞变成中胚层。在背侧即与精子进入点相对应的区域，从 Nieuwkoop 中心植物极细胞释放出背部信号，诱导其上部的外层细胞形成 Spemann 组织者

关于鸟类和哺乳类胚胎背-腹轴及前-后轴的形成问题，目前尚有许多未知之数。一般认为，鸟类属多黄、端黄卵，其胚轴的形成与内胚层受重力的影响向下部迁移有关，故其背腹的分化源于胚胎发育早期下胚层细胞的定位；哺乳动物背腹的分化源于内细胞团在囊胚腔中的定位，因为下胚层细胞总是出现在面向囊胚腔的一面，随着发育的进行，一些在神经管中与背-腹轴形成有关的基因被诱导表达，从而在脊索处形成了背-腹轴的分化。

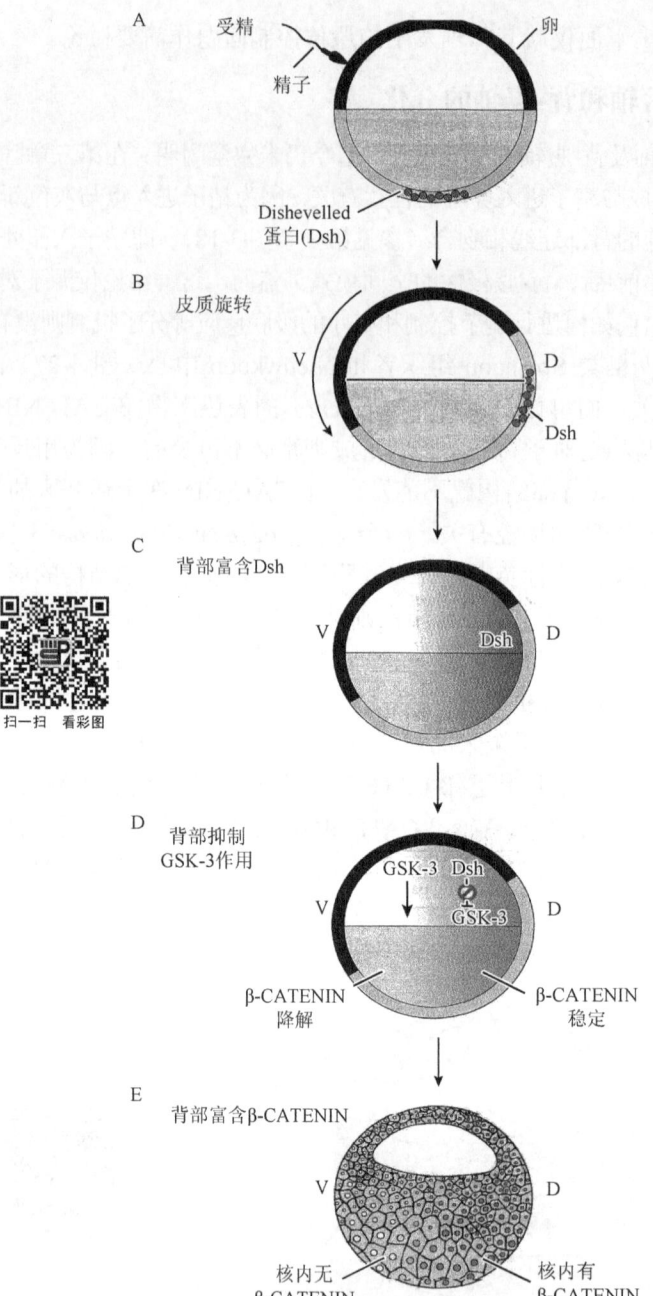

图 4-28　两栖动物卵子背部 Disheveled 蛋白（Dsh）稳定 β-CATENIN 的机制（引自 Gilbert，2000）

A. DSH 在未受精卵植物极与一组特定的蛋白质相结合成囊泡状；B. 受精，DSH 囊泡沿皮下微管朝背部转移；C. DSH 从其囊泡中释放出来并分布于未来的背区（约占单细胞胚的 1/3）；D. DSH 与 GSK-3 结合并阻止其发挥作用，因而也就阻止了 β-CATENIN 在胚胎的背侧发生降解；E. 胚胎背区囊胚球的细胞核获得 β-CATENIN，而腹区囊胚球的细胞核则没有得到 β-CATENIN

4.5.2　脊椎动物左-右轴的分化

脊椎动物的身躯结构除了前-后极性、背-腹极性的分化外，还有左-右轴的区分。我们知道，心于胸腔左侧，脾于腹腔之左而肝的大叶于右。左-右轴的生成可能在两个水平上即整体和局部受到调控。1993年,Yakoyama等对转基因小鼠进行研究,将酪氨酸酶(tyrosinase)基因随机插入4号染色体的一个区域,结果原位的基因被剔除了。本实验的目的在于基因治疗白化病,但该基因的纯合体出生后第7天便夭折。尸解发现白化是治好了,但小鼠的脏器左右倒置。该酶基因的插入及原位基因的剔除,可能打乱了左右布局相关基因互作的复杂的整体调控关系。

另外,在小鼠中还发现了内脏倒置突变型(inverse viscera)。进一步研究表明,某些器官位于身体的左侧还是右侧,可以有一次选择,其决定有赖于其他器官专一的局部影响。如在某一发育的关键时期,肾上腺素可以诱发器官左右倒置。

许多基因在胚体左右具有差异表达的现象,如 situs inversus viscerum (iv)、inversion of embryonic turning (inv)、lefty、nodal、sonic hedghog (shh)、activin receptor IIa (ActR IIa)等基因。在小鼠中发现 iv 和 inv 这2个基因的突变可以改变正常的左右不对称性。例如,iv 基因的突变会造成心脏随机地定位于左边或右边,且这种随机性与脾脏或者胃的走向没有相关性;inv 基因的突变对身体左右不对称性的影响显得更为广泛,几乎所有的不对称器官都将定位于错误的方向。进一步研究发现,lefty 和 nodal 基因仅在小鼠左面的侧板中胚层中表达,但在纯合的 inv 基因突变体中,lefty 和 nodal 基因则移到了右侧板中胚层中表达;在 iv 基因突变体中 lefty 和 nodal 基因可以同时在两侧表达或者停止表达(图4-29)。

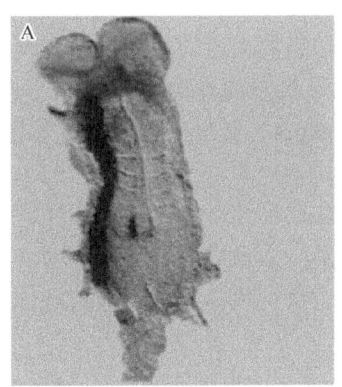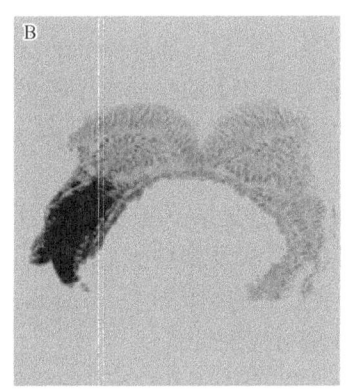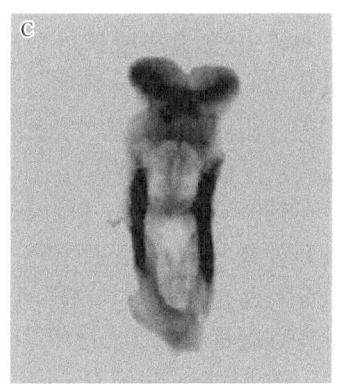

图4-29 小鼠胚胎 nodal 基因表达左右不对称现象(引自Gilbert,2000)

原位杂交表明: nodal 基因的表达在5体节期小鼠胚胎中被限制在左侧的侧板中胚层中(A);同期的胚胎横切面(B);在 iv 基因突变小鼠胚胎中,nodal 基因在两侧的侧板中胚层中都有表达,心脏也将随机定位于左边或右边(C)

对鸡的研究表明,开始的时候,shh 基因对称地表达于原节的组织中,但数小时后,shh 基因则只在原节的左侧表达。同时,另一个基因 ActR IIa 只表达于原节的右侧。大约24h后,shh 基因表达停止,但在左侧 cNR-1 (nodal) 基因开始表达,最后诱导心脏的左右不对称发育。如果这时在胚胎的右侧植入可以分泌 shh 基因产物的细胞,则 cNR-1 基因可同时表达于左右两侧,心脏的发育将出现左右随机发生的情况(图4-30)。

对左-右极性分化的遗传控制才刚刚开始探索,未知数还很多,有人猜想可能存在倒置基因(invert gene)。在昆虫等无脊椎动物中,中枢神经系统定位在腹部,而脊椎动物则定位于背部,二者刚好位置颠倒,是否在进化过程中真的出现了倒置基因呢?有必要深入进行探索。

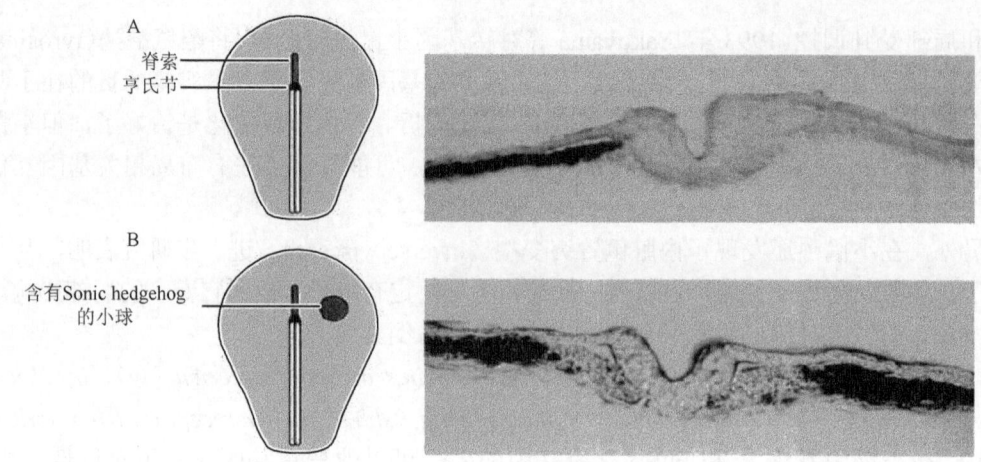

图 4-30　*sonic hedgehog* 异位表达导致 *nodal* 基因对称表达和心脏随机定位（引自 Gilbert，2000）
A. 野生型胚胎 *nodal* 基因只在左侧表达，心脏几乎都定位在右边；B. 在亨氏节右边植入含有 Sonic hedgehog 的小球，*nodal* 基因则在两侧均有表达

4.5.3　同源异形基因对哺乳动物体节分化的影响

在哺乳动物中，*Hox* 基因一般于原肠胚形成时期开始表达。例如，小鼠 7.5～8.5d 的胚胎即有 *Hox* 基因进行表达，至妊娠中期约于发育的第 12 天，大部分 *Hox* 基因的转录水平便达到高峰。一般某个或某几个 *Hox* 基因只负责一部分体节的发育，即它们表达的前后区界明确，其作用的部位、表达顺序与它们在染色体上的排列次序相关。为了揭示哺乳动物个别 *Hox* 基因的作用区域、对体节分化的影响和具体功能，基因剔除（knockout）是最有效的研究手段之一，下面试举例说明。

1991 年，Chisaka 和 Capecchi 剔除近交系小鼠 *Hoxa-3* 基因，其缺失纯合体出生后即死亡，解剖发现颈软骨特短而厚，胸腺、甲状及副甲状腺缺失或缺损，心血管畸形，很像人的 DiGeorge 综合征，具同样的神经脊起源的结构缺损。*Hoxa-3* 可能负责颅神经脊细胞的特化，这些细胞将产生颈软骨和第 3、6 鳃弓衍生组织。

如果剔除小鼠的 *Hoxa-1*（*Hoxa-1* 和 *Hoxa-3* 表达区有部分重叠，*Hoxa-1* 表达部位靠前，*Hoxa-3* 表达部位相对靠后），则 *Hoxa-1* 缺失纯合体胚胎的第 4～7 菱脑原节不特化，源于此的神经管不闭合，无内耳，无后脑神经节，但鳃弓、胸腺、甲状腺、副甲状腺和颈软骨的发育正常不受影响。若 *Hoxa-2* 被剔除，则神经脊细胞来源的颅部各组成部分消失，而第一鳃弓发生重复，且出现先天性腭裂。若 *Hoxa-4* 被剔除，则第二颈椎部分转化为第一颈椎。*Hoxa-5* 被剔除，则第 7 颈椎转化为生成肋骨的胸椎。*Hoxc-8* 被剔除，则第 1 腰椎长出肋骨，具有胸椎的结构特征（图 4-31）。

在小鼠肢体发育期间，*Hox-9* 到 *Hox-13* 这类基因的表达具有特定的时空式样，许多研究已证实这些基因对不同肢体骨骼的发生、样式和生长等各个方面起着重要的决定作用。若剔除小鼠的 *Hoxa-11* 和 *Hoxd-11*，发现缺失 *Hoxa-11*/*Hoxd-11* 纯合体胚胎的桡骨和尺骨发育出现严重缺陷；如果三基因 *Hoxa-11*/*Hoxc-11*/*Hoxd-11* 同时缺失，则胚胎的胫骨和腓骨发育出现严重缺陷，并且还使预期的腕骨和跗骨间叶细胞大大减少。

在人类基因组内，HOXA、HOXB、HOXC、HOXD 共有基因 39 个，少见突变体出现，可能大多数突变是致死的。调控人的 *HOXD-4* 的序列能使 *Dfd* 在果蝇胚胎头部进行专一性表达，可能 *HOXD-4* 与 *Dfd* 具有相似功能。

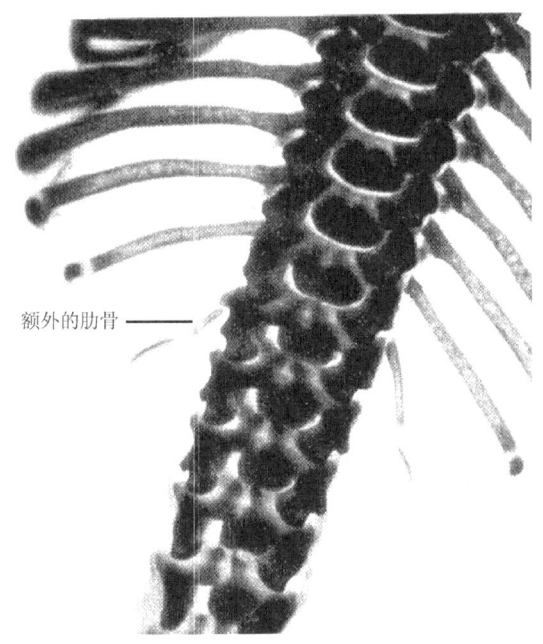

图 4-31 *Hoxc-8* 基因被剔除的鼠胚的第一腰椎长出了额外的肋骨（引自 Gilbert，2000）

人的并、多趾（指）畸形是因发育异常引起的，缘于 *HOXD-13* 发生了插入突变，以致 HOXD-13 蛋白氨基端非 DNA 结合区内增加了多个丙氨酸残基。小鼠 *Hoxd-13* 突变体的表型为脚趾小，雄鼠阴茎畸形，而人的 *HOXD-13* 突变体为并、多趾（指），是否影响生殖器的发育尚不清楚。但有人推测，指（趾）与生殖器发育所表现出的连锁关系也许与 3 亿多年来许多脊椎动物一直保持 5 指（趾）有关。

此外，在 *HOXA-13* 的突变体中，发现其中一个色氨酸密码子转变成了终止密码子，结果原来编码的多肽少了 20 多个氨基酸，不能与 DNA 结合，改变了目标基因的转录而导致肢体发育畸形。

从上述一系列实验研究中可以看出，*Hox* 基因在脊椎动物前-后轴线上构建了特定的位置信息，不同体节的分化和发育方向由不同 *Hox* 基因选择决定，某一 *Hox* 基因的改变将导致该基因原来的表达区发育出具有另一体节特征的结构。与此同时，*Hox* 基因在染色体上的排列顺序也大致与它们在时空上的表达顺序相一致，各自的表达区有其严格的空间定域和确定的胚胎发育时序性。

问题与思考

1. 试述果蝇前-后和背-腹极性是如何被决定的。
2. 何谓母体效应基因？举例说明其作用。
3. 简述在果蝇胚轴形成过程中各类基因的相互作用。
4. 什么是同源异形基因？其主要功能是什么？
5. 鸟类背腹分化源于胚胎发育早期什么细胞的定位？
6. 哺乳动物背腹分化源于什么在囊胚腔中的定位？

7. 举例说明哪些基因在胚体左右具有差异表达的现象。

8. 简述这些名词的含义：合胞胚盘、副体节、级联反应、成对规则基因、体节极性基因、同源异形基因、同源异形框（homeobox）、同源异形域（homeodomain）。

主要参考文献

樊启昶，白书农. 2002. 发育生物学原理. 北京：高等教育出版社

哈斯图雅，赖双英，乌达巴拉，等. 2009. 同源异型盒基因的研究现状. 畜牧与饲料科学，30（2）：141～142

任德全，刘玉芬，许丽敏，等. 2011. 同源异型盒基因研究. 安徽农业科学，39（4）：1949～1950

王亚馥，戴灼华. 1999. 遗传学. 北京：高等教育出版社

王忠华，王全兴，王建潮. 2000. 发育分子生物学. 上海：第二军医大学出版社

张红卫. 2006. 发育生物学. 2版. 北京：高等教育出版社

Muller W A. 1998. 发育生物学. 黄秀英等，译. 北京：高等教育出版社

Twyman R M. 2006. 发育生物学. 王英典等，译. 北京：科学出版社

Aplin A C，Kaufman T C. 1997. Homeotic transformation of legs to mouthparts by proboscipedia expression in Drosophila imaginal discs. Mechanisms of Development，62：51～60

Blin M，Raket N，Peatsch J S. 2003. Possible implication of Hox genes *Abdominal-B* and *abdominal-A* in the specification of genital and abdominal segments in cirripedes. Dev Genes Evol，213：90～96

Bomblies K，Dagenais N，Weigel D. 1999. Redundant enhancers mediate transcriptional repression of AGAMOUS by APETALA 2. Developmental Biology，216：260～264

Burke A C，Nelson C E，Morgan B A，et al. 1995. HOX genes and the evolution of vertebrate axial morphology. Development，121：333～346

de Robertis E M，Lienhard S，Parisot R F. 1982. Intracellular transport of microinjected 5S and small nuclear RNAs. Nature，295：572～577

Dean J. 2002. Oocyte-specific genes regulate follicle formation，fertility and early mouse development. Journal of Reproductive Immunology，53：171～180

Elinson R P，Hinaniya H. 2003. Parallel microtubules and other conserved elements of dorsal axial specification in the direct developing frog，Eleutherodactylus coqui. Dev Genes Evol，213：28～34

Giarre M. 2002. Patterns of importin-αexpression during Drosophila spermatogenesis. Journal of Structural Biology，140：279～290

Gilbert S F. 2000. Developmental Biology. 6th ed. Sunderland：Sinauer Associates，Inc.

Henderson K D，Andrew D J. 2000. Regulation and function of Scr，exd，and hth in the drosophila salivary gland. Develpomental Biology，217：362～374

Hutson S F，Bownes M. 2003. The regulation of yp3 expression in the drosophila melanogaster fat body. Dev Genes Evol，213：1～8

Keegan L P，Ha erry T E，Grotty D A. et al. 1997. A sequence conserved in vertebrate *Hox* gene introns functions as an enhancer regulated by posterior homeotic genes in Drosophila imaginal discs. Mechanisms of Development，63：145-157

Koyama E，Yasuda T，Wellik D M，et al. 2010. Hox11 paralogous genes are required for formation of wrist and ankle joints and articular surface organization. Ann. N.Y. Acad. Sci.，1192：307～316

Lo P C H，Skeath J B，Gajewski K，et al. 2002. Homeotic genes autonomously specify the anteroposterior subdivision of the Drosophila dorsal vessel into aorta and heart. Developmental Biology，251：307～319

Lohr U，Yussa M，Pick L. 2001. *Drosophila fushi tarazu*：a gene on the border of homeotic function. Current Biology，11：1403～1412

Ma J，He F，Xie G Q，et al. 2016. Maternal AP determinants in the *Drosophila* oocyte and embryo. Developmental Biology，5（5）：562～581

Nielsen C, Martinez P. 2003. Patterns of gene expression: homology or homocracy? Dev. Genes. Evol., 213: 149~154

Papillon D, Perez Y, Fasano L, et al. 2003. Hox gene survey in the chaetognath Spadella cephaloptera: evolutionary implications. Dev. Genes. Evol., 213: 142~148

Rozowski M. 2002. Establishing character correspondence for sensory organ traits in flies: sensory organ development provides insight forreconstructing character evolution. Molecular Phylogenetics and Evolution, 24: 400~411

Smith T M, Wang X, Zhang W, et al. 2009. Hoxa2 Plays a Direct Role in Murine Palate Development. Developmental Dynamics, 238: 2364~2373

Soto-Adames F N. 2002. Molecular phylogeny of the Puerto Rican Lepidocyrtus and Pseudosinella (Hexapoda: Collembola), a validation of Yoshii's "color pattern species". Molecular Phylogenetics and Evolution, 25: 27-42

Sulston I A. 1996. Genetic analysis of embryonic patterning mechanisms in the beetle *Tribolium castaneum*. Cell & Developmental Biology, 7: 561~571

Telford M J. 2000. Evidence for the derivation of the *Drosophila fushi tarazu* gene from a Hox gene orthologous to lophotrochozoan *Lox*5. Current Biology, 10 (6): 349~352

Wakabayashi-Ito N, Belvin M P, Bluestein D A, et al. 2001. Fusilli, an Essential Gene with a Maternal Role in Drosophila Embryonic Dorsal-Ventral Patterning. Developmental Biology, 229: 44~54

Wellik D M, Capecchi M R. 2003. Hox10 and Hox11 genes are required to globally pattern the mammalian skeleton. Science, 301: 363~367

Wolpert L. 2002. Principles of Development. Oxford: Oxford University Press

Wu X L, Vasisht V, Kosmen D, et al. 2001. Thoracic patterning by the drosophila gap gene hb. Developmental Biology, 237: 79~92

Zou S M, Jiang X Y. 2008. Retracted: Gene duplication and functional evolution of Hox genes in fishes. Journal of Fish Biology, 73 (2): 329~354

第 5 章 图式形成与胚胎诱导

5.1 图 式 形 成

图式形成是指细胞在空间上的分化和定位而引起结构上的有序排列以形成身体蓝图（body plan）的整体框架，然后产生各个组织器官的精细结构的过程，是分子水平、细胞水平和组织器官水平上相互协同作用以及不同层次之间网络状的相互作用的结果。因此，图式形成是发育生物学的中心问题，发育领域各方面的相关研究无一不是围绕图式形成这一中心而展开的。为了说明图式形成的机制，历史上不少人提出各种模型（model）和假设试图予以解释，其中较有影响的一种是 Wolpert 的位置信息理论（position information）。

通过图式形成过程，细胞依据其所处的位置进行特化，即区域特化（regional specification）。在胚胎内最早出现的图式形成事件是体轴的特化（axis specification），建立前-后、背-腹、左-右等主要体轴。体轴的形成，有的是由母体效应基因产物在卵子内的定域分布预先确定的，如果蝇；有的需要从外部环境获得提示以影响受精卵内基因的表达或蛋白质的活动重新形成的，如爪蟾精子的进入点等。主轴形成后，沿各轴不同位置的细胞进一步被特化，形成各个不同的发育区间（developmental compartments）并分配不同的位置值（positional value）。位置值大小由定位细胞所处形态发生素（成形素）梯度（morphogen gradient）决定。此后，通过细胞不对称分裂、特定位置上细胞的相互作用、旁抑制（lateral inhibition）等过程形成特定的空间模式。

5.1.1 成形素与位置信息

器官成形素是指一些由器官发育的组织者细胞合成并分泌出来的信号分子，运输到接收细胞中，在器官上形成连续的浓度梯度，可以调控细胞的命运分化、存活、生长和形貌发生。1969 年，Wolpert 假设有一种称为成形素（morphogen）的可溶性物质 S 与空间分化有关（图 5-1）。成形素意指引起形态发生的物质，即在不同浓度下引起不同反应的一类诱导物（inducer）。成形素 S 自发散源释出，其浓度随着离发散源距离的增加而减小，从发散源到扩散的终末处之间形成由高到低连续的浓度梯度分布。结果，在不同位置出现不同浓度的成形素 S，即 S 按其浓度分布形成了特定的位置信息。细胞通过感知局部成形素 S 的浓度以确定自身在该梯度的位置并对特定的位置信息做出相应的反应，进而通过一系列级联反应以实现空间模式的分化。在无脊椎动物和脊椎动物中已经发现了多种器官成形素，它们高度保守，对器官的正常发育和结构形成具有重要的调控作用。例如，在果蝇的早期胚胎发育过程中，与翅膀发育有关的成形素主要有 Hedgehog（Hh）、Decapentaplgic（Dpp）、

Wing-less（Wg）、Glass bottom boat（Gbb）等。

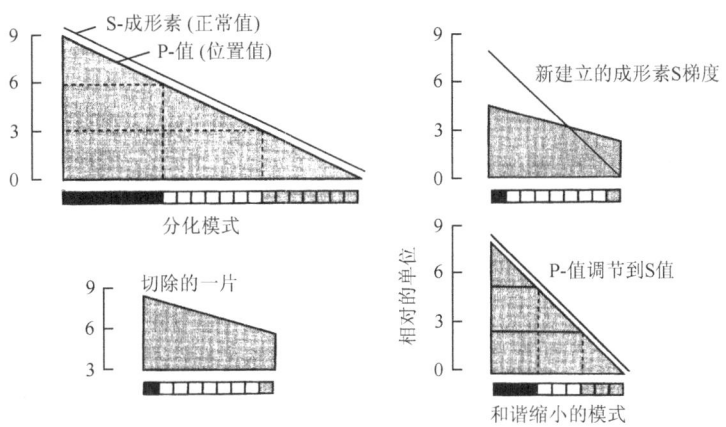

图 5-1 Wolpert 的位置信息模型（引自 Wolpert，2002）

按照 Wolpert 的位置信息理论，成形素 S 的梯度可以调节另一个梯度位置值 P。P 位置值是一种相对稳定的组织特性，用于位置记忆。S 梯度图形决定 P 的形状，局部 S 值决定局部 P 值的上限，即 S 对 P 有抑制作用。例如再生，当 S 发散源被取消，S 下降至阈值之下时就会建立新的成形素梯度并将 P 值调节到与 S 梯度一致，形成一个缩小了的和谐的新模式。在某一阈值之上的细胞和其下的细胞将分化为两个不同的群体。这一模型与现代发育生物学知识存在许多一致的地方。

成形素梯度是如何确立位置值的？以及同源异形突变如何改变这些位置值？这里介绍一个称为 Epigenetic address 的模型（图 5-2）。该模型设想，成形素由发散源 S 合成，横贯 4 个等能细胞（C1、C2、C3、C4）建立梯度并最终分节产生 4 种不同的结构。这些细胞在 4 种浓度域值（T1、T2、T3、T4）对成形素梯度起反应以表达一个或多个同源异形基因（H1、H2、H3、H4）。

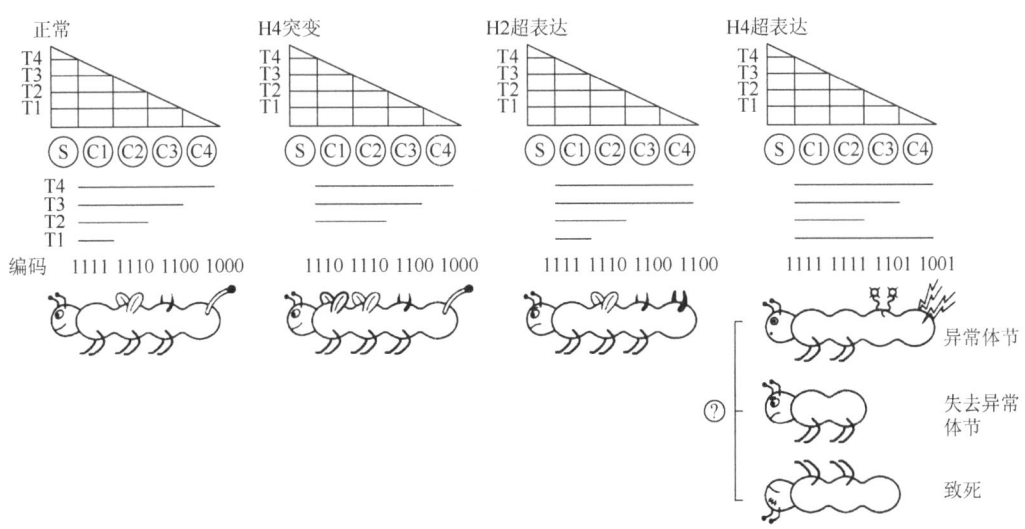

图 5-2 利用同源异形基因说明位置值产生的模型及同源异形转换的原理（引自 Twyman，2001）

例如，在低域值 T1 仅表达 H1；在稍高域值 T2 既表达 H2，也表达 H1；在更高的域值 T3 则表达 H3、H2 和 H1；在 T4 时则表达 H4、H3、H2 和 H1。依据 S 发散源就建立了一种沿胚胎前-后轴的基因表达模式，离 S 最近的区域有 4 个基因表达，离 S 最远的区域只有 1 个基因表达。因此，每个细胞按照各基因表达与否便获得了一个"地址"或位置特性。给 C1、C2、C3、C4 各自一个代码，依次为 1111、1110、1100、1000，再看看无功能同源异形突变所发生的情况。如果 H4 不表达，则 C1 的代码变成 1110，和 C2 一样具有相同的位置值，将发育为相同的结构，即 C1 体节同源转化为 C2 体节；如果 H2 基因在 4 个细胞内都表达（超表达），则 C3 和 C4 具有相同的位置值，代码均为 1100，C4 体节将同源转化为 C3；如果 H4 在所有细胞表达，就会出现全新的代码 1101 和 1001，其结果是无法预测的，可能导致死亡、组织解体，也可能发育为全新的结构，出现结构和功能的进化。

5.1.2 位置信息的起源

胚胎细胞的分化和空间排列是依据自身所处的位置所决定的，皮于外而脏于内，相反的排列是不可想象的。那么细胞凭什么信息来确定自身的位置呢？而位置信息又是由什么提供的呢？可以肯定的是，依赖于位置（position-dependent）的细胞分化必然始于核外而非核内，因为所有胚胎细胞都是受精卵的克隆产物，具有相同的遗传结构，包括细胞核内的全部 DNA 和基因，不可能成为分化的初始动因。

现在普遍认为，位置信息有三个主要来源：①外界环境，如引力和光照可能是定位定向的诱因。②母体效应基因在卵子发生期间，由卵母细胞自己合成的或者通过邻近滋养细胞合成的转录或表达产物（细胞质决定子）被储存于卵细胞质不同部位，或者受精后通过卵质分离（ooplasmic segregation）将上述产物分配在特定的卵细胞质区域内，如成形素的浓度梯度所建立的位置信息。③通过细胞与细胞之间的相互作用和行为的相互协调以产生和谐的统一模式。

第①和②点在前面的章节中已有介绍，下面仅做简要的交代，而第③点则另立一小节进行专门讨论。

1）外部因素的影响　　在两栖类和斑马鱼等胚胎发育过程中，其头部将在受精卵动物极的短半径区域内形成。当精子随机附在动物半球任何一点上入卵授精时，引起卵子内细胞质活跃移动与重排。在附加重力影响下，灰色新月区或功能上相当的结构出现在精子进入点反向对应的位置上。由于灰新月区含有若干重要的发育决定因子，使该处成为原肠期胚孔形成的位置。因此，内部结构如动植物极的不对称性与外界因子如精子进入点和重力作用便决定了胚胎前后极的出现和背腹轴的形成（参见第 3 章图 3-18）。

在哺乳类胚胎发育过程中，囊胚的内细胞团（ICM）所出现的位置是随意的，该位置将成为胚胎的背侧，至于头尾极性如何确定尚不清楚。

2）母体效应基因表达产物的相互作用　　果蝇子代极性轴由母体效应基因预先确定，其决定因子并非起源于卵细胞本身。当卵母细胞形成后，母体效应基因在滋养细胞内大量转录，所合成的 mRNA（RNP 颗粒）通过特定的通道输入并储藏在卵母细胞内，这些物质的空间定域分布便决定了胚胎的前-后轴和背-腹轴的极性。*bicoid* mRNA 位于卵子的那一极被确定为前，*nanos* 和 *oskar* 的 mRNA 所在的一极被决定为后（参见第 4 章图 4-10）。这些 RNP 均是外来的，在卵内起决定子的作用。Bicoid 是早期胚胎内调节基因活性的转录因子。另一

母体效应基因 *torso* 的 mRNA 所翻译的 Torso 是一种跨膜蛋白,围绕整个卵子的内周缘均有表达分布,在滤泡细胞所合成的位于卵子两极的 Torso-like 蛋白的作用下,只有两极分布的 Torso 被激活(图 5-3)。活化的 Torso 是一种胞外信号分子的受体,能识别卵巢滤泡细胞所产生的并储存于卵细胞膜和卵黄膜之间卵周隙内的外部信号分子。受体 Torso 为一种酪氨酸激酶,与配基结合后能介导胚体末端结构顶节和尾节的形成。此外,具同源异形框的 *caudal* 基因也参与了尾节的特化。

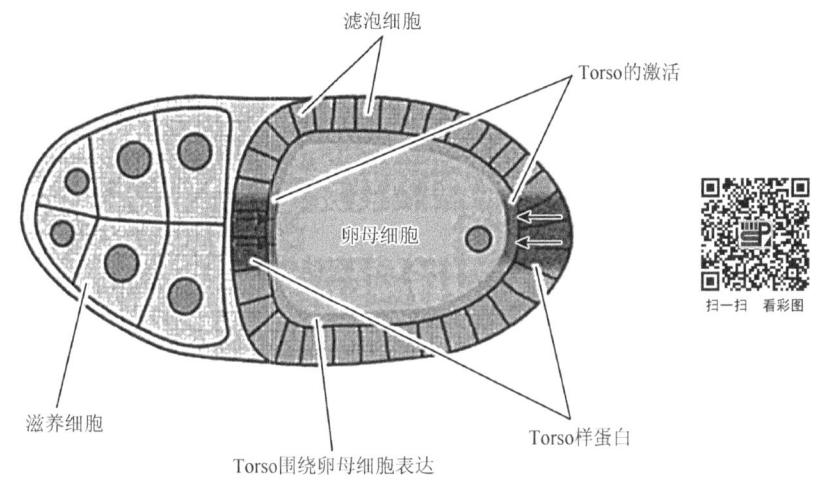

图 5-3 果蝇 Torso 信号对前后端部分化的影响(引自 Gabay et al.,1997)

果蝇背-腹极性的决定由位于将成为胚腹侧外的滤泡细胞所分泌的信号分子介导。这种信号分子贮存于卵周隙内,后为卵膜上的受体 TOLL(母体效应基因 *toll* 编码)结合并启动卵细胞质内的决定因子重新分布,使卵质内均匀分布的母体效应基因产物 Dorsal 迁移到囊胚腹面的细胞核里(参见第 4 章 4.2),从而确立了背-腹极性。由此可见,果蝇胚胎极性轴的生成是由卵外环境因子如滋养细胞和滤泡细胞内母体效应基因产物之间的相互作用所决定的。

许多动物卵子第一次卵裂之前,其细胞质成分已发生了重新分布,这种卵质分离的现象在海鞘类(ascidians)的卵裂过程中表现得非常明显(图 5-4)。当卵裂至 8 细胞胚时,定域跟踪研究表明,动物极 a4.2 和 b4.2 两个囊胚球对将分化成外胚层,而植物极 A4.1 分裂球对将分化为脊索和内胚层,B4.1 分裂球则分化为肌肉、间质细胞和内胚层。如果把 8 细胞胚分拆成上述 4 对囊胚球并分开进行培养,结果表明动物极的两个细胞对只能朝外胚层的方向分化,而植物极的 A4.1 细胞对只能分化为脊索和内胚层细胞,B4.1 细胞对则分化为肌肉、间质细胞和内胚层细胞。由此可见,海鞘 8 细胞胚胎不同部位分裂球的分化发育方向与其定域图完全一致,即使被分拆开也不会改变,说明海鞘类早期胚胎细胞已完成了自主特化并进入了决定状态。因卵质分离,每个特定部位的细胞都能接受一套特异的决定子并进行自主发育的现象便称为镶嵌发育(mosaic development)。虽然现在对于海鞘类卵质分离的分子机制知之甚微,但从卵细胞质的定域区分以及特定部位分裂球的自主发育等看来,无疑是母体效应基因产物之间的相互作用并激活下游基因级联反应的结果。

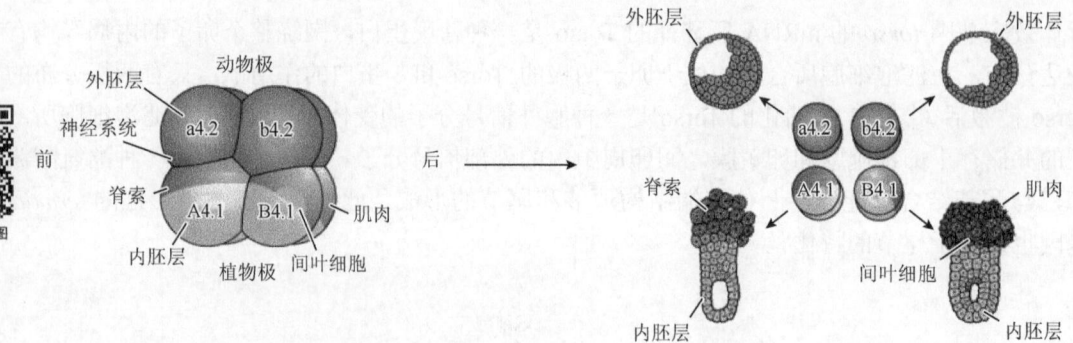

图 5-4 被囊动物早期胚胎细胞的自主发育（引自 Gilbert，2000）

将 8 细胞胚分离为 4 对分裂球，每对所形成的结构与胚胎定域图一致

随着研究技术和方法的不断更新和成熟，新的母体效应基因不断被发现，目前已发现 100 多种与小鼠早期胚胎发育相关的母体效应基因，如 *Dicerl*、*Ago2*（*Eif2c2*）、*Zfp3612*、*Atg5*、*Hr6a*（*Ube2a*）、*Npm2*、*Tif1*（*trim24*）、*Brg1*（*Smarca4*）、*Brwd1*、*Hsf1*、*Bnc1*、*Ctcf*、*Oct4*（*Pou5f1*）、*Sox2*、*Dnmt3a*、*Dnmt3l*、*Dnmt1*、*Stella*（*Dppa3*）、*Zfp57*、*Zar1*、*Mater*（*Nlrp5*）、*Floped*（*Ooep*）、*Padi6*、*Tle6*、*Filia*（*2410004A20Rik*）、*Tel1*、*Uchl1* 等。除了少数几种基因研究得比较透彻外，多数母体效应基因在胚胎发育中的具体功能并不是很清楚，还有待进一步研究。

5.1.3 相邻细胞之间的相互作用

在第一次卵裂完成之后（果蝇是在细胞化囊胚形成后），细胞之间信号的转导是图式形成的重要条件。例如，果蝇的复眼约由 800 个小眼（ommatidium）组成（图 5-5），而 20 个细胞构成 1 个小眼，其中包括 8 个光受体细胞，它们排列有序，中央的 1 个光受体（R8）最先发育（图 5-6）。R8 称 Boss 细胞，*boss*⁺表达产物 Boss 蛋白位于 R8 细胞表面。R8 首先作用于 R2 和 R5 细胞，并与其内 *ro* 基因的表达产物相互作用使 R2 和 R5 分化为光受体。R2 和 R5 继而分别与 R1 和 R3、R4 和 R6 互作，诱导它们成为光受体细胞。R7 细胞的 *sevenless*⁺（*sev*）表达一种跨膜蛋白——酪氨酸激酶，它作为 Boss 的受体接受来自 R8 的信号后才能形成 R7 光受体。如果 R8 由于 *boss*⁻突变不能提供有效的信号或者 R7 由于 *sevenless*⁻突变不能识别 R8 传来的信号，R7 则不能发育为正常的光受体，而只能形成一种晶状体细胞。

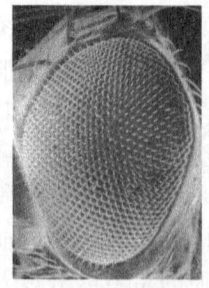

图 5-5 果蝇的复眼（引自 Gilbert，2000）

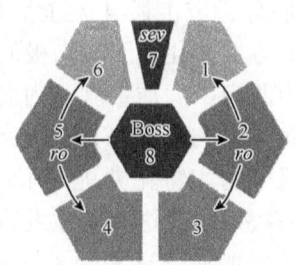

图 5-6 果蝇小眼光受体分化与细胞的相互作用（引自 Rubin,1989）

例如，果蝇胚胎腹侧囊胚层中的所有细胞早期都是等能的，后来分化成神经母细胞和上皮母细胞两大类群。虽然腹侧细胞都有变成神经母细胞的倾向，但囊胚早期并未被决定而不可逆转，将其移植至背部则分化出背部细胞的特征，参与背部表皮的形成。若从背部移植到腹侧，新移来的细胞将按新的部位群集规则和指导变成神经母细胞。起初，神经母细胞和表皮母细胞是群集掺杂在一起的，随后通过相互交换信号（细胞表面的信号分子）才彼此分开。如 notch 基因编码的 Notch 蛋白就是这种表面分子之一。另一基因 delta 编码一种膜蛋白 Delta，它与 Notch 一样都是跨膜蛋白，二者通过邻近细胞膜相互作用，具有多种功能。其中，二者同时可作为配位体和受体起作用，Notch 是 Delta 受体的配位体，反之亦然。Notch 为表皮细胞发育所必需，其受体一旦被 Delta 配位体激活，即会启动一连串事件，最后使分离复合体的增强子（enhancer of split complex, ESPL-C）得以活化，导致神经母细胞从其他细胞中分离出来。Delta 为神经细胞发育所必需，通过向相邻细胞显示 Delta 信号，神经发生细胞便抑制相邻细胞向神经细胞发育。若 notch 突变导致 Notch 缺失，则相邻细胞接收不到 Delta 信号，所有细胞将发育为神经母细胞而没有表皮母细胞（图 5-7）。神经发生细胞要朝神经发育通道继续发育，还必须启动表达另一个基因复合体 AS-C（achaete scute complex）。ESPL-C 和 AS-C 相互拮抗，不能同时被激活，故不同发育程序的细胞被分开，神经母细胞转移至胚胎的内部，表皮细胞留在体表，其外分泌形成一层角质。

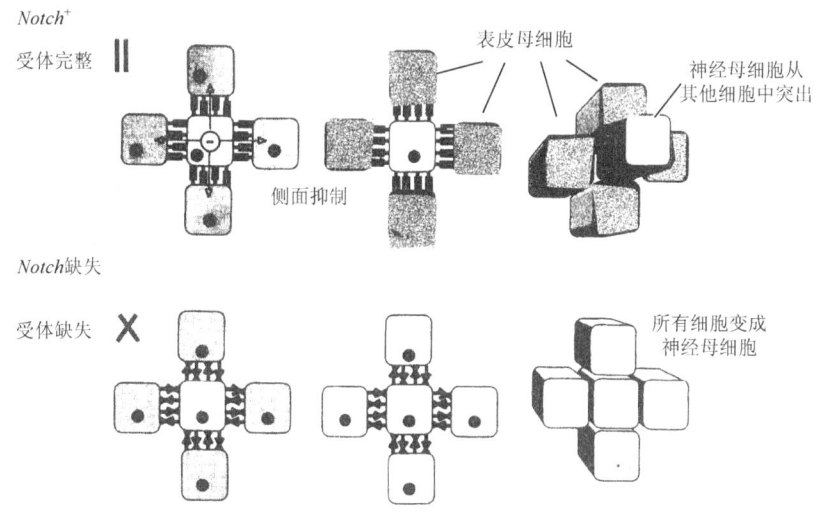

图 5-7　果蝇囊胚腹部外胚层神经母细胞与上皮母细胞分离的机制（引自 Muller，1998）

5.1.4　肢体的形成模式

现以鸟翅的发生为例来讨论肢芽模式的形成。鸟翅有三个极性轴：①远-近轴，从肩到指；②前-后轴，从第 2 到第 4 指（第 1 指和第 5 指在翅中消失）；③背-腹轴，从背侧到腹侧。下面主要介绍远-近轴和前-后轴的形成。

远-近轴的形成是将时间程序转变成空间模式的过程。肢芽由间质中胚层（mesenchyme）和覆盖其上的外胚层上皮构成，间质中胚层由来自侧板中胚层产生骨骼成分的细胞和来自体节中胚层产生肌肉的细胞重新凝聚而成。肢芽外覆盖的杯状外胚层扩展成顶端外胚层嵴（顶嵴），该嵴产生 FGF-2 等生长因子并向邻近的间质细胞扩散。除去顶嵴这一信号分子的发散源，肢芽便停止生长。

生长因子的扩散作用范围限定了细胞增殖发展区（progress zone）的范围。因此，早期增殖的间质细胞将逐渐远离发展区和顶嵴，最终脱离生长因子的作用范围并停止增殖。最早离开发展区并停止增殖的细胞将形成肱骨，第二批细胞便形成尺骨和桡骨，第三批细胞形成掌骨，最后一批细胞则形成指骨。

实验表明（图 5-8），生长的肢芽已编排好了时间程序。例如，将早期幼嫩肢芽发展区移植到后期肢芽的截桩上，年轻芽区不管截桩上是否有形成肱骨的细胞群存在，仍然按自己的时间程序先形成肱骨；将中期发展区移植到后期肢芽的截桩上，则按既定的程序先形成尺骨和桡骨；即使将晚期发展区移植到年轻的截桩上，也仅能形成几个指骨，绝不会受年轻截桩的影响而从头形成肱骨、桡尺骨和掌骨等。有关时间程序的本质尚不清楚，可能与一系列带有同源异型框的基因连续被激活，在远-近轴模式决定的过程中，连续产生不同的位置值以指定细胞的分化发育方向有关。

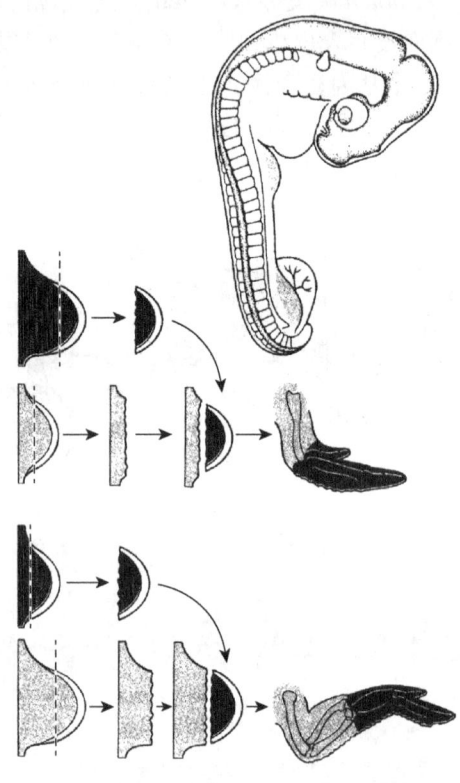

图 5-8　鸡翅芽远-近轴的形成模式（引自 Muller，1998）

被移植顶嵴不顾截桩所处的发育状态而按自己的时间程序继续进行发育

鸟翅肢芽前-后轴的形成则与胚胎肢芽后缘存在一个极化活性区（zone of polarizing activity，ZPA）密切相关。ZPA 亦是信号分子发散源，是 *sonic hedgehog*（*shh*）基因活跃表达的区域，由此决定第 2~4 指的分化顺序。一般认为，ZPA 发散信号分子的浓度从肢芽后缘到前缘呈递降梯度，其位置信息决定了各个指的特征。如果将一片 ZPA 移植到肢芽前缘就引发另一套指的形成，两套指呈 432234 或 4334 镜像对称排列（图 5-9）。视黄酸（RA 或 vitamin A acid）浸泡的多孔小珠可以代替 ZPA 的作用，将其植入肢芽的前缘，同样能够诱导相似结构的形成。

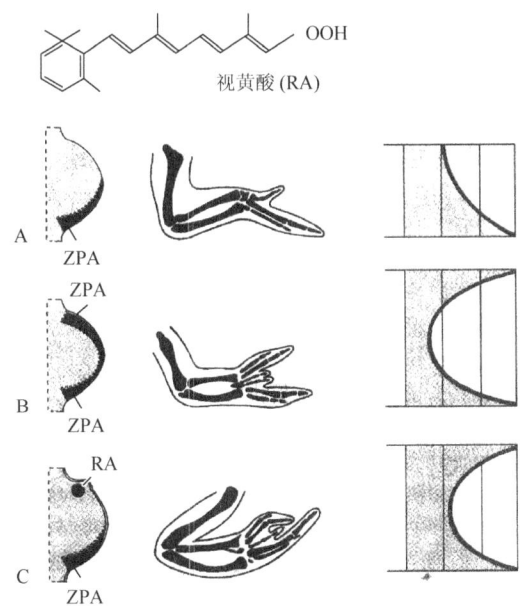

图 5-9 ZPA 的移植实验及 RA 的诱导作用（引自 Muller，1998）

A. ZPA 位于肢芽后缘，第 2~4 指发育正常；B. 移植另一个 ZPA 至肢芽前缘，出现两套呈镜像对称的指骨；C. 将含 RA 的小珠植入肢芽前缘，诱导产生镜像对称的指骨。右图示相应信号分子的梯度分布

在肢芽发育过程中，*shh* 表达较晚，很可能受到 RA 或 FGF 家族某些成员的调控。在已启动的一连串级联反应中，*shh* 表达可能是中间事件的一环。鉴于 RA 能影响细胞增殖、图式形成及细胞分化，推测其与类固醇激素的功能相似，通过刺激基因的表达而发挥作用。

5.1.5 位置记忆

我们知道，许多动物身体受到局部损伤，如虾、蟹失去部分肢体，蝾螈断肢，壁虎断尾，甚至人的肝脏被部分切除后，都能进行再生以补偿失去的部分。那么，为何失去尾巴的部位再生出来的是尾而不是头呢？为何失去前肢的部位再生出来的仍是前肢而不是后肢或触角呢？为何肝脏被部分手术切除后再生出来的还是肝脏而非肺或心呢？由此看来，动物身体的各个部位存在不同的位置信息，当某部分丧失后仍能从受损部位长出原有的特征性结构，即该部位保持着对原有位置信息的记忆或位置记忆。再生需要位置信息的指导，正是由于有了位置记忆才能保证忠实地进行原位再生。

例如，在淡水水螅再生过程中，现有的头部会抑制另一个头的形成，但可促进另一极产生足；躯干任一部分都有形成头和足的能力，但近头者形成头的能力较强，形成足的能力较弱，反之亦然。整个躯干从上至下呈明显的梯度分布，从而决定了头、足的极性。这表明躯干上、中、下各段的位置信息不同，因位置记忆而具有明显的极性。

从水螅躯干上、下不同部位各截取一段，分别解离成单细胞，然后使之聚集成细胞团，再按图 5-10 两种方式组合拼接。结果显示，来自靠头部的位置值高的细胞聚集团块优先形成触手，而来自靠足部的位置值较低的细胞聚集块优先形成足。这说明细胞分散后仍保持其原先所处部位的位置记忆，新产生的结构是细胞以前所获得的相对位置信息作用的结果。按 Wolpert 的位置信息理论，相对位置信息是由位置值的斜度（slope of positional value）决定的。

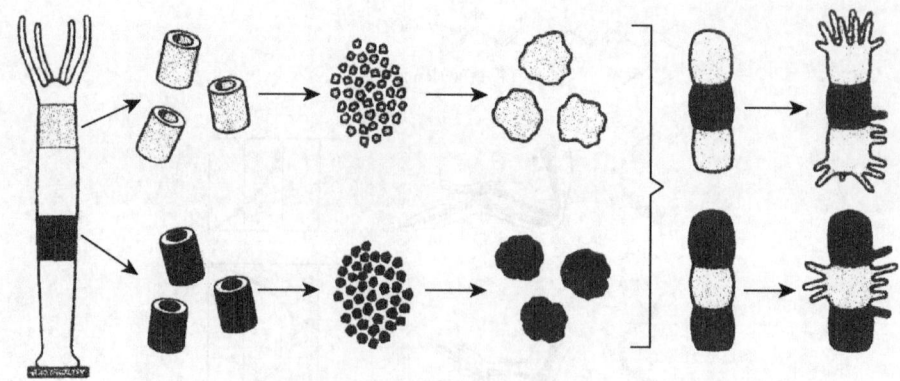

图 5-10 水螅解离细胞重新聚合再生的实验（引自 Muller，1998）

从躯干不同部位切取体壁组织进行移植，若移植到位置值相同或相近的部位时，移植块将融入相同或相近的躯干组织；若移植到位置值明显低的部位，移植块将形成异位头；反之，则形成异位足（图 5-11）。由此可见，躯干不同部位的体壁组织具有多重分化发育的潜能，其分化方向的选择和决定则受制于受体部位的位置值大小和位置记忆。

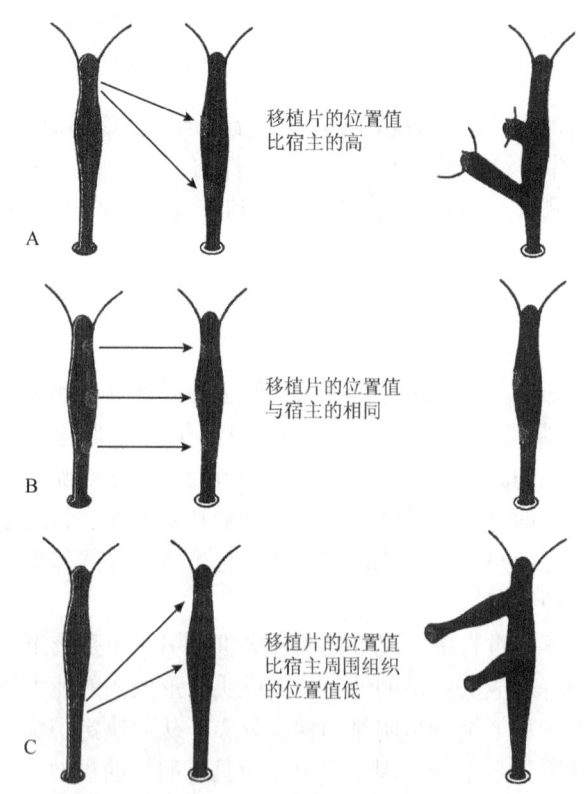

图 5-11 水螅组织块的移植实验（引自 Muller，1998）

5.2 胚胎诱导的机制

早在 20 世纪初，Browne（1909）从水螅嘴锥（hypostome）或亚触手区取一片组织插入胃区，诱导出第二个头部和体轴。这种在非正常部位人工诱导出来的结构称异位结构（ectopic）。后来，在两栖类胚胎中进行了最广泛的诱导研究，并将一个或一群细胞能改变另一些细胞发育途径的过程称为诱导（induction）。因这一现象首先是在胚胎细胞块移植时得到证实的，故又称为胚胎诱导（embryonic induction）。与细胞质决定因子的分离不同，诱导是一种外来的作用，它有赖于细胞在胚胎中所处的位置。

1927 年，H. Spemam 和 H. Mangold 将蝾螈原肠胚的一块背唇植入囊胚其他部位而诱导形成另一原肠胚和第二体轴，在科学界引起轰动。这一实验结果表明，组成多细胞动物胚胎的各个部分并非相互独立、各行其是，保持一个松散的"联邦共和国"，而是相互依存、相互制约、相互影响的一个完整的统一的有机整体。在胚胎发育过程中，一部分组织细胞对邻近另一部分组织细胞施加影响以决定其分化发育方向的现象，称为胚胎诱导。然而，胚胎诱导的机制在随后的 60 年中并不清楚，直到 1987 年首次分离到两栖类的诱导信号分子后，这一问题才逐步得以阐明。

5.2.1　Spemann 组织者与 Nieuwkoop 中心

5.2.1.1　Spemann 组织者

蝾螈第一次卵裂时，其卵裂面将灰色新月区均分给两个分裂球，1918 年，Spemann 将第一次卵裂后的两个分裂球分开，结果形成两个正常的胚胎；但如果对受精卵沿第一次卵裂面垂直的方向进行绑扎，一边含灰色新月区，一边不含，则前者发育为正常胚胎，后者仅能形成一团未分化的细胞（图 5-12）。这说明灰色新月区具有诱导和组织胚胎形成的能力。

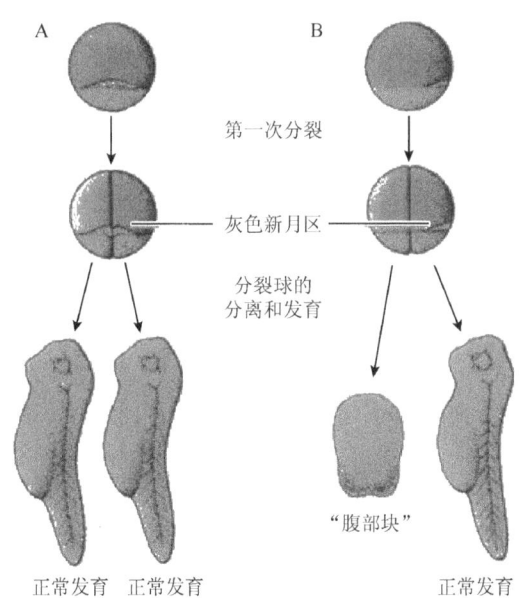

图 5-12　蝾螈卵裂球的分割实验（引自 Spemann，1938）

两个分裂球均含有灰色新月区便能发育为两个正常的个体（A），不含灰色新月区的只能形成一团细胞（B）

1924 年，Spemann 和 Mangold 将浅色蝾螈（*Triton cristatus*）早期原肠胚胚孔背唇上侧一片组织移植到深色蝾螈（*Triton taeniatus*）同期胚胎腹侧外胚层处。当发育至神经胚时，除了宿主所形成的正常的神经板外，其腹侧还出现了一个次生的神经板，继而发展成一个次级胚胎。次级神经板主要由宿主的深色细胞构成，而供体的浅色细胞则构成脊索及体节的一部分，体节的另一部分由宿主的深色细胞组成（图 5-13）。由此可见，胚孔背唇不仅能诱导神经板的产生，还具有组织整个胚胎形成的能力，包括对邻近宿主细胞施加影响使之协调地参与次级胚胎的形成。鉴于胚孔背唇具有诱导外胚层形成神经系统并组织胚轴形成的能力，被称为初级胚胎组织者（primary embryonic organizer）或 Spemann 组织者（Spemann organizer）。

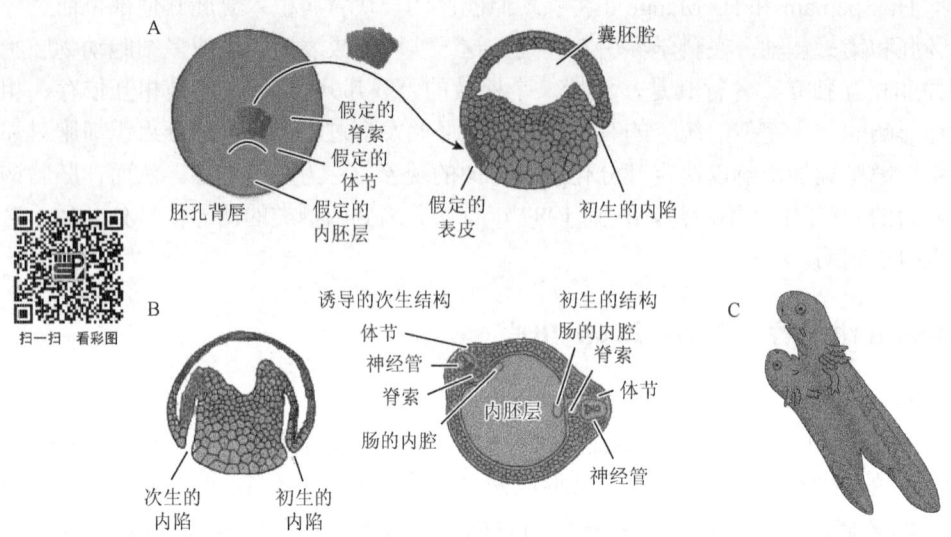

图 5-13　Spemann 组织者移植诱导次生胚的形成（引自 Gilbert，2000）

将一早期蝾螈原肠胚胚孔背唇组织移植到另一同期胚的腹侧外胚层处（A），诱导宿主产生出额外的次生原肠肠道（B 左，横切面），进一步形成次生体轴（B 右，横切面），并发育为第二胚胎（C）

Smith 和 Slack（1983）用辣根过氧化物酶对爪蟾受精卵或卵裂球进行标记，至原肠胚期进行了与上述相同的移植实验，所得结果与 Spemann 基本相同但更为精确。他们发现，次生胚胎的脊索完全由被标记的供体细胞构成；体节中含有少量的供体细胞，而大部分细胞来自受体宿主；神经板中因没有发现供体细胞，即全部由宿主外胚层构成，说明宿主外胚层是受到组织者的诱导而改变分化发育方向的。

通过活体染色追踪，Vogt（1925）发现，胚孔背唇随着原肠运动的内陷和内卷迁移、深入胚胎内部而成为脊索中胚层。Spemann（1927，1931）用植入法将不同发育时期原肠胚的胚孔背唇移植进囊胚腔（图 5-14），结果显示早期胚孔背唇只能诱导产生次生头部，而晚期胚孔背唇只能诱导产生次生躯干和尾部，表明不同时期的胚孔背唇的发育程序和诱导能力是不同的。

我们知道，原肠胚预定为口部的外胚层区在蝾螈中将形成平衡器，在蛙类中则形成吸盘。如果从供体原肠胚腹部表皮取一组织块植入受体原肠胚的未来口区，在蛙类和蝾螈异种之间进行交互移植（图 5-15），结果表明，移植块整合进受体胚胎并发育形成口部组织，所不同的是，蛙的移植块在蝾螈的口部形成了吸盘，而蝾螈的移植块在蛙类蝌蚪的口区却形成了平衡器。吸盘属蛙的特征性结构，为蛙的遗传基础所决定，而平衡器属蝾螈的特征性结构，为蝾螈的遗传基础所决定。由此可见，位置信息没有物种的特异性，蝾螈与蛙可以相互进行诱导，但接受该位置信息的细胞只能按自身的遗传指令行事，发育为自身基因所决定的结构。

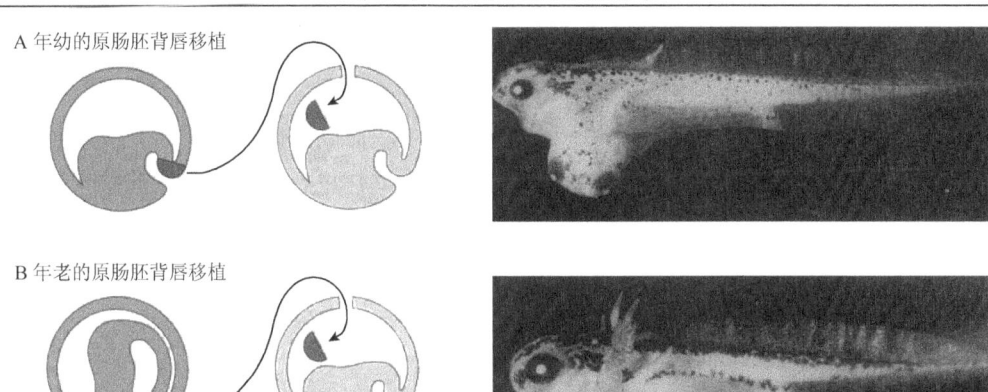

图 5-14 不同发育时期的胚孔背唇的诱导能力不同（引自 Gilbert，2000）

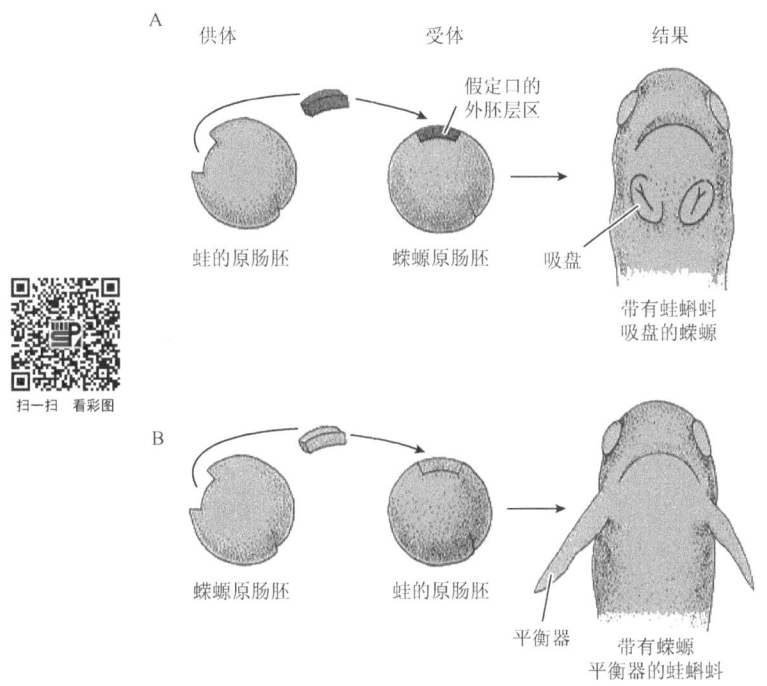

图 5-15 蛙类和蝾螈原肠胚腹面组织块交互移植至同期胚胎预定为口区的实验（引自 Hamburgh，1970）

A. 来自供体蛙的移植块在受体蝾螈胚的口区形成吸盘；B. 来自供体蝾螈的移植块在受体蛙胚的口区形成平衡器

5.2.1.2 Nieuwkoop 中心

20 世纪 70 年代，Nieuwkoop 把囊胚赤道部分的细胞除去，无论动物极帽还是植物极部分都不能单独形成中胚层，但将二者合在一起便能诱导产生中胚层结构（图 5-16）。进一步研究表明，精子入卵处对应的植物极区因受精后发生动植物极卵质混合而使其内的背部化决定因子（dorsalizing determinant）被激活，从而决定了未来胚胎的背腹极性。其中，来自植物极的 TGF-β 和预定为背侧的 β-CATENIN 两种信号发生部分重叠，该重叠处即是 Nieuwkoop 中心（Nieuwkoop center，图 5-17）。在卵裂过程中，这些最靠近囊胚背面的植物极细胞（Nieuwkoop 中心）进一步诱导其上邻近细胞形成 Spemann 组织者，也正是这些植物极细胞才具有诱导动物极帽细胞形成中胚层结构的能力。

Nieuwkoop 中心的作用是激活组织者内一组转录因子的基因，如 XANF-1 和 Goosecoid 蛋白仅在背唇及其后的脊索中表达。将 *XANF-1* mRNA 注射到腹部的分裂球中能诱导次生胚轴的形成，而这些被注射的细胞便成为次生胚的前端中胚层。*XANF-1* 可能是控制背唇细胞分化为组织者及其迁移的主调基因。

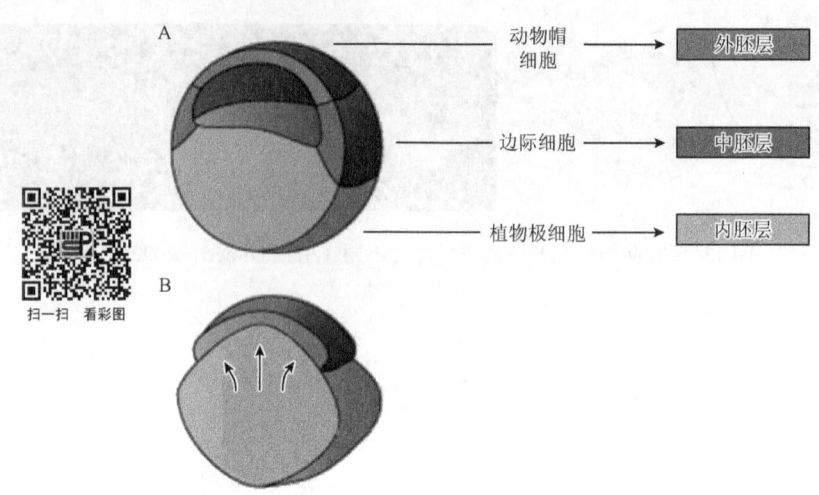

图 5-16 动物极帽与植物极细胞的相互作用诱导中胚层的形成（引自 Gilbert，2000）

A. 囊胚剖面各部分单独培养所分化的组织；B. 将动物帽和植物极细胞合在一起，在来自植物极细胞所释放的诱导因子的作用下动物极帽转变成中胚层

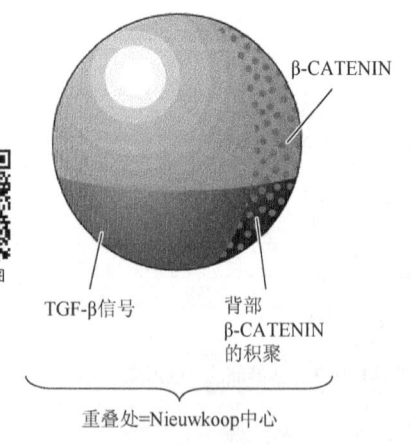

图 5-17 TGF-β 和 β-CATENIN 两种信号的重叠处形成 Nieuwkoop 中心

（引自 Gilbert，2000）

由以上研究结果可见，两栖类胚胎诱导分多个阶段进行。①受精前，卵子围绕动/植物极是对称的。受精后，细胞质旋转导致灰色新月区形成，动植物极细胞质在与精子进入点相对应的区域混合，使背部化决定子于精子进入点对应的位置被激活，形成 Nieuwkoop 中心。②Nieuwkoop 中心的衍生物诱导位于其上的细胞形成 Spemann 组织者，这一诱导发生于初级诱导（primary embryonic induction）之前。③组织者进一步诱导邻近细胞分化成为背部中胚层，背部外胚层再受其诱导成为神经组织。

那么，中胚层是如何被诱导的呢？Nieuwkoop 中心如何被特化？诱导中胚层的信号是什么？来自 Spemann 组织者的信号是什么？对于这些问题的解答，关键是胚胎背部的分区。首先，背部的转动使 β-CATENIN 移向未来的背区。β-CATENIN 属多功能蛋白，既与细胞骨架的膜锚定有关，又能作为核转录因子起作用。早期卵裂时，β-CATENIN 主要集中于胚胎背部的组织者和 Nieuwkoop 中心；卵裂后期，β-CATENIN 则主要分布在 Nieuwkoop 中心，其蛋白进入核内。如果把 β-CATENIN 的反义寡核苷酸导入背区，将引起背部结构的缺失。如果向胚胎腹侧注射外源 β-CATENIN 蛋白，则能诱导第二胚轴形成。

5.2.2 诱导信号的发送与接收

胚胎诱导必须具备两个条件，即信号分子的发送以及受体细胞对信号的接收与反应。诱导信号的转移可以通过细胞表面信号分子来完成。鉴于胚胎很小而移植块更微，故很难对诱导信号分子进行检测，直至 1987 年，才首次分离得到两栖类的诱导信号分子。在果蝇和非洲爪蟾的相关研究中，近些年已取得了某些重要进展。

诱导信号来自诱导细胞分泌的蛋白质或其他分子。这些分子通常与反应细胞表面的受体相互作用，开启反应细胞内的信号传递通路，改变转录因子和（或）其他蛋白的活性，并最终改变基因表达的模式而导致发育途径的改变。

5.2.2.1 动物极帽分析

早期找寻诱导因子常用的方法是动物极帽分析（animal cap assay）。从蝾螈囊胚动物半球切取动物极帽（图 5-18），置于可能是诱导因子（用于筛选诱导因子）或已知的某种诱导因子（用于揭示其功能）的缓冲液里培养一段时间，观察动物帽细胞的分化类型。遗憾的是，任一培养条件均能诱导蝾螈动物极帽分化成神经组织，出现所谓自动神经化作用（autoneuralization），因此找不到特有的神经诱导因子。然而，爪蟾外胚层和动物极帽没有自动神经化的倾向，将其培养在含哺乳动物 FGF（成纤维细胞生长因子）和 TGF-β（转化生长因子）培养基时便能分化成中胚层。

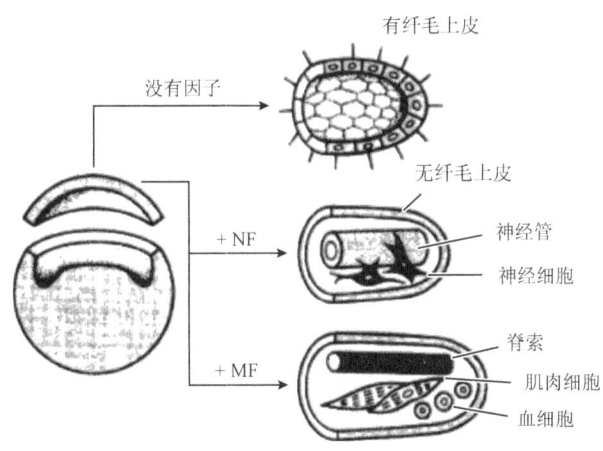

图 5-18 动物极帽分析（引自 Muller, 1998）

切取囊胚动物极帽，置于没有任何诱导因子的培养基中培养，该动物极帽只能发育为长纤毛的空球状上皮（上）；若培养基中添加神经诱导因子（NF），则动物极帽分化为神经细胞、神经管及无纤毛的上皮（中）；若添加中胚层诱导因子（MF），则分化出脊索、肌肉及血细胞等（下）

前已述及，动物极帽或植物极细胞块均不能独立形成中胚层，但二者结合在一起进行培养则可生成脊索、肌肉等中胚层细胞和组织。从鸡孵化卵中已提取得到了某些中胚层诱导因子，用爪蟾动物极帽检测，不含这些因子时分化为上皮，用微量因子处理则分化为中胚层。从爪蟾胚胎衍生的一个细胞系的培养上清液中，也分离得到了一种中胚层诱导因子 XTC-MIF，属 TGF-β 家族中的一员，也是一种活化素（activin）。TGF-β 家族中能诱导中胚层形成的成员中，由异源二聚体构成（αAβA、αBβB）的蛋白复合物称活化素。体外培养的动物极帽对活化素具有剂量依赖效应（dose-dependent effect），即活化素浓度低时动物极帽分化为表皮，而随着其浓度的升高动物极帽将产生心肌和脊索等中胚层组织（图 5-19）。

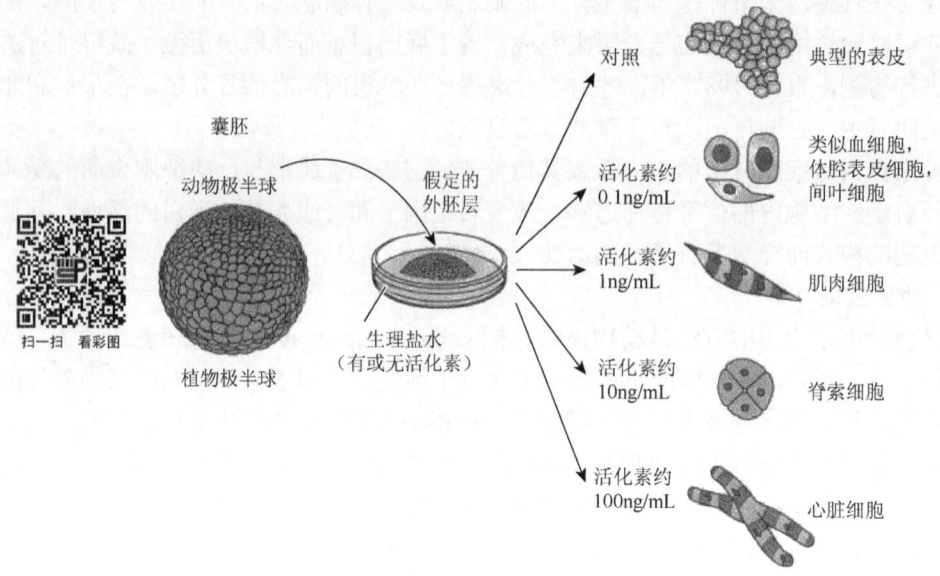

图 5-19　活化素浓度对被诱导非洲爪蟾囊胚动物极帽细胞分化途径的影响（引自 Fukui and Asashima，1994）

有关研究还表明，活化素的浓度梯度能引起爪蟾动物极帽细胞内不同基因的表达（图 5-20）。来自 *Brachyury* 及 *goosecoid* 基因转录的 mRNA 可通过杂交技术监控，研究结果表明，含活化素的塑料珠能诱导远离它的细胞中进行 *Brachyury* 基因转录。当没有活化素存在时，该基因不表达；当有少量活化素存在时，就引起靠近塑料珠的细胞表达该基因；当活化素浓度高时，则引起该基因在相隔多个细胞的区域内表达，同时还使 *goosecoid* 基因在邻近细胞中大量表达。

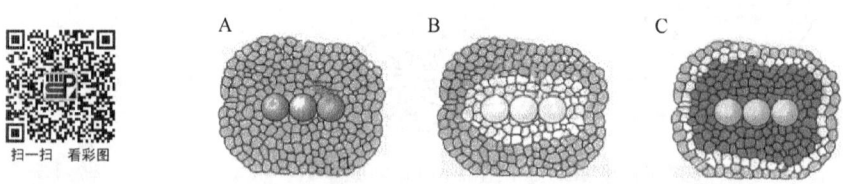

图 5-20　活化素的浓度梯度对不同基因表达的影响（引自 Gurdon et al.，1994，1995）

A. 对照，塑料珠不含活化素，其周围细胞内未发现受监控基因的表达；B. 塑料珠含低浓度的活化素（1nmol/L），引起 *Brachyury* 在邻近细胞中表达；C. 塑料珠含高浓度的活化素（4nmol/L），使邻近细胞中大量表达 *goosecoid*，而在较远的细胞中表达 *Brachyury*

5.2.2.2　胚胎诱导因子

广泛研究表明，胚胎诱导因子多来自母体效应基因。这些基因的 mRNA 在早期胚胎植物半球细胞内翻译，然后通过胞吐（exocytosis）释放进细胞间隙。动物极帽生物活性检测证明以下因子具诱导能力：①中胚层诱导因子有 FGF 家族和 TGF-β 家族，后者包括 VGI、几种活化素的衍生物和 BMP（骨骼形态发生蛋白）。②背部化诱导因子有活化素 B（activin B）、Noggin 和 Chordin。后二者是把爪蟾的 mRNA 转到表达载体上而得到的，将其注射到囊胚内能诱导出第二个胚轴的生成并发育产生一个次生的胚胎。③Noggin 和 Chordin 很可能同时也是神经诱导因子，因背部化和神经诱导无论在空间上还是时间上都存在重叠。④在鸟类和哺乳类，原条前端的亨森氏结与两栖类的胚孔背唇为同源物，它们可以相互替代进行初级诱导。这些部位都表达某些同源异型框基因如 *goosecoid* 等，从而获得了产生诱导因子的能力。此外，非多肽信号分子视黄酸也被鉴定为诱导因子。

5.2.2.3 区域性差别的产生

对于胚胎诱导，不同的部位将形成不同的组织器官。导致这种区域性差别产生的原因是什么呢？问题看来十分复杂，至今也不完全明了，它涉及分子之间、细胞之间、组织器官之间，以及局部与整体之间等方方面面的相互作用。根据现有的研究成果，大致可以归纳为如下几点：①与局部起作用的因子的性质有关。不同部位起作用的因子可能相似但不尽相同，可能属同一蛋白质家族但空间表达模式不同。例如，*hedgehog* 有几种相似的基因，*banded hedgehog* 在神经板及体节生皮节表达，而 *cephalic hedgehog* 在头部外胚层和内胚层的结构中表达，*sonic hedgehog* 则在脊索及肢芽中表达。②与作用因子的浓度有关。成形素、活化素等沿体轴能形成一定的浓度梯度，在空间上的浓度分布不一致便能刺激不同类型细胞朝不同方向发育。③与局部诱导因子混合物的成分及比例的变化有关，就像药物配伍及比例不同，药效也不一样。④与局部组织反应能力不同有关，即不同受体对同一信号分子的反应不同。

所有这些均可导致区域特异性差别的形成。

5.2.3 胚胎诱导是一级联反应过程

5.2.3.1 初级诱导

两栖类胚胎发育是一级联式诱导过程，其中初级诱导发生得很早（参见第 4 章 4.5），其中包括下述步骤：①囊胚赤道有一较宽的细胞带环绕，内含来自植物极的信号因子，决定该区域将分化为中胚层组织，故称中胚层诱导或植物极性诱导（vegetalizing induction）。②受精时，精子进入卵细胞质诱导其胞质成分重排。精子进入点对应的区域因胞质重新分配及色素减少而形成灰色新月区，在 Nieuwkoop 中心的诱导下决定了胚胎的背部和尾部。当原肠胚形成时，这里将成为胚孔的背唇，在精子进入点区域则由于其他决定因子的聚集便决定了胚胎的前部，从而奠定了胚胎发育的前-后轴和背-腹轴的极性。这一诱导（起源于卵子皮层下信号因子）称为背部化诱导或尾部化诱导（caudalizing induction）。胚孔背唇富含背部化诱导因子，也是 Spemann 组织中心，同时还诱导附近动物极外胚层开始表达神经特征的一些信号分子（神经化诱导），故背部化和神经化在时间和空间上是重叠进行的。③神经诱导、Spemann 组织者以及原肠顶发出的信号均诱导动物极外胚层发育为中枢神经系统。

在初级诱导过程中，Nieuwkoop 中心和 Spemann 组织者起着关键的作用。它们使 Spemann 组织者内的一系列基因得以激活，发动原肠运动，组织形成背中胚层包括索前板（prechordal plate）和脊索中胚层（chordamesoderm），使周围中胚层成为侧中胚层，诱导外胚层分化为神经外胚层，促进神经板变成神经管等。

5.2.3.2 次级诱导和三级诱导

眼睛晶状体和角膜的形成是胚胎发育中次级诱导和三级诱导最经典的例子之一（参见第 3 章 3.4.3）。在原肠顶部所散发的初级诱导因子的作用下导致神经胚的发育。当间脑侧壁向两侧膨胀便形成眼泡，然后眼泡前部向内收缩凹陷成为两层壁的视杯，内壁由多层神经元和光受体共同组成视网膜，外壁形成色素层。视杯被中胚层细胞包裹，并以几层脉络膜和巩膜支持整个眼球。

当眼泡膨大向外凸出时，便持续向与之接触的外胚层散发次级诱导信号因子，与眼泡相接触的表皮开始增厚，形成晶状体板（lens plate）。随后眼泡内陷成视杯，晶状体板也随着向内凹陷成晶状体泡（lens vesicle），并与表皮分离变成晶状体。晶状体进一步向包围它的外胚层表皮散发三级诱导信号，促使包围它的上皮和间充质转变成透明的角膜（cornea）。视泡诱导晶状体的形成过程称为次级诱导或二级诱导，而晶状体诱导角膜的形成过程即是三级诱导。在眼的发育过程中，某些脊椎动物包括某些两栖类的晶状体形成并不依赖于视杯的二级诱导，可能这种诱导于眼泡形成期便早已开始了。

问题与思考

1. 简述位置信息的起源。
2. 简述 Wolpert 的位置信息理论。
3. 什么是图式形成？简述空间区域差别产生的一般原因。
4. 举例说明三级诱导的原理。
5. 试述 Spemann 组织者和 Nieuwkoop 中心的关系。
6. 为什么说胚胎诱导是一个级联反应过程？
7. 动物极帽生物活性检测证明胚胎中哪些因子具诱导能力？
8. 简述这些名词的含义：形态发生素（成形素）、胚胎诱导、Spemann 组织者、Nieuwkoop 中心、初级诱导、次级诱导、三级诱导。

主要参考文献

安利国. 2010. 发育生物学. 北京：科学出版社
陈吉龙，马海飞. 1994. 发育生物学进展. 北京：高等教育出版社
樊启昶，白书农. 2002. 发育生物学原理. 北京：高等教育出版社
桂建芳，易梅生. 2002. 发育生物学. 北京：科学出版社
雷锦志. 2010. 果蝇翅膀器官芽中 Dpp 浓度梯度形成的数学模型. 科学通报，55（11）：984～991
刘厚奇，蔡文琴. 2012. 医学发育生物学. 北京：科学出版社
刘素宁，王丹，沈杰. 2013. 器官成形素调控果蝇翅芽细胞形貌的研究进展. 应用昆虫学报，50（6）：1489～1498
张红卫. 2001. 发育生物学. 北京：高等教育出版社
张远强，李质馨. 2007. 发育生物学. 北京：人民卫生出版社
Muller W A. 1998. 发育生物学. 黄秀英等，译. 北京：高等教育出版社
Twyman R M. 2002. 发育生物学. 王英典等，译. 北京：科学出版社
Twyman R M. 2006. 发育生物学. 王英典等，译. 北京：科学出版社
Arias A M, Stewart A. 2002. Molecular Principles of Animal Development. Oxford: Oxford University Press
Bollenbach T, Pantazis P, Kicheva A, et al. 2008. Precision of the Dpp gradient. Development, 135: 1137～1146
Fukui A, Asashima M. 1994. Control of cell-differentiation and morphogenesis in amphibian development. International Journal of Developmental Biology, 38(2): 257～266
Gabay L, Seger R, Shilo B Z. 1997. MAP kinase in situ activation atlas during Drosophila embryogenesis.

Development, 124: 3535~3541

Gilbert S F. 2000. Developmental Biology. 6th ed. Sunderland: Sinauer Associates Inc

Gurdon J B, Harger P, Mitchell A, et al. 1994. Actirin signaling and response to a morphogen gradient. Nature, 37: 487~492

Gurdon J B, Mitchell A, Mahoney D, et al. 1995. Direct and continuous assessment bycells of their position in a morphogen gradient. Nature, 376: 520~521

Hamburger V. 1970. A Manual of Experimental Embryology. Chicago: University of Chicago Press

Kicheva A, Pantazis P, Bollenbach T, et al. 2007. Kinetics of morphogen gradient formation. Science, 103: 521~525

Klug W S, Cummings M R. 2002. Essentials of Genetics. 4th ed. Englewood: Pearson Higher Isia Education

Leland H. 2000. Genetics: From Genes to Genomes. New York: MicGraw-Hill Companies Inc

Rubin G M. 1989. Development of the Drosophila retina: inductive events studied at single cell resolution. Cell, 57: 519~520

Spemann H. 1938. Embryonic Development and Induction. New Haven: Yale University Press

Twyman R M. 2001. Instant Notes in Developmental Biology. Oxford: BIOS Scientific Publishers Limited

Wolpert L. 2002. Principles of Development. Oxford: Oxford University Press

第 6 章　细胞凋亡与发育

细胞凋亡早在 1885 年由 Walther Flemming 发现,他观察到哺乳动物退行性卵巢上皮中存有细胞核破裂的细胞,并将这种现象称为染色质溶解(chromatolysis)。1914 年,德国科学家 Luduring Graper 再次报道了这种现象,且用染色质溶解现象对胚胎发育中出现的器官收缩、生物腔消失等进行了解释。1951 年,胚胎学家 Glucksmann 在胚胎发育研究中也观察到上述细胞凋亡现象,并首次严格地对细胞凋亡进行了详尽地描述。但作为一个概念,细胞凋亡是 19 世纪 60 年代由 Lockshin 和 Wiliams 首先使用来描述蚕蛾变态期间所发生的节间肌退化。随后关于细胞凋亡现象的研究和报道逐渐增多,曾一度成为研究热点,取得了很多重要的成果。2002 年,英国科学家 Sydney Brenner、John Sulston 和美国科学家 Robert Horvitz 因在"器官发育和细胞凋亡的基因调控"方面做出杰出贡献而获得了诺贝尔生理学或医学奖。下面对细胞凋亡的概念、形态学特征、生物化学特征、检测方法、生物学意义、发生机制等进行一一介绍。

6.1　细胞凋亡与细胞坏死

细胞死亡可分为两大类:一类是由多种致病因子如局部缺血,物理、化学和生物因子的作用而产生极性损伤所致,以及在炎症、感染和其他创伤所引起的细胞死亡,又可称为病理性细胞死亡,形态学上表现为细胞坏死(necrosis);另一类为细胞凋亡(apoptosis),由英国阿伯丁大学病理学教授 Kerr 等首次提出,属生理性细胞死亡,又称为程序性细胞死亡(programmed cell death,PCD),主要指为了维持内环境的稳定或某种特殊结构和功能的形成,而由基因控制的细胞自主发生的有序性的死亡。细胞凋亡与细胞的生长、分化一样属于各具特征的细胞学事件或过程,它们决定着细胞和组织的基本特征和命运。

细胞凋亡与细胞坏死是两种完全不同的过程和生物学现象,在形态特征、生化特征、生理意义等方面都有本质的区别(表 6-1)。

细胞凋亡多发生在特定的生理条件下,故也常被称为细胞的生理性死亡。在细胞凋亡的过程中,通常不会影响其所在器官或组织的功能。凋亡的细胞没有被完全裂解,而是形成由膜包围的凋亡小体,并且迅速地被周围细胞或吞噬细胞所识别、吞食和消化,不会引发炎症。

细胞坏死主要是由病理性原因所引起的被动死亡。在发生坏死的细胞中,膜的通透性增高,细胞肿胀,细胞器变形或肿大,早期核无明显形态学变化,最后细胞破裂,释放出内容物,导致炎症反应。

表 6-1　细胞凋亡与细胞坏死的比较

指标	细胞凋亡	细胞坏死
概念	形态表现为细胞缩小、核断裂、质膜出芽、凋亡小体形成的细胞死亡	以质膜丧失完整性和电化学梯度、细胞质内容物外泄为特征的细胞死亡
诱导刺激	生理或病理性	病理性
形态特征	膜出芽，芽内含细胞器，膜结构改变，膜完整性逐步丧失；染色质在核膜下半月状聚集；细胞缩小、凋亡小体形成、细胞器完整、周围组织正常	膜起泡，泡内不含细胞器、膜完整性快速丧失；染色质成絮状；细胞肿胀、溶解，无凋亡小体形成，细胞器肿胀变性，周围组织炎症反应
生化特征	能量依赖、4℃不会出现，含高度受控的激活或酶解过程；DNA 断裂发生较早，非随机断裂成 50/300kb，接着断裂成 180bp 或其整数倍片段；核酸内切酶的作用，有时需大分子（蛋白质）的合成；有时需基因调控	非能量依赖、4℃也可发生，离子分布稳态失衡；DNA 随机断裂，发生较迟（溶解后断裂）；溶酶体酶的作用，不需蛋白质的合成；不需基因调节
生理意义	单个细胞死亡、巨噬细胞或临近细胞吞噬、无炎症反应	细胞群体死亡、巨噬细胞吞噬、明显的炎症反应

资料来源：程尉新和金丽娟，1998

6.2　细胞凋亡的形态学特征

细胞凋亡的过程中最明显的形态学变化是核内染色质浓缩，DNA 降解成寡聚核苷酸片段，这与某些蛋白的特异性表达有关。细胞凋亡过程中的形态学变化大致可以分为如下三个阶段：①起始阶段。细胞质因不断脱水而逐渐浓缩，致使细胞体积缩小、密度增加，细胞表面的特化结构（如微绒毛）消失，细胞间接触也逐渐消失，但细胞膜完整，仍具选择透性；细胞质中，线粒体大体完整，但核糖体逐渐从内质网上脱离，内质网囊腔膨胀，并逐渐与质膜融合；染色质固缩，形成新月形帽状结构等形态，沿着核膜分布。这一阶段持续时间较短，数分钟后便进入第二阶段。②凋亡小体形成阶段。部分核酸内切酶被激活，将核染色质降解断裂为大小不等的片段，这些片段常与某些细胞器（如线粒体）聚集在一起，被反折的细胞膜包围。从外观上看，细胞表面产生了许多泡状或芽状突起，随后逐渐分离，形成大小不等的凋亡小体（apoptosis body），内含细胞质、细胞器及核碎片。③凋亡小体被吞噬消化阶段。形成的凋亡小体会被周围的吞噬细胞和邻近的细胞所识别，并吞噬、消化（图 6-1）。凋亡细胞的清除速率因所在的部位不同而有所差异，一般需要 4~9h。

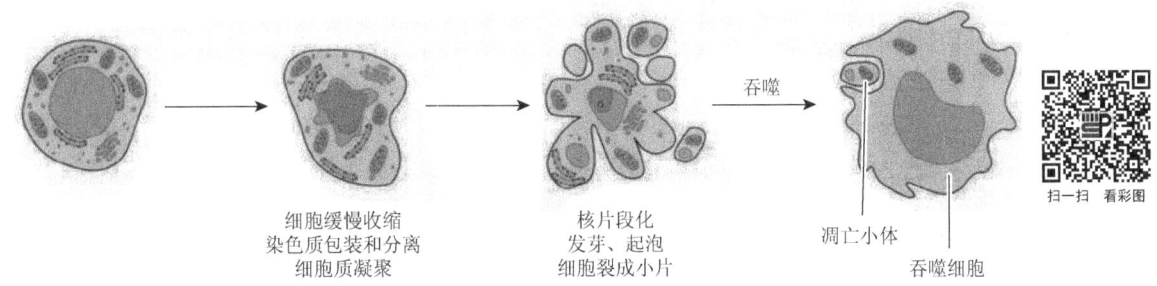

图 6-1　细胞凋亡过程中的形态结构变化（引自王金发，2003）

6.3 细胞凋亡的生物化学特征

细胞凋亡的最主要生物化学特征是内源性的 Ca^{2+}、Mg^{2+} 依赖性的核酸内切酶的激活，从而使核小体间 DNA 发生降解或断裂，结果产生含有不同数量核小体单位的片段，其大小为 180～200bp 的整数倍，故用琼脂糖凝胶电泳分析凋亡细胞中的 DNA 时，常会形成梯状分布的 DNA 条带，这是凋亡细胞所特有的重要标志之一，可用来鉴定细胞凋亡。

凋亡细胞的另一个重要特征是组织转谷氨酰胺酶（tissue transglutaminase，tTG）的积累和高活性。tTG 是一种依赖于 Ca^{2+} 的酶，正常细胞中，因 Ca^{2+} 的浓度较低，tTG 的活性也就很低，但凋亡细胞中 tTG 活性则随着 Ca^{2+} 浓度上升而大大提高。tTG 可通过催化交联形成等方式造成蛋白质聚合物的形成，这些聚合物比较稳定，既不溶于水，也不被溶酶体酶降解。当进入凋亡小体后，蛋白聚合物有助于维持凋亡小体暂时的完整性，从而可防止有害物质的逸出。

此外，细胞凋亡过程中还常常伴有某些其他生化方面的改变，如谷胱甘肽转移酶基因表达增强，组织蛋白酶 D、组织型纤溶蛋白酶激活剂以及与细胞骨架降解有关酶类的活性均有一定程度的增高等。同时，凋亡细胞的细胞膜成分也发生了一些变化，如在凋亡早期，原来位于细胞膜内侧的磷脂酰丝氨酸（phosphatidylserine，PS）迁移至脂双层外侧，导致细胞膜表面的 PS 含量有所增加。

6.4 细胞凋亡的检测方法

对细胞凋亡的检测可分为形态学观察和生物化学实验两大类方法，主要是基于凋亡细胞所形成的形态学和生物化学特征而发展起来的。

6.4.1 形态学方法检测细胞凋亡

由于细胞凋亡与细胞坏死有着明显的区别，如在细胞凋亡的过程中产生凋亡小体、染色质向膜的边缘聚集、细胞微绒毛消失和细胞膜完整但有皱缩的产生等，因此我们可以通过各种显微镜和染色质的染色技术等将凋亡细胞和正常细胞、坏死细胞区分开来。首先，利用倒置显微镜检测发生凋亡的细胞，可以看到凋亡细胞的细胞膜完整，但有突起，并且细胞的体积变小，有时也可以观察到凋亡小体。其次，利用普通光学显微镜进行观察时，通常先要利用吉姆萨（Giemsa）等染液对细胞进行染色处理，光镜下细胞凋亡的早期变化有：细胞体积缩小、细胞膜完整、细胞质稀少或缺乏，染成淡红色、染色质凝聚，呈深紫色、细胞核固缩碎裂成数个圆形颗粒。有时也有用吖啶橙（acridine orange，AO）和溴化乙锭（EB）两种染料进行复染，以便更准确地观察细胞凋亡的变化，AO 只进入活细胞，将正常的细胞核及处于凋亡早期的细胞核染成绿色；EB 只能进入死细胞，将死细胞及凋亡晚期细胞的核染成橙红色。再次，透射电镜技术，可以观察到凋亡细胞核的形态、结构变化，是观察细胞形态最好的方法。细胞凋亡早期，可见细胞核染色质在细胞核膜周边聚集成新月形；随之染色质发生固缩，电子密度增强，核碎裂成碎片，细胞质浓缩，空泡增多，细胞膜生出芽泡；到凋亡晚期，可见由膜包裹形成的凋亡小体内有较完整的细胞器和细胞核碎片。最后，荧光显微镜进行检测，通常体外培养的细胞悬液经吖啶橙或 PI（propridium iodide）染色，即可在荧光镜下寻找荧光细胞，确定是否凋亡；若是组织脱蜡切片，需先用 RNA 酶处理后，再染色观察结果。

6.4.2 生物化学方法检测细胞凋亡

6.4.2.1 DNA 电泳

细胞凋亡时的最主要的生化特征就是染色质 DNA 在核酸内切酶的作用下断裂成大小不等的一系列约为 185 个碱基对的整倍数核苷酸片段。因此凋亡细胞中提取的 DNA 在进行凝胶电泳时，常呈现出梯形条带图形；而正常活细胞的 DNA 凝胶电泳为一条区带；坏死细胞的 DNA 是被随机破坏的，DNA 断裂点无规律性，产生的杂乱片段在电泳时呈现模糊的连续性条带。根据这一特点，利用凝胶电泳可以鉴定细胞凋亡或将处于凋亡状态和坏死状态及正常的细胞区分开来。

6.4.2.2 原位末端标记检测技术（*in situ* end-labeling technique，ISEL）

在细胞凋亡过程中，DNA 在核酸酶的作用下会发生断裂，因而暴露出很多 3′端，因而可以通过末端脱氧核苷酸酶（terminal deoxyncleotide transferase，TdT）和 DNA 聚合酶Ⅰ等的作用把已标记的核苷酸结合到 DNA 的断链处，对 3′端进行原位标记，再通过一定的显示系统显示出来，这就是所说的原位末端标记技术。通常有两种标记方法，一种是原位切口平移（*in situ* nick translation，ISNT）技术，利用 DNA 多聚酶Ⅰ将生物素等标记的核苷酸接到断裂 DNA 的 3′端，再用免疫组化等方法使细胞染色；另一种是末端脱氧核苷酸转移酶介导的 dUTP 原位切口末端标记（terminal deoxynucleotidyl transferase dUTP nick end labeling，TUNEL）技术，是利用 TdT 以模板依赖性方式，将荧光素或同位素标记的 dUTP 接到断裂 DNA 的 3′端发生聚合反应，然后在荧光显微镜下进行观察，则凋亡细胞的细胞核显示荧光，这种方法可以很容易地将凋亡细胞和正常细胞分辨出来，因为在正常细胞中的 DNA 一般都是完整的，不会被荧光标记或很少被荧光标记。在坏死的细胞内，染色质虽也经常发生断裂，产生一些也可以被荧光标记的 3′端，但一般标记颜色较浅，在仔细辨认的情况下，利用 TUNEL 技术仍可以将凋亡细胞和坏死细胞区分开来。

6.4.2.3 免疫学检测

细胞凋亡时，染色质断裂产生的很多核小体 DNA 可与核心组蛋白 H_2A、H_2B、H_3 和 H_4 紧密结合，形成复合物，使 DNA 受到保护，而不再继续被核酸内切酶降解，利用这个原理，人们使用抗组蛋白和抗 DNA 的单克隆抗体酶联免疫分析法来测定细胞凋亡。首先用抗组蛋白抗体包被酶标测定板，接着用封闭试剂封闭，然后加入含有核小体和寡聚核小体的凋亡细胞裂解液，此时核小体可与抗组蛋白抗体结合，再加入辣根过氧化物酶（POD）标记的抗 DNA 抗体，使其与已固定在酶标板上的核小体或寡聚核小体中的 DNA 结合，在 POD 底物（二氨基联苯胺，DAB）存在下，产生颜色反应，最后测定光吸收值。通过这种方法，既可以定量测定凋亡细胞，也可以将凋亡细胞、正常细胞和坏死细胞加以区分、鉴定。

6.4.2.4 酶学检测

半胱氨酸天冬氨酸蛋白酶（caspases-3）是关键的凋亡执行分子，正常以酶原的形式存在于细胞质中，凋亡早期阶段被激活，裂解相应的细胞质细胞核底物导致细胞凋亡。根据活化的 caspase-3 能特异切割 DIE2V3D4-X 底物、水解 D4-X 肽键的特点，设计出荧光物质偶联的短肽 Ac-DEVD-AMC。AMC 只有从短肽上被水解释放后，才能被激发发射荧光。根据 AMC 荧光强度大小，可测定 caspase-3 活性，进而判断细胞凋亡程度。

此外，还可通过蛋白酶 PARP 的检测、端粒酶的检测来判定细胞凋亡程度。

6.4.2.5 流式细胞仪分析（flow cytometry assay，FCA）

利用流式细胞仪对凋亡细胞的鉴定主要有如下几种方式：①形态学检测，在光散射图谱上，流式细胞仪的前向散射（PSC）反映细胞大小，侧向散射（SSC）反映细胞的均质性，主要与细胞内粒子性质有关。细胞凋亡时 PSC 低于正常，而坏死细胞 PSC 高于正常。由于凋亡或坏死细胞内均有碎片增多，故 SSC 均高于正常。此法可检出凋亡细胞的百分率。②检测 DNA 含量的 PI 染色法，细胞经低渗缓冲液或乙醇、Trition X-100 处理后，细胞膜上会出现小的孔洞，致使通透性增强，由于细胞凋亡后 DNA 断裂，在洗涤和染色过程中小片段 DNA 会经细胞膜上的小孔洞漏到胞外，使细胞 DNA 含量低于正常的二倍体含量。用 PI 染色后分析，会在二倍体峰前出现一个亚二倍体峰，可根据此峰的高低或面积计算凋亡细胞的百分率。此法快速、准确，是 20 世纪 80 年代最为常用的凋亡定量检测方法。③检测形态学及细胞完整性的双染色法，由于活细胞、凋亡细胞 Ho342 高染、PI 低染，而坏死细胞 Ho342 低染、PI 高染，利用这一特性可将坏死细胞从凋亡细胞和活细胞中区分开来。此外凋亡细胞核染色质浓缩，Ho342 染色要强于正常细胞，再结合 PSC、SSC 可将凋亡细胞与活细胞区分开。④检测细胞膜成分变化的磷脂结合蛋白 V（annexin V）联合 PI 法，Vermes 等首先利用对磷脂酰丝氨酸有高度亲和力的 annexin V 检测细胞凋亡。annexin V 是一种分子质量为 35～36kDa 的 Ca^{2+} 依赖性磷脂结合蛋白，能与磷脂酰丝氨酸特异性结合。因此，应用 annexin V 法可鉴定早期细胞凋亡。由于坏死细胞磷脂酰丝氨酸也暴露于细胞膜外侧，故单独使用 annexin V 不能区分细胞坏死或凋亡，可同时采用 PI 法加以区分。正常活细胞 annexin V、PI 均低染，凋亡细胞 annexin V 高染、PI 低染，死亡细胞 annexin V、PI 均高染，因而此法较 TUNEL 法更具特异性。细胞凋亡时细胞膜上磷脂酰丝氨酸翻转早于其他变化，因此该方法检测早期凋亡应更为灵敏。

6.4.2.6 彗星电泳法

彗星电泳法（comet assay）是一种直接显示单个细胞 DNA 损伤的微电泳技术。其原理是将单个细胞经裂解处理后进行短时间的电泳，并用荧光染料染色，凋亡细胞中形成的 DNA 降解片段，在电流的作用下移动速度较快，使细胞核在紫外激发光照射下呈现出一种彗星式的图案；而正常的无 DNA 断裂的核在泳动时保持圆球形，不会出现彗星式的拖尾现象，这是一种快速简便的凋亡检测方法。

随着生物科技的不断发展和进步，能够用来检测细胞凋亡的技术也不断增多，除了上述介绍的几种外，还有线粒体内跨膜电位和膜渗透性变化的检测法、对凋亡调控基因及凋亡相关因子的检测等多种方法，这里不再详细叙述。

6.5 细胞凋亡的生物学意义

6.5.1 细胞凋亡在机体生长发育过程中的作用

细胞凋亡是一个主动的由基因决定的自动结束生命的过程，在生物发育过程中具有重要的作用。例如，幼体器官在发育过程中的缩小和退化就是通过细胞凋亡来实现的，典型的例子就是蝌蚪变态为成蛙时，其尾部在甲状腺素的作用下发生细胞凋亡而退化，若用甲状腺素处理早期蝌蚪可以使其尾部提前退化而形成小蛙。胚胎发育过程中细胞、组织和器官的发生往往也与细胞凋亡密切相关。首先，细胞凋亡可清除那些在发育过程中没有作用或曾经起过作用但不再起作用的细胞（组成雄性动物的米勒管细胞就是较好的实例），如胚胎发育过程中有80%以上的神经细胞、70%～95%的淋巴细胞和80%的卵母细胞发生了凋亡，从而可保证那些有功能的细胞能够得到足够的营养和空间需要。其次，细胞凋亡可清除体内多余的发育不正常细胞，如大脑中没有形成突触连接的神经元；凋亡亦可清除对机体有害的细胞，如使那些能够识别自体抗原的淋巴细胞被选择性地清除，而留下能识别异己抗原的淋巴细胞，以保证个体的正常发育；胚胎发育过程中因某些药物或物理因素等造成的受损伤细胞的清除往往也要通过细胞凋亡来实现；此外，胚胎发育过程中常伴有广泛的细胞迁移现象，迁移错误的细胞时有发生，其清除多数是通过细胞凋亡来完成的，从而保证了胚胎形态发育上的正常，如原生殖细胞若由卵黄囊迁移至生殖腺以外的部位便可发生凋亡而被清除。例如，在胚胎期时，人、小鼠和其他动物的指或趾与鸭、鸡等动物一样是连在一块的，只是在后来的发育过程中，人、小鼠和其他动物的指或趾之间的连接因发生细胞凋亡而消失，导致指或趾间的分离（图6-2）；而在鸡和鸭等动物的发育过程中趾的连接处没有发生细胞凋亡，故趾间形成了蹼，将各趾连在一起。在成年的动物中也存在着细胞凋亡的现象，如皮肤的胶化，血液的更新等等，不仅需要产生新的细胞进行补充，而且也要通过细胞的凋亡来清除已有的老化细胞来维持器官的稳定。据说，在健康的成人骨髓和肠中，每小时约有10亿个细胞发生凋亡。总之，在多种动物的各种发育阶段均发现了细胞凋亡的发生（表6-2），与绝大多数组织、器官的成形和发育都有关联。

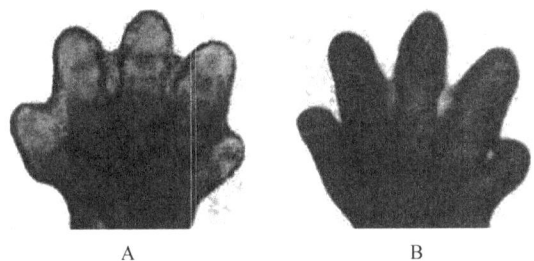

图6-2 细胞凋亡在小鼠脚趾形成过程中的作用（引自Alberts et al., 1998）

A. 脚趾起初连在一起；B. 因趾间发生细胞凋亡而使各趾分开

表6-2 不同动物及人胚胎发育中的细胞凋亡

发生部位	时间	种属
卵黄囊和内胚层	囊胚期	鸡
滋养层和内细胞团	70～89细胞阶段的囊胚	小鼠
内胚层	原肠胚期	蛙
羊膜增厚	羊膜发生折叠时	蜥蜴
原结	原条形成过程中	鸡
腹中线表皮、间质、间皮	胸骨形成前体二等分的单元	鸡
颅和尾侧的体节	胚胎分节的丧失	鸡、小鼠

续表

发生部位		时间	种属
脊索		与外胚层脱离和部分退化期间	鱼、兔
腹中体壁		背侧组织向内生长前	鸡
神经系统			
	预定神经组织	原条形成时期	鸡
	神经板	中央沿长轴下陷形成神经沟之前	鸡
	神经管	中央沿长轴下陷形成神经沟之前/时从外胚层脱离期间	鸡
	神经元	每一个神经元都经历细胞凋亡期	线虫、苍蝇、蛾、鸟类、哺乳类
神经胶质细胞			
	星形胶质细胞	与神经胶质细胞索分离时	小鼠、猫
	少突胶质细胞	与神经元轴突发生联系时	大鼠
眼			
	眼泡	内陷以形成视杯时	脊椎动物
	晶状体	与内胚层脱离时	脊椎动物
	结膜乳头	退化和形成变化时	脊椎动物
	玻璃样毛细管网	退化过程中	小鼠
耳			
	听泡	侵入腭和自腭分离过程中	鸟、哺乳类
	鼻栓	进化过程中	鸟、哺乳类
	复层立方上皮	纤毛上皮形成时	鸟、哺乳类
血管			
	血管原基	血管腔的开口	人
	主动脉	主动脉分叉	鸡
	动脉导管	退化	鸡
肢			
	前、后坏死带	胚胎	鸟、哺乳类
	指/趾间的细胞	胚胎	鸟、哺乳类
肌肉、软骨、骨			
	生肌节	第二肌肉或永久性肌肉的生成	硬骨鱼、蛙、鸟类
	生皮节	内侧面的溶解	鸟、哺乳类
	肌细胞	成肌细胞的早期分化及附着肌的塑型	人
	生骨节	软骨形成之前	鸟、哺乳类
	前软骨组织	基质形成之前	猿类
	过度生长的软骨	骨化之前	鸟、哺乳类
	下颌骨、脊椎、长骨	致密的前软骨间充质	鸟、哺乳类
	下颌骨、中线	两侧的联合	鸡
	下颌骨的间充质	背外侧组织向内生长之前	鸡

续表

发生部位	时间	种属
肾		
前肾、中肾、后肾	肾和肾小管形成中的退化	小鼠、大鼠
腭		
腭中线上皮	腭形成中的退化	大鼠、小鼠、人
生殖器官		
副中肾管（雄性）	退化	仓鼠、人
中肾管（雌性）	退化	仓鼠、人
生殖细胞	精原细胞、卵原细胞、卵母细胞	仓鼠、小鼠、果蝇、线虫
腺体		
肾上腺皮质	ACTH 减少时的退化	大鼠
腺泡细胞	与胰管连接时	仓鼠、人
子宫内膜	排卵周期	仓鼠、人
卵巢（闭锁卵泡、黄体）	排卵周期	仓鼠、人
乳腺上皮	哺乳后退化	哺乳动物
肝细胞	肝脏超常增生后的死亡	大鼠
皮肤		
胎皮、中间表皮细胞、附属物	发育和重塑	人
肠		
小肠的上皮细胞	变态期缩短	蛙（蝌蚪）
肠滤泡细胞	哺乳动物发育	大鼠
造血细胞		
胸腺细胞	阴性选择	鸟、哺乳类
腔上囊细胞	退化	鸟类
过渡结构		
蝌蚪的尾巴	变态发生	蛙
尾	退化	人
节间肌	变形	苍蝇

资料来源：刘厚奇和蔡文琴，2012

6.5.2 细胞凋亡在机体防御反应过程中的作用

细胞凋亡不但在发育过程中有着非常重要的作用，在机体防御外来物质入侵的过程中也起到了一定的作用。当机体细胞被病毒侵染后，被诱导产生干扰素 IFN-α、IFN-γ、P53 蛋白等物质，加上胞内调控信号紊乱等，会促进细胞进入凋亡途径，使整合了病毒 DNA 的宿主细胞染色体降解成小片段，这样既不使其释放到细胞外环境去诱发自身免疫性疾病，又可降解病毒基因组，最终以牺牲少数细胞为代价，而尽快换取到整个机体的健康和稳定，有人把这一防卫过程称为细胞内免疫，以区别于我们熟知的体液免疫和细胞免疫。

6.5.3 细胞凋亡在医学中的作用

现已发现，细胞凋亡异常会给人类造成许多严重的疾病。例如，细胞凋亡过度增加，造成许多本不该死的功能性细胞死亡，它是气管食管瘘、心脏房间隔或室间隔缺损、艾滋病、神经系统退化性疾病（阿尔茨海默病、帕金森症、色素性视网膜炎和小脑退化症等）、骨髓发育不全综合征（恶性贫血等）等多种疾病的重要发病机制；而正常的细胞凋亡若被抑制，会使发育过程中部分理应被清除的细胞继续存活下来，从而会引起某些疾病的发生，如淋巴瘤、p53突变的各种癌症、乳腺癌、前列腺癌、卵巢癌、白血病、疱疹病毒及腺病毒等病毒感染性疾病等。此外，生物的自身免疫性疾病、肾疾病、糖尿病、动脉粥样硬化等都与细胞凋亡有着重要而密切的关系，研究并弄清这些疾病发生过程中的细胞凋亡异常的原因，将有可能为这些疾病的治疗寻找到新的有效方法或途径。

6.6 细胞凋亡的发生机制

6.6.1 参与细胞凋亡的主要基因及其作用机制

细胞凋亡是基因调控作用的结果，整个细胞凋亡过程中目前已发现有很多基因从信号转导、基因表达、蛋白质生物合成和代谢过程等环节参与了调控作用，这些基因常被称为细胞凋亡相关基因，主要有原癌基因和抑癌基因、病毒基因、生长因子和生长抑制因子基因、细胞受体基因等。根据对凋亡的具体影响结果，可将细胞凋亡相关基因划分为两大类，即凋亡促进基因（表6-3）和凋亡抑制基因（表6-4）。它们的表达产物可分别形成凋亡促进子和凋亡抑制子，而参与凋亡发生过程。

表6-3 促进细胞凋亡的基因

基因	生物	细胞	功能
ces-2	线虫	咽细胞	未知
ced-3	线虫	神经细胞	磷蛋白
ced-4	线虫	神经细胞	钙结合作用
p53	小鼠	T细胞	照射诱导死亡
糖皮质醇受体	小鼠	T细胞	转录
c-myc	小鼠	T细胞	转录
EIA'	腺病毒	小鼠细胞株	与P53结合
ICE	小鼠	胸腺细胞	半胱氨酸蛋白酶
TNFα			诱导肿瘤细胞死亡
Apo-1/Fas	小鼠	淋巴细胞	诱导细胞死亡

资料来源：李云龙和列春巧，2005

注：ces，细胞死亡特异基因（cell death specification）；ced，细胞死亡异常（cell death abnormal）；ICE，白细胞介素-1β转化酶（interleukin-1β converting enzyme）；TNFα，肿瘤坏死因子α（tumor necrosis factor-α）

表 6-4　抑制细胞凋亡的基因

基因	生物	细胞	功能
egl-1	线虫	神经细胞	未知
ces-1	线虫	咽细胞	未知
ced-9	线虫	神经细胞	抑制细胞凋亡
p35	杆状病毒	蛾细胞株	抑制细胞凋亡
IAP	杆状病毒	蛾细胞株	抑制细胞凋亡
bcl-2	小鼠	淋巴细胞	抑制细胞凋亡
EIB	腺病毒	小鼠 B 细胞	抑制 EIA 诱导的凋亡
EBV-LMPI	EB 病毒	人 B 细胞	诱导 bcl-2 表达
BHRF-1	EB 病毒	人 B 细胞	抑制细胞凋亡
crm A	牛痘病毒	鸡神经细胞	抑制细胞凋亡
A-20	小鼠	乳腺癌	抑制 TNFα 诱导的凋亡

资料来源：李云龙和列春巧，2005

注：egl-1，产卵缺陷（egg-laying defective）；EBV-LMP1，EB 病毒潜伏期膜蛋白-1（Epstein-Barr virus latent membrane protein-1）；IAP，凋亡抑制剂（inhibitor of apoptosis）；crm A，细胞因子应答调节物 A（cytokine response modifier A）；BHRF-1，EB 病毒早期溶解周期蛋白（EBV early lytic cycleprotein）

6.6.1.1　bcl-2 基因家族与细胞凋亡

bcl-2（b-cell lymphoma/leukemia-2）即是 B-细胞淋巴瘤/白血病-2 原癌基因，由 Tsujimoto 等于 1985 年从伴有 t（14，18）染色体易位的滤泡性 B 细胞淋巴瘤中发现，定位于 18q21，大约长 230kb，含有 3 个外显子和 2 个内含子，编码两种蛋白质：一种称为 Bcl-2α 蛋白质，含有 239 个氨基酸，分子质量为 26kDa；另一种称为 Bcl-2β 蛋白质，含有 205 个氨基酸，分子质量为 22kDa。Bcl-2 蛋白位于线粒体外膜、核膜和粗面内质网膜上，具有膜通道活性和适配子双重功能。bcl-2 家族基因广泛分布于从病毒、酵母到线虫、老鼠等各类动物及人体中，在进化过程中具有高度保守性，其编码的蛋白功能也相对保守，不同种属来源的 bcl-2 编码的蛋白都有阻断细胞凋亡的功能。另外，bcl-2 和 ced-9 有着较高的同源性，说明两者可能来自共同的祖先。

bcl-2 基因家族是目前最受重视的细胞凋亡调控基因家族，已发现许多成员，其中 A1、bcl-2、bcl-X_1、bcl-X_2、bcl-w、BHRF1、Mcl-1、ced-9 等具有抑制凋亡的作用，称为凋亡抑制因子；而 bad、bak、bax、bid、bik、bcl-Xs、BNIP3 等具有促进凋亡的作用，称为凋亡诱导因子。目前已有 15 种哺乳动物细胞和病毒的 bcl-2 家族成员的结构被确认。它们分别与 bcl-2 在 4 个保守基序具有同源结构域（BH1～4）。BH1～4 结构域均为凋亡抑制蛋白行使功能所必需。而凋亡促进蛋白行使功能主要依靠 BH3 结构域。凋亡促进蛋白的 BH3 结构域通过插入凋亡抑制蛋白 BH1、BH2 和 BH3 形成的疏水裂隙而形成异源二聚体。二者通过这种作用来抑制彼此的功能，从而在细胞凋亡途径的上游远端形成一个重要的凋亡调控位点。Bcl-2 通过对 G_1/S 期转换起抑制作用，以及通过磷酸化作用参与 G_2/M 期调控，使得 Bcl-2 分别在这两个细胞周期调控点发挥作用，并与其他细胞周期和凋亡调控蛋白相互影响，在细胞增殖、分化与凋亡过程中起重要作用。

现有研究表明，*bcl-2* 基因与细胞凋亡有着密切的关系。它具有延长细胞的寿命，抑制细胞凋亡的作用。将载有 *bcl-2* 基因的质粒显微注射入依赖生长因子的神经细胞，可在无生长因子时防止神经细胞凋亡，而应用反义 RNA 降低 *bcl-2* 基因表达，则可加速无生长因子时的细胞死亡，这清楚地表明了 *bcl-2* 的表达可以抑制细胞的凋亡。此外，*bcl-2* 基因过高表达还可防止或明显降低射线、自由基、化疗药、糖皮质激素、*myc* 基因过量表达等各种刺激所引起的细胞凋亡。通过转基因细胞株等实验研究发现，*bcl-2* 基因可阻止或降低细胞皱缩，染色质浓缩和 DNA 裂解的发生，虽不能直接降低药物诱导的 DNA 损伤，但可加速 DNA 修复，因此 *bcl-2* 基因可能是通过阻止细胞凋亡的早期环节发挥作用的，如通过阻止受伤 DNA 转录出对细胞凋亡相关基因有激活作用的信号或者阻止这些相关基因产物的作用而抑制细胞凋亡。另有大量的实验证实，它是多细胞动物中普遍存在的"长寿"基因，在神经元等寿命长的细胞中 *bcl-2* 基因表达产物含量高于其他类型的细胞。

许多研究结果均表明，线粒体在细胞凋亡过程中起着"主开关"作用，尽管现在关于 Bcl-2 家族调控细胞凋亡的机制尚不完全清楚，但 Bcl-2 家族蛋白的主要作用位点就在线粒体膜上，因而也可以认为 Bcl-2 家族蛋白也是通过其在线粒体上的作用而对细胞凋亡进行调控的。目前一般认为 *bcl-2* 基因家族抑制细胞凋亡的机制主要有如下几种。

（1）影响线粒体的正常功能：*bcl-2* 基因家族蛋白是一种与细胞器特别是线粒体膜相关的蛋白，主要位于线粒体外膜，核被膜和内质网膜，其 C 端一段疏水氨基酸对其功能非常重要，改变其中的任一氨基酸均可影响其生物活性。在与线粒体的体外实验中，Bcl-2 蛋白可形成脂质双分子层通道，抑制线粒体通透性转换孔（PTP）开放，PTP 包括位于膜间隙的腺嘌呤核苷酸和外膜的电位依赖性离子通道，可作为线粒体的刺激感受器和接受某些受体有关的信号。PTP 的开放可形成正反馈扩大过程，导致线粒体结构和功能的紊乱，线粒体外基质内流，渗透压失衡，细胞器肿胀，线粒体的内、外膜依次裂解，释放出 caspase，最终将诱导细胞凋亡。而 Bcl-2 蛋白具有抑制 PTP 开放的特点，故可阻止细胞凋亡。此外，Bcl-2 蛋白抑制细胞凋亡的功能还可能与其能够阻止细胞色素 c（为凋亡蛋白酶激活的关键因子）从线粒体释放到细胞质有关。

（2）改变钙离子分布：应用转基因方法研究发现，定位于内质网膜上的 Bcl-2 可能通过阻断钙离子从内质网向胞质中的流动，使依赖钙离子的核酸内切酶活性降低，从而阻断细胞凋亡，因此认为 Bcl-2 干扰钙离子释放可能是其抗凋亡的机制之一。

（3）通过参与信号传递而抑制细胞凋亡：RasP23、RasP21、Raf-1、P53、NO 等都是重要的信号转导分子，同时也参与细胞凋亡的调节，Bcl-2 蛋白可参与这些分子相关的信号转导通路，通过影响这些通路而抑制细胞凋亡。例如，将 *bcl-2* 基因与编码 *p53* 基因共表达，可延缓或阻断 P53 诱导的凋亡。近年来人们又发现 Bcl-2 可参与白细胞介素 2R 介导的信号转导通路，使抗原特异性 T 细胞免受 γ 射线和地塞米松诱导的凋亡。

（4）作为抗氧化剂，调节细胞氧化还原状态，阻断氧化作用对细胞组成成分的破坏。有研究表明，细胞在接受多种凋亡诱导刺激后 Bcl-2 蛋白的表达大量增加，并且能减轻自由基造成的结构破坏。此外，Hockenbery 等发现 *bcl-2* 基因缺陷小鼠可患上两种与氧化还原有关联的疾病——多囊肾和色素沉着不足，表明 *bcl-2* 具有抗氧化作用，能够阻止氧自由基通过脂质过氧化反应而造成的细胞损害，抑制氧化诱导的细胞凋亡。

（5）bcl-2 基因家族蛋白的相互作用：对 Bcl-2 结合蛋白和 Bcl-2 同源蛋白的研究，使人们对 bcl-2 基因抑制凋亡的机制有了新的认识。Bcl-2 和 Bax 既可以以同源二聚体形式存在，也可以形成异源二聚体。Bcl-2、Bax 和 Bcl-x 三者形成了一个凋亡调控系统：当 Bax 同源二聚体形成，便诱导凋亡；随着 Bcl-2 蛋白表达量上升，Bax 二聚体分开增多，与 Bcl-2 形成比 Bax-Bax 更稳定的异源二聚体 Bax-Bcl-2，从而降低了 Bax-Bax 诱导凋亡的作用，即 Bcl-2 与 Bax 的比例可调节凋亡发生；当 Bcl-Xs 存在时，可优先与 Bcl-2 形成异源二聚体，使游离的 Bax 得以形成较多的同源二聚体，从而诱导凋亡。这一模型可以解释为什么 Bcl-2 表达并不一定抑制某些细胞的凋亡作用。另外 Bad 与 Bcl-x_l 形成异源二聚体，可阻止 Bcl-x_l 对凋亡的抑制，而 Bax 与 Bcl-x_l 的结合不能阻止对凋亡的抑制。当 Bad 与 Bcl-x_l 形成稳定的异源二聚体后，使原来的 Bax-Bcl-x_l 二聚体解体，将 Bax 置换出来，形成 Bax 同源二聚体，启动凋亡。Bax、Bad、Bcl-x_l 模式与 Bax、Bcl-2、Bcl-x 模式极为近似，两者共同点为 Bax 最终导致凋亡。Bcl-2 和 Bcl-x_l 通过与 Bax 结合抑制凋亡，Bcl-x 和 Bad 通过与 Bcl-2 和 Bcl-x_l 的结合置换 Bax，启动凋亡。这一模式很可能是 Bcl-2 蛋白家族作用于凋亡过程的最基本模式。

（6）抑制胞膜磷脂酰丝氨酸早期重分布：细胞凋亡中的一个重要事件就是凋亡早期出现的细胞膜磷脂酰丝氨酸（phosphatidylserine，PS）的暴露。正常情况下 PS 位于细胞膜内侧，而凋亡早期阶段 PS 会广泛易位至细胞膜外侧，使吞噬细胞得以识别凋亡细胞。由于细胞膜 PS 的早期重分布是细胞凋亡过程中所具有的一个重要而显著的特征，而 Bcl-2 正好能够抑制 PS 的这种重分布，从而说明 Bcl-2 有可能通过抑制 PS 的外在化而阻止细胞凋亡。

6.6.1.2 caspase 家族与细胞凋亡

有关线虫的研究发现，基因 ced-3（caenorhabditis elegans death gene）编码的产物 CED-3 参与线虫细胞凋亡过程，被称为线虫的自杀基因。Barinaga 等发现人的一种半胱氨酸蛋白酶 IL-1β 转换酶（ICE）与 CED-3 具有高度同源性，在人类细胞凋亡中亦起着非常重要的作用。现已发现，在所有动物细胞凋亡过程中，几乎都涉及一个自杀性蛋白酶家族的介导，该蛋白酶为天冬氨酸特异性半胱氨酸蛋白酶（cysteine-containing aspartate-specific proteases），被统称为 caspase/ICE 家族。活化的 Caspase 能触发酶级联效应，最终会导致染色体 DNA 的降解及细胞的解体。在人类细胞中，Caspase 的超表达或激活均可引起细胞凋亡，因此又被称为死亡蛋白酶。Caspase 能与细胞内多种蛋白质因子发生相互作用而实现对细胞凋亡过程的调节。

1）Caspase 的命名及分类　　目前在哺乳动物细胞中已发现有 14 种半胱氨酸天冬氨酸特异性蛋白酶。按照 Alnemri 等对该蛋白酶家族成员命名的建议，各个家族成员用 Caspase 为词根，"C"表示此酶为半胱氨酸蛋白酶（cysteine protesae），"aspase"指酶的作用具有天冬氨酸（aspartic acid）特异性，即能够在靶蛋白的特异天冬氨酸残基部位进行切割，在 Caspase 之后加上一个阿拉伯数字来表示命名发表日期的先后。现在已经命名的有 Caspase-1 到 Caspase-14，除了 Caspase-11、12、14 仅在老鼠中发现外，人类 Caspase 家族成员包括 Caspase-1~10、13，共有 11 种。根据蛋白酶的氨基酸序列相似性可将人类 Caspase 家族成员分为 3 个亚族：Caspase-1 亚族，包括 Caspase-1、4、5、13；Caspase-2 亚族，包括 Caspase-2、9；Caspase-3 亚族，包括 Caspase-3、6、7、8、10。其中 6 种 Caspases

与细胞凋亡有关,根据这些 Caspases 在凋亡中的作用不同可将其分为两类:一类是执行者(executioner),包括 Caspases-3,7,6,主要参与重要底物的剪切,引起凋亡细胞呈现一致的生化和形态的改变,其通常由上游 Caspase 所激活;另一类为起始者(initiator),包括 Caspase-8,9,10,在外来蛋白信号的作用下,起始 Caspase 酶原通过自我剪切而活化,获得裂解并激活执行 Caspase 前体的能力。

2) Caspase 的结构及特点　　Caspase 最初表达为无活性的蛋白酶原(pro-Caspase),分子质量为 30~50kDa,基本结构包括三部分:N 端的原结构域(prodomain)、一个约 20kDa 的大亚基和一个约 10kDa 的小亚基,如图 6-3 所示。在 Caspase 家族各个酶原之间,原结构域的同源性低而大小亚基的同源性则很高。Caspase 酶原在 Asp-X 键处可被切割形成游离的大、小亚基,大、小亚基常形成异二聚体,两个异二聚体再聚合成有活性的四聚体,其上含有两个独立行使功能的催化位点。在每个催化结构中,紧密相连的大、小亚基均可提供与底物结合及催化所需的氨基酸。

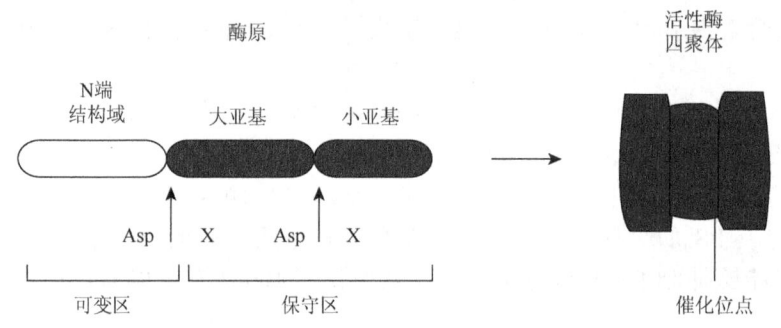

图 6-3　Caspase 的基本结构及活性形式(引自朱国萍等,2000)

该家族成员具有如下的共同特点:①均为半胱氨酸蛋白酶;②都具有一保守的 QACXG 五肽活性位点(除 Caspase-9X=G、Caspase-8 和 Caspase-10X=Q 外,所有其他 caspase 家族成员的 X 均为 R);③合成后均以无活性的原酶形式存在于细胞质中;④原酶的 N 端均含有原结构域,可维持 Caspase 的无活性状态;⑤原酶在多种凋亡信号刺激下经蛋白水解作用切去原结构域,形成由两个大亚基和两个小亚基所组成的四聚体,而得到活化;⑥活化后的 Caspase 具有独特的催化活性,即可将底物在 Asp 位点后切断,通过这种方式,不但可水解靶蛋白,也能自我活化;⑦Caspase 常含有识别序列,可专一识别某些底物上所具有的一些特异序列,故其酶促反应具有高度特异性。

3) Caspase 的激活　　Caspases 的激活主要有两种途径:一种由细胞死亡受体(death receptor,DR)介导,称作非固有途径(extrinsic pathway);另一种由线粒体细胞色素 c(cytochrome c,cytC)途径所介导,称为固有途径(instrisic pathway)。

DR 是肿瘤坏死因子受体超家族成员,其跨膜蛋白胞内段具有死亡结构域(DD)。当配体与受体结合后,引起受体死亡结构域的构型改变,从而吸引连接分子如 FADD(Fas-associated death domain protein)等形成死亡诱导信号复合体(DISC),招募 Caspases-8 和 Caspases-10 前体,产生有活性的起始 Caspase。激活的 Caspase-8 除了可裂解并激活下游的执行 Caspase 前体,引起细胞凋亡外,还能降低线粒体内膜电位使 Bcl-2 家族蛋白 BID 裂解,导致细胞色素 c 的释放,起到凋亡放大作用。

细胞色素 c 途径的关键一步是 cytC 从线粒体内的释放。在细胞凋亡信号的刺激下，如 DNA 损伤、生长因子去除以及大部分化疗药物，通常可诱导 cytC 从线粒体内释放到细胞质内，细胞质内的 cytC 在 dATP 存在下，与凋亡蛋白酶激活因子 1（apoptotic protease-activating factor-1，Apaf-1）结合，募集并激活 Caspase-9，继而激活下游的执行 Caspase 前体，启动 Caspase 的级联反应，引起细胞凋亡。

4）Caspase 诱发细胞凋亡的机理　　细胞凋亡包括 DNA 片段化、染色质凝集、膜呈泡状、形成凋亡小体等。在整个凋亡过程中，Caspase 能极有效地水解维持细胞基本结构和功能的蛋白质，最终杀死细胞。

Caspase 主要通过两种方式诱发细胞凋亡：一种方式是破坏或激活某些酶引起 DNA 修复障碍或直接被降解切割，如与 DNA 修复相关的酶类，在 Caspase 作用下，可被切割，从而丧失 DNA 修复功能；受 Caspase 激活的 DNase（caspase-activated deoxyribonuclease，CAD）是一种内切核酸酶，能被 Caspase 激活，被激活后的 CAD 可从细胞质转移至细胞核，将核 DNA 切割成片段。另一种方式是破坏细胞骨架，如使核纤层蛋白（lamin）、肌动蛋白（actin）、凝溶胶蛋白（gelsolin）和胞衬蛋白（fodrin）等断裂，导致细胞皱缩、膜起泡和核解体，诱发细胞凋亡。此外，Caspase 还可作用于许多其他蛋白质类底物，如黏着斑激酶（focal adhesion kinase，FAK）、PKB、PKC、胞质磷脂酶 A_2、甾醇调控元件结合蛋白（SREBPS）、Rb、泛素连接酶 Nedd4 等，这些底物的破坏或功能丧失对细胞凋亡应该也会起到一定的促进作用。如黏着斑激酶被 Caspase 破坏后，就会导致细胞的黏着能力大大下降，使得细胞与相邻细胞间失去黏着而引发凋亡。

5）Caspase 活性的调节　　由 Caspase 介导的细胞凋亡是一复杂的过程，在其激活和介导凋亡的过程中受到多种因素的调节。通常一个凋亡信号往往能引发辅因子、Caspase 启始因子及抑制因子三条途径对 Caspase 的活性实行调控，而最终起到对细胞凋亡进程的影响：①在辅因子激活过程中，如 Bax 促进 cytC 的释放，而 cytC 对 Caspase 具有激活作用，从而促进细胞凋亡。Bcl-2 通过与 Apaf-1 的相互作用，可阻止 cytC 对 Caspase 的激活，而能延迟细胞凋亡。②在起始因子激活过程中，如 FLIP（FADD-like ICE inhibitory protein）与 Caspase-8 酶原的序列类似，可与 Caspase-8 酶原竞争辅因子 FADD，故能抑制启始因子 Caspase-8 的激活，并阻止下游 Caspase 的活化，从而抑制细胞凋亡。③细胞凋亡抑制因子（inhibitor of apoptosis，IAP）能直接抑制 Caspase 活性，某些 IAP 还可将 Caspase 从胞内清除或与 Caspase 的底物结合，阻断其介导的蛋白酶级联反应。从昆虫到人类，IAP 家族十分保守。人 IAP 的过量表达可以阻遏由各种刺激诱导的细胞死亡。

另外有 2 种病毒蛋白也抑制 Caspase 的活性：一种是由牛痘病毒编码的细胞因子应答调节物 A（cytokine response modifier A，CrmA），另一种是由杆状病毒（baculovirus）编码的 P35 蛋白。CrmA 是 Caspase-1、4、6、8 的强效抑制剂，而对 CED-3、Caspase-2、3、7、10 的抑制作用较弱。P35 则能抑制 Caspase-1、2、3、4 的活性，当其分子数量与 Caspase 相等时对 Caspase 的抑制作用最强。当 Caspase 在 P35 的 DQMD↓G 位点对其切割后，被切割后的 P35 能与 Caspase 形成 p35-Caspase 复合物，而抑制 Caspase 后续分子的激活。

6.6.1.3　Fas/Apo-1 系统与细胞凋亡

1989 年，西德和日本两个实验室分别分离出一种对多种人类细胞具有杀伤作用的单克隆抗体，并将这种抗体所识别的细胞表面抗原分别定义为 Fas 和 Apo-1。直到 1991 年和 1992 年人们分别克隆出 Fas 和 Apo-1 cDNA 后，才发现 Fas 和 Apo-1 代表的是同一种物质，为细胞表面糖蛋白分子。1993 年年底，第五届人类白细胞分化抗原国际会议将 Fas 抗原作为 CD95 归入 CD 之中。Fas 属于神经生长因子受体（nerve growth factor receptor，NGFR）/肿瘤坏死因子受体（tumor necrosis factor receptor，TNFR）超家族（superfamily）成员，为一类细胞凋亡信号受体，有时亦被称为死亡分子。Fas 与 Fas 配体（Fas ligand，FasL）或其单克隆抗体（Fas mAb）结合后，其胞质区经某些胞内蛋白的介导后，可引起一系列的反应和信号转导，最终导致 Fas 所在的细胞发生凋亡。

Fas 是一种分子质量为 45kDa 的 I 型跨膜糖蛋白，由 319 个氨基酸组成，可分为胞外区、跨膜区和胞内区 3 个独立的区域，N 端为一信号序列。人 Fas 基因位于染色体 10q23 上，为全长 70 多 kb 的单拷贝基因，由 8 个内含子和 9 个外显子组成。其中外显子 2、3、4 编码蛋白的膜外区，6 编码跨膜区，9 编码膜内区。胞外区位于 Fas 的 N 端，在膜外，含 157 个氨基酸，由 3 个富含半胱氨酸的区域组成，已有实验证明 Fas 抗原 N 端 49 个氨基酸与 Fas 抗原三聚化（trimerization）有关，是特异性 Fas 配体与 Fas 抗原结合并诱导细胞凋亡的关键部位。中间为跨膜区，含 17 个氨基酸。胞内区位于蛋白的 C 端，在膜内，由 145 个氨基酸组成，含有一个 80 氨基酸序列的结构域，是介导细胞凋亡的功能区，被称为死亡结构域（death domain，DD）。小鼠 Fas 则由 306 个氨基酸组成，与人 Fas 同源性达 50% 左右，其基因长度为 12kb，定位于第 19 号染色体上，也包含 9 个外显子。

Fas 主要以膜受体形式（mFas）存在，部分以可溶性形式（sFas）存在。sFas 是 Fas mRNA 发生变异剪接后编译的蛋白产物。Fas 广泛地表达于胸腺细胞、活化的 T 淋巴细胞和 B 淋巴细胞、NK 细胞、单核细胞、成纤维细胞、内皮细胞和上皮细胞等，也可存在于肝、肺、心、肾、卵巢、子宫、皮肤、眼等器官组织中，具有介导细胞凋亡，维持细胞数量稳定的功能。

Fas 配体（FasL）主要表达于活化的 T 淋巴细胞表面，属于细胞表面 II 型膜蛋白，分子中含有一个疏水氨基酸的结构域，N 端没有信号序列，C 端区域位于细胞外。人和小鼠 FasL 氨基酸序列的同源性达 76.9%，且功能可以互换。FasL 基因位于人染色体 1q23 上，含有 5 个外显子。FasL 为球状三聚体结构，是 Fas 的天然配体。Fas 与 FasL 共同构成 Fas 系统，在介导细胞凋亡的过程中起着重要的作用。

死亡分子 Fas 主要分布于细胞表面的特定区域，当被 FasL 或 Fas mAb 激活后，可相互交联形成三聚体，然后使 FADD 快速结合到其死亡结构域上并被激活。激活后的 FADD 又与 Caspase-8 前体结合而形成包含 Fas、FADD 和 Caspase-8 前体的死亡诱导信号复合体（death-inducing signaling complex，DISC）。Caspase-8 前体被加工剪切后，以活性形式从 DISC 中释放出来，接着裂解并激活下游的执行 Caspase 前体，引起 Caspases 的级联反应，最终导致细胞凋亡。

Fas 途径介导的细胞凋亡受 FLIP、C-myc、cyt C、Bcl-2 等多种因素调控。FLIP 的结构与 Caspase-8 类似，也含有死亡结构域，故能与 Caspase-8 竞争在 DISC 中的结合位点，从而可抑制 Fas 介导的细胞凋亡；C-myc 能通过增加细胞对 Fas 信号的敏感性诱导凋亡；Fas 诱导细胞凋亡后可使位于线粒体内膜上的 cytC 进入细胞质，因进入细胞质的 cytC 具有放大 Caspase-8 的作用，而显现出对凋亡具有促进作用；此外，具有抗凋亡作用的 Bcl-2，Fas 死亡信号转导过程中相关蛋白酶等，也都会对 Fas 途径介导的细胞凋亡过程产生一定的影响。

6.6.1.4 c-myc 基因与细胞凋亡

c-myc 是一个具有多重功能的癌基因，由 3 个外显子和 2 个内含子组成。第一外显子起调节作用，不编码，只有第二和第三外显子编码一个 439 个氨基酸的蛋白质。在不同动物中 c-myc 的第一外显子差异较大，而第二和第三外显子则高度保守。c-myc 编码的产物是一种含脯氨酸的磷酸化蛋白，分子质量为 62kDa，在细胞质内合成，在与其他蛋白进行寡聚化后，再转移到核内发挥作用。该蛋白既可诱导细胞凋亡，亦可刺激细胞增生，这主要取决于它当时所处的外界条件。当某些抑癌因素存在或生长因子缺乏的情况下，c-myc 编码的蛋白可促进细胞凋亡，而与致癌因素同时存在时，则可促进细胞增殖。c-myc 基因所引起的细胞凋亡可被 Bcl-2 的过表达所抑制。

6.6.1.5 p53 基因与细胞凋亡

p53 为抑癌基因，定位于人类染色体 17p13.1 上，基因全长约 20kb，由 11 个外显子和 10 个内含子构成，编码由 393 个氨基酸组成的分子质量为 53kDa 的磷酸化蛋白，此蛋白主要存在于细胞核内。p53 基因可分为两种类型：野生型 p53（wt-p53），可使细胞周期停止在 G_1 期，并抑制细胞繁殖；突变型或变异型 p53（mt-p53），具有转化能力，能够诱发多种癌变。通常野生型 p53 基因能促进细胞凋亡，而突变型 p53 基因则抑制细胞凋亡。

当细胞内 DNA 受到损伤，wt-p53 表达会迅速增加，使细胞停滞在 G_1～S 期，待受损的 DNA 得到修复后再重新进入细胞增殖周期；若 DNA 损伤过于严重而难以修复时，则 wt-p53 可激活那些诱导凋亡的基因转录，使细胞发生凋亡。当 wt-p53 发生突变或缺失，则不能识别和修复损伤的 DNA，细胞会带着受损的 DNA 进入 S 期，继续分裂增殖，结果会因遗传不稳定性而导致细胞产生突变，最终发生癌变。缺乏 P53 功能的癌细胞若转染 p53，并使其过表达，可导致细胞生长受到抑制及凋亡的发生。

P53 诱导凋亡的主要机制是它能结合到一段特定序列的 DNA 上并促其转录。例如，bax 基因启动子部位存在可与 P53 结合的特定序列区域，故 P53 可直接激活 bax 基因，使 Bax 含量增高，形成 Bax 同源二聚体引起细胞凋亡。此外，P53 可直接下调 bcl-2 基因表达，而增强促凋亡基因 Fas 的表达，这些都有利于凋亡的发生。

在临床肿瘤治疗上，化学药物、放射线、热疗及多种细胞因子等诱导的肿瘤细胞凋亡均需要 P53 蛋白的参加，而糖皮质激素、Ca^{2+} 载体和衰老等引起的细胞凋亡却不需要 P53 蛋白的参与，故有人根据这种特性将细胞凋亡分为 P53 依赖型和 P53 非依赖型两种类型。

6.6.2 细胞凋亡的信号转导途径

细胞凋亡可以被多种生理性、病理性和环境因子刺激诱发。例如，体外培养过程中，生存因子（survival factor）的缺乏会诱导细胞凋亡；在变态过程中，甲状腺激素可促使蝌蚪尾部细胞的凋亡；此外，紫外线辐射、电离辐射、多种金属离子、DNA 损伤、代谢产生的大量氧自由基等都能在一定条件下诱导细胞凋亡。然而，在不同刺激因子的作用下，导致的细胞从凋亡程序启动到凋亡发生之间的过程往往复杂多样，也就是说细胞凋亡的信号转导途径具有多样性，下面主要介绍一些研究得比较清楚的几条细胞凋亡的信号转导途径。

6.6.2.1 NF-κB 信号转导通路与细胞凋亡

NF-κB（nuclear factor kappa B）是一种调节基因转录的核因子，能与免疫球蛋白 κ 轻链

基因的增强子 κB 序列特异结合，属于 Rel 家族的转录因子。在哺乳动物细胞中已发现的 Rel 家族成员有 p65（RelA）、RelB、c-Rel、p50/p105（NF-κB1）、p52/p100（NF-κB2）。这些蛋白的 N 端都具有一个由 300 个氨基酸组成的 Rel 同源区域（Rel homology domain，RHD），该区域含有能与同源或异源亚基形成二聚体的二聚体化区、可与 DNA 上的 κB 序列结合的 DNA 结合区和核定位信号区（nuclear localization signal，NLS）。从广义的角度来讲，只要能与 DNA 上 NF-κB 结合区相互作用的所有 Rel 蛋白的组合均可称之为 NF-κB，但习惯上通常只将 p50/p65 二聚体称为 NF-κB。

已有研究表明，在多数细胞中，NF-κB 可以通过上调促细胞存活基因和凋亡抑制基因表达，起到抗细胞凋亡的作用。将 *p65* 基因敲除的小鼠，会出现肝细胞大量凋亡，而死于胚胎期。进一步研究发现激活的 NF-κB 对成年鼠的肝细胞损伤具有保护作用。从 p65（–/–）个体中提取出的细胞系，会因缺乏 NF-κB 而表现出对 TNF-α 诱导的细胞凋亡的敏感性增加。此外，NF-κB 的激活能够增强细胞对电离辐射、TNF-α 损伤的耐受性，也能保护海马神经元对抗氧化应激诱导的凋亡。总之，有大量实验说明 NF-κB 确实具有抑制细胞凋亡的作用，但其具体机制还不是很清楚，可能与其抑制蛋白水解酶的活化有关。即 NF-κB 的激活，影响了与 Capase-8 活化有关的靶基因的表达，导致 Capase-8 不能活化，从而阻止了下游 Capases 的活化和功能的发挥，最终起到抑制细胞凋亡的作用。

在不同的刺激因素及特定的细胞类型中，NF-κB 有时还表现出促进细胞凋亡的作用。如 Dumont 曾报道 H_2O_2 可以通过 NF-κB 的活化引起 T 细胞凋亡；Ivanov 等在用紫外线诱导人类黑色素瘤细胞凋亡过程中，发现下调 NF-κB 的表达会同时伴有细胞凋亡的减少；Chen 等研究发现，NF-κB 亚单位的种类及数量在细胞凋亡中起着决定性的作用，如 p65 过表达时，导致细胞凋亡抑制，而 c-Rel 表达增加时，则促进细胞凋亡。因此，NF-κB 在细胞凋亡中是起抑制作用还是促进作用，不但与刺激因素及细胞类型有关，也与 NF-κB 亚单位的种类及数量有关。

6.6.2.2 线粒体途径与细胞凋亡

线粒体是细胞凋亡信号转导途径中起关键调节作用的细胞器，许多因素，如死亡受体介导的信号、生长因子抑制剂、抗癌药物等，均可改变线粒体的结构与功能，诱导细胞凋亡。目前认为线粒体的改变引起细胞凋亡的主要原因可能有以下三点：影响了电子传递、氧化磷酸化和 ATP 的产生；释放多种蛋白，从而激活 Caspase 家族蛋白酶；改变了细胞的氧化还原潜能。

各种凋亡信号能通过直接和间接的方法来使得线粒体膜发生非特异的破裂或形成特殊的孔道，使得线粒体膜通透性增加，正常功能受到损伤，不但影响了电子传递、氧化磷酸化和 ATP 的产生，改变了细胞的氧化还原潜能，且使线粒体膜间隙存在的大量与凋亡相关的小分子蛋白释放出来，包括 cytC、二线粒体激活蛋白 Smac（second mitochondria-derived activator of caspase）、核酸内切酶 G（endonuclease G）、细胞凋亡诱导因子（apoptosis inducing factor，AIF）、Omi/HtrA2 等，这些小分子蛋白的释放，将会大大促进细胞凋亡的发生。

cytC 从线粒体中释放出来是细胞凋亡过程的关键一步，释放到细胞质中的 cytC 在 dATP 存在的条件下能与凋亡激活因子 1（apoptosis-activating factor，Apaf-1）结合，使其形成多聚体，并促使 Caspase-9 前体与其结合形成凋亡小体，并自动活化 Caspase-9 前体，被激活的 Caspase-9 进一步通过剪切方式激活下游的 Caspase-3、Caspase-6、Caspase-7。这些 Caspases

再作用于许多重要的细胞内底物,最终会激活静息状态的核酸内切酶,引起 DNA 断裂,诱导细胞凋亡。

Smac 是分子质量为 25kDa 的线粒体蛋白。从线粒体中释放出来的 Smac 可与凋亡抑制蛋白(inhibitor of apoptosis protein,IAP)结合,起到降低或灭活 IAP 对 Caspase-9 和 Caspase-3 的抑制作用,从而有助于凋亡的发生。

AIF 类似于细菌氧化还原酶的黄素蛋白,分子质量为 57kDa,存在于线粒体内外膜间,当其从线粒体中释放出来,可以活化下游 Caspase 或某些特定的底物,故也能促进细胞凋亡形态的发生。

核酸内切酶 G 是一种核酸酶,分子质量为 30kDa,最早从 Caspase 激活的 Bid 处理的小鼠细胞线粒体上清液中分离出来,由核基因编码,进入细胞质后再转入线粒体内外膜间。当其从线粒体中释放出来后,能够诱导细胞 DNA 核小体间形成凋亡特征性的 DNA 片段。

Omi/HtrA2 是一种位于线粒体中的丝氨酸蛋白酶,分子质量为 49kDa,与细菌内蛋白酶 HtrA2(high-temperature requirement)同源。Omi/HtrA2 从线粒体释放到细胞质中,一方面可作为凋亡抑制蛋白的抑制剂,促进 Caspase 的系列级联反应,从而可促进依赖于 Caspase 的细胞凋亡;另一方面作为丝氨酸蛋白酶,其本身又可促进不依赖于 Caspase 的细胞凋亡。

6.6.2.3 内质网信号通路与细胞凋亡

内质网为细胞中的重要细胞器,不仅参与维持细胞内钙离子内环境稳定,还参与蛋白质的合成、修饰与加工及转运过程。内质网在持续或严重的胁迫下,会导致细胞功能异常,诱发凋亡发生。

内质网应激可特异性激活位于内质网表面的 Caspase-12,伴随着 Ca^{2+} 外流,活化的 Caspase-12 可直接激活 Caspase-9,进一步剪切活化 Caspase-3,导致 Caspases 级联反应,最终诱发细胞凋亡。同时也有一部分细胞,在应答内质网胁迫时,能够诱导线粒体的功能紊乱,通过线粒体途径引发细胞凋亡。

6.6.2.4 JAK-STAT 转导途径与细胞凋亡

JAK(janus kinase)是一种酪氨酸蛋白激酶,在哺乳动物细胞中已发现有 JAK1、JAK2、JAK3 和 TYK2 四种亚型,分子质量为 120~130kDa。JAK 家族有 7 个高度保守的结构域,无跨膜结构域。在 C 端具有催化功能区和激酶相关功能区,而 N 端则主要在 JAK 与受体蛋白偶联的过程中发挥调节作用。

JAK 的下游信号是信号的转录因子和活化子(signal transducer and activator of transcription,STAT)。在哺乳动物细胞中,STAT 家族有 STAT1、STAT2、STAT3、STAT4、STAT5A、STAT5B 和 STAT6 共 7 个成员。STAT1、STAT4 定位于 1 号染色体,STAT2、STAT6 定位于 10 号染色体,STAT3、STAT5a、STAT5b 定位于 11 号染色体。STAT 一般具有 750~850 个氨基酸,包含 6 个结构域:N 端保守区,对 STAT 的功能具有调节作用;DNA 结合区,位于 400~500 氨基酸之间,为 STAT 与 DNA 结合的特定区域;病毒癌基因 *src* 同源区 3(SH3),位于 500~600 氨基酸之间;*src* 同源区 2(SH2),位于 600~700 氨基酸之间;酪氨酸磷酸化位点,为 701 位氨基酸,当其磷酸化时,STAT 呈活化状态;C 端的转录活性功能区。相比较而言,STAT 的 C 端转录活性功能区在各个成员中存在着较大的差异,这与不同类型的细胞因子激活下游不同成员的 STAT,从而激活不同基因有关。而其余的 5 个结构域则比较保守,相似度较高。

JAK 几乎在所有的细胞中均有表达，能与多种细胞因子受体结合，并选择性地激活其下游底物 STAT，使之转位到核，与核内特异的 DNA 调节元件结合而指导转录，这一信号传递途径称为 JAK-STAT 途径。许多细胞因子，如干扰素、红细胞生成素、白细胞介素-6、粒细胞集落刺激因子、细胞分裂素等均需通过 JAK-STAT 途径来诱发细胞的分裂增殖与分化。最近发现 JAK-STAT 途径也参与了由肿瘤坏死因子（TNFα）和干扰素（IFN）诱发的细胞凋亡过程。Simon 等也证明了某些细胞因子诱导的血细胞凋亡过程中也牵涉到 JAK-STAT 信号通路。

　　现已证明在 TNFα 和 IFN 诱发的细胞凋亡的多步骤信号传递中必须有 STAT 的参加。STAT 在上述两种细胞因子诱发的凋亡进程中可能承担了诱发凋亡促进基因表达的功能。实验表明，STAT1 是某些细胞发生凋亡所必需的，激活的 STAT1 可启动或促进细胞周期依赖性激酶的抑制分子 p21 和凋亡途径中的效应酶 Caspase 家族成员的基因有效表达，而显现出对凋亡有促进作用。STAT3 的促凋亡作用则主要与其能够诱导 Bax 分子的表达有关，而 Bax 分子具有促进凋亡的作用。

6.6.2.5　死亡受体信号途径与细胞凋亡

　　死亡受体与特异的"死亡配体"结合后可传递凋亡信号，在启动凋亡中具有重要的作用。死亡受体属肿瘤坏死因子（tumor necrosis factor，TNF）受体超家族成员，已发现的成员至少有 28 个，位于细胞膜表面，为 I 型膜蛋白，其重要的结构特征是胞质区内含有细胞死亡信号转导过程中所必需的死亡结构域（death domain，DD），是死亡受体引起凋亡的结构基础。死亡配体属于 TNF 家族，已发现的成员至少有 19 个，大多为 II 型膜蛋白，由三个亚基组成，可同时与三个受体形成寡聚体。死亡受体只有与配体形成复合体后才能发挥作用，目前研究比较多的死亡受体配体系统有：Fas/FasL、TNFR1/TNFα、TRAIL-R/TRAIL。不同的死亡受体所诱导的凋亡过程在信号转导上极为相似，通常都是受体先与配体形成寡聚体，然后适配子（adaptor）通过 DD 与受体结合，另一方面再通过适配子的死亡效应结构域（death effector domain，DED）与邻近的 Caspase 前体结合，活化 Caspase 而诱导凋亡，但不同的受体/配体系统在传递信号时又各有特点，略有差异。

问题与思考

1. 简述细胞凋亡与死亡的区别。
2. 列举三种检测细胞凋亡的方法。
3. 细胞凋亡过程中信号转导途径有哪几种主要类型？
4. 简述 Bcl-2 家族蛋白在细胞凋亡过程中的作用。
5. 在凋亡过程中，细胞的形态学变化大致可以分为几个阶段？
6. 简述线粒体在细胞凋亡过程中的作用。
7. 简述 p53 基因与细胞凋亡的关系。
8. 试述 Caspase 活性的调节。
9. 简述细胞凋亡在机体生长发育过程中的作用。
10. 简述 JAK-STAT 转导途径与细胞凋亡。

主要参考文献

白世平，罗绪刚，吕林. 2006. 线粒体在细胞凋亡中的介导作用. 生命科学，18（4）：368～372
卜兴江. 2006. 细胞凋亡研究进展. 生物学教学，31（12）：7～9
陈良恩. 2002. NF-κB 信号传导通路. 解放军预防医学杂志，20（2）：154～156
陈儒新. 2005. 死亡受体、配体系统与卵巢肿瘤. 国外医学计划生育分册，24（4）：208～212
陈月桥，王丽，武建华. 2007. 细胞凋亡信号传导途径研究进展. 中国实用医药，2（33）：186～187
程国杰，崔亮. 2008. 糖尿病心肌病与心肌细胞凋亡. 北京医学，30（1）：46～48
程蔚新，金丽娟. 1998. 细胞凋亡与坏死的鉴定及研究方法进展. 细胞生物学杂志，20（2）：58～63
范京惠，左玉柱，李一经. 2005. 细胞凋亡的研究进展. 东北农业大学学报，36（6）：804～807
范芸，李蓉生. 2000. JAK-STAT 信号传导途径与血细胞凋亡. 中华血液学杂志，21（6）：334～336
高方远，陆贤军，任光俊. 2004. 细胞凋亡的线粒体途径调控. 应用与环境生物学报，10（2）：251～255
高福安. 2003. bcl-2、c-myc 与脑胶质瘤. 河南肿瘤学杂志，16（3）：233～234
高临路. 1999. Fas/Apo-1（CD95）系统与细胞凋亡研究新进展. 国外医学免疫学分册，22（4）：234～237
郭辉，张佳梦，罗其中. 1999. Caspase 家族在细胞凋亡中的研究进展. 生命化学，11（2）：81～83
郭延锋，高均伟，朱国坡，等. 2010. 细胞凋亡常用检测方法的研究进展. 中国畜牧兽医，37（2）：90～92
胡锴，刘好朋，万婷，等. 2010. 线粒体与细胞凋亡的关系. 中国畜牧兽医，37（12）：86～88
胡欣，万大方. 2005. JAK/STAT 信号转导途径研究进展及其与肿瘤的关系. 肿瘤，25（4）：404～406
矫毓娟，刘江红. 2004. 细胞凋亡的检测方法（综述）. 中国神经免疫学和神经病学杂志，11（1）：53～56
李奎，刘英，康相涛. 2007. 主要凋亡基因对细胞凋亡的调控. 解剖科学进展，13（1）：62～65
李意婷. 2002. Bcl-2 蛋白与细胞周期调控. 国外医学·生理、病理科学与临床分册，22（4）：409～411
李云龙，列春巧. 2005. 动物发育生物学. 济南：山东科学技术出版社
刘厚奇，蔡文琴. 2012. 医学发育生物学，北京：科学出版社
刘珊，代晓南，崔毓桂. 2014. 早期胚胎发育与细胞凋亡. 国际生殖健康/计划生育杂志，33（1）：32～35
刘伟，李庆军. 2005. Caspase 与细胞凋亡. 新乡医学院学报，22（1）：67～70
宋淑芳，王俊霞，宋静慧. 2004. 细胞凋亡的研究进展. 内蒙古医学院学报，26（3）：233～236
苏剑东，吴灵飞. 2007. NF-κB 与细胞凋亡. 世界华人消化杂志，15（12）：1411～1416
孙长凯，鞠躬. 1997. FasL-Fas/APO-1（CD95）系统. 生理科学进展，28（2）：136～138
孙绍娟，王鸿程. 2006. JAK-STAT 信号转导途径与肺癌的关系. 国际呼吸杂志，26（4）：313～315
童丹，詹启敏. 2004. 线粒体在细胞凋亡中的作用及分子机制. 国外医学遗传学分册，27（5）：263～268
王金发. 2003. 细胞生物学. 北京：科学出版社
王晓翔. 2005. 细胞凋亡检测方法的研究进展. 体育科技，26（3）：43～45
武斌，李宗芸，杨素春，等. 2011. 几种热激蛋白在细胞凋亡信号通路中的调控作用. 中国生物化学与分子生物学报，27（1）：22～31
杨长春，王林源，梁计魁，等. 2001. Bcl-2 基因家族与细胞凋亡. 武警医学，12（10）：617～619
杨连君. 2003. bcl-2，bax 与肿瘤细胞凋亡. 中国肿瘤生物治疗杂志，10（3）：232～234
杨志宏. 2004. 细胞凋亡信号转导与肿瘤细胞凋亡抵抗机制. 国外医学肿瘤学分册，31（8）：579～582
翟中和，王喜忠，丁明孝. 2000. 细胞生物学. 北京：高等教育出版社
张伟. 1999. 人类 Caspase 家族蛋白酶与凋亡. 国外医学遗传学分册，22（6）：290～293
赵瑞杰，李引乾，王会，等. 2010. Caspase 家族与细胞凋亡的关系. 中国畜牧杂志，46（17）：73～78
赵艳. 2001. 死亡分子 Fas/CD95 与细胞凋亡. 癌变·畸变·突变，13（1）：55～58
周桔，罗荣保，汤长发，等. 2007. Bcl-2 蛋白家族和 p53 基因在细胞凋亡中的调控效应. 中国组织工程研究与临床康复，11（10）：1950～1952
周语平，杨志军，陈彻. 2003. 细胞凋亡与肿瘤. 甘肃中医学院学报，20（14）：48～51
朱国萍，程阳，廖军，等. 2000. 细胞凋亡中的 Caspase 家族. 生物化学与生物物理进展，27（2）：147～150

Alberts B, Bray D, Johnson A, et al. 1998. Essential Cell Biology, An Introduction to the Molecular Biology of the Cell. New York & London: Garland Publishing Inc.

Eroglu M, Derry W B. 2016. Your neighbours matter-non-autonomous control of apoptosis in development and disease. Cell Death and Differentiation, 23: 1110~1118

Galluzzi L, Morselli E, Kepp O. 2010. Mitochondrial gateways to cancer. Mol Aspects Med, 31 (1): 1~20

Green D R, Fitzgerald P. 2016. Just so stories about the evolution of apoptosis. Current Biology, 26: 620~627

Gustafsson Å B, Gottlieb R A. 2007. Bcl-2 family members and apoptosis, taken to heart. Am J Physiol Cell Physiol, 292: C45~C51

Karp G. 1999. Cell and Molecular Biology: Concepts and Experiments. 2nd ed. New York: John Wiley & Sons Inc.

Mazumder S, Plesca D, Almasan A. 2008. Caspase-3 activation is a critical determinant of genotoxic stress-induced apoptosis. Methods Mol Biol, 414: 13~21

Suzanne M, Steller H. 2013. Shaping organisms with apoptosis. Cell Death and Differentiation, 20: 669~675

第7章 细胞分化

在个体发育过程中，来源相同的细胞在形态结构和功能上发生差异的现象称为细胞分化（differentiation）。细胞分化主要发生在胚胎发育进程中，但在胚后发育过程中也会伴随着某些细胞分化的现象，以形成新的特定组织和器官或补充衰老和死亡的细胞，如蝌蚪在变态过程中形成呼吸器官肺，多能造血干细胞分化为不同血细胞的细胞分化过程。

细胞分化是生物发育过程中的一个非常复杂的现象，主要调节过程由基因组控制，通常不同的细胞类型被活化或抑制的基因会有所不同，故形成的基因产物也会明显不同，最终导致细胞本身在形态、结构或功能上出现某些差异。通过细胞分化，脊椎动物可形成200余种不同类型的细胞。

7.1 细胞分化的基本概念

细胞分化（cell differentiation）是指个体发育过程中，同一细胞的后代在形态结构和功能上出现差异的现象。细胞在实现分化之前，内部往往经历着某些比较隐蔽的变化，使细胞朝特定方向发展，这一过程称为定型（commitment），具体可分为特化（specification）和决定（determination）两个阶段。

胚胎发育早期，细胞分化发育的方向与其所处的位置或周围环境有关，能随着位置信息或周围环境信号的变化而发生改变，即细胞分化发育的方向此时是处于可变通的状态，还未完全固定下来，也未进入程序性分化过程，这就是特化。特化只是细胞具有分化倾向性的一种初步状态，若环境改变，特化状态亦会随之改变。通常当一个细胞或者组织被移到中性环境下仍可自主分化时，就可确定这个细胞或组织已经特化了。已特化的细胞或组织，其发育命运是可逆的，如将胚胎某一部位已特化的细胞或组织移植到胚胎的其他部位，它的分化方向将发生变化，最终发育成其他类型的细胞或组织。

在细胞形态特征出现明显差异之前，细胞分化的方向就已经确定下来，且这种分化定势是稳定的、可遗传的。细胞从分化方向的确定到特定形态结构特征出现之前这段时期所处的发育阶段称为决定。此时的细胞通常已进入程序性分化过程，很少受环境变化的干扰，会按预先决定的方向进入终末分化过程。通常当胚胎某一部位的细胞或组织移植到胚胎另一个部位时，还能自主分化，就可以判定该类细胞或组织已经进入决定阶段。已决定的细胞或组织，其发育命运一般是不可逆的。

在无脊椎动物中细胞决定特别明显，如在果蝇中，其幼虫的成虫盘即为细胞决定的典型实例。成虫盘是由胚胎外胚层在一定部位内陷而成的一些未分化的细胞群，相互间无明显差异，但从蛹变态为成虫时，这些成虫盘能各自朝既定方向分化，发育为触角、翅、腿等特定的器官。若将某一幼虫的成虫盘移植到另外一个幼虫体内，被移植的成虫盘细胞会保持其原有的分化发育方向，仍能产生成虫的相应器官或组织。如果将从果蝇幼虫体内分离到的成虫盘先切成碎块后再移植进成虫体腔，发现不完整的成虫盘可再生至正常大小，通过这种方法可将成虫盘无限克隆扩增。有意思的是，克隆到的成虫盘的决定状态能一直保持许多代，也就是说，将克隆到的成虫盘植入快要变态的幼虫中，照样可以发育出与原先决定相一致的器官或组织，这表明成虫盘的决定状态具有明显的遗传倾向。

海鞘、角贝、线虫等动物卵子中的发育决定因子为镶嵌式分布，故这些动物在胚胎发育的早期，细胞决定就已发生，调整能力较低，通常建立者细胞不能被其他细胞替代，这种形式的发育被称为镶嵌型发育（mosaic development）；而水母、海胆以及脊椎动物的细胞决定与胞间互作有关，发生相对较晚，故胚胎在早期发育过程中具有一定的调整能力，部分损伤丢失的细胞可由周边其他细胞替代或补偿，该类型的发育被称为调整型发育（regulative development）。

7.2 细胞特化的方式及其特征

7.2.1 自主特化

自主特化（autonomous specification）的细胞定型是通过胞质隔离（cytoplasmic segregation）来实现的，也就是说细胞发育命运由内部细胞质组分决定，与周围的细胞无关。合子细胞质内某些成分分布局部化，使合子不同部位的细胞质所含成分存有一定的差异，卵裂后形成的子细胞由于分别得到不同部位的合子细胞质，故在随后的发育命运上出现差异。对于自主特化的个体来说，若在卵裂早期从胚胎上分离出某个卵裂球进行体外培养，它会形成与其在整体胚胎中将会形成的结构类似的组织，而胚胎剩余部分形成的组织中会缺乏被移去的卵裂球所能产生的结构，致使其发育受阻或出现畸形。由于卵裂球在整体胚胎中呈嵌合状态分布，故这类发育称为镶嵌型发育，多见于无脊椎动物。

自主特化的主要特点有：①主要为无脊椎动物所具有；②细胞命运由胞质内的特定组分决定；③卵裂方式不可改变，相同的卵裂产生相同的细胞谱系，各分裂球的发育定势不会改变；④细胞特化发生在胚胎细胞大量迁移之前；⑤为镶嵌型发育，若有卵裂球发生丢失或损坏，将无法由胚胎内任何其他细胞来代替或补偿。

7.2.2 条件特化

条件特化（conditional specification）主要指细胞分化发育的命运取决于其所处的周围环境条件，如邻近的细胞或组织等。这些细胞分化的方向起初并不固定，具有多方向分化的潜能，但在与周围细胞的相互作用下，其发育命运逐渐受到限制，最后只能朝一定的方向分化。这种特化取决于细胞在胚胎中所处的位置。对于细胞具有条件特化的胚胎来说，若在胚胎发育早期除去某个细胞，可由周围其他细胞来代替或补偿被除细胞的作用，对后期的胚胎发育不会产生明显的影响，具有一定的调整能力，故这类发育被称为调整型发育，多见于脊椎动物和部分无脊椎动物。已有大量实验证实，哺乳动物在胚胎发育过程中具有较强的调整能力，如将 4 细胞期的鼠胚拆分成 4 个卵裂球，分别进行培养，结果每个卵裂球均能独立发育成一个完整的胚胎；而在 8 细胞期的兔胚中，即使毁掉其中的 7 个细胞，仍可由剩下的 1 个细胞继续发育为一个完整的胚胎或个体。

条件特化的特点：①为所有脊椎动物和少数无脊椎动物所具有；②细胞命运由细胞之间的相互作用决定，故细胞所处的相对位置对其后来的特化方向具有极其重要的作用；③卵裂方式和卵裂球的命运均可发生改变；④若细胞需迁移重新排列时，特化多发生于迁移之后或者迁移过程中；⑤为调整型发育，胚胎发育早期，如有个别细胞发生损伤或丢失，邻近细胞可补偿、替代其功能，使胚胎仍可发育成完整的个体，不会产生畸形。

7.2.3 合胞特化

合胞特化（syncytial specification）主要见于昆虫，在合胞胚盘（syncytial blastoderm）核尚未被细胞质膜分隔成细胞之前，细胞分化发育的命运由母体效应基因的产物所决定，一旦细胞形成后，则主要为条件特化。

合胞特化的特点：①为昆虫所具有；②早期胚胎各部位的特化有赖于细胞化之前不同细胞质区域之间的相互作用；③特定细胞核的发育潜能可随所处的细胞质环境的改变而发生变化，并无严格的发育定势；④细胞化之后，则转变为条件特化。

7.3 影响细胞分化的因素

细胞分化的实质是组织特异性基因在时间和空间上的差异表达。每个细胞基因组中的基因可分为三大类：第一类是维持细胞生存所必需的，在所有分化细胞中普遍处于活动状态的基因，称为管家基因，如编码核糖体蛋白和线粒体蛋白的基因；第二类为调节基因，其产物具有调节其他基因表达的功能，在不同种类的分化细胞中，调节基因的表达和组合往往有所不同；第三类是直接对应于专一分化的细胞结构和功能而表达的基因，被称为组织专一性基因，如红细胞的血红蛋白基因。一般情况下，细胞分化过程中显示出的基因差别表达可以在多种层次水平上受到调控，如染色体活化、DNA 序列重组、基因的转录、mRNA 的加工、翻译和肽链修饰等。

7.3.1 细胞质对细胞分化的诱导

由于卵细胞质内存在局部化的决定因子（localized determinant），通常源于母本，本质为 mRNA，在细胞中定位分布，卵裂后，这些决定因子被分配到不同的细胞中，常通过各种途径调节蛋白质合成并进一步调节晚期基因表达，从而影响并决定细胞分化的方向。

软体动物的极叶形成就是细胞质对分化影响的典型例子。在软体动物的卵裂球进行分裂时，先从植物极向外形成一个暂时性的细胞质突起，该突起被称为极叶，分裂后虽然两个子细胞得到了相同的遗传物质，但只有一个细胞得到了极叶，故另一个细胞则肯定会缺少极叶所含有的胞质成分，正因为这部分胞质的差异分配，才会导致后代细胞向不同方向分化发育。如果人工将卵裂球分裂初期形成的极叶除去，将会发育成在足、眼和壳等方面存在某些缺陷的个体。

细胞质对性细胞的分化也起着重要作用。例如，果蝇性细胞决定因子存在于受精卵的后端细胞质中，常将这部分细胞质称为生殖质，具有决定生殖细胞分化的功能。果蝇卵在受精后的 2h 内只进行核分裂，细胞质不分裂，形成合胞体胚胎，此时的每一个核都具有全能性，既可分化成体细胞，也可分化成性细胞，但最终只有那些迁入卵后端的核，在与生殖质共同形成极细胞后，才能最终分化为生殖细胞。如用紫外线预先处理受精卵，破坏其后端的生殖质，则被处理的卵将会发育成没有生殖细胞的个体，表现出不育现象。

7.3.2 基因的差别表达

各种特化细胞的核含有该物种的完整基因组，具全能性。但在任一时间里细胞基因组中只有少数基因在活动表达，这些基因可分为管家基因（维持细胞最低限度功能所必需的基因）与组织专一性基因（或称奢侈基因，主要指不同细胞中差别表达的基因，与各类细胞的特殊性形成有直接关联）。细胞分化主要是组织专一性基因中某些特定基因选择性表达的结果，这些选择性表达的蛋白质构成了分化细胞的特殊性状或者赋予分化细胞某种特定功能，但不是细胞基本生命活动必不可少的。现认为细胞分化是组织专一性基因按一定时间顺序进行表达的结果，表达的基因数占基因总数的 5%～10%。因此细胞分化的关键是细胞按照一定程序发生差别基因表达，导致部分基因被激活或关闭，其调节可表现在基因表达链各个水平上。

（1）DNA 水平上的调节主要有两种形式。一是以基因重排来调节不同基因表达，例如，哺乳动物在淋巴细胞的分化中，不同种类抗体的生成细胞的分化就是通过其前体细胞免疫球蛋白基因的差异重组而实现的。二是 DNA 的甲基化与去甲基化。DNA 的甲基化可引起基因失活。在大鼠个体发育过程中，其核内 DNA 甲基化的水平是逐步增高的，如 14d 的胚胎肝只有 8%的 rDNA 甲基化，18d 的胚胎肝则有 30%的 rDNA 甲基化，而到了成年大鼠，其肝组织 rDNA 的甲基化程度会高达 60%。体外研究发现，降低 DNA 的甲基化，可提高基因活性。如利用胞嘧啶的类似物 5-氮胞苷可人为造成去甲基化，用它处理细胞，可以改变基因表达与细胞分化状态。

（2）转录控制是真核生物控制基因表达的重要调控方式，该水平上的调控较为复杂，可受若干因子影响，如专一性蛋白质、激素等。

（3）转录后加工调节，多肽链氨基酸顺序信息直接来源于 mRNA，基因的转录物为 nRNA（核内 RNA），要经过加工才能成为成熟的 mRNA。在复杂的转录加工中，经不同剪接方式可产生多种成熟的 mRNA，从而可以表达不同种类的产物。例如，大鼠的一个基因通过改变剪接位点，以不同的剪接方式可编码多达 7 种组织特异性蛋白——α-原肌球蛋白（α-tropomyosin）。再如抗体基因表达，前体 RNA 均含有可变区（抗原结合区）和 μ（IgM）及 δ（IgD）的恒定区编码的顺序，中间隔有内含子。加工后的成熟 mRNA，如 δ 外显子被切去，则编码 IgM，如 μ 外显子被切去，则编码 IgD。

（4）mRNA 翻译调节，主要有两种方式：第一种方式是专一 mRNA 的降解。例如，哺乳动物成红细胞在分化过程中，早期阶段，成红细胞可合成珠蛋白 mRNA 及其他若干种类的 mRNA，但到后期阶段的几次细胞分裂中，只有珠蛋白 mRNA 被保留下来，而其他种类的 mRNA 均被降解。第二种方式是对翻译本身的调节，包括翻译起始的控制、蛋白质合成速度的控制等。例如，成体血红蛋白是由 4 条肽链（$α_2/β_2$）组成，α 与 β 珠蛋白的比例为 1∶1，但在一个二倍体的细胞中含有 4 个 α 珠蛋白基因和 2 个 β 珠蛋白基因，假如这些基因都以相同的速率进行转录和翻译，则 α 珠蛋白的分子数量应为 β 珠蛋白的 2 倍，而正常红细胞中 2 种珠蛋白的分子数量是相等的。导致这种现象发生的原因主要如下,与 α 珠蛋白 mRNA 相比,β 珠蛋白 mRNA 与转译起始子的结合具有更强的竞争性,从而弥补了两种 mRNA 因含量差异造成对正常红细胞分化的影响。

(5) 肽链的加工与修饰。同样的肽链由于加工的不同可形成功能相异的产物,如脑下垂体前叶分泌促肾上腺皮质激素(ACTH),而中叶由于预先对同样的肽链成分进行了加工处理,形成的则是具有其他功能的促黑激素(MSH)。

7.3.3 细胞间相互作用对细胞分化的影响

对于多细胞生物来说,细胞之间必然要建立起相互协调关系,才能形成具有形态正常和生命活动协调的个体,其细胞分化方向除了与细胞质本身有关外,相邻细胞间的作用对细胞分化的命运也具有重要的影响。特别是动物胚胎在一定的发育时期,部分细胞可影响相邻细胞,使其向一定方向分化,该作用常称为胚胎诱导或分化诱导。例如,将正常的能够发育成神经组织的细胞从两栖类原肠期的早期胚胎中切下,移植到另一个胚胎中,将会发育成表皮的区域,被移植的细胞将会发育成表皮而非神经细胞;反之,若将可以分化发育成表皮组织的胚胎细胞移植到胚胎中能够发育成神经组织的部位,被移植的细胞则会发育成神经细胞而不是表皮细胞。再如,蛙胚发育到 22d 时,前脑两侧向外凸出形成视泡,视泡将诱导与其接触的上方外胚层形成晶状体。如将视泡切下,移到头部任何部位,都可诱导其接触的上方外胚层发育为晶状体。此外分化诱导现象也见于生长发育的其他阶段中,如成体动物中胚层来源的间充质细胞对外胚层来源的许多组织细胞的诱导作用。细胞诱导的机制涉及细胞与细胞的接触、细胞基质的接触、信号分子的扩散等,其本质可能是通过某些化学诱导物从诱导组织进入反应组织引发诱导而实现的。

7.3.4 信号分子对细胞分化的影响

信号分子可归纳为短距离信号和长距离信号。短距离信号统称为旁泌素,可通过扩散或者直接接触的方式(而非经过血液循环)将分化信息传送到靶细胞,触发靶细胞的分化,这一方式称为细胞的近端诱导分化,在近端诱导过程中,被诱导者往往都是诱导者的近邻细胞。近端诱导模式广泛地存在于个体发育的各个阶段中(如肾脏的发生)。长距离信号主要指各类激素,可通过远距离运输(如血液循环)到达靶细胞,诱导和控制细胞分化,这一方式称为细胞的远程控制分化,它在动物变态、生长、性成熟、生殖周期以及冬眠和滞育等方面起着重要的作用。

旁泌素(paracrine)又称生长分化因子(GDF),通常是蛋白质成分。旁泌素可以归纳为 4 个大的家族:纤维母细胞生长因子(FGF)家族、Hedgehog 家族、Wnt 家族、TGF-β 超家族。旁泌素在发育中有广泛和重要的功能,例如,FGF 家族中的 FGF2 与循环系统的发生有密切的关系、*fgf3* 基因的失效会造成小鼠形成混乱的体节和发育不正常的椎骨、*fgf4* 基因的缺损则会引起小鼠早期胚胎内层细胞停止生长而最终导致发育的终止。不少同功的旁泌素在不同物种间有着高度的同源性,如哺乳动物与果蝇的眼、心脏的诱导因子。在发育中各种旁泌素常常协同作用,如在牙的发育形成过程中,就至少涉及 3 种不同种类的旁泌素相互协同作用。细胞间质对近端诱导的实现发挥重要的作用,如间质成分胶原可影响唾液腺形态构建。体外培养小鼠胚胎唾液腺原基,若加入胶原酶,移去间质中的胶原III型纤维,小叶生长但不分支,导致无分支腺体结构出现;若加入胶原酶抑制剂,使间质中的胶原纤维过度表达,小叶分支数则明显增加。同时旁泌素本身对细胞间质的形成有重要的作用并影响到器官的发育,如体外培养唾液腺原基过程中,加入活化素(activin)类旁泌素,可导致分支发育被抑制的现象出现。

脊椎动物产生多种激素,按分子类型可将它们分为五大类:氨基酸衍生物类(如肾上腺素、甲状腺素等)、小肽类(如生长激素释放因子、加压素等)、蛋白质类(如胰岛素、生长素等)、糖蛋白类(如促卵泡激素、促黄体激素等)和甾醇类(如睾酮、皮质酮等)。激素对细胞分化的作用主要表现在发育的晚期,其引起的反应是按预先决定的分化程序进行的。例如,在哺乳动物胚胎发育的早期阶段,雄性和雌性表型从外形上看没有任何差别,但随着胚胎发育到晚期阶段,由于激素等因子的作用,出现了性分化,使得雌雄性个体的表型分别出现了某些独特的结构特征(如外生殖器等)。激素在远程控制细胞分化中具有多效能性,如甲状腺素对蝌蚪变态发育的控制,除了涉及肌肉、神经、皮肤等多种不同类型细胞的分化以及肺、肢体等多种器官结构的发育和尾的退变,还牵涉到代谢类型的深刻改造,如血红蛋白与氧结合能力的提高,代谢废物由氨转为尿素等。对于激素的特异应答主要来自于靶细胞自身,而且这种特异性并不是通常意义的细胞类型的区分,也不决定于它与激素分泌器官距离的远近。例如,蛙变态过程中,尽管将尾巴移植到蝌蚪的躯干部,其退化过程仍照常进行;将尾部皮下间质组织移植到躯体部位,可导致邻近的上皮组织出现退化现象;若将躯体部位的皮下间质组织移植到尾部,可使邻近上皮的退化过程终止;将上皮来源的眼杯组织移植到尾部,尾退化而眼保持不变。这些都说明不同的靶细胞存在对激素独特的识别和反应机制,从而具有对激素特异应答的能力。此外,激素对细胞的分化诱导过程还存在有靶组织细胞受体表达的反馈调节机制,如甲状腺素受体的表达就表现出具有自身诱导的正反馈调节机制。

7.3.5 位置信息对细胞分化的影响

位置信息对高等动物细胞分化有一定的影响,如鸟类肢体发生过程中,位置信息对细胞分化的决定就表现出明显的作用。鸟类四肢由胚胎躯体两侧同时发生的肢芽分化而来,前肢芽分化为翅,后肢芽分化为腿。肢芽早期为舌状突起,表面覆盖有由外胚层细胞组成的表皮,具有分化为鳞片或羽毛两种潜能;而内部为中胚层来源的间质细胞组织,根据其所处位置决定肢体发育的类型,来自前部的将发育为翅,而来自后部的将发育为腿,且可决定表面外胚层细胞的分化发育方向。如将后肢芽的间质细胞组织移植到前肢芽的外胚层表皮下方,则会在本来应该分化发育为翅的部位长出腿来,且该部位的外胚层细胞组成的表皮也分化为腿部所具有的鳞片和爪,而不是翅所具有的羽毛。

7.4 细胞分化的分子生物学机制

7.4.1 细胞分化与基因组变化

早在 19 世纪,就有学者根据当时在马蛔虫中的研究结果尝试对细胞分化机制做出解释,认为体细胞分化是由于遗传物质丢失造成的,每一种组织中只保留了其专有的遗传物质。在马蛔虫(*Ascaris megalocephala*)这一物种中,由于体细胞的前体细胞在很早的卵裂阶段就经历过染色体消减(chromosome diminution),致使大段的染色质发生丢失,故的确不再具备完整的基因组。若用离心方法先处理未分裂的马蛔虫卵，改变卵内细胞质的分布，将会影响分裂沟的方向，阻止染色体消减，即分裂后的子细胞内的染色体物质并不减少。该实验表明马蛔虫染色体物质的减少是由于缺少植物极的细胞质所引起。然而，马蛔虫染色体物质的减少现象并不能够很好地说明细胞分化的原因，因为这种现象发生在所有体细胞。即使它有可能是导致体细胞和生殖细胞差异分化的主要原因，但绝对不可能是引起体细胞间的各种差异分化的主要原因。事实上，在个体发育过程中，染色体丢失现象并不多见，只是极为罕见地发生在为数不多的几种生物中。若将细胞核经福尔根染色后测定其DNA的含量，可发现多数动物中，身体任何部位的不同组织的二倍体细胞中的DNA含量都是恒定的。

核克隆实验则进一步表明，即使已分化的细胞核中仍然保留着整套基因。例如，遗传上有两个核仁的非洲爪蟾未受精卵经紫外线照射，使其胞核破坏，再从只有一个核仁的突变型非洲爪蟾蝌蚪的肠上皮细胞中取出细胞核，移入到上述核被破坏的卵中，在多次实验中，发现有的处理卵能够发育成囊胚，少数甚至发育至蝌蚪或成蛙期。对成蛙中的细胞核进行检测发现都只有一个核仁，表明它们都是由移入的肠上皮细胞核分裂繁殖而来。随后克隆猴、克隆牛、克隆羊等一系列克隆动物的研究也获得了成功。这些实验说明，即使已分化的细胞仍然含有物种的全套基因组信息，也才具有分化产生有机体各种细胞的潜能，从而表明细胞分化不是由于基因丢失或永久性地活性丢失造成的。

近来分子生物学的研究结果为来自同一个体的不同分化细胞所含基因组相同的说法提供了更为准确的证据。例如，利用核酸分子杂交的方法可证明有机体的不同组织细胞都拥有在量和序列上完全相同的核基因组DNA。对小鼠多种细胞核DNA的分析也表明，用小鼠不同种类细胞的单链DNA均可有效地抑制小鼠单链DNA探针与小鼠胚胎基因组的杂交。采用原位杂交技术则发现许多已分化的细胞仍然含有不表达的其他组织专一性基因。例如，果蝇分化成熟的唾液腺细胞并不具有合成卵黄蛋白的功能，该蛋白主要由果蝇雌成虫的卵巢细胞和脂肪体细胞合成，但在唾液腺细胞的基因组中可检测到同样具有编码卵黄蛋白的基因。这些实验均说明分化细胞中仍然保留着整套染色体组的全部基因。

也有人认为细胞分化与基因扩增有关。基因扩增现象确实存在。非洲爪蟾卵母细胞在成熟过程中产生18S、5.8S、28S rRNA的rDNA的选择性复制，经过基因扩增，使成熟的卵母细胞中rDNA达到了体细胞的2×10^5倍。这些扩增的基因在染色体之外形成许多小颗粒，组成新的核仁，于是在一个细胞核中核仁可增加到1000个以上。另外，发现果蝇编码卵壳蛋白的基因也有基因扩增的现象。但这些基因扩增现象只在生活史的某一阶段暂时出现，并不存在于细胞分化过程中。果蝇编码卵壳蛋白的基因扩增发生于果蝇已发育到成体阶段之后，此时果蝇的绝大多数细胞分化过程已经完成；卵母细胞中rDNA的扩增则只表现在卵子成熟期，在受精后和胚胎发育中是不存在的，而细胞分化则主要发生在胚胎发育过程中。故基因扩增既不具普遍现象，也不是导致细胞分化的根本原因。

7.4.2 细胞分化的实质是基因在时空上的选择性表达

细胞分化发育过程中许多基因的表达存在时间和空间的特异性，这种特异性往往受发育的遗传程序控制。基因表达的时间特异性是指有些特异性的基因，只有在发育的某个特定时期才具有活性，而在别的时期则是无功能的基因。例如，小鼠和人等哺乳类及鸡等鸟类在红细胞分化中产生不同的血红蛋白即是一个典型的实例。血红蛋白为4条肽链和4个血红素分子组成的四聚体蛋白质。在人和许多动物种群的个体发育过程中,胚胎、胎儿和成体红细胞中的血红蛋白的亚基组成各不相同。成体的血红蛋白含有 2 条 α 链和 2 条 β 链（$α_2β_2$），胚胎的含有 2 条 ε 链和 2 条 ζ 链（$ε_2ζ_2$），而胎儿的则含有 2 条 α 链和 2 条 γ 链。因此,组成血红蛋白的肽链共有 6 种,分别由 α、β、γ、δ、ε 和 ζ 基因编码。在不同的发育阶段,这些基因的激活和关闭有所不同,导致表达的基因产物出现差异,从而可随发育阶段的不同装配出由不同的亚基组成的血红蛋白。人胚胎期血红蛋白为 $ε_2ζ_2$,于妊娠第二个月开始 ε 和 ζ 基因即自行关闭,导致这两种珠蛋白合成停止,而 α 和 γ 珠蛋白的合成量增加,从而组成了胎儿所特有的由 2 条 α 链和 2 条 γ 链组成的血红蛋白。到妊娠满 3 个月时,β 和 δ 基因开始表达,且产物量逐渐增加,而此时 γ 珠蛋白基因的表达则逐渐停止。出生后血红蛋白的组成将会迅速由胎儿型的 $α_2γ_2$ 转换成以 $α_2β_2$ 为主,从而构成成体所特有的血红蛋白分子（图 7-1）。正常成体的血红蛋白分子中 $α_2β_2$ 型占 97%,$α_2δ_2$ 型占 2%～3%,而 $α_2γ_2$ 型仅有 1%。

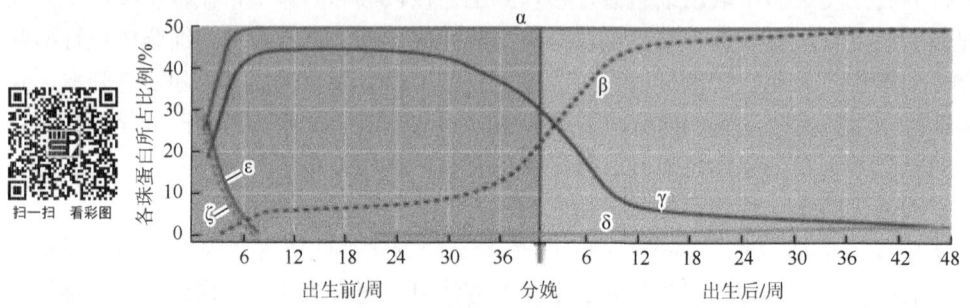

图 7-1　组成血红蛋白的 6 种珠蛋白（或多肽链）在不同发育时期的百分比变化（引自 Gilbert,2000）

胎儿血红蛋白与氧的结合能力强于成体血红蛋白,这一功能上的差异是与其个体的生活环境相适应的。组成人血红蛋白的 6 种珠蛋白的基因定位于不同的染色体上,ζ 和 α 基因位于第 16 号染色体上,而 β、γ、δ 和 ε 4 种基因相连,依次排列在第 11 号染色体上。在不同发育阶段,这些基因相互配合,有秩序地开放或关闭。珠蛋白基因的差异转录可受若干因子影响,如专一性的调控蛋白、激素等。此外,珠蛋白基因表达还与染色质结构变化有关。在红细胞分化的早期,珠蛋白基因被包含在紧密折叠的染色质结构中。当珠蛋白基因要合成 mRNA 时,由于非组蛋白的专一作用,而变为开放状态,在 RNA 聚合酶 II 的作用下,转录生成珠蛋白 mRNA 序列。珠蛋白基因按顺序开关的调控机制还不是很清楚,但 DNA 胞嘧啶的甲基化有可能对珠蛋白基因活性起着一定的调节作用。例如,人和鸡的红细胞中合成珠蛋白的有关 DNA 序列几乎很少甲基化,而那些不产生珠蛋白的细胞中,这些基因却高度甲基化。此外,在早期发育中,胚胎干细胞可产生血红蛋白,其血红蛋白基因未被甲基化,但到成体时这些基因的 DNA 序列则发生甲基化。

基因表达的空间特异性主要指基因在不同组织中的表达具有某种特异性。利用原位杂交技术可以显示特定核酸在组织或细胞中的定位,这一类研究很好地说明了某些基因表达确实存在空间特异性。例如,用标记的内胚层特异性 cDNA 探针进行原位杂文时,只能在内胚层细胞中检测到其对应的特异性 mRNA,而在外胚层和中胚层细胞中均没有检测到这种特异性的转录产物。再如,促肾上腺皮质激素基因只在下丘脑组织中表达,甲状旁腺激素基因只在甲状旁腺中表达,而酪蛋白基因则只在乳腺组织中表达,这些都说明基因表达具有空间特异性。

在发育中某些基因是否表达,可以决定细胞向两种不同的命运分化,如果蝇的 Notch 基因和脊椎动物的 MyOD1 基因,这类基因常被称为开关基因或主导基因(master gene),是起始、实现选择和保持特定分化状态的关键。当 Notch 基因突变时可以引起由其控制的具有双重发育潜能细胞的分化命运的改变。在原肠作用后不久沿果蝇胚胎腹中线分布的约 1800 个外胚层细胞通常情况下大约 1/4 分化成为神经母细胞,其余的细胞将成为皮下组织的前体。但每个外胚层细胞发育成神经母细胞或者皮下组织的潜能是一样的。在 Notch 基因没有转录的胚胎中,上述的 1800 个外胚层细胞将全部分化为神经母细胞,而不能同时分化产生皮下组织和神经母细胞,结果导致胚胎在头部和腹部都具有超量的神经细胞,发育异常而最终死亡。

理论上,多细胞生物的受精卵通过分裂产生的所有子细胞的基因组应是等同的,都含有一套相同的完整的遗传指令,个别情况除外,如多倍化、多线化、基因扩增、重排、染色体消减等。细胞分化的根本原因不是基因组组成的改变,而是基因组内不同基因的选择性表达。在发育的不同时期或组织中,哪些基因应该表达、使用,哪些基因应该关闭、停用,主要是由细胞决定程序来确定的。子细胞可以从亲本细胞继承其程序,所承袭的发育程序有的可以立即执行,也有的要经过一段很长的时间后才会启动实行。只有完成终末分化后,细胞才有可能积累足够的特征性分子,从而表现出特异的形态、结构或功能,如成肌细胞(myoblast)大量合成肌动、肌球、肌钙蛋白等特征性分子,终末分化为肌细胞(myocyte);而成红细胞(erythroblast)则主要合成血红蛋白、血影蛋白、碳酸酐酶等特征性分子,终末分化为红细胞(erythrocyte)。通常情况下,细胞的发育程序一经启动,并完成终末分化,以后将会保持这种分化状态,甚至终生不变,并能遗传给许多细胞世代,如神经元可在整个生命活动过程中保持着分化状态。也有少数例外的情况发生,如已定向但尚未终末分化的细胞突然改变原定的发育程序而朝另一发育方向发展,这一现象被称为转决定(transdetermination),转决定的细胞可以回复到决定的原始状态,多数情况下是变成其他类型的结构;而已完成终末分化的细胞解除分化状态并进入新的发育途径的现象则被称为转分化(transdifferentiation metaplasia)。这两种现象主要出现于再生过程。在果蝇成虫盘继代增殖过程中,偶尔会发现成虫盘会改变其原来的遗传决定倾向,使本应发育为腿的器官芽分化成翅或别的结构,这种现象被称为同源异形转决定(homeotic transdetermination)。

7.5 肌细胞的决定和分化

成肌细胞来自中胚层,早在原肠期间,它们在体节中构成肌节部分,此时已明确决定它们将朝横纹肌纤维方向分化发育,第一个鉴定出的生肌基因为成肌细胞决定基因1(MyOD1),是一主导基因,能启动生肌程序,可控制、调节其他附属基因循序表达,最终实现终末分化为肌细胞。用 MyOD1 mRNA 转染成纤维细胞(fibroblast,为结缔组织和软骨的前身)或成脂细胞(lipoblast,脂肪细胞的前身),可以诱导这些细胞转决定,重新编程朝成肌细胞的方向分化发育,最终变为稳定而可遗传的成肌细胞。MyOD1 蛋白质具转录因子的作用,其所带有的碱性螺旋-回折-螺旋(bHLH)结构域,不仅能与受控基因的控制区即 E 框(E box)专一结合,也能与自身基因的上游调控区结合,从而能保持自身基因的高活性和 MyOD1 蛋白的高效合成,具有自催化或正反馈的特性。由于 MyOD1 基因在肌细胞的分化过程中起着非常重要的作用,因此,有可能 MyOD1 基因发生某种特变导致其功能丧失的话,会使子代细胞无法分化形成肌肉,而难以正常生活。然而,对 MyOD1 进行剔除或对其基因进行无效突变（null mutation），哪怕再通过自交获得该突变基因的纯合体，也未能发现预期的不形成肌肉的无法生存的个体。深入研究后发现，哺乳动物基因组中至少有4种生肌选择基因，除了 *MyOD1* 外，还有 *myf-5*、*MRF-4* 和 *myogenin*，它们属于同一基因家族，具相似的结构和功能。在胚胎发育期间，*myf-5* 和 *MRF-4* 首先短暂地表达，然后 *MyOD1* 和 *myogenin* 才被激活。除了 MYOGENIN 直接作为结构组成在成肌细胞融合成肌管时参与收缩结构的构建外，其余三者都是含 bHLH 结构域的转录因子，功能可以相互替代，即 MyOD1 被剔除后，其功能可由 myf-5 或 MRF-4 补偿，不会产生严重后果。将它们分别注射到成纤维细胞中，均能启动肌肉分化的程序。像这种在一个基因组内同时存在两个或两个以上结构和功能相同或类似的基因拷贝现象被称为基因冗余（gene redundancy）。

7.6 分化细胞基因组的可逆性和全能性

7.6.1 再生与去分化

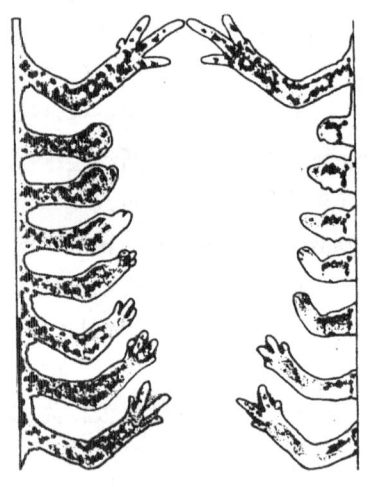

图 7-2 蝾螈前肢的再生
（引自丁汉波，1987）
左侧示从肘部截除后的再生；
右侧示从肩部截除后的再生

去分化（dedifferentiation）又称脱分化，是指分化细胞失去已特有的结构和功能重新转变为具有未分化细胞特性的过程。去分化细胞在动物中具有胚胎间充质细胞的功能；在植物中则变为薄壁细胞，组成愈伤组织（callus）。细胞发生去分化后，在某些因子的影响下可发生再分化（redifferentiation）。

再生是指生物体的一部分在损伤、脱落或截除之后重新生成的过程。去分化和再分化是再生的基础，在再生过程中，首先要有部分细胞发生去分化，然后这些去分化的细胞再经过重新分化（再分化），才能形成失去的器官或组织。现以有尾两栖类蝾螈的肢体再生为例，说明再生的发生过程（图7-2）。

蝾螈的前肢被切除后，伤口处细胞的黏合性减弱，通过变形运动移向伤口，形成单层细胞封闭伤口。伤口的封闭不涉及细胞分裂。但封闭一旦完成后，表皮细胞便开始增殖产生多层的细胞团，在肢的顶端形成圆锥形膨突，被称为顶端表皮帽（apical epidermal cap）。该帽下方的组织发生大块组织溶解，在此过程中，骨、软骨、肌肉等分化组织在分解酶的作用下分解成单个的间充质细胞，丧失了原先分化细胞所具有的特性，即发生了去分化，在电镜下观察，形成的间充质细胞无论其来源于哪类分化组织，彼此都是相同的，没有明显的差异。这群去分化细胞和顶端表皮帽共同形成的结构称为胚芽。胚芽内部缺氧，pH下降，使溶酶体的活性有所提高，促进了受伤组织的清除。接着胚芽细胞加快分裂和生长，细胞开始再分化，肌细胞合成肌蛋白，软骨细胞分泌软骨基质等。胚芽中首先分化的组织是软骨，软骨最早见于残骨的末端，通过逐渐增加其远端部而完成，当软骨改造完成后，即成为再生的骨。肌肉通过它在软骨周围的重新出现并与残肌相连而形成。血管在早期重建阶段不明显，再生的时间相对较晚，并重现原始血管形成的模式。当肢体中形成骨和肌肉，远端生成指等，再生完成。

7.6.2 细胞分化的可逆性

细胞完成分化后，其分化状态是相当稳定的，绝大多数情况下，细胞分化程序一旦启动执行，往往是不可逆转的。然而在生物体的再生、损伤修复等过程中，却确实存在着转决定、转分化的现象。需要说明的是，那些通过细胞核丢失、染色体消减、基因组重排、多倍化等过程改变了基因组结构而实现分化的细胞，则是绝对不可逆的。成体干细胞是一群存在于已分化的组织中，发育方向已经决定但尚未终末分化的细胞，具有自我更新的潜能，能够分化出组成该组织的各种细胞类型。起初人们普遍认为成体干细胞仅能生成它们所在组织的成熟细胞，具有发育限制性，也就是其分化发育的方向不可逆转。然而，研究者通过移植实验证实骨髓干细胞能横向分化为骨骼肌细胞、心肌细胞、肝细胞、小神经胶质细胞、星形胶质细胞和神经元细胞等。经静脉注射入受体体内的骨髓干细胞也能分化为心肌细胞，此外，经静脉注射干细胞因子及粒细胞集落刺激因子，能动员骨髓干细胞进入外周血促进梗死区域的心肌修复。而且成体内其他干细胞也具有横向分化的能力，例如，肝细胞能分化为胰岛细胞，用地塞米松处理的胰腺细胞能横向分化为肝细胞，啮齿动物皮肤中的干细胞能分化为神经元细胞、神经胶质细胞、平滑肌细胞和脂肪细胞，肌卫星细胞能重建放射线照射后鼠的造血系统。这些实验打破了我们对干细胞的传统认识。传统观点认为，干细胞经历一系列限定性分化，不可逆地、按次序、逐级产生多潜能性、多能性、双能性、单能性细胞，以及终末分化子细胞；且在胚胎发育过程中，不可逆的限定性分化导致组织特异性干细胞严格分布在适当的成体组织中，并只能产生该组织类型的分化细胞。研究证明，干细胞的分化并不是简单的遵守由全能干细胞→多能干细胞→特异组织专能干细胞→特异组织细胞的细胞分化的普遍规律，而是在成熟组织中的干细胞仍具有分化成另一种其他组织细胞的功能，也就是说成熟组织中干细胞的分化具有可逆性。

除了上述提到的成体干细胞具有分化的可逆性外，多数研究还发现神经干细胞除了可以分化产生神经元、胶质细胞、少突细胞外，在一定的条件下也可以分化产生其他组织的细胞，如造血细胞、上皮细胞、肌细胞等。将神经干细胞移植入经放射线照射的受体鼠体内，可分化发育为粒细胞系和淋巴细胞系，从而重建受体鼠的造血系统。若将人或鼠的神经干细胞与成肌细胞共培养或注射到损伤的肌肉组织，神经干细胞则可分化生成骨骼肌细胞。最近 Clarke 等的研究说明来源于成年神经系统的神经干细胞可以溶入发育中的鸡胚或鼠胚，并参与各个胚层器官组织的形成。不仅如此，其他组织的干细胞也可以向神经细胞分化。例如，对人和鼠的骨髓基质干细胞使用特定的诱导剂后，可在体外诱导其分化为神经元样细胞，不仅具有神经细胞形态，而且还可表达神经细胞所具有的神经元特异性烯醇化酶、神经纤维丝蛋白等特异性标志物。国内也有类似的研究报道，如张卉等在适宜的培养液中添加碱性成纤维细胞生长因子或表皮生长因子等成分后，可在体外成功诱导成人骨髓基质细胞转化为神经干细胞，进而分化为神经元和胶质细胞。

此外，日本科学家研究发现，若将 Oct4、Sox2、c-Myc 等转录因子导入小鼠成纤维细胞，可诱导其转化为类似于小鼠 ES 细胞的多潜能干细胞，被命名为 iPS 细胞。这项研究第一次证明处于终末分化的成熟细胞可以被重编程而恢复多向分化潜能。2007 年研究人员获得了人类 iPS 细胞，目前，小鼠、大鼠、猪、猴、人等不同物种的 iPS 细胞都已成功建系。iPS 在细胞形态、生长特性、表面标志物、DNA 甲基化、基因表达谱、染色质状态、形成嵌合体动物等多个方面与 ES 细胞存在高度的相似性。由于 iPS 细胞存在潜在的应用价值，该研究领域非常热门，随着相关技术的不断完善和成熟，必将为糖尿病患者的细胞替代治疗和再生医学等应用领域的发展带来无限的希望和前景。

7.6.3 分化细胞基因组的全能性

分化细胞基因组到底有没有全能性可通过核克隆技术来证明。这种方法是将供体细胞核先移植进激活的去核卵中，再将发育产生的大量卵裂期或囊胚期细胞核移植到更多的去核卵中，通过此方法可制备出原先供体核的许多拷贝。已分化细胞的核在经历这一系列的移植之后可以发生改变，其中有些细胞核变得可以指导整个有机体各种细胞的分化。例如，将豹蛙原肠胚后期内胚层细胞核移植到去核的卵子里，可以指导发育成为正常的蝌蚪和成体蛙；甚至将爪蟾蜊蚪已分化的小肠上皮细胞或红细胞的细胞核作为供体移植到去核卵中，也可以获得少数发育正常的蝌蚪或者成体；我国生物学家童第周等将红鲤鱼的胚胎细胞核移植到去核的鲫鱼卵内，能发育到成鱼并产生精子，繁殖后代。随后哺乳动物的核移植也相继获得成功。例如，利用小鼠内细胞团细胞核成功克隆出新的个体，利用乳腺组织细胞核克隆出了 Dolly 雌性小绵羊等。这些不同物种、不同发育阶段的细胞核移植实验结果说明，分化细胞的核与合子核一样，都含有物种的全套基因信息，都具有分化产生有机体各种细胞的潜能，也就是说，分化细胞的基因组仍保持着发育的全能性。

7.7 干细胞研究进展

近几年干细胞的研究已成为生物学、医学中最热门的研究领域之一，由于研究技术的突破，在干细胞生物学特性等方面的研究取得了较大的发展，不但进一步丰富了干细胞的研究内容，也深化了人们对某些生理、病理现象及一些疾病发病机制的认识，大大扩大了需要移植治疗的受益人群，使人类面临的许多医学难题可能得到解决。例如，医疗工作者有可能受益于干细胞的研究，找到新的针对患有 Parkinson 综合征、糖尿病、阿尔茨海默病、肌肉和骨及软骨的缺损等患者的合适治疗方案或方法。

7.7.1 干细胞的特点及分类

干细胞是具有自我更新、高度增殖和多向分化潜能的细胞群体，在一定条件下，它可以分化成多种功能细胞。干细胞具有几个显著的特点：①本身不是终末分化细胞，即干细胞不是处于分化途径的终端；②能在个体整个生命周期内保持分裂能力或持续分裂，即干细胞具有无限分裂特征；③干细胞分裂产生的子细胞具有两种发育途径，一种保持亲代特征，仍作为干细胞来维持自身的存在，另一种不可逆地向终末分化方向发育，形成各种有特定功能的成熟细胞。此外，在胚胎干细胞和诱导性多潜能干细胞中已确定的标志物有 SSEA-3、SSEA-4、TRA-1-60、TRA-1-81、Oct-4（Pou5f1）、Nanog、Sox2、Klf4、MycN、Lin28、Cripto、Fbx15、Dnmt3b、Fgf4、Gdf3、Rex1、miR-200c、miR-302 家族、miR-369-3p 和 miR-369-5p 等。

根据干细胞的来源，可分为胚胎干细胞（embryobic stem cell，ESC）、诱导性多潜能干（induced pluripotent stem，iPS）细胞和成体（组织特异性）干细胞（adult/tissue-specific stem cell，ASC）。例如，根据干细胞的发育潜能则可将其分为全能干细胞（totipotent stem cell，

TSC）、多能干细胞（pluripotent stem cell）和专能干细胞（unipotent stem cell）。全能干细胞具有无限的自我更新能力，能分化成包括生殖细胞在内的整个有机体的各种组织和器官；多能干细胞和专能干细胞存在于分化的组织中，自我更新能力有限，通常情况下仅能分化成它们所在组织的特定类型的细胞，它们的区别在于，多能干细胞是具有多向分化潜能的细胞，如神经干细胞、造血干细胞等，而专能干细胞则只具有一种分化潜能。胚胎干细胞的发育等级较高，属全能干细胞，而成体干细胞的发育等级较低，为多能或单能干细胞。通常干细胞的分化会遵守一定的规律，即首先由全能干细胞到多能干细胞，再分化为特异组织专能干细胞，最后形成特异组织细胞。近几年研究发现，来源于各组织的成体干细胞，一旦处于一个特定的微环境中，仍具有分化成其他组织类型的细胞，也就是说成体干细胞有一定的可塑性，具有横向分化的能力。

此外，近几年肿瘤干细胞研究兴起，肿瘤干细胞特指肿瘤细胞群体中具有部分干细胞特性的细胞亚群，具有致瘤性、耐药性、高转移性、异质性等许多突出的特点，对肿瘤的发生、发展和维持起着十分重要的作用。现已在多种原发性肿瘤和癌细胞系中鉴定到肿瘤干细胞的存在，并对其生物学特性、起源、调控、靶向治疗等方面展开了大量的研究，进展很快。

7.7.2 干细胞的研究现状

胚胎干细胞是人类研究最早的干细胞，其研究首先源于畸胎瘤干细胞（teratocarcinoma stem cell）或胚胎瘤细胞（embryonic carcinoma cell，EC 细胞）。1958 年，Steven 通过把小鼠早期胚胎移植到 129 品系小鼠精巢或肾脏被膜下，得到了 EC 细胞。1981 年，英国剑桥大学的 Evans 和 Kaufman 及美国加州大学旧金山分校的 Martin 等分别采用不同的手段和方法成功地分离出小鼠的 ES，并进行了体外培养，基本上解决了研究哺乳动物发育遗传以及细胞分化的模型问题。此后，对大鼠、仓鼠、水貂、绵羊、兔、猪、牛等动物开展了建立 ES 细胞的大量研究，建立了许多动物的 ES 细胞系，但直至 1995 年 Thomson 等才从恒河猴的胚囊中分离并建立了第一个灵长类动物的 ES 细胞株。近年来，美国的 Thomson 和 Gearhart 分别用不同的方法成功得到了人的几个 ES 细胞系，这一工作奠定了对人 ES 实验研究的基础。这些胚胎干细胞系的建立，为人类研究细胞的全能性及如何由一个受精卵发育成一个个体动物提供了新的研究手段，促进了发育生物学的发展。由于胚胎干细胞具有无限增殖传代并保持全能性的特点，故胚胎干细胞体外建系的成功，也为我们提供了重要的干细胞来源。并且人胚胎干细胞系的建立，可用于体外研究人类胚胎发生过程及非正常发育的机制，有助于认识生命发育的本质和某些疾病的具体成因，促进人类发育生物学的发展。然而，由于人的胚胎干细胞的建系培养要求条件比较苛刻，目前还未能建立起非常理想的培养系统和培养条件，故 ES 的建系只在少数的实验室中获得了成功。

胚胎干细胞可以向造血细胞、神经细胞、肌肉细胞、皮肤细胞等多种组织细胞分化。其分化过程受多种内在机制和微环境因素的影响，因此要想胚胎干细胞真正用于人类疾病的治疗，还必须解决在移植治疗中干细胞的定向分化问题，目前以小鼠为生物模型，已发现许多与定向分化有关的特异诱导物。例如，利用骨髓基质细胞或条件培养液可以诱导 ES 细胞在体外分化为造血干细胞（hematopoietic stem cell）；转化生长因子 β_1 可促进 ES 细胞在体外分化为内皮细胞，并形成血管样结构；在单层培养 ES 细胞的诱导分化实验中，发现维甲酸与双丁酰基环腺苷磷酸（dibutyryl cyclic adenosine monophosphate，dB-cAMP）的共同作用，可使 90%～95% 的细胞分化为神经胶质细胞；悬浮或悬滴培养的 ES 拟胚体，在维甲酸的诱导下可形成心肌细胞，而在二甲基亚砜的诱导下则可形成心肌、平滑肌和骨骼肌等多种类型肌细胞；如用肌肉专一性的调节因子 MyoD 基因转染 ES 细胞并结合二甲亚砜诱导处理，分化的细胞将以骨骼肌为主。这些调节细胞分化因子的发现为干细胞用于人类疾病的治疗提供了希望和技术支持。

通过研究发现的成体干细胞种类越来越多，主要有造血干细胞（hematopoietic stem cell，HSC）、骨髓间充质干细胞（mesenhymal stem cell）、神经干细胞（neural stem cell，NSC）、肌肉干细胞（muscle stem cell）、成骨干细胞（osteogenic stem cell）、内胚层干细胞（endodermal stem cell）及视网膜干细胞（retinal stem cell）等。其中 NSC 的研究近几年受到了人们的广泛关注。

传统观点认为，哺乳动物神经系统的再生仅限于胚胎时期和出生后早期，发育成熟后，神经细胞便不再增殖、分化，一旦受到损伤就永远不能再生或补偿。近期大量研究表明，在胚胎和成年哺乳类动物的中枢神经系统中存在着具有多向分化潜能的神经干细胞或前体细胞。NSC 主要存在于胚胎脑的端脑、小脑、海马、纹状体、大脑皮质、脑室/脑室下区、室管膜/室管膜下区、脊髓，在成年脑中则主要分布于侧脑室壁、室管膜下区、纹状体、海马齿状回、脊髓等处。现在一般把神经干细胞定义为具有如下特征的细胞：①能够产生神经组织或起源于神经系统；②具有自我更新的能力；③能够通过不对称分裂产生除自我之外的其他类型的细胞。目前神经干细胞的研究已成为脑科学研究的重要领域，这类细胞不仅能促进神经元的再生和脑组织的修复，而且还可以通过基因修饰将其用于神经系统疾病的基因治疗，或表达外源性的神经递质、神经营养因子及代谢性酶等方面，为许多难以治疗的神经系统疾病提供了新的医治方法或途径。

NSC 处于分化的非终末状态，可终末分化为神经细胞、星形胶质细胞和少突胶质细胞，其分化过程与局部微环境密切相关。神经生长因子、碱性成纤维因子、表皮生长因子、睫状神经营养因子、胶质细胞源性神经营养因子等多种细胞因子参与了神经干细胞的诱导分化；抑癌基因 PTEN、numb 基因及 Sep tamer 基因的调控对神经干细胞的定向分化也起着重要作用；此外，信号转导通路中的 Notch 信号系统在神经干细胞的分化过程中也具有非常重要的作用。在一定的条件下 NSC 也可以分化产生造血细胞、上皮细胞、肌细胞等其他组织的细胞，具有一定的横向分化能力。不仅如此，其他组织的干细胞也可以横向分化为神经细胞。NSC 在分化过程中可表达巢蛋白（nestin）、波形蛋白（vimentin）、Musashil 蛋白及 RC1 抗原等特异性蛋白分子，其中巢蛋白属于中间丝蛋白家族，表达于多潜能神经外胚层细胞中，随着神经上皮的分化、成熟而渐趋消失，为早期原始神经细胞的标志物之一，可用于 NSC 的鉴定。

尽管目前干细胞的研究已经取得了很大的进展，但仍存在许多问题需要解决，如干细胞体外培养定向诱导分化技术尚不成熟，生长因子类物质诱导干细胞分化的具体机制还不是很清楚，干细胞的体外培养条件还需要进一步的完善，以及模式生物干细胞分化条件是否与人类的相一致等，这一系列的问题还有待于今后的深入研究。

7.7.3 干细胞的临床应用

由于干细胞具有无限分裂增殖的特征，且能在特定的诱导因子作用下定向分化为某种组织的功能性细胞，故在临床上具有广阔的应用前景。目前主要应用于细胞替代性治疗、基因治疗、组织工程等几个方面，由于这些治疗性的研究多数仍处于动物模型治疗研究阶段，在临床上的应用还不是很成熟，尚处于起步阶段，相信在不久的将来干细胞治疗技术应能得到普遍应用和推广，使某些疑难杂病的治疗变得简单且容易许多。

1）细胞替代性治疗方面　　从 20 世纪 80 年代起，造血干细胞移植就已经成为治疗癌症、造血系统疾病、自身免疫系统疾病的重要手段。该种治疗方法主要是通过中心静脉给完全丧失造血功能的患者输入造血干细胞，使患者骨髓恢复再造血功能。主要适用于再生障碍性贫血等造血功能障碍性疾病，此外也常常用于急慢性白血病、恶性淋巴瘤、多发性骨髓瘤等造血系统肿瘤和乳腺癌、卵巢癌、神经母细胞瘤等实体肿瘤经超大剂量化疗后及全身放疗后的骨髓功能的重建。目前造血干细胞移植已在临床上取得较好的疗效，如在第 1 缓解期对患有急性髓细胞性白血病的患者进行造血干细胞移植治疗，5 年生存率达到了 60.7%；1990~1995 年，日本接受骨髓移植的再生障碍性贫血病例共 168 例，其 5 年生存率则达 75.6%；对 428 例中度或高度恶性的非霍奇金淋巴瘤患者进行造血干细胞移植治疗，其 5 年生存率为 47.8%。

近几年细胞替代性治疗的研究非常活跃，取得了很多成功的实例。例如，美国佛罗里达大学教授 Ramiya 及其同事从尚未发病的糖尿病小鼠的胰岛导管中分离出胰岛干细胞，经体外培养并将这些细胞诱导分化成为产生胰岛素的 β 细胞后，再移植进病鼠体内，发现接受移植的糖尿病鼠体内血糖浓度得到了较好的控制，而对照的小鼠则死于糖尿病，这为将来利用干细胞治疗人类糖尿病奠定了实验基础。刘星霞等用小鼠胚胎干细胞诱导生成的胰岛素分泌细胞皮下移植到糖尿病模型小鼠，结果可导致小鼠的血糖水平明显下降，证明该种干细胞对糖尿病也具有一定的治疗作用。此外，各种研究表明，iPS 细胞、精原干细胞、骨髓干细胞、肝脏干细胞、神经干细胞、小肠干细胞等多种成体干细胞均可诱导分化为胰岛样细胞，将来均有希望用来治疗糖尿病。帕金森病（parkinson's disease，PD）是因中脑黑质纹状体内多巴胺能神经元变性导致多巴胺递质分泌减少引起的疾病，Nishino 等将神经干细胞植入大鼠 PD 模型纹状体中，发现植入的神经干细胞可分化为多巴胺能神经元，使半数以上的实验大鼠的病症得到缓解。田增民等取 5~11 周的人胚胎的前脑细胞，经体外稳定扩增并定向转化为多巴胺神经元后，将其植入 PD 患者的纹状体内，通过此法共治疗了 50 例 PD 患者，有效率达 92%，且未见明显的免疫排斥反应。阿尔茨海默病（Alzheimer's disease，AD）是因前脑基底部胆碱能神经元丧失所导致的痴呆和记忆受损的一种疾病，Gray 等将 NSC 注射入 AD 模型动物脑内，经过一段时间后，可观察到新产生的胆碱能神经元和胶质细胞，并且有效恢复了实验动物的认知功能。此外，还发现骨髓间充质干细胞（bone marrow-mesenchymal stem cell，BM-MSC）、胚胎干细胞等对 AD 均有一定的疗效。

2）基因治疗方面　　基因治疗对于原发性免疫缺陷疾病在治疗学上有着非常广阔的应用前景。鼠类反转录病毒载体是目前被批准用于人类基因治疗的唯一一种反转录病毒。通过移植转染的 HSC 对动脉粥样硬化疾病进行基因治疗，已经在动物模型中初步获得成功。周毅等利用小鼠干细胞病毒将目标基因转导进小鼠胚胎干细胞，使得这些干细胞具有持续分泌甲状旁腺素的能力，若将这种经基因转导过的干细胞移植进患有甲状旁腺功能低下症的模型鼠体内，可减轻其病症，具有明显的疗效。也有人先将胆碱乙酰基转移酶基因导入 NSC，然后再将 NSC 移植进实验动物体内，以求补充乙酰胆碱递质，该实验也取得了较好的效果。Pereira 等先将胶原 I 基因导入骨髓间充质干细胞，再将这些干细胞输入到动物体内，来尝试修复成骨不全症，结果处理组动物的肱骨中的羟脯氨酸和胶原含量明显高于对照组，达到了一定的预期效果。近年来某些学者利用骨髓间充质干细胞具有向肿瘤微环境趋向转移的特性，将人骨髓间充质干细胞作为细胞载体来开展的肿瘤基因治疗，也取得了较大的进展。Nakamizo等将转染β干扰素的骨髓间充质干细胞注射入异种原位胶质瘤裸鼠模型中，对肿瘤起到了明显的抑制效果。胡敏等将用sFIt-1重组腺病毒感染后的骨髓间充质干细胞作为基因治疗靶向载体，经静脉注射到患有肿瘤的小鼠体内，来研究其在肿瘤组织内的抗血管作用，结果发现间充质干细胞可成功聚集在肿瘤内并表达sFIt-1，使得肿瘤血管生成受抑制，肿瘤细胞凋亡增加，肺转移灶减小，生存时间延长。这些研究成果将为肿瘤的治疗提供新的思路和策略。

3）组织工程方面　　目前许多科学家尝试在体外以干细胞为种子细胞培育出一些组织器官，用来替换人体衰老、病变或受到损伤的组织器官。组织工程包括如软骨、骨、肌腱、皮肤等结构性组织器官的组织工程和如肝脏、肾脏、胰腺、心脏等代谢性组织器官的组织工程。

在组织工程中，目前研究最多的是骨及软骨组织工程的构建。

软骨损坏在全世界影响着上千万成年人的生活，由于软骨本身修复能力较差，治疗方法非常有限。生物兼容人工软骨的构建促进了软骨组织工程领域的飞速发展，合适的种子细胞和支架材料可以构建出有用的组织修复系统，有希望一次性解决移植问题。组织工程软骨主要由种子细胞、仿生支架和引导性生物活性因子等必要的成分构成。所采用的种子细胞多以骨髓间充质干细胞为主，其相对易得可用，具有一定的分裂和分化能力，致瘤性很低。间充质干细胞为来源于中胚层和神经外胚层且不表达造血系相关标志的具有多项分化潜能的成体多能干细胞，最早发现于骨髓，其来源广泛，从脂肪、肌肉、肺、肝、滑膜、牙髓、牙周等组织和羊水脐带血中均能提取分离出间充质干细胞。该类细胞具有极强的自我更新和多向分化潜能，在适宜的体内外环境下，具有分化为成骨细胞、软骨细胞、脂肪细胞、肌细胞、表皮细胞、肝细胞、神经细胞、基质细胞等若干种细胞的能力，且在体外培养数十代后仍能够保持这种多向分化潜能。在对比了不同来源的间充质干细胞后，发现滑膜干细胞的软骨生成能力比骨髓、骨膜、骨骼肌和脂肪来源的干细胞都要强。然而滑膜干细胞在移植之后仍然会保有一些纤维母细胞的特性，这种不稳定表型最终大大限制其在软骨功能性修复上的应用前景。在培养间充质干细胞时加入软骨细胞，一起共同培养，可以增强其表型和对转化生长因子β3的敏感性。支架材料主要包括蛋白质、碳水化合物、合成材料、复合高分子材料等。引导性生物活性因子主要有：转化生长因子-β家族，其成员包括TGF-β1、BMP-2、BMP-7、TGF-β3和软骨源形态蛋白-1、-2，都可以诱导间充质干细胞分化形成软骨细胞，且能刺激软骨细胞外基质的产生，从而促进软骨修复；类胰岛素生长因子，也具有诱导间充质干细胞分化形成软骨细胞的效果；富血小板血浆，在膝骨关节炎的研究中，Spaková等于2012年发现关节内注射3次富血小板血浆的患者，在临床功能和疼痛的减轻上，都好过注射透明质酸效果。在研究采用自体骨髓间充质干细胞作为种子细胞治疗人膝关节炎的组织工程研究实例中，将24例施行胫骨切开术的患者随机分成两组，一组患者接受自体骨髓间充质干细胞的移植，其具体做法是，先将骨髓间充质干细胞体外培养扩充，再包被于胶原凝胶，然后移植到股骨内侧髁的关节缺损处，并将自体骨膜覆盖其上；另一组患者则被移植无细胞的胶原凝胶作为对照组。处理组术后6周，可观察到缺损处覆盖有白色到粉红色的软组织，24周后不但观察到软组织，且有部分透明软骨的形成，取得了一定的疗效。

表皮干细胞是皮肤及毛囊等皮肤附件发生、修复、重建的基础，也是毛囊损伤修复的最重要种子细胞。2007年，Osada等首先从老鼠触须中分离出真皮乳头细胞，再经过体外培养，发现直接将传代次数少的真皮乳头细胞与表皮细胞一起注射到裸鼠皮下可成功生成毛发。随后，Young等将密度>$42×10^3$个/cm^2的真皮乳头细胞先在聚乙烯-乙烯醇材料表面生长、聚集、自组装成与体内类似的球形微结构，再与新生小鼠表皮细胞混合后一起注射到裸鼠皮下，也成功诱导生成了毛发结构。Coraux等曾尝试将胚胎干细胞与来源于人真皮成纤维细胞的无细胞饲养基质共培养，可诱导产生的1.1% K-14阳性细胞，若加入骨形态发生蛋白4，K-14阳性细胞可升高至5.4%，并发现将该诱导生产的阳性细胞转移到硝酸纤维素膜上继续培养，能够形成复层上皮和毛囊等附件组织结构。也有研究表明骨髓间充质干细胞在一定诱导条件下也能定向分化为毛囊等结构。此外，小鼠诱导性多潜能干细胞经维甲酸和骨形态发生蛋白4诱导处理，可在体外分化为功能性的角质形成细胞，再将这些细胞置于已包被IV胶原的培养板上培养，发现这些细胞能分化为毛囊、皮脂腺、汗腺等，且基因和蛋白表达模式也与正常的角质形成细胞相似，这类研究为大面积深度皮肤烫伤、烧伤等创面修复提供了极具诱惑的前景。

随着干细胞研究的逐渐深入和组织工程技术的兴起，组织工程角膜也应运而生，为各种原因造成的眼表疾病未经及时有效治疗而发展到终末阶段——角膜缘干细胞功能障碍提供了可治愈的方法。其主要过程为选用生物性能良好的支架材料，体外模拟角膜缘干细胞生长的微环境，诱导种子干细胞定向分化为角膜类上皮，从而重建出人工构建的角膜。大量研究表明，可用于组织工程角膜构建的种子细胞主要包括角膜缘干细胞、胚胎干细胞、诱导多能干细胞、骨髓间充质干细胞、皮肤干细胞、口腔黏膜干细胞等。目前角膜组织工程的重建已取得了较大的进展，如Griffith等利用体外重建获得的可缝合的全层组织工程角膜，其中可观察到基底膜的形成和整合素的表达，说明这种重建的全层角膜在结构上已经近于完整。

有功能的组织工程化气管的构建可以用来修复或替代有缺损的气管。Kojima等采用软骨细胞和成纤维细胞及聚乙酸筛板等支架材料成功构建出组织工程化气管，并将其移植到绵羊体内来吻合替代5cm长的有缺陷气管，该羊手术后存活了2～7d，人工构建的气管在总的形态学和组织形态学上与羊自身气管非常相似。此外，美国、日本等国家已经开始用胚胎干细胞诱导产生血管，并进行批量生产。相信不久的将来，通过组织工程将会构建出大量的不同种类且具有生理功能的组织器官用于临床，服务于人类。

4）药物筛选和新药开发方面　如来源于人ES细胞的心肌细胞和肝细胞等可以模拟细胞和相应组织在体内对被试药物的反应情况，为药物筛选和药物毒理学的研究提供了更安全、高效、廉价的模型。在新药开发方面，可以通过改造ES细胞使得定量监测药物的疗效变得非常简便，如将GFP与特定祖细胞群的标记基因进行融合，可有效地检测待开发药物是否具有促进特定细胞增殖分化的功能。通过这种策略，先改造好ES细胞，使其能够表达与胰腺发育或者胰岛素细胞成熟相关的报告基因，再用这种细胞进行筛选，就可以找到促进特定胰腺祖细胞生长或者促进分泌胰岛素的胰岛素细胞成熟的分子，从而开发出具有特定功能的新型药物。利用具有不同遗传疾病背景的ES细胞也为开发用于治疗这些疾病的新型药物提供了较好的筛选系统。随着锌指核酸酶（zinc finger nucleases，ZFN）、转录激活因子样效应物核酸酶（transcription activator like effector nucleases，TALEN）、CRISPR（clustered regularly interspaced short palindromic repeat）/Cas9（CRISPR-associated）等人工构建的核酸酶技术的发展，核苷酸水平的精确基因组修饰得以实现，极大地推动了动物模型的构建工作。利用ES细胞结合TALEN或CRISPR/Cas9等技术，许多人类疾病的动物模型在小鼠、大鼠、猪、猴等动物上被建立起来，不但可用于研究各类医病的发病机制，还大大推动了药物筛选和新药开发的进程。

问题与思考

1. 条件特化有哪些主要特点?
2. 自主特化的主要特点有哪些?
3. 旁泌素可以归纳为哪几个大的家族?
4. 按分子类型可将脊椎动物产生的激素分为哪五大类?
5. 细胞分化的实质是什么?
6. 影响细胞分化的因素有哪些?
7. 简述肌细胞决定和分化的分子机制。
8. 简述干细胞的主要特点。
9. 试述干细胞的临床应用。

主要参考文献

陈娟, 钱云, 刘嘉茵. 2004. 成体干细胞的横向分化及其可能的机制. 国外医学生物医学工程分册, 27（2）: 115~119

程三宝. 2007. 胚胎干细胞的研究进展及应用前景. 畜禽业, 218: 14~17

程欣, 罗焕敏. 2011. 干细胞移植治疗阿尔茨海默病的研究进展. 基础医学与临床, 31（2）: 218~221

丁汉波. 1987. 发育生物学. 北京: 高等教育出版社

丁毓威, 辛国华, 曾元临. 2016. 干细胞诱导分化为毛囊及再生的研究进展. 中国组织工程研究, 20（50）: 7579~7585

杜玲. 2003. 影响细胞分化的因素. 生物学教学, 28（5）: 46~47

樊启昶, 白书农. 2002. 发育生物学原理. 北京: 高等教育出版社

冯茹. 2006. 干细胞治疗的应用. 中国临床康复, 10（5）: 133~135

侯萍, 李剑平. 2011. 肿瘤干细胞的研究进展. 中国组织工程研究与临床康复, 15（14）: 2629~2632

靳超, 亓建洪. 2015. 干细胞构建软骨组织工程研究进展. 中国矫形外科杂志, 23（12）: 1099~1103

李健, 牛朝诗. 2004. 体外定向诱导骨髓间质干细胞向神经元样细胞分化的方法及其机制研究. 中国微侵袭神经外科杂志, 9（6）: 280~283

李凌松. 2001. 干细胞生物工程研究展望. 中国生物化学与分子生物学报, 17（3）: 275~279

李明, 詹成, 代曦煜, 等. 2016. 间充质干细胞临床应用的研究进展. 复旦学报（医学版）, 43（4）: 469~474

李云龙. 2005. 动物发育生物学. 济南: 山东科学技术出版社

梁丽玲. 2006. 干细胞可塑性争议. 中国康复理论与实践, 12（12）: 1067~1069

林旭明. 2007. 组织工程角膜种子细胞的研究进展. 眼科新进展, 27（7）: 538~541

刘厚奇, 蔡文琴. 2012. 医学发育生物学. 北京: 科学出版社

马杰, 赵春华. 2007. 干细胞生物学研究进展—概述及命运调控因素. 国际输血及血液学杂志, 30（2）: 98~101

潘秋辉, 宋尔卫. 2009. 肿瘤干细胞研究进展. 生命科学, 21（5）: 715~719

钱晖, 黄淑帧. 2005. 成体干细胞的可塑性: 横向分化还是细胞融合? 生命科学, 17（1）: 25~29

田增民, 孙君昭. 2007. 神经干细胞应用研究进展. 中国实用内科杂志, 27（10）: 734~737

王惠学, 范先群. 2016. 干细胞与角膜眼表重建研究进展. 眼科新进展, 36（8）: 788~800

王加强, 周琪. 2016. 干细胞与再生医学. 中国科学: 生命科学, 46（7）: 791~798

王金发. 2003. 细胞生物学. 北京: 科学出版社

王莉, 段恩奎. 2000. 干细胞的研究进展. 科学通报, 45（24）: 2577~2581

王先成. 2007. 干细胞在骨及软骨、肌腱和心脏组织构建中的应用. 中国组织工程研究与临床康复, 11 (33): 6652~6656

王翔, 任华. 2006. 组织工程化气管的研究进展. 基础医学与临床, 26 (12): 1393~1396

魏蕊, 洪天配. 2011. 干细胞技术治疗糖尿病的研究进展与应用前景. 世界华人消化杂志, 19 (5): 441~450

杨亚冬, 张文元, 陈勇. 2006. 干细胞生物学特性及临床应用的研究进展. 浙江省医学科学院学报, 66: 42~44

詹以安, 王共先. 2007. 骨髓间充质干细胞作为基因运载细胞在基因治疗中的应用. 中国组织工程研究与临床康复, 11 (11): 2114~2117

张红卫. 2001. 发育生物学. 北京: 高等教育出版社

张卉, 王纪佐, 孙红宇, 等. 2002. 诱导成人骨髓基质细胞成为神经干细胞及其分化的实验研究. 中风与神经疾病杂志, 19 (2): 79~81

张远强, 李质馨. 2007. 发育生物学. 北京: 人民卫生出版社

邹海军, 熊伟, 王杏龙. 2007. 干细胞研究进展. 上海畜牧兽医通讯, 3: 2~5

Muller W A. 1998. 发育生物学. 黄秀英等, 译. 北京: 高等教育出版社

Alberio R, Campbell K H, Johnson A D. 2006. Reprogramming somatic cells into stem cells. Reproduction, 132: 709~720

Alipio Z, Liao W, Roemer E J, et al. 2010. Reversal of hyperglycemia in diabetic mouse models using induced-pluripotent stem (iPS) -derived pancreatic beta-like cells. The Proceedings Natlional Academy of Science of the United States of America, 107: 13426~13431

Eguchi T, Kuboki T. 2016. Cellular reprogramming using defined factors and microRNAs. Stem Cells International, 1: 1~12

Goss R J. 1969. Principles of Regeneration. New York: Academic Press

Mathew B J, Masashi K, Hilda M C, et al. 2009. Neural stem cells improve cognition via BDNF in a transgenic model of Alzheimer disease. The Proceedings Natlional Academy of Science of the United States of America, 106: 13594~13599

Okita K, Ichisaka T, Yamanaka S. 2007. Generation of germline-competent induced pluripotent stem cells. Nature, 448: 313~317

Romito A, Cobellis G. 2016. Pluripotent stem cells: current understanding and future directions. Stem Cells International, 2: 10~22

Yamanaka S. 2012. Induced pluripotent stem cells: past, present, and future. Cell Stem Cell, 10 (6): 678

第 8 章 性别决定与分化

性别决定是指确定未分化性腺朝向精巢或卵巢方向发育的过程，通常性染色体是性别决定的物质基础。而性别分化则是指受精卵在性别决定的基础上，经过一定条件的作用，建立功能型性别、性别二态型和次级性征的所有形态和生理变化。自古以来，性别决定与分化发育机制一直是人们期望破解的重要科学理论问题之一。1900 年之前，人们普遍相信环境、营养、热、双亲的体质、年龄在性别决定中起关键作用。由于绝大多数动物以及部分植物为雌雄异体，且雌雄比多呈 1∶1，为典型的孟德尔式遗传比率，据此有人推测许多物种的 1∶1 等性比中雄为杂合体，雌为纯合体，即性别是一种受遗传控制的表型。直到 1905 年，在果蝇中发现了性染色体，雌为 XX，雄为 XY 或 XO 的猜想才被证实和广为接受。现在已确定多数生物的性别是由染色体或染色体组的倍数性来决定的。然而，也有些生物的性别分化非常复杂，与外在环境影响具有一定的关联性，其性别决定与分化的机制尚未完全澄清。即使性别分化由染色体决定的生物，也有不同的方式和类型，染色体所起的作用各不相同。总的来说，性别决定和分化与基因在时空上进行选择性表达有关，是通过基因产物的级联反应而实现的。

8.1 性别决定的多样性

8.1.1 性别的染色体决定

8.1.1.1 XY 型和 XO 型

XY 型性染色体，即雌性为同配性别（XX），只产生一种配子（卵子），含 X；雄性为异配性别（XY），产生两种配子（精子），一种含 X，一种含 Y。属于 XY 型性决定的有：所有哺乳类、大多数雌雄异株植物、某些昆虫如果蝇、某些鱼类和某些两栖类。

XO 型实际上是 XY 型的一种变型，雌性为同配性别含 XX，雄性为异配性别（XO），只含一条 X，如某些虱子、蝗虫、蟑螂等。

8.1.1.2 ZW 型和 ZO 型

ZW 型性别决定与 XY 型刚好相反，雌性属异配性别（ZW），产生两种配子（卵子），一种含 Z，一种含 W；而雄性为同配性别（ZZ），产生一种配子。正因为如此，改用 ZW 符号，以便与 XY 型相区别。属 ZW 型的有某些鸟类、两栖类、爬行类、鱼类及某些鳞翅目昆虫。如鸡、家蚕等。

ZO 型属 ZW 型的一种变型，雌性为异配性别（ZO），雄性为同配性别（ZZ）。某些鸡及某些鳞翅目昆虫属此类。

表面看来，上述生物的性别均由性染色体的组成决定，但这些性染色体所起的作用在本质上存在很大的差异。例如，果蝇等昆虫和哺乳类都是 XY 型，果蝇等昆虫的 Y 染色体对其性别决定和分化所起的作用甚微，XO 型在某些虱子、蝗虫和蟑螂中发育为正常的雄性，在果蝇发育为不育的雄性，Y 染色体仅对育性有影响；然而对哺乳动物而言，Y 染色体对发育为雄性则是举足轻重的，因为没有 Y 染色体的合子只能发育为雌性。

8.1.2 其他类型的性别决定

8.1.2.1 倍数性

蜜蜂及某些膜翅类昆虫性别决定不涉及某些特定的性染色体，而只与染色体倍数性有关。蜜蜂受精卵（$2n=32$）孵化成幼虫后，若饲喂 5d 蜂王浆，则发育为雌性蜂王，若饲喂 2～3d 的蜂王浆，则发育为工蜂，虽也为雌性但不育。雄蜂由未受精卵发育而成（$n=16$），减数分裂时精母细胞发生单极纺锤体，染色体不减数，仅排出一点点细胞质到另一极。

对于蜜蜂的性别决定机制尚不完全了解，可能某些基因的杂合性是影响性别决定的因素。杂合性假设受以蜜蜂和黄蜂为实验对象所进行的实验支持，如通过近亲交配直到获得接近纯合的 $2n$ 个体。尽管这些个体是二倍体状态，却发育为雄性。

8.1.2.2 季节

淡水蚤类，夏季行孤雌生殖（parthenogenesis），自然界全是雌性体，至秋季，从孤雌生殖的卵发育为一代特殊的雌性个体，所产之卵发育为雄性个体，随后那些特殊雌性体产生 $1n$ 卵（减数分裂），并与雄性个体产生的精子受精，受精卵包以厚壳越冬、至翌年春季再次发育为行孤雌生殖的雌性个体。类似的现象还发现于轮虫、蚜虫、瘿蜂、瘿蚊等。此外，季节对多种虾的性别也有明显的影响，如褐虾在寒冷的季节，雌性约是雄性的 3 倍，夏季则两性之比接近 1∶1，而到了秋季雄性却又明显多于雌性。

8.1.2.3 温度

在一些爬行类动物、两栖类动物和昆虫中，决定性别的主要因素是胚胎在发育期间所经历的环境温度。例如，鳖的性别分化与受精卵的孵化温度有密切的关系，25℃左右条件下，全部受精卵孵化发育为雄性；30℃以上时，受精卵则全部孵化发育为雌性；当温度波动于 20～30℃时，受精卵才能同时孵化发育出雌性个体和雄性个体。研究得较好的爬行动物之一是欧洲池龟（Emys obicularis），30℃以上孵育，其受精卵发育为雌性，25℃以下则全部为雄性，产生雌雄等性比的孵育温度阈值为 28.5℃。有关该动物的研究还表明，温度对性别的影响可能与芳香化酶（aromatase）的活性高低有关。因为这种酶能将睾酮转变成雌激素，当孵化温度低于 25℃时，该酶的活性非常低，有利于雄激素的积累，促使胚胎朝雄性的方向发育；而孵育温度高于 30℃时，芳香化酶的活性显著升高，故有利于雌激素的积累，促使胚胎朝雌性的方向发育。此外，某些蛇类、鳄鱼、蜥蜴等爬行动物的性别分化亦与受精卵孵化的温度有关。据此，有人曾提出恐龙灭绝与地球上的气温骤变而引起性别单一化有关的假设。

两栖类性腺原基由皮部和髓部组成，皮部发育超过髓部则形成卵巢，反之形成睾丸。在胚胎发育过程中，低温抑制髓部发育，形成雌性个体，高温抑制皮部发育，形成雄性个体。这一过程与鳖刚好相反。例如，欧洲林蛙在 10℃时，由于性腺原基髓部发育受到抑制，不论原来性染色体如何组合，蝌蚪均发育为雌蛙；但在 30℃条件下培育蝌蚪，由于性腺原基皮部发育受到抑制，不管原基因型如何均发育为雄性；只有在 20℃的环境条件下，蝌蚪才会按原基因型发育，即 XX 型性腺原基发育为卵巢，XY 型性腺原基发育成睾丸。

在植物中，温度对性别分化的影响亦是常见的，如南瓜等葫芦科作物，夜间低温有利于雌花形成。

8.1.2.4 光照

日照长短常影响植物性别的分化，大麻雌雄异株，在长日照条件下栽培，产生正常的雌株和雄株，如进行短日照处理，则会有50%~90%的雄株转性为雌株。相反，黄瓜生长在连续的光照下，几乎全部开雄花，如缩短光照时间，雌花的数量则明显增多。

8.1.2.5 激素

在胚胎发育过程中，若有外源性激素的介入，通常会改变性别的发育方向。牛一般是怀单胎的，若怀双胎且为异性，即一个为XX，另一个为XY，因XY胎儿的睾丸发育较快，所分泌的雄性激素通过绒毛膜管向XX胎儿体内扩散，最终会影响XX胎儿的性别分化，形成间性体，长大的成牛既无生育力，也不产奶。在两栖类胚胎发育过程中，若用手术将两胚的腹部相连，则性别分化早的一方通过激素会影响分化较迟的一方，使后者的性别与发育早的一方相同。例如，有人在研究豹斑壁虎的发育过程中，给在将来肯定会孵化出雄性幼体的温度条件下孵育的胚胎注射雌性激素，发现孵化出来的幼体全都长有卵巢。由此可见，外源性激素可以影响性别分化。

红海有一种红鲷鱼，一夫多妻，常20尾左右一群，唯一的雄性死亡之后，则其中一条雌鱼生理发生变化，卵巢退化，精巢发育，第二性征如鳍条发达，色彩艳丽，成为雄体，以代亡夫。若将该群体饲于水缸内，每转化一条雄性个体，即将其除去，则所有雌性均会一一变成雄性。这种现象称性反转或性转换（sex reversal）。为什么雄性存在时，其他雌鱼不能发生性转换？这可能是因为该类雄性鱼能分泌出某种外激素，可以抑制其他雌鱼性反转。

8.1.2.6 发育的位置

一种称为后螠（*Bonellia viridis*）的海洋生蠕虫，雌性个体大，体长约10cm，最明显的特征是长着长约1m的管状吻；而雄性体小，长不过3mm，体上长有许多纤毛，像寄生虫一样生活在雌虫的子宫内。有趣的是，后螠的性别分化取决于幼虫生长发育所处的位置。起初，能自由游动的幼虫是中性的，如果幼虫落在雌体的吻上，就会进一步潜入子宫中，发育为雄虫；然而，那些没有落在雌体的吻上而固居在石头上或其他物体上的幼虫则会发育为雌虫。研究还发现，若将掉落在雌体管状吻中的受精卵在经过一段时间的发育后取出，放回自然环境里让其继续发育，则会发育成中间性，而且雄性的程度由它们在雌虫管状吻里停留的时间长短来决定。这大概与雌性吻组织中存在促进雄性发育的某些化学物质有关。

另一个例子是拖鞋蜗牛，数只群集在一起，上下重叠。幼年体小，通常均为雄性，位于其上；中年个体稍大，位于其中，处在由雄性向雌性转换阶段；雌性年长，体大，位于其下；底层是雌性已经死亡的外壳。一旦雄性转换成雌性，便由附着其上的雄性进行授精。由此可见，这种软体动物的性别由年龄和所处的位置决定。

8.1.2.7 营养条件

营养物质的种类、多寡等也会对某些生物的性别分化产生影响。例如，寄生于昆虫的索线虫，当一头宿主体内仅有一条线虫寄生时，全部发育为雌虫；然而，当一头宿主体内寄生的线虫超过5条时，则全都发育成雄虫。这可能是由于寄生数量越多，个体所得的营养物质就越少，也就越容易发育成个体较小的雄虫。

8.1.2.8 pH

某些鱼类的性别还受到周围环境中的 pH 影响。例如，剑尾鱼在弱酸性（pH 6.2）条件下，全部发育成雄鱼，而在弱碱性（pH 7.8）环境下则 98%发育为雌鱼。在黑肚花鳉（*Poecilia melanogaster*）中也存在类似的现象。

8.2 雌雄同体和雌雄嵌合体

8.2.1 雌雄同体

雌雄同体（hermaphroditism），即雄性和雌性两种性别共聚于一体，体内既有雄性性腺和附属的生殖器，又有雌性性腺和雌性生殖器官，既可以作为雄性又可以作为雌性进行异体交配，通常也能够进行自体受精来繁殖后代。雌雄同体的现象多见于无脊椎动物如线虫及多种软体动物，而脊椎动物中较罕见。秀丽隐杆线虫的性别有雌雄同体和雄性两种类型，其中大多数个体为雌雄同体，同时具卵巢和精巢。幼虫时，这些雌雄同体个体产精子并储存在生殖管道内。成虫的卵巢内产生卵子，并迁移到子宫内受精。自体受精的卵绝大多数发育为雌雄同体个体，只有大约 0.2%的卵发育为雄性个体。这些雄性个体能与雌雄同体个体交配，后代性比为 50%雌雄同体：50%雄性个体。

线虫性别决定的染色体控制方式与果蝇比较类似，也是由 X 染色体和常染色体的比例决定的，但 XX 型为雌雄同体个体，而 XO 型为雄性个体。在线虫的近缘种中发现存在 XX 型的雌性个体，故一般认为雌雄同体个体应由雌性个体演化而来。在秀丽隐杆线虫中，发现存在一种显性突变，能将 XX 型或 XO 型个体转化为可育的雌性。在身体上，雌性个体和雌雄同体个体非常类似，唯一区别是雌雄同体个体在卵巢成熟以前（即发育的早期阶段）先完成精巢和精子的发育。

虽然雌雄同体在蠕虫和线虫中是平常事，但在脊椎动物中却很罕见。在鸟类和哺乳动物中，雌雄同体通常是引起不育的病理状态。最常见的脊椎动物雌雄同体现象主要发生在几种鱼类中，如 *Servanus scriba*，其体内的卵巢和睾丸组织同时并存，既产精子又产卵子，这种现象常称为同步雌雄同体（synchronous hermaphroditism）。在自然界和水族箱内，这些鱼会配合成产卵对。当一条鱼产卵时，另一条鱼随即排出精子，使卵子受精。然后调转角色，原来排精的鱼充当雌性而产卵，原先产卵的鱼则充当雄性而排精。

在另一种雌雄同体鱼 *Sparus auratus* 中，其性腺二型化，同时具有雄性区和雌性区。当发育到一定时期，这个或另一个占优势。在雌性先熟（protogynous）的雌雄同体中，最初先以雌性开始而后变成雄性。相反的情况出现在雄性先熟（protandrous）的雌雄同体中，在雄性先熟的个体中，其性腺变化如下，前期睾丸组织发育明显且占优势，但转换期时可见睾丸和卵巢组织并存，后期则卵巢组织占优势。

8.2.2 雌雄嵌合体

雌雄嵌合体（gynandromorph）是指由雌雄两性基因型的细胞、组织、器官所构成的生物个体。雌雄嵌合体与雌雄同体不同，前者具有不同基因型的组织细胞在体内呈局域分布，而后者所有体细胞的基因型则是相同的。例如，在果蝇中，X 精子和 X 卵子融合成合子 XX 后，若在第一次合子核分裂时发生一条 X 染色体丢失，就会导致一半含 XX（雌性），一半含 XO

（雄性）的细胞嵌合体（mosaic），并发育成雌雄嵌合体。若用 X 染色体连锁的白眼基因 w 和小翅基因 m 作标记，其杂合体++/wm 卵裂时如果带有两个野生型基因的 X 染色体丢失，就可能形成一半是野生型雌性，另一半是白眼小翅雄性的雌雄嵌合体（图 8-1）。在其他昆虫中常可观察到雌雄嵌合体的现象，这是因为昆虫的性别是由各个细胞自身的性染色体所决定的。在蜜蜂科中有 29 属共 113 个物种被记录到有雌雄嵌合体发生，如在木蜂属中已发现有 12 个物种具有雌雄嵌合体现象，在蝴蝶中也有许多种类具有雌雄嵌合体个体。由此可见，Y 染色体对某些昆虫的性别决定不起任何作用，只为保证雄性的育性所必需，Y 在发育中的活动较晚，于精子形成时才有活性。

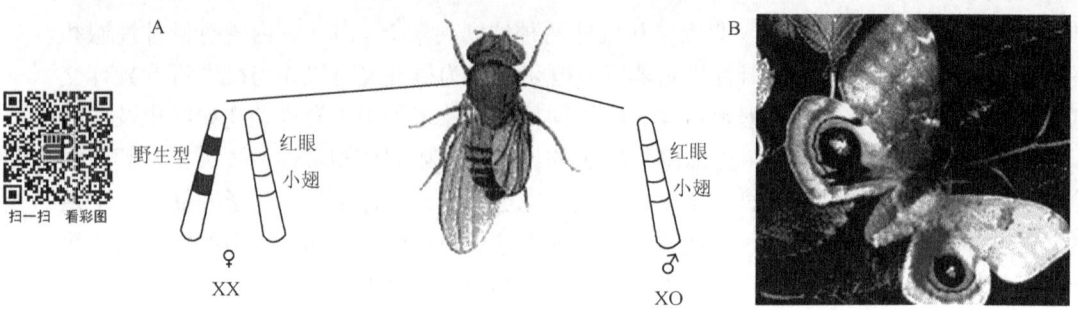

图 8-1　果蝇雌雄嵌合体（A）和大蚕蛾雌雄嵌合体（B）（引自 Gilbert，2000）

在哺乳动物和人的卵裂过程中，也有性染色体丢失的现象，也能形成由不同性染色体组成的细胞所构成的嵌合体，但哺乳动物的性别分化尤其是次级性别决定受激素调节，不像昆虫那样由各个细胞按所含的性染色体而独自决定其性别，故通常不会形成雌雄嵌合体。

在鸡的培育过程中，也曾出现雌雄嵌合体现象，该鸡的身体两侧明显呈现出两种性别特征，一侧具有白色羽毛、强壮胸肌等雄性特征，另一侧则具有暗色羽毛等雌性特征。研究发现，这种雌雄嵌合体鸡雄性特征一侧的细胞均为真正的雄性细胞，而雌性特征一侧的细胞均为真正意义上的雌性细胞，若将鸡的雄性细胞转入雌性胚胎中，发现其功能结构不受雌性激素的影响，同时还发现性激素在鸡的性别决定中所发挥的作用远远不如其对哺乳动物性别的影响。这表明鸡的性别决定并不仅仅依赖于性腺，还与整个身体中所有细胞的功能相关，这否定了人们长期以来所认为的鸡的性别决定方式与哺乳动物一样的观点。此外，也曾观察到北美红雀（Cardinalis cardinalis）出现过雌雄嵌合体现象，通常雄鸟呈鲜红色，雌鸟呈灰棕色，而雌雄嵌合体则呈现半侧鲜红色而另半侧灰棕色。

8.3　果蝇的性指数与性别决定

8.3.1　性指数

果蝇的性染色体组成为 XY 型，雌性为同配性别（XX），雄性为异配性别（XY），XO 型也是雄性，但不育。由此可见，果蝇性别的染色体决定只是一种表面现象，其性别分化还隐藏着更深层的发育调控机制。进一步研究表明，果蝇的性别分化取决于 X 染色体数与常染色体组数（A）的比值大小，这个比值称性指数（sex index）（表 8-1）。X/A=1 时发育为正常雌性；X/A=0.5 且有 Y 染色体存在时发育为正常雄性，但没有 Y 染色体存在时则发育为不育的雄性；X/A>1 时发育为超雌性，且不育；X/A<0.5 时发育为超雄性，也不育；0.5<X/A<1 则为中间性（inter sex）。性指数的实质在于 X 染色体上的雌性性决定基因同常染色体上的雄性决定基因之间相互作用的平衡关系以决定性别的分化。因昆虫体内没有调控性别分化发育的性激素，每个细胞各自决定自身的性别。如果 XX 身体一部分体细胞丢失了一条 X 染色体，则有的细胞为雌性（XX），有的为雄性（XO），共同组成雌雄嵌合体。由于 Y 染色体对性别决定不起作用，仅对精子发育后期的育性起作用，故 XO 的个体不育。

表 8-1　果蝇性指数大小与性别分化的关系

X 和常染色体 A 的组成	性指数 X/A	性别
3X2A	1.5	超雌性
4X3A*	1.33	超雌性
4X4A*	1.0	4n 雌
3X3A	1.0	3n 雌
2X2A	1.0	2n 雌
3X4A*	0.75	中间性
2X3A	0.67	中间性
1X2A	0.5	2n 雄
2X4A*	0.5	4n 雄
1X3A	0.33	超雄性

*指理论上存在但尚未发现过的情况

8.3.2　性别决定与分化中的基因互作

8.3.2.1　参与性别决定和分化的基因

性指数是决定果蝇性别的第一步，涉及一系列级联反应。X/A 高时，受精后最初 2h 内激活雌性化基因 *sxl*（sex-lethal），启动胚胎朝雌性发育，若 XX 中的 *sxl* 基因发生突变，则胚胎发育为雄性表型；X/A 低时，早期 *sxl* 处于失活状态。

当 *sxl* 基因转录后不久，*sxl* 的第二个启动子被激活，无论性指数高或低的胚胎内都能从第二个启动子开始转录产生 *sxl* mRNA 前体，但加工、剪接所得到的成熟 mRNA 不同。在雌性胚胎中，早期表达的 Sxl 蛋白质可与从第二个启动子开始转录的 mRNA 前体结合，将其剪接为雌性胚胎专一的 *sxl* mRNA。因雄性胚早期 *sxl* 失活，没有表达产物 Sxl 蛋白，故新合成的 mRNA 前体被加工成雄性胚胎的 *sxl* mRNA，因第 49 个密码子变成了终止密码，故没有功能。

雌性专一的 *sxl* mRNA 编码 354 个氨基酸的多肽，可与两种 RNA 结合，一是与 *sxl* mRNA 前体结合，一是与决定雌性发育途径中的另一基因 *tra*（transformer）的 mRNA 前体结合。*tra* 基因在雌雄胚胎内的转录物也不相同。雌性胚有雌性专一的 *tra* mRNA，在雌性和雄性胚中还有非专一的 *tra* mRNA，后者因前段有一终止密码子，故表达的蛋白质也没有功能。

雌性专一的 Tra 蛋白与 *tra-2*（transformer-2）基因协同作用产生雌性表型。它们共同作用于 *dsx*（double sex）基因，使其产生雌性专一转录物，其表达产物抑制雄性发育。若无 Tra 蛋白，*dsx* 的转录前体被剪接成雄性专一的 mRNA，表达产物将抑制雌性的发育而促进雄性的发育。若 *dsx* 缺失，则雌雄生殖系统同时发育，形成中间性个体。

因此，性别决定的级联反应最后在于调控 *dsx* 产生什么样的 mRNA。当 X/A=1 时，*dsx* mRNA 前体被剪接成雌性专一的 *dsx* mRNA，合成雌性专一的 Dsx 蛋白质，在发育上起抑雄促雌的作用。当 X/A=0.5 时，则 *dsx* mRNA 前体被剪接成雄性专一的 *dsx* mRNA，合成雄性专一的 DSX 蛋白质，在发育上起抑雌促雄的作用。

果蝇的性梳（sex comb）是雄性个体特有的专一结构，而卵黄蛋白大量表达则是雌性个体所具有的典型特征。雌性专一的 Dsx 及雄性专一的 Dsx 都能与卵黄蛋白基因的增强子序列中的 3 个位点结合，但二者的作用截然不同，雄性专一的 Dsx 抑制卵黄蛋白基因的转录，促进性梳分化；而雌性专一的 Dsx 则促进卵黄蛋白基因的转录，抑制性梳分化。

8.3.2.2 诠释性指数的级联反应模型

大量的基因突变和遗传杂交实验表明，*sxl*、*tra* 和 *tra-2* 等基因发生功能丧失的突变将会使带有 XX 染色体型的雌性果蝇个体转化为雄性。但这些突变对 XY 型雄性个体的性别决定没有影响。中间性基因的纯合体则引起 XX 型染色体个体发育出中间性表型，即于同一个体内既有雄性又有雌性组织成分。*dsx* 基因对于雌性、雄性性别的分化均很重要，若 *dsx* 缺失，XX 雌蝇及 XY 雄蝇都会转变成中间性个体。根据这类实验结果，基本确定了各类基因在果蝇性别决定和分化途径中的地位，并初步形成了一个果蝇性别决定和分化的级联调节反应模型（图 8-2）。

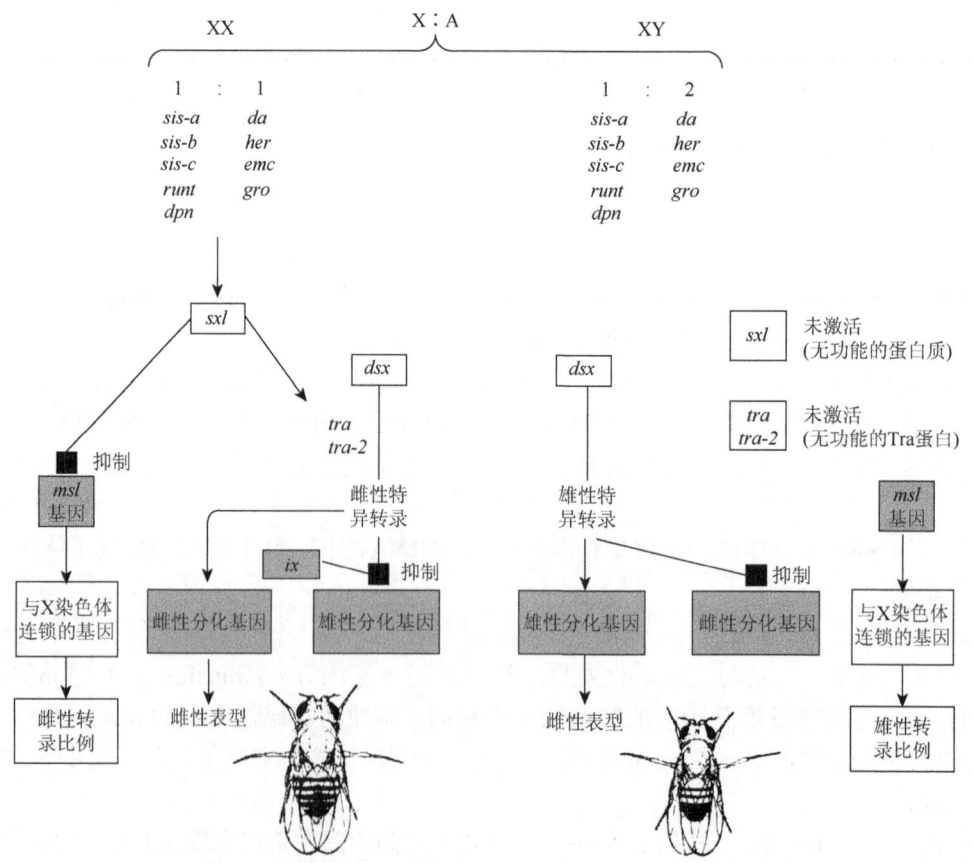

图 8-2　果蝇性别决定和分化的级联调节反应模型（引自樊启昶和白书农，2002）

图中箭头表示激活效应，黑方块表示抑制作用

1) *sxl* 是性别决定的枢纽　　果蝇性别决定的第一阶段首先涉及性指数的理解。显然高性指数负责激活雌性化开关基因 *sxl*。低性指数时，*sxl* 在发育早期则保持无活性状态。在 XX 型卵中，*sxl* 于受精后的前 2h 被激活，转录一种特别的胚胎型 *sxl* mRNA，且 *sxl* 一旦被激活，不管性指数进一步发生何种变化仍保持其活性。早期 *sxl* 功能是 XX 胚胎启动雌性发育途径和维持两条 X 适当的转录水平所必需的。

Sxl 的雌性特异活化作用是由 X 染色体上的分子成分（numerator element，它们组成性指数的 X 部分）所激发。主要包括 X 连锁基因 sisterless-a（*sis-a*），sisterless-b（*sis-b*）等，但如果没有矮小基因（*runt*）和无女基因（daughterless，*da*）产物的存在，*sxl* 则不能感知到这些分子成分的存在，故也不会被激活。因此，缺乏 DA 蛋白也会阻止 *sxl* 的活化，这对 XY 胚胎并不会产生任何影响（因为它们并不以任何途径激活 *sxl*），但可导致雌性胚死亡，故此而命名该基因为无女基因。所以，受精后不久，*sis-a*、*sis-b*、*runt* 和 *da* 等共同作用，使得 *sxl* 仅在雌性胚中具有转录活性。

分母成分（denominator elements）是从常染色体计数的那些基因，其中无表情的脸基因（*deadpan*）是一个起主要作用的分母成分。若具太高 *sis-b*：*deadpan* 比值的雄性就会激活 *sxl* 并且是致死的，而具太低 *sis-b*：deadpan 比值的雌性则不能激活 *sxl*，并且也会致死。另一个分母基因编码的蛋白能与 daughterless 蛋白竞争结合到 *sxl* 的启动子上。Da、Sis-a、Sis-b 和 Deadpan 均为螺旋-环-螺旋转录因子，故很可能分母蛋白能与分子蛋白形成异源二聚体以阻遏 Sis 和 Da 等活化蛋白的作用（图 8-3）。很显然，性指数其实就是由 X 编码的活性物和常染色体编码的阻遏物对 *sxl* 启动子的竞争来衡量的。

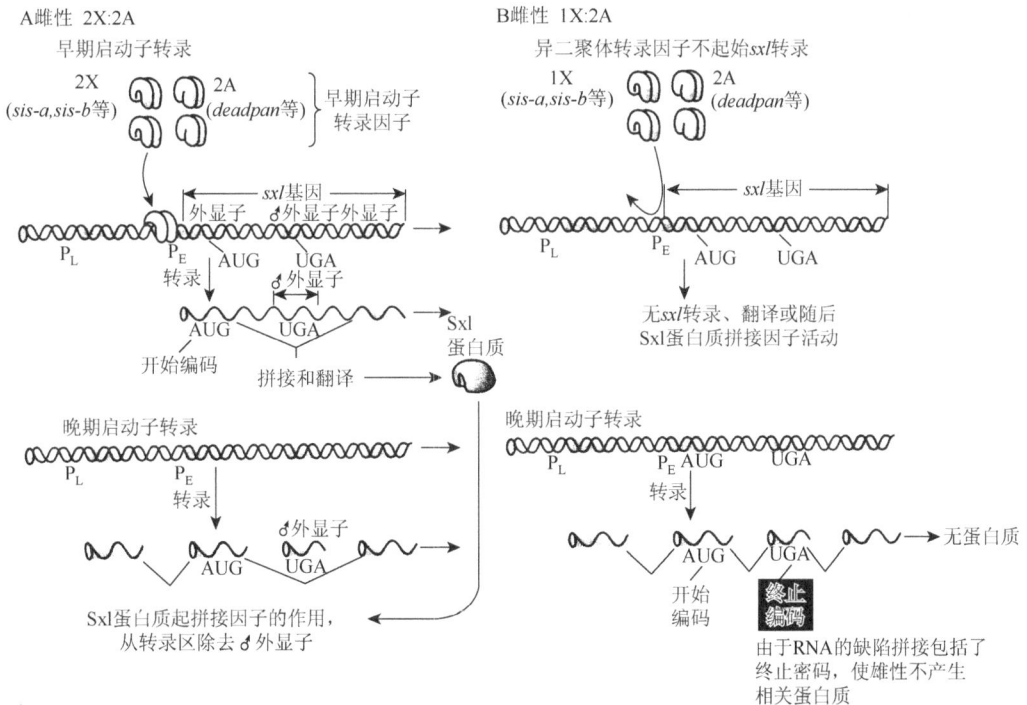

图 8-3　在不同性指数情况下，性染色体基因与常染色体基因的相互作用导致 *sxl* 在果蝇雌雄个体中的活性不同（引自樊启昶和白书农，2002）

2）Sxl 功能的保持 Sxl 转录发生后不久，Sxl 上的第二个启动子被激活，该基因于雌性胚和雄性胚内都进行转录。但通过 Sxl mRNA 的 cDNA 的分析发现，雄性胚的 Sxl mRNA 不同于雌性胚的 Sxl mRNA。这主要是由不同的 RNA 加工方式所造成。在雌性胚中，早期合成的 Sxl 蛋白可与其自身的 mRNA 前体结合并以雌性个体的方式剪接该前体；而雄性胚中没有任何可用的 Sxl 蛋白，其新的 Sxl 转录物则按雄性个体的方式加工。在雄性中，Sxl 转录物产生 8 个外显子，在第 3 个外显子内含有终止密码子 UGA。在雌性中，因雄性特异的含有终止密码子的第 3 个外显子在加工过程中已被作为 1 个大内含子剪切掉，故 Sxl 转录物仅产生 7 个外显子。雌性特异的 Sxl mRNA 可编码由 354 个氨基酸组成的蛋白质，而雄性特异的 Sxl mRNA 则在编码 48 个氨基酸之后遇到终止密码子而被阻断，不能编码相应的蛋白质。

雌性特异 Sxl 转录物编码的蛋白含两个结合域，可与特定的 RNA 结合，其主要作用靶标有两个：其一是 Sxl 自身的前体 mRNA，这一机制可能在初始的活化事件通过之后保持通路的雌性状态；第二个靶标可能是通路中下一个基因 tra 的前体 mRNA。

3）转化基因（transformer genes, tra） Sxl 通过控制 tra 转录物的加工来调节体细胞的性别决定。tra 在雌性和雄性的剪接是有选择性的，有雌性特异的 mRNA，也有非特异性的 mRNA，后者同时出现于雌雄体内。正如雄性 Sxl mRNA 一样，非特异 tra mRNA 含有一个终止密码子，产生无功能的蛋白。在 tra 中，终止密码子位于非特异 mRNA 的第二个外显子内；而在雌性特异的 mRNA 内，这个外显子则被剪切掉，未予利用（图 8-4）。雌性是如何产生不同于雄性的转录物的呢？一般认为来自 Sxl 的雌性特异蛋白激活了 tra 原始转录产物 mRNA 3′端雌性特异剪接位点，导致加工时切除了含有终止密码子的第二个外显子。雌性特异的 tra mRNA 编码的蛋白在雌性性别决定中至关重要，而非特异 tra mRNA 对雄性或雌性性别决定均无影响，如果人工在 XY 胚中产生雌性特异的 tra 转录物，会使其发育为雌蝇。

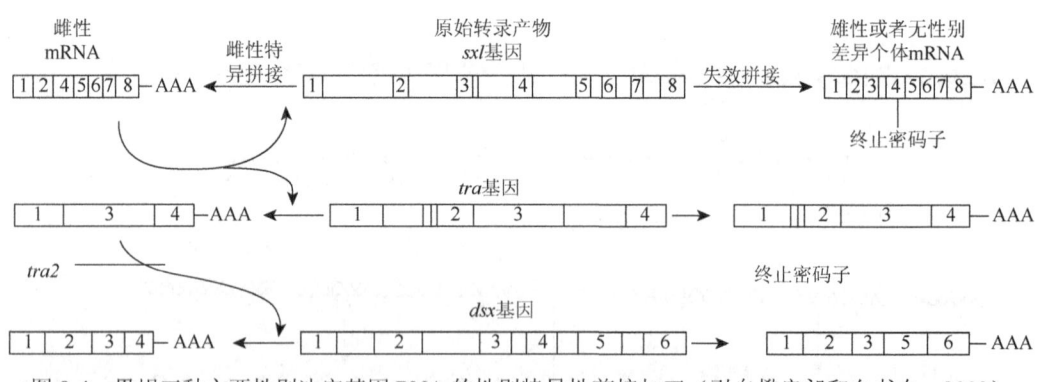

图 8-4 果蝇三种主要性别决定基因 RNA 的性别特异性剪接加工（引自樊启昶和白书农，2002）

4）双性基因（doublesex, dsx） dsx 为一类性别决定的开关基因，在雌性、雄性个体中均具活性，但初级转录物的加工存在性别差异（图 8-4）。这种不同的 RNA 加工是 Tra 蛋白对 dsx 作用的结果。如果 Tra2 和雌性特异的 Tra 蛋白同时存在，dsx 转录本则按雌性特异的方式加工，产生雌性特异的蛋白并激活雌性特异的基因，如卵壳蛋白基因和卵黄蛋白基因等，同时抑制雄性发育；如果不存在有功能的 Tra，则加工形成雄性特异的转录本，进而促进雄性性征的发育而抑制雌性性征的发育。雌性、雄性转录物的前 3 个外显子完全相同；

但 3'端的外显子则明显不同，雌性特异的 mRNA 含有第 4 个外显子，而雄性 mRNA 则含有第 5 和第 6 个外显子。

果蝇雄性和雌性生殖器来自单独的细胞群，其发育形成过程中受到 Dsx 蛋白的调控作用。在雄性（XY）中，雌性性原基被抑制，而雄性性原基分化为成蝇的生殖器。在雌性（XX）中，雄性性原基被抑制，而雌性性原基分化。如果没有 dsx 或没有其转录物存在，则雄性和雌性性原基均发育，产生中间性生殖器。

性别决定和分化的级联反应最终取决于 dsx 转录本加工成 mRNA 的类型，如果性指数为 1，Sxl 制造一种雌性特异的剪接因子，将 tra 基因的转录本按雌性特异的方式加工，其雌性特异蛋白与 Tra2 剪接因子相互作用将 dsx 前体 mRNA 加工成雌性特异的转录本。如果雌性转录本不以这种方式激活，则产生雄性特异的信息而发育为雄性。

8.4 哺乳动物的性别决定及性别发育畸形

哺乳动物的性别决定分初级决定（primary sex determination）和次级决定（secondary sex determination）。初级决定指性腺的决定，次级决定指性腺以外的性器官、副性征及其体态特征的决定。

8.4.1 性别的初级决定

初级性别决定与性腺决定有关。哺乳动物的性别决定严格由染色体决定，通常不受环境影响。XX 胚胎首先形成卵巢，为雌性化发育确立了方向；XY 胚胎首先形成睾丸，为发育为雄性奠定了基础。与果蝇不同，哺乳动物的 Y 染色体是性别决定的关键因素，因为 Y 染色体上带有编码睾丸决定因子（testis-determining factor，TDF）的基因。在无 Y 染色体存在时，原始性腺发育为卵巢；在有 Y 染色体存在的情况下，无论合子含有多少条 X 染色体，如 5X+1Y，也只能发育为雄性，性腺为睾丸。而且，哺乳动物核型为 XO 的合子仍发育为雌性，但卵巢发育不全，通常不含卵泡或卵泡极少，故不能生育。

8.4.2 性别的次级决定

性别的次级决定涉及性腺以外的身体表型的形成。雄性哺乳动物有阴茎、贮精囊、前列腺、特有的身材、声带结构和肌肉系统；雌性有阴道、宫颈、子宫、输卵管、乳腺、特有的身材、声带和肌肉系统。次级决定由性腺分泌的激素所决定。将胎兔的性腺于分化前切除，在无性腺的情况下，则不管其核型为 XX 还是 XY，都将发育为雌性，均有输卵管、子宫和阴道而无阴茎。没有 Y 染色体的性腺原基发育为卵巢，卵巢分泌雌激素使米勒管（中肾旁管）发育为输卵管、子宫、阴道上段等；有 Y 染色体的性腺原基则发育为睾丸，睾丸分泌两种主要激素：一是抗米勒管激素（anti-Mülleriam duct hormone，AMH 或称 Mülleriam-inhibiting substance，MIS），能破坏米勒管以阻止雌性附属生殖器官的发育；另一种是睾酮（tests sterone），使胎儿雄性化，刺激中肾管发育为附睾、输精管，泌尿生殖节发育为阴茎，并抑制乳腺原基的发育。如果没有胎儿睾丸分泌的两种激素的作用，胎儿便形成雌性表型。总之，哺乳动物的性别决定与分化也是通过级联反应逐步完成的（图 8-5）。

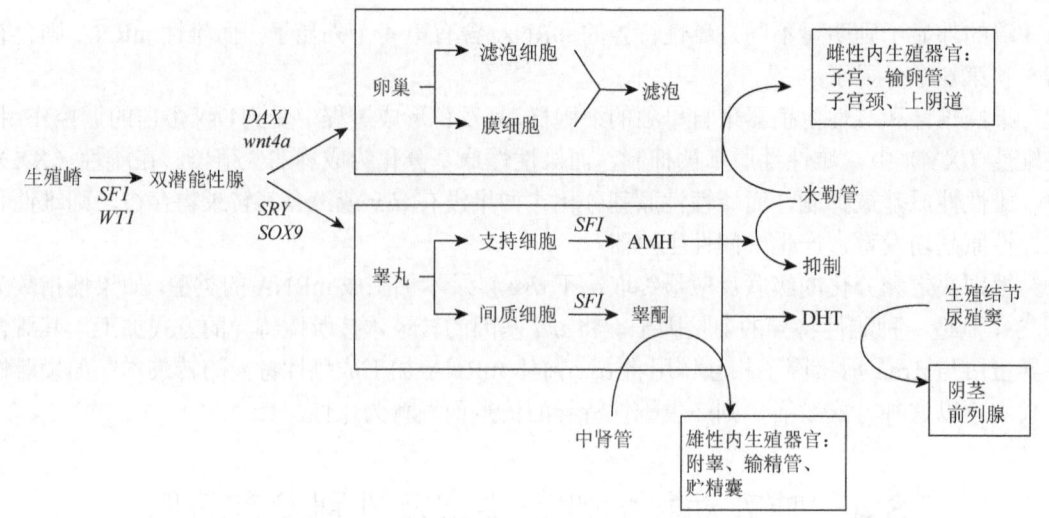

图 8-5 哺乳动物性别决定的级联反应模型（引自樊启昶和白书农，2002）

生殖嵴在 SF1 和 WT1 基因作用下转变为双潜能性腺。然后，在 wnt4a 和 DAX1 基因的作用下，双潜能性腺原基向雌性途径分化；在 SRY（定位于 Y 染色体上）和 SOX9 基因作用下，双潜能性腺原基向雄性途径分化。卵巢产生滤泡细胞和颗粒细胞，两者都能合成雌激素，使米勒管分化成雌性生殖器官，并诱导产生雌性的第二性征。睾丸产生抗米勒管激素（AMH），造成米勒管退化，此外，产生的睾酮可诱导中肾管分化成雄性生殖器官。在尿殖区，睾酮转化成二氢睾酮（DHT），可导致阴茎和前列腺的发生

8.4.3 性腺的发育

动物生殖腺的发育是独一无二的胚胎学景观。所有其他器官原基在正常情况下仅能分化成一种类型的器官，如肺原基仅发育成为肺，肝原基则仅发育为肝。然而，性腺原基（生殖嵴）却有两种正常的选择，既可发育为卵巢又可发育为睾丸。性腺原基的分化类型决定了该个体未来性别的发育。在此分化之前，性腺的发育首先要通过一个双潜能时期（bipotential stage），此时兼具雌雄两性特征。在人类，性腺原基在胚胎发育第 4 周从中胚层分化出现，直到第 7 周仍保持双重潜能。在此期间，生殖嵴上皮向疏松的间充质组织增殖（图 8-6A 和 B）以形成生殖索（cord），而种系细胞（原始的生殖细胞）于第 6 周迁移进生殖嵴并被生殖索所包围。此时，生殖索与表面上皮保持联系。

若胚胎是 XY 型，生殖索便继续增殖，至第 8 周已扩展深入到结缔组织内。这些生殖索相互融合成内部（髓部）生殖索网，其远端则形成睾丸网（rete testis）（图 8-6C 和 D）。最后，生殖索与表面上皮失去联系，被一层厚的胞外基质——白膜（tunica albugineous）分隔开。此时，原始生殖细胞定位于睾丸索内。在胎儿和童年，睾丸索保持密实状态。发育至青春期（puberty），睾丸索变成精细管，原始的生殖细胞开始大量增殖，形成精原细胞，通过生长和成熟分裂分化为精细胞，然后变形成为精子。精子从睾丸内通过与输出管相连的睾丸索（精细管）输出。该输出管是中肾的残留物，将睾丸与 Wolffian 管联结起来。Wolffian 管是中肾的收集管。在雄性，Wolffian 管分化为输精管，精子通过它排出尿道及体外。然而，在胎儿发育期间，睾丸的间充质细胞已分化为睾丸间质细胞，并产生睾酮。睾索细胞分化为足细胞（sertoli cell），足细胞给精子提供营养并分泌抗米勒管激素。

随着睾丸体积的增大，当与中肾分开时，便由睾丸系膜把它悬吊在腹腔中。随着分娩时间的临近，睾丸发生位移，最后移到腹腔之外的阴囊内。阴囊处体温较腹腔温度低 1~2℃，这有利于精子的发生。

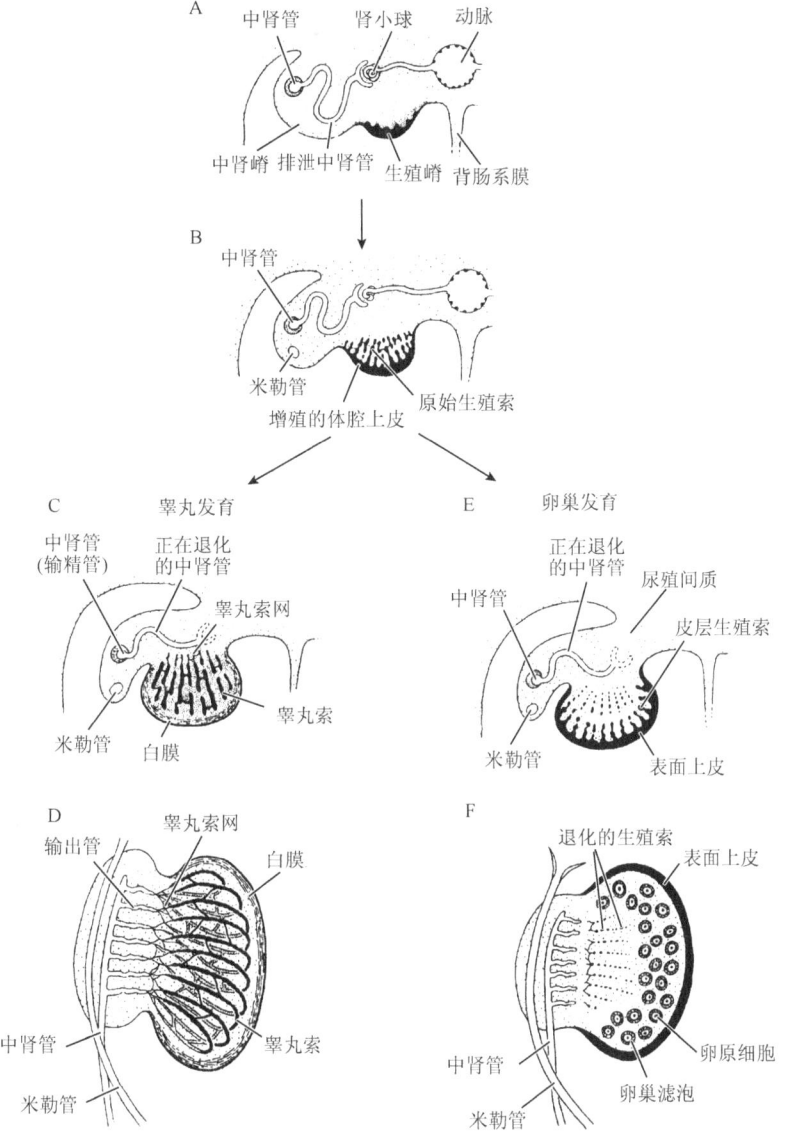

图 8-6 人类性腺的分化（引自樊启昶和白书农，2002）

A. 4 周胚胎的生殖嵴；B. 6 周胚胎的尚无性别差异的生殖嵴，其中原始生殖索开始发育；C. 第 8 周睾丸发育，生殖索与皮层的联系减弱，发育成网状结构；D. 到第 16 周，睾丸索与中肾管相连；E. 第 8 周卵巢发育，原始生殖索退化；F. 到第 20 周时，卵巢不与中肾管相连，初始卵泡形成

在雌性，种系细胞位于原始生殖腺近皮层处，与雄性生殖索不同，XX 性腺的原始性索退化。然而，其上皮立即产生一组新的性索，但不穿入间充质而是停留在皮层附近，故称皮层性索。这些性索成簇分布，每簇围绕一个生殖细胞（图 8-6E 和 F），即卵原细胞。卵原细胞长大变成初级卵母细胞，而围绕的皮层性索便变成黄体细胞，卵巢的间充质细胞成为卵泡膜细胞。卵泡膜细胞和黄体细胞形成包裹卵母细胞的卵泡并分泌甾类激素。每个卵泡含一个生殖细胞。在雌性体，米勒管保持完整并分化成输卵管、子宫、宫颈和阴道的上部；Wolffian 管因缺乏睾酮而退化。哺乳动物生殖系统的发育概括于图 8-7。

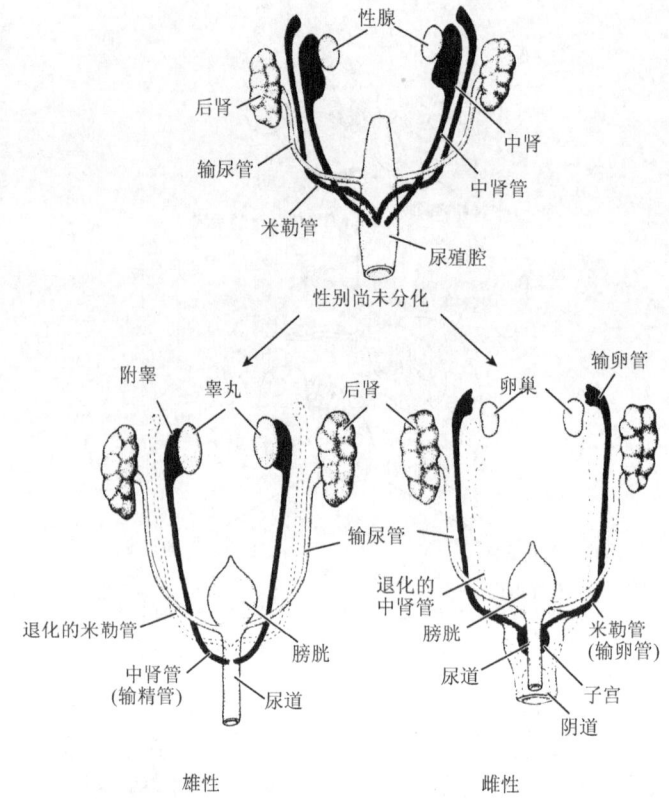

图 8-7 哺乳动物生殖系统发育概况（引自樊启昶和白书农，2002）

起初两性个体都有中肾管和米勒管，但随后在各自生殖腺的作用下产生了不同性别的分化

8.4.4 性别决定与分化的遗传基础

8.4.4.1 基因在初级决定中的作用

1) 与原始性腺（双向分化潜能）发育有关的基因

（1）*sf1*。甾类生成因子（steroidogenic factor 1，SF1）是一种转录因子，属于核激素受体家族成员，可参与类固醇生成、生殖及男性性别分化过程中多种基因的转录调节作用，已知的如可催化大多数甾类激素合成的细胞色素 P450 羟化酶、3β-羟基类固醇脱氢酶、促肾上腺皮质激素（adrenocorticotropic hormone，ACTH）受体等基因。*sf1* 的突变会阻碍睾丸和卵巢的形成，导致不育。若使小鼠 *sf1* 缺失，会出现肾上腺和性腺的发育停滞，XY 雌性反转，永久性米勒管及下丘脑-垂体分泌促性腺激素的异常。在人类中，发现 *sf1* 的突变会导致 46，XY 个体性腺发育不全，且也与 46，XX 个体的原发性卵巢功能不全有关。

sf1 含有两个可调控与 DNA 结合的锌指基序，锌指 Ⅰ 中的 P-box（proximal box）、锌指 Ⅱ 的 D-box（distal box）及相互插入的连接区在哺乳动物中均高度保守。通常 P-box 识别与激素反应元件相结合的 DNA 位点，而 D-box 则形成二聚化的接触面，为这些位点提供合适的空间。在人类，*sf1* 定位于染色体 9q33 上。

研究发现小鼠受精后 9～9.5d，其中胚层开始形成尿殖窦，此时 *sf1* 就开始在两性胚胎中广泛表达。当睾丸分化开始时，*sf1* 在睾丸的脉间区和曲细精管处的转录水平均有所增加。而在性别分化的同时，*sf1* 在卵巢中的转录水平却下降，这说明持续表达的 *sf1* 可能会抑制雌性性别分化。此外，还可在垂体、下丘脑中检测 *sf1* 的转录，表明 *sf1* 还可在其他水平调节内分泌。

（2）*WT1*。威尔姆氏肿瘤抑制基因（wilm's tumor suppressor gene, *WT*1）定位于 11p13，在哺乳动物中，*WT1* 基因可通过选择性剪切及不同的起始翻译位点，产生出多达 24 种不同类型的蛋白产物。它们的 C 端有 4 个锌指结构，N 端则含有一个富含脯氨酸/谷氨酸的区域。WT1 可与许多基因（如编码生长因子及其受体的基因）特定的上游序列发生作用，以抑制它们的转录。

除了介导抑制肿瘤以外，WT1 在尿殖管道发育中也起着非常重要的作用。WT1 在尿殖管道发育的早期即开始表达，在肾和性腺中均有特定表达形式。在睾丸中，WT1 只在足细胞中表达，在卵巢中，WT1 只在颗粒细胞中表达，而这两种细胞均能促进和支持生殖细胞的成熟。敲除 *WT1* 的小鼠，会因缺少性腺而出现雄性发育反常，这表明 WT1 在调节雄性性腺发育过程中应起着一定作用。该基因突变在 46, XY 个体中可引起完全或部分性反转，这说明 WT1 可能在性别分化初期，通过调控 SRY，并激活一系列基因，从而最终导致睾丸的形成。

（3）LIM。同源框基因-9（*Lhx9*）：缺失该基因，小鼠胚胎期原始生殖细胞可正常迁移，但生殖嵴中体细胞无法增殖，性腺发育和形成受阻，同时因缺乏睾酮和 AMH，XY 型小鼠呈现出雌性表型。进一步研究表明，*Gata4* 为 *Lhx9* 的上游基因，而 *Lhx9* 可能是 *sf1* 的上游基因。*Lhx9* 在人类早期性腺发育中具体起到何种调控作用还不是很清楚。

（4）*M33*。该基因编码的蛋白可阻滞雄性生殖细胞减数分裂，维持雌性生殖细胞同源染色体正常联会及保持染色体的稳定。若敲除 *M33*，导致多数 XY 小鼠性反转，生殖细胞在胚胎期提早进入减数分裂阶段；而 XX 小鼠卵巢减小，其内生殖细胞数目明显减少，且染色体联会异常的卵母细胞比例增高。在 1 名核型为 46, XY, 但内、外生殖器官的表型均为女性的患者体内也检测到 *M33* 基因编码区发生了突变。近期研究发现，XY 小鼠因缺失 *M33*, 其性腺内很难检测到 *Sry* 表达，但其性反转可通过转基因等方法使 *Sry*、*Sox9* 基因表达而得到纠正，说明 *M33* 可能为 *Sry* 上游调控基因，能够调节其表达。

（5）*Insr* 和 *Igfr1*。这两个基因分别编码胰岛素受体和类胰岛素生长因子受体，是小鼠肾上腺和生殖器的发育及初级性别决定所必需的。缺乏功能性的 INS/IGF 信号，胚胎常表现出以下性状：肾上腺皮质完全不发育；XY 个体性腺性别反转；卵巢分化延迟，即性腺未分化状态延长。*Insr/Igfr1* 双敲除的 XY 个体的性腺中，*Sry* 表达时间延迟，而且表达水平下降，导致下游基因 *Sox9* 表达水平也明显降低，达不到使睾丸支持细胞形成所需要的阈值，最终导致睾丸间质细胞分化失败，类固醇无法生成。睾丸发育缺失的另一原因是在 *Insr/Igfr1* 双敲除的 XY 个体的性腺中，多种糖原合成所需酶类水平均有所下降。*Insr/Igfr1* 双敲除的 XX 个体的性腺中，FOXL2 等卵巢决定因子缺失及 *Wnt4* 等相关基因表达下降，且与视黄酸合成相关的酶类水平也下降，从而导致卵巢分化延迟至胚胎第 16.5 天。

2）与睾丸等发育有关的基因

（1）*SRY*。哺乳动物的 Y 染色体在性别分化中起着非常重要的决定性作用，特别是对于雄性睾丸的分化尤为关键，推测 Y 染色体上可能存在着睾丸决定因子（testis-determining factor, TDF），故人们一直试图在 Y 染色体上寻找和分离决定性别的基因。直到 1990 年，人们才从 Y 染色体上找到一个名为 Y 染色体性决定区基因 *SRY*（sex determining region of the Y chromosome），该基因的发现是哺乳动物性别决定领域的一个重大突破，其在胚胎发育的早期可决定性腺的分化及睾丸的形成。*SRY* 是 *tdf* 最有力的证据来自于转基因鼠。若 *SRY* 诱导睾丸形成，那么将 SRY DNA 插入正常 XX 合子的基因组中就应使 XX 胚胎形成睾丸。1991年，Koopman 将含有 SRY 的 14kb DNA 序列导入 XX 雌性胎鼠中，结果发现部分小鼠产生了性反转，发育出了睾丸、雄性附属器官和阴茎。随后有研究指出 SRY 为一个外显子单拷贝基因，编码的蛋白产物 SRY 含有一个可与 DNA 结合的区域，称为 HMG 同源盒（high mobility group box），该区域内的突变是导致人类染色体核型为 46，XY 完全女性化病例的原因之一，进一步支持了 SRY 基因就是 tdf。

SRY 定位于 Yp11.3，含有一个外显子，无内含子，编码一种可与 DNA 结合的蛋白类转录因子，存在于睾丸的 Sertoli 细胞核中。该转录因子中间区域约 80 个氨基酸残基构成了 HMG 同源盒，为主要的功能域，能特异性识别并结合核心序列 AACAAAG，使带有核心序列的 DNA 弯曲成某一角度，这种弯曲可能使转录装置与远距离结合蛋白靠近并密切接触，通过相互作用来影响转录。

SRY 是主宰性别的睾丸决定因子的遗传基础，其表达有明显的组织特异性，即只在睾丸组织中表达，而在卵巢、肾等组织中均不表达，在性别决定中起着开关的作用。研究表明，SRY 有自启动转录的功能，在胚胎睾丸组织细胞系中表达产生 SRY 因子，可激活下游的 114bp 启动子，导致下游米勒管抑制物基因（Müllerian inhibitiny substance，MIS）表达，分泌产生抗米勒管激素（anti Müllerian hormone，AMH），从而抑制米勒管发育；同时 SRY 作用于间质细胞，使之分泌睾酮，进一步诱导产生雄性结构特征。在雌性中由于没有 SRY，会导致 X 染色体短臂上剂量敏感性反转基因（dosage sensitive sex reversal，DDS）的转录，促进卵巢发育，并使中肾管退化。

SRY 突变与性反转患者有关。DNA 序列分析结果表明，在大多数 XX 男性反转患者中存在 SRY，但仅有 15%左右的 XY 女性患者中存有 SRY 的点突变或缺失。这一结果除了支持 SRY 是睾丸决定因子之外；也表明了除 SRY 外，还应该存有其他与性别决定有关的基因突变。

（2）SOX 基因家族。自从 SRY 基因被发现以来，利用与 SRY 的同源性，人们先后在人、小鼠、果蝇等真核生物中分离到其他含 HMG 同源盒基因，其中与 SRY 同源性大于 60%的称为 SRY 样 HMG 同源盒基因（SRY-type HMG box，SOX）。目前已发现的 SOX 基因家族共有 30 多个成员，多数不含内含子。SOX 基因参与了广泛的发育调控过程，如 SOX9、SOX17、SOX6、SOX3 等参与性别决定与分化；SOX1、SOX2、SOX13、SOX14 等参与早期胚胎发生；SOX1、SOX2、SOX3、SOX19、SOX21、SOX22 等参与神经系统的发育；此外，在眼的发育、骨形成和生血细胞的发生等过程中也牵涉到部分 SOX 基因家族成员的作用。其中近年来有关 SOX 的研究和报道主要集中在 SOX9 上。

人类 SOX9 基因长度为 3934bp，定位于染色体 17q24.3～25.1 区段内，编码一个包含 509 个氨基酸残基的蛋白产物。该蛋白有一个 HMG 同源盒，与 SRY 的有 70%的同源性。和 SRY 一样，SOX9 的 HMG 同源盒也能结合特异的 DNA，并使其弯曲，从而激活靶基因的转录。故一般认为 SOX9 基因主要作为转录元件调控其下游基因的表达。

SOX9 主要在性腺分化时期精巢中表达，能使支持细胞的前体细胞分化成有功能的 Sertoli 细胞，形成生殖腺索，最终产生睾丸曲精小管，启动雄性分化程序，对哺乳动物的睾丸分化具有重要作用。SOX9 突变可导致人类骨生成综合征（campomelic dysplasia，CD），涉及众多骨骼和器官系统受损，该病患者通常出生后由于支气管和气管缺陷所引起的呼吸困难而立即死亡。同时发现大约 75%的 CD 患者表现为男性到女性的性反转现象，即 XY 型发育为女性或两性人（hermaphrodite），表明 SOX9 也参与了性别决定，其对睾丸的形成是必要的。在缺

乏 *SRY* 时，SOX9 可以诱导睾丸 Sertoli 细胞的分化。若将 *SOX9* 基因导入转基因 XX 小鼠中，可观察到睾丸的发生，从而更有力地证明了 *SOX9* 基因参与性别决定。除了在人类和小鼠中 *SOX9* 基因被证实为性别决定的关键基因外，在鸟类、两栖类、爬行类和鱼类等各类脊椎动物中也发现存在 *SOX9* 基因，且也表现为雄性上调和雌性下调的模式，故显示出 *SOX9* 基因应是各类脊椎动物的性别决定关键基因。

（3）*GATA4* 和 *FOG2*。GATA4 编码的蛋白含有两个锌指结构区域，与 SF1、FOG2、WT1 等蛋白质协同作用，可调节 *SRY*、*SOX9*、*AMH* 等性别决定基因的表达。小鼠体内 GATA4 氨基端的锌指结构序列发生突变可阻碍 GATA4 与 FOG2 的相互作用，导致睾丸发育严重畸形。在人类家族病例中，曾发现 *GATA4* 杂合型功能缺失性突变，由于这一突变蛋白无法结合并激活 *AMH* 的启动子，也无法与 FOG2 结合发挥协同作用，导致该家族 3 名 46,XY 个体外阴性别不明，或阴茎长度缩短。此外，研究发现 *GATA4* 不仅影响睾丸发育，对于生殖嵴的形成也是必需的。*GATA4* 缺陷的小鼠，其胚胎无法形成原始性腺，体腔上皮仍然停留在未分化的单层上皮阶段。

（4）*DMRT*。DMRT1（double sex and mab-3 related transcription factor 1）和 *DMRT2* 位于 9p 末端区，表达方式与 *SRY* 类似，只在人类雄性胚胎生殖嵴中表达，对 XY 个体出生后睾丸支持细胞和生殖细胞的维持不可或缺，其缺失与性反转相关。用荧光原位杂交和微卫星分析 6 例 9p 末端单体的患者，Murova 等发现 *DMRT1* 和 *DMRT2* 也是性别决定相关基因，推断这两个基因的单体不足（haploin suffixiency）主要是阻碍中间性性腺的发生，导致性染色体为 XY 的雄性睾丸发育缺陷或性染色体为 XX 的雌性卵巢发育缺陷。研究表明小鼠睾丸支持细胞 *DMRT1* 缺失可使 *Foxl2* 表达上调，导致睾丸支持细胞重编程而转变为颗粒细胞，卵泡膜细胞也随之形成，而由这些细胞分泌的雌激素最终导致生殖细胞雌性化。

（5）*FGF9*。该基因编码的纤维母细胞生长因子-9 在细胞增殖、存活、迁移、分化等不同阶段均发挥着重要的作用。FGF9 直接作用于生殖细胞，通过维持全能性标记物 OCT4 和 SOX2 的表达，降低雄性生殖细胞对视黄酸的敏感性。若 *FGF9* 无效表达，可导致小鼠 XY 个体发生性反转且睾丸支持细胞发育受损。

（6）*Six1* 和 *Six4*。这 2 个基因编码同源异型蛋白 Six1 和 Six4，可作用于下游靶基因 *Sf1* 和 *Fog2*。一方面，Six1/Six4 反式激活 *Sf1*，而 *Sf1* 在 *Sry* 表达启动前可参与调控性腺中前体细胞的生长，从而能够决定或影响性腺体积；另一方面，Six1/Six4 反式激活 *Fog2*，而 FOG2 能够与 GATA4 共同上调 *Sry* 表达，故与雄性性腺分化有关。若 Six1 和 Six4 两种蛋白均缺失，XY 小鼠性腺发生性反转，性腺体积减小，且其中的前体细胞数目亦减少。

（7）*MAP3K1* 和 *MAP3K4*。促分裂原活化蛋白激酶（MAPK）通路在人类和小鼠性别决定中也起到一定的作用。某些病例中，因 *MAP3K1* 的突变，改变了其下游靶分子的磷酸化水平，使得 46 XY 患者表现为部分或全部性腺发育不全。同族基因 *MAP3K4* 的编码区可发生 *byg* 突变，一种无义突变。在 *byg* 突变纯合子小鼠体内，发现 *SRY* 表达明显下降，体腔上皮细胞增殖及中肾细胞迁移等睾丸特有的细胞活动均受到损害，而卵巢促进基因的表达却被上调，最终导致 XY 小鼠性反转。

（8）*Gadd45g*。生长抑制和 DNA 损伤诱导 45G 蛋白（Gadd45G）能够促进 *SRY* 的表达，故对性腺的发育具有一定的作用。*Gadd45g* 缺陷的 XY 小鼠表现出从不育至雌雄间性表型等不同程度的性反转，而 *Gadd45g-/-*小鼠则表现出完全性反转。

（9）抗米勒管激素基因（*AMH*）。*AMH* 也被称为米勒体抑制基因（*MIS*），其编码的蛋白为抗米勒管激素，是转化生长因子 TGF-β 超家族的一员，在雄性性别分化中起着非常重要的作用，它的表达可使雄性体内的米勒管退化，从而阻止其发育成雌性生殖器官。研究发现在 *AMH* 基因启动子的上游有与 SOX9 和 SF1 转录因子的结合序列，且 SF1 能与 WT1 蛋白协同作用，促进 *AMH* 的表达，使其转录水平增加。通过突变改变 SF1 上与 *AMH* 基因结合的特殊位点，可使 AMH 表达量减少；而 SOX9 上的结合位点突变则会使 AMH 表达完全消失。故有人提出，SOX9 负责 *AMH* 基因的表达激活，一旦激活后则由 SF1 和 WT1 蛋白协同作用使其表达量上升。*AMH* 的突变可导致临床上罕见的永久性米勒管综合征。

3）与卵巢发育相关的基因

（1）*DAX1*。人类 Xp21 上的一个区域如果出现 2 个拷贝有活性的表达，即使存在 *SRY* 基因，也会引起 XY 个体出现性反转现象，该种现象常被称为剂量敏感型性反转（dosage sensitive sex-reversal, DSS）。缺失或突变此拷贝的 46 XY 男子则会出现先天肾上腺发育不全（adrenal hypoplasia congenitia，AHC）。定位克隆 AHC 基因分离出一个名为 *DAX1*（DSS-AHC-critical region of the X chromosome gene 1）的基因。该基因属于核激素受体家族中的一员，其编码的产物没有典型的可与 DNA 结合的锌指结构，但具有一个典型的配体结合域。初步资料显示 *DAX1* 在鼠胚胎的生殖嵴内表达，并在 *SRY* 表达后不久的相同细胞内表达。当睾丸发育时，*DAX1* 表达明显降低；但当卵巢发育时，*DAX1* 表达不变，表明 *DAX1* 在性别决定中的作用与睾丸决定相反。进一步研究发现 DAX1 是通过破坏 WT1 的功能遏制 *SRY* 的表达，并通过核受体共抑制物来抑制 SF1 的转录激活功能。

（2）*Wnt4a*。*Wnt4a* 位于常染色体上，很可能是卵巢决定的另一关键基因。*Wnt4a* 在鼠未分化的生殖嵴内表达，此后在 XY 性腺内检测不到，但 XX 性腺直到开始形成卵巢时一直保持 *Wnt4a* 的表达。小鼠如果缺失 *Wnt4a* 基因，则不能形成正常的卵巢，其细胞会表达睾丸特有的标记物，如 AMH 和睾酮合成酶类等。

（3）*FOXL2*。*FOXL2*（forkhead box transcription factor L2）位于 3q23 区域，全长 2.7kb，为单外显子基因，包含一个编码特有的 101 个氨基酸残基的"forkhead" DNA 结构域和一个与此分离但功能尚不清楚的多聚丙氨酸肽段（*n*=14），是第一个被证实在维持卵巢功能方面具有重要作用的人类常染色体基因。在鼠类中，研究表明 FOXL2 通过直接与 *Sf1* 启动子的特定位点 FLB1 结合而抑制 *Sf1* 的表达，是卵巢发育和维持颗粒细胞分化所必需的，若关闭雌鼠的 *FOXL2* 基因，卵子死亡，卵泡滤泡细胞转变成 Sertoli 样和 Leydig 样细胞，雄激素大幅升高到原先的 100 倍左右。通常，在雄性个体中，只在雄性中表达的 *SOX9* 一旦开启，*FOXL2* 的表达则被终身抑制；在雌性中正好相反，*FOXL2* 会首先启动。

（4）*Rspo1*。R-spondin（roof plate-specific spondin）家族蛋白为脊椎动物胚胎和个体中普遍存在的分泌型糖蛋白，共有 4 个成员。*Rspo1* 基因位于染色体 1p34.3，全长 23kb 左右，共有 9 个外显子，编码的 265 个氨基酸蛋白为 Wnt/β-CATENIN 信号的配体，通过与受体 FZD（frizzled）结合稳定 β-CATENIN 参与卵巢等器官发育的调控，促进卵巢发育而抑制睾丸发育。在肾上腺、卵巢、睾丸、甲状腺等成人组织中 *Rspo1* 均有表达，但在骨髓、脊髓、胃肠、白细胞、前列腺、胸腺和脾脏中不表达。在人和小鼠中，*Wnt4* 基因与 *Rspo1* 等基因一起构成雌性通路，与 *SRY* 和 *SOX9* 等基因所组成的雄性通路相拮抗，最终决定性腺是向卵巢还是睾丸发育。*Rspo1* 是 *Wnt4* 的上游基因，通过上调细胞表面 LRP6 的水平来增强 *Wnt4* 基因的活性，*Wnt4* 又能上调 *DAX1*、*FST* 等卵巢特异性基因的表达，从而使性腺向卵巢方向发育。若敲除

Rspo1 基因，XX 小鼠则会形成雄性化性腺。

8.4.4.2 激素调节在次级决定中的作用

1) 性表型分化的激素调节　　初级性别决定涉及从未分化的原始性腺形成卵巢或睾丸，但仅此并非完全的性表型。次级性别决定涉及卵巢或睾丸分泌激素所引起的雌雄表型的发育，有两个主要的时间段，前段出现于胚胎器官发生时，后段发生于青春期（adolescence）。

若从胚胎中除去未分化的性腺，无论是 XX 型还是 XY 型的个体都会出现中肾管退化而米勒管发育，最终发育成雌性表型。这种现象也发生于某些出生时性腺就没有功能的人。仅有 1 条 X 而无 Y 的个体原本发育卵巢，但出生前卵巢退化萎缩，青春期前生殖细胞就死亡了。然而，在首先来自卵巢然后来自母体和胎盘的雌性激素的影响下，这些出生的婴儿具有雌性生殖管道。

雄性表型的形成涉及促中肾管发育而抑制米勒管发育的睾丸激素的分泌。其中第一种激素是 AMH，是引起米勒管退化的足细胞所分泌的激素。第二种是睾酮，由胎儿睾丸间质细胞分泌。它引起中肾管分化为附睾（epidymis）、输精管（vas deferens）、储精囊（seminal vesicles），使尿殖窦发育为阴囊和阴茎。这两个独立的雄性化系统的存在可由雄性激素不敏感综合征（androgen insensitivity syndrome）也称睾丸女性化综合征证实。这些 XY 个体具 *tdf*，故有睾丸并产生睾酮和 AMH。但这些人没有睾酮受体蛋白，因而不能对自身睾丸产生的睾酮发生反应。因为能对其肾上腺产生的雌性激素发生反应，所以其外形是真正的女性。然而，除了其女性外表，这些个体还有睾丸，虽然他们不能对睾酮发生反应，但对 AMH 起反应，因而其米勒管退化。这些人发育为外表正常但不育的女性，没有子宫和输卵管，且腹内有隐睾。

2) 睾酮（testosterone）与二氢睾酮（dihydrotestosterone）　　睾酮为 C-19 类固醇激素。在间质细胞内，由胆固醇先形成孕烯醇酮，再经 17-羟化并脱去侧链，形成睾酮。睾酮可在尿殖窦而非中肾管内被 5α-还原酶还原转变为 5α-双氢睾酮。睾酮可以促进雄性生殖结构从中肾管形成附睾、贮精囊和输精管，但并不能直接雄性化尿道、前列腺、阴茎或阴囊。后面这些功能则由 5α-双氢睾酮控制。

研究人员在多米尼加共和国发现有个小部落，其中有几个人体内能将睾酮转变为双氢睾酮的关键还原酶存在遗传缺陷，缺少该酶的功能基因。虽然这些 XY 个体具有有功能的睾丸，但他们仅有一个盲的阴道囊（袋）和一个增大了的阴蒂。其外表是女性，内部解剖有睾丸，中肾管发育而米勒管退化。显然，外生殖器的形成处于双氢睾酮的控制之下，而中肾管分化则受睾酮本身控制。十分有趣的是，外生殖器在青春期对睾酮也会发生反应，会引起原本是女孩的人出现明显的雄性化。

3) 抗米勒管激素（AMH）　　AMH 为 560 个氨基酸组成的糖蛋白，由足细胞合成分泌。当将胎儿睾丸碎片或分离的足细胞置于含中肾管和米勒管成分的培养物邻近处时，米勒管出现萎缩而中肾管没有变化。这一萎缩由细胞死亡和米勒管的上皮细胞变成间充质细胞并迁移开所引起。鼠 AMH 基因有一启动子序列，可与 SF1 和 SRY 结合并受其调控。

一旦睾丸形成，就能分泌上述两种激素使胎儿雄性化。在雌性，胎儿卵巢分泌的雌激素则足以诱导米勒管分化为子宫、输卵管和宫颈等雌性生殖管道。

此外，孕酮、前列腺素、促性腺激素释放激素、黄体生成素、卵泡刺激素、泌乳素等激素类物质在性别的次级决定中均起到了一定的作用。

8.4.5 性别发育畸形

8.4.5.1 特纳氏综合征

45，XO 型，特纳氏综合征（Turner's syndrone），由缺少一条性染色体所致。患者性别为女性，但生殖器为幼稚型，卵巢发育不全或完全退化，原发性闭经，不育，乳房不发达似男性，细胞学检查为巴尔小体阴性。患者身材比正常女性矮，肘外翻，后发际低，短颈，蹼颈（webbed neck），常伴有先天性心脏病，智力较低或正常。发生率为出生率的 1/2000。许多特纳氏综合征患者是 XX/XO 嵌合体，由有丝分裂时丢失一条 X 所致，在表型和功能上比 XO 要正常得多。多数 X 单体在胚胎发育早期就自然流产了。伴有先天性心脏病的患者多于婴儿期死亡，但幸存者一般可活至成年。

8.4.5.2 克兰费尔特综合征

47，XXY 型，克兰费尔特综合征（Klinefelter's syndrome），比正常人多一条性染色体，巴尔小体检查为阳性。男性，但睾丸发育不全，通常不能产生可育的精子，不育。青春期后睾丸缓慢退化，患者发育出女性的第二性征，如乳房发达等。智力常低于正常水平，发生率颇高，占出生男婴的 1%～2‰，10 个不育的男性中大约有一个为克氏综合征。

此外，亦有 47，XYY 型的男性能育，为高个子，某些特征类似于克兰费尔特综合征。

8.4.5.3 雄性激素不敏感综合征

在小鼠及人的 X 染色体上，发现有一种睾丸女（雌）性化突变基因（testicular feminization，tf），$X^{tf}Y$ 个体乳房发达似女性，但体内有睾丸，故称睾丸女性化综合征。患者睾丸能正常分泌雄性激素睾酮，其乳腺芽不退化，乳腺发达是因为缺乏雄性激素睾酮受体。没有受体，故对睾酮的存在没有反应，不敏感，又称雄性激素不敏感综合征（androgen insensitivity syndrome）。

问题与思考

1. 简述性别的染色体决定有哪些类型。
2. 试述环境因子对性别决定的影响。
3. 什么叫雌雄同体和雌雄嵌合体？
4. 简述性指数的概念及其与雌雄分化的关系。
5. 参与果蝇性别决定和分化的主要基因有哪些？
6. 试解释哺乳动物性别的初级决定和次级决定。
7. 简述与睾丸发育有关的主要基因。
8. 简述与卵巢发育有关的主要基因。
9. 举例说明有哪些激素在哺乳动物性别次级决定中发生了作用。
10. 简述特纳氏综合征及克兰费尔特综合征。

主要参考文献

陈吉龙. 1994. 发育生物学进展. 北京：高等教育出版社
程汉华，周荣家. 2007. 早期胚胎的发育选择：性别决定. 遗传，29（2）：145～149

丁汉波. 1987. 发育生物学. 北京：高等教育出版社

董琬如，余莉莉，陈明会，等. 2016. SOX9 基因变异引起的性别发育异常研究进展. 中国计划生育学杂志，24（4）：270~273

樊启昶，白书农. 2002. 发育生物学原理. 北京：高等教育出版社

高建军，高泽霞，王卫民. 2010. 鱼类性别决定及性别特异分子标记的研究进展. 水产科学，29（7）：432~437

龚军辉. 2005. 环境与性别分化. 高等函授学报（自然科学版），19（3）：48~49

桂建芳，易梅生. 2002. 发育生物学. 北京：科学出版社

贺斌，史海涛，廖广桥. 2009. 龟鳖类温度依赖型性别决定机制的研究进展. 动物学杂志，44（5）：147~152

贾存灵，魏泽辉. 2010. 鸡性别决定机制的研究进展. 中国家禽，32（12）：43~46

李箫，翁静. 2015. 哺乳动物性别决定相关基因及其调控机制. 生殖医学杂志，24（3）：245~250

李云龙. 2005. 动物发育生物学. 济南：山东科学技术出版社

刘厚奇，蔡文琴. 2007. 医学发育生物学. 北京：科学出版社

刘维瑜，金春莲. 2005. 人类性别决定相关基因的研究进展. 国外医学遗传学分册，28（5）：262~267

楼允东，刘艳红，邱高峰. 2004. 虾蟹类性别决定研究进展. 上海水产大学学报，13（2）：157~163

牛宝龙，翁宏飚，孟智启. 2001. 昆虫的性别决定与性别控制. 浙江农业学报，13（6）：327~334

田佳，陈芸，王艺磊，等. 2010. 鱼类性别决定的影响因素. 生命科学，22（10）：971~977

袁津军. 2010. 哺乳动物性别决定机制的研究进展. 生物学通报，45（10）：8~12

张红卫. 2001. 发育生物学. 北京：高等教育出版社

张秀华，井长勤. 2006. 哺乳动物性别决定基因的研究进展. 新乡医学院学报，23（6）：638~640

张勇，陈淳，顾建新，等. 2001. 哺乳动物性别决定的研究进展. 生物工程进展，21（3）：26~30

郑尧，王在照，陈家长. 2015. 调控鱼类性腺分化基因的研究进展. 水生生物学报，39（4）：798~809

周林燕，张修月，王德寿. 2004. 脊椎动物性别决定和分化的分子机制研究进展. 动物学研究，25（1）：81~88

Wilcox C H. 2010. 英研究人员发现雌雄同体鸡性别决定机制. 农业生物技术学报，18（3）：544

Arias A M，Stewart A. 2002. Molecular Principles of Animal Development. Oxford：Oxford University Press

Bartsch G，Rittmaster R S，Klocker H. 2000. Dihydrotestosterone and the concept of 5 alpha-reductase inhibition in human benign prostatic hyperplasia. European Urology，367~380

Behringer R R，Finegold M J，Cate R L. 1994. Müllerian-inhibiting substance function during mammalian sexual development. Cell，79：415~425

Gilbert S F. 2000. Developmental Biology. 6th ed. Sunderland：Sinauer Associates Inc.

Hinojosa-Diaz I A，Gonzalez V H，Ayala R，et al. 2012. New orchid and leaf-cutter bee gynandromorphs，with an updated review（Hymenoptera，Apoidea）. Zoosyst. Evol.，88（2）：205~214

Jahner J P，Lucas L K，Wilson J S，et al. 2015. Morphological outcomes of gynandromorphism in *Lycaeides* butterflies（Lepidoptera：Lycaenidae）. Journal of Insect Science，15（38）：1~8

Klug W S，Cummings M R. 2002. Essentials of Genetics. 4th ed. Englewood：Pearson Higher Isia Education

Leland H. 2000. Genetics：From Genes to Genomes. New York：MicGraw-Hill Companies Inc.

Lucia M，Gonzalez V H. 2013. A new gynandromorph of *Xylocopa frontalis* with a review of gynandromorphism in *Xylocopa*（Hymenoptera：Apidae：Xylocopini）. Annals of The Entomological Society of America，106（6）：853~856

Peer B D，Motz R W. 2014. Observations of a bilateral gynandromorph northern cardinal（*Cardinalis cardinalis*）. The Wilson Journal of Ornithology，126（4）：778~781

Raymond C S，Kettlewell J R，Hirsch B，et al. 1999. Expression of *Dmrt1* in the genital ridge of mouse and chicken embryos suggests a role in vertebrate sexual development. Development Biology，215：208~220

Raymond C S，Shamu C S，Shen M M，et al. 1998. Evidence for evolutionary conservation of sex-determining genes. Nature，391：691~695

Smith C A，McClive P J，Western P S，et al. 1999. Conservation of a sex-determining gene. Nature，402：601~602

Twyman R M. 2001. Instant Notes in Developmental Biology. Oxford: BIOS Scientific Publishers Limited

Wilhelm D, Palmer S, Koopman P. 2007. Sex determination and gonadal development in Mammals. Physiological Reviews, 87: 1~28

Wolf U. 1999. Reorganization of sex-determining pathway with the evolution of placentation. Human Genet, 105: 288~292

Wolpert L. 2002. Principles of Development. Oxford: Oxford University Press

第 9 章 变态与多型现象

在动物的整个生活史中,常常为了适应周围环境的改变,会产生变态和多型现象,本章将以果蝇和蛙为例来阐述变态的激素调控机制,以蝗虫为例说明多型现象的神经内分泌作用方式。

9.1 动物变态的基本特征

变态是指动物在发育的某个阶段整个个体形态发生重大改变,常伴随着生活方式及习性的改变,以适应生活环境的改变。变态现象在自然界中普遍存在,如腔肠动物、环节动物、棘皮动物、节肢动物、脊椎动物中都存在具有变态现象的物种。

昆虫和两栖动物经变态形成的成体通常在生活环境或取食的食物上与幼体存在明显的不同。例如,两栖动物的成体主要在陆地生活,为肉食性动物,而它们的幼体常生活在水中,以藻类和水生植物为食。

尽管变态的物种很多,但在变态现象上存在着一些共同的特点:幼体的某些特殊结构被放弃(如毛虫的腹足、蝌蚪的尾巴);适当调整某些组织并在成体时期继续保留(如神经系统);形成成体特有的结构(如昆虫的翅、两栖动物的肺);激素参与变态过程的调控。

9.2 昆虫的变态

9.2.1 昆虫变态类型

根据变态的不同程度,昆虫变态可分为增节变态(anamorphosis)、表变态(epimorphosis)、原变态(prometamorphosis)、不完全变态(incomplete metamorphosis)及全变态(complete metamorphosis)5 种类型。其中不完全变态又可分为半变态(hemimetamorphosis)、渐变态(paurometamorphosis)和过渐变态(hyperpaurometamorphosis)3 种类型。

增节变态指昆虫从幼期发育至成虫期的过程中只是腹部体节数逐渐增加,其余均保持不变,为最原始的昆虫变态类型,目前只在低等无翅的原尾目昆虫中观察到这种变态类型的发生。表变态指从卵孵化出的幼虫与成虫形态基本相同,只是个体大小和性器官成熟度不一样,且成虫期继续蜕皮,有时也被称为无变态,弹尾目、双尾目、石蛃目、缨尾目昆虫均采用了这种变态方式。原变态指幼虫需经过一个短暂的亚成虫阶段,然后再经过一次蜕皮才能转变为成虫,亚成虫外形与成虫相似,且性也已成熟,并具备了飞翔能力,但体色较浅,多呈静止状态,仅见于蜉蝣目昆虫。上述 3 种变态类型较为少见,而不完全变态和全变态两种类型则是现存昆虫中较为普遍的变态方式。不完全变态指发育只经历卵、幼虫、成虫 3 个阶段，翅在幼虫体表发育。全变态指昆虫一生经历卵、幼虫、蛹、成虫 4 个阶段，翅在幼虫的体内发育。

半变态指幼虫（常称为稚虫）水生，成虫陆生，稚虫与成虫在体型、取食器官、呼吸器官、运动器官等方面都有所不同，稚虫发育为成虫后适于水中生活的部分构造将完全消失，如蜻蜓。渐变态指幼虫与成虫在形态和生活习性等方面都很相似，但幼虫（常称为若虫）与成虫相比，翅发育不完全，性也未成熟，如蝗虫、蟑螂、蚜虫等。过渐变态指幼虫（常称为若虫）与成虫均为陆生，形态相似，但末龄若虫变为成虫前要经历一个不食且相对静止的时期，类似全变态昆虫的蛹期，区别是若虫的翅着生在体外，肉眼可见，而全变态昆虫的幼虫翅芽因在体内发育，表面是见不到的，故有时又将这个特殊时期称为伪蛹，常见于蓟马、粉虱和雄性蚧壳虫等。

9.2.2 昆虫变态的形态学特征

全变态昆虫的成虫与幼虫在外形（如幼虫常具腹足和单眼，不具成虫期才出现的复眼和翅）和内部器官构造上存在明显的不同，中间还需经过蛹的阶段。蛹是从幼虫到成虫的一个居间期，在外表上，蛹期不食不动呈静息状态，但在体内却有剧烈变化，此时整个虫体的外形和内部构造进行着明显的改变和调整，如幼虫组织器官进行分解破坏，以成虫盘（imaginal disc）存在的组织原基则逐步分化发育，形成成虫的构造。成虫盘实际上是存在于幼虫体内的一群未分化的胚细胞，在变态时由其替代幼虫的组织器官。

全变态类中较低等的昆虫在变态时仅有少数组织器官进行分解，多数保留为成虫对应的组织和器官。在较高等的昆虫中，绝大多数器官都需经过组织分解和组织发生两个阶段，如体壁、脂肪体、消化道、肌肉和体表附器等都经过了重新建造的过程，只有背血管、神经系统和气管系统在蛹期未发生组织分解。

9.2.3 变态时的代谢特点

以氧的消耗、二氧化碳的排出或能量的产生表达的能量代谢过程为 U 形曲线。多数昆虫变态时的呼吸商近于 0.7，说明蛹期主要利用脂肪进行能量代谢。在蛹期总氮量表现稳定，主要排泄物为尿酸。同时蛋白质的总量以及低分子含氮化合物仅有较小的变化，而单一的氨基酸可能周期性地发生变化，变态后期结构蛋白逐渐增加，非结构蛋白则不断被消耗减少。在蛹期组织中 pH 的变化同样呈 U 形曲线变化，这种变化并非源于乳酸的集聚，而是由核苷酸代谢的一些分解产物所引起。在蛹的早期总的代谢显著减低，后期则迅速增加，在变态时对呼吸代谢最主要的限制因子存在于糖酵解系统中，对脂肪代谢和三羧酸循环来说它是一个先决条件。

9.2.4 成虫盘的发育

成虫盘实际上是成虫器官的胚基，为全变态昆虫在发育过程中特有的一种过渡性结构。有些内翅类昆虫的成虫器官全部来自成虫盘，如有些膜翅类和双翅类昆虫的体壁也是来自成虫盘；也有些种类只有部分成虫器官来自成虫盘，如鳞翅目幼虫消化管、口器和气管系统可直接或经改造后变为成虫器官，而非由成虫盘发育而来。

成虫盘的决定和发育开始于胚胎体节分化和 homeobox 基因表达的阶段。胸部体节足和翅成虫盘分化形成如图 9-1 所示。受前后和背腹体轴信号的相互作用及 homeobox 基因产物的诱导，体节中形成了两条相互交叉的蛋白表达条带，水平方向上为 Decapentaplegic（Dpp）

蛋白表达条带，垂直方向上为 Wingless（Wg）蛋白表达条带。两蛋白带交汇处部分细胞的 *distal-less* 基因被诱导表达，成为成虫盘形成的前体细胞。随后，表达 Dpp 的细胞向背部移动，并导致部分 *distal-less* 基因被诱导表达的细胞也向背部移动。结果在原处的 Distal-less 生成细胞发育为足成虫盘，而迁移的 Distal-less 生成细胞发育为翅成虫盘。

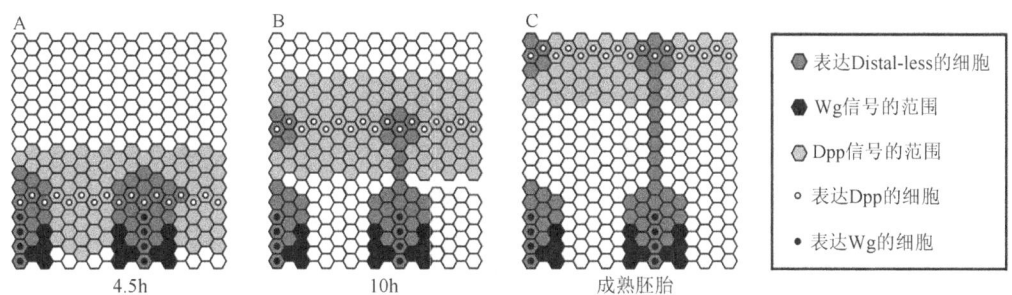

图 9-1　果蝇胸部体节足和翅成虫盘的分化和定位（引自樊启昶和白书农，2002）

A. 在 *Hox* 基因产物的诱导下，出现十字交叉基因表达带（垂直带合成分泌 Wg，水平带合成分泌 Dpp），该区域细胞 *distal-less* 基因被诱导表达，形成初始成虫盘；B. 分泌 Dpp 的水平细胞带向背部移动，并"携带"部分 *distal-less* 基因表达细胞向背部迁移；C. 留在原处的 *distal-less* 基因表达细胞成为足成虫盘前体细胞，迁移的 *distal-less* 基因表达细胞成为翅成虫盘前体细胞

有关成虫盘分化的基因控制还不是很清楚，但已发现 *vestigial* 基因对翅的形成有重要的作用，如通过基因工程手段将该基因导入眼、触须或足原基中表达，可在这些部位诱导出翅样的结构（图 9-2）。与脊椎动物肢体体轴形成的控制类似，在果蝇翅成虫盘的发育过程中，*hh*、*dpp*、*wg* 基因参与了轴向分化（图 9-3）。

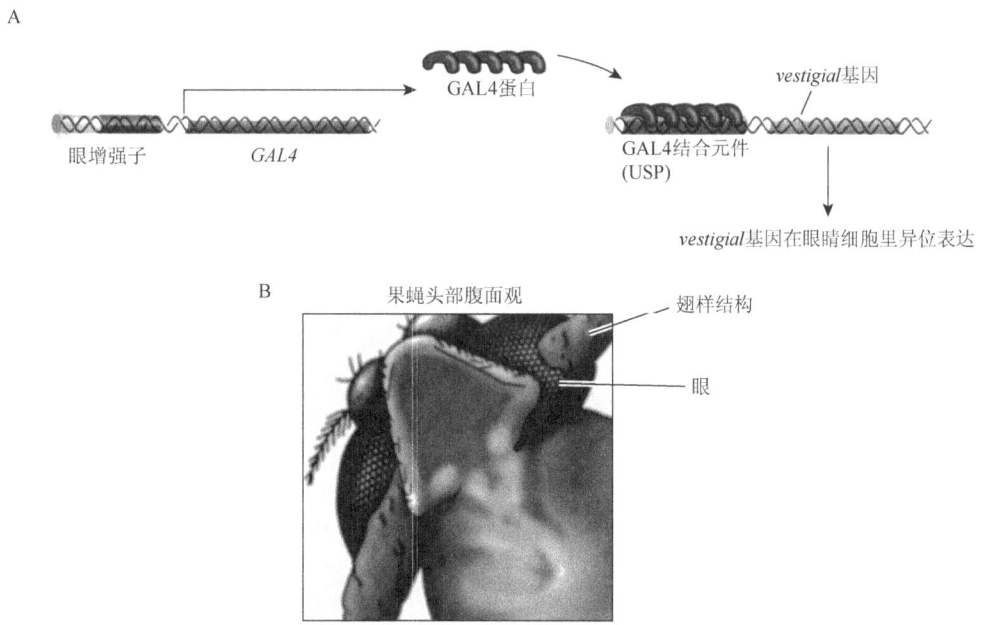

图 9-2　*vestigial* 基因决定翅成虫盘（引自樊启昶和白书农，2002）

A. 培育两个不同的果蝇品系：一个品系中，转入酵母的转录激活蛋白 *GAL4* 基因，并与果蝇的眼增强子偶联；另一个品系中，在对果蝇翅发育有重要作用的 *vestigial* 基因的上游转入酵母的 GAL4 蛋白的激活序列。两品系杂交后所得子代个体将会在眼睛成虫盘中激活 *vestigial* 基因。B. 子代果蝇眼睛中长有翅样组织

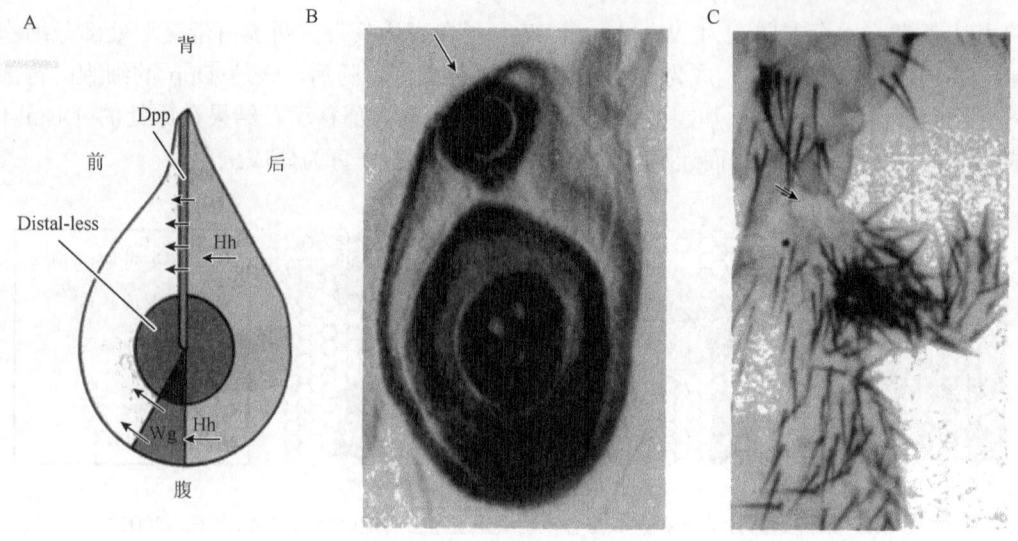

图 9-3 果蝇足成虫盘轴向决定相关的基因（引自樊启昶和白书农，2002）

A. 只有成虫盘后侧合成 Engrialed 蛋白的细胞才合成分泌 Hedgehog（Hh）蛋白，该蛋白在背侧前后边缘区域中诱导出一条表达 dpp 基因的细胞带，Dpp 蛋白扩散并形成成虫盘背前侧图案。Hh 蛋白在腹前面近后处则诱导细胞合成并分泌 Wg 蛋白，从而帮助形成腹前侧图案。B. 转基因方法使 wg 基因在足成虫盘背部区域表达，形成一个新的成虫盘。C. 使 dpp 基因异位表达同样形成一个新肢体

刚生成的成虫盘一般为单柱状上皮式构造，随后内陷并逐渐加深成囊状，伴随着上皮细胞的不断分裂增殖，囊的内壁上会形成新的皱襞并呈折叠形式存在。在果蝇足成虫盘的发育中，其内陷囊和皱襞套叠的式样很像望远镜的结构，当足生出时，其状犹如望远镜筒的外拉，故将此过程称为外翻（eversion）。

昆虫成虫盘几乎全部起源于外胚层，多数到胚胎晚期或一龄幼虫期才能被识别出来，在随后的各龄幼虫期，器官芽持续生长，不受蜕皮的影响。直至最后一龄幼虫期成虫盘细胞仍保持核大、细胞质少并含有较少内质网的胚胎细胞型特点。成虫盘迅速发育为成虫器官的过程只有在蛹期阶段才能实现并完成。

成虫盘的数目和分化方式往往随着昆虫种类的不同而有所差异。例如，黑腹果蝇的皮肤器官芽包括 10 对主盘和一个单生的中部生殖盘（median gentital disc）。而实蝇（*Ducas tryoni*）除具有以上成虫盘外，在幼虫第 8 腹节处生有一对侧生殖盘（lateral genital disc）。图 9-4 说明了果蝇成虫盘与成虫器官的生长部位及对应关系。

9.2.5 激素对蜕皮和变态过程的控制

9.2.5.1 与蜕皮和变态有关的主要激素

昆虫的激素种类已达 30 多种，但与变态直接有关的激素是蜕皮激素和保幼激素，而蜕皮激素的合成和分泌又受到促前胸腺激素的调控，除了以上三种主要激素外，与蜕皮和变态有关的激素还有鞣化激素（bursicon）、蜕壳激素（eclosion hormone）、蜕皮引发激素、促咽侧体素（allatotropin，AT）、抑咽侧体素（allato statin，AS）、抑前胸腺肽（prothoracicostatic peptide，PTSP）等。

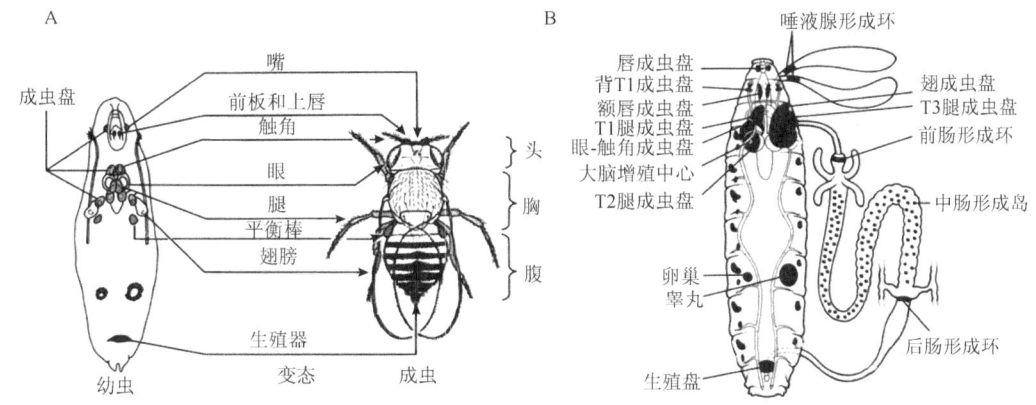

图 9-4 果蝇成虫盘（引自樊启昶和白书农，2002）

A. 幼虫成虫盘与成体结构对应；B. 成虫盘的定位

（1）促前胸腺激素（prothoracicotropic hormone，PTTH）：又称促蜕皮激素（ecdysiotropin），是脑内神经分泌细胞产生的一种肽类激素，主要由前脑侧区的神经分泌细胞分泌，调节前胸腺合成和分泌蜕皮激素。研究人员已分离纯化了烟草角蛾（*Manduca sexta*）和家蚕（*Bombyx mori*）的 PTTH，并弄清了家蚕 PTTH 的基因和氨基酸序列，发现促前胸腺激素包含两种以上的不同氨基酸序列的多肽。小分子 PTTH 由两个相同或非常类似的亚基通过二硫键连接在一起，为同源二聚体。家蚕大小不同的两种 PTTH 的相对分子质量分别约为 2.2×10^3 和 4.4×10^3。不同组分可能存在某些种间专化性；另外，相对分子质量不同的组分对同种昆虫产生效应的时间也不相同，通常相对分子质量较小的促前胸腺激素诱导蜕皮激素的低水平释放，使幼虫进入漫行期（wandering stage），停止取食，准备化蛹，发生皮层溶离，相对分子质量较大的促前胸腺激素引起蜕皮激素的第 2 次释放高峰，导致昆虫脱皮。促前胸腺激素的释放是由多种因素决定的，包括昆虫自身的生活节律和激素水平（如保幼激素的滴度下降），以及光照周期和温度等环境条件的刺激。

PTTH 到达前胸腺后，首先与细胞膜上的受体结合，激活钙离子通道，引起胞内钙离子浓度的提高，造成一系列的信号转导，最后导致与 MH 合成有关的酶产生或活化，实现 PTTH 对前胸腺合成 MH 的调控作用。

（2）蜕皮激素（molting hormone，MH）：又称蜕皮甾醇（ecdysteroid）或蜕皮酮（ecdysone），为多羟基化的固醇类。昆虫虽包含好几类在生物活性方面明显不同的类固醇蜕皮激素类物质，但普遍存在的主要是 α-蜕皮激素和 β-蜕皮激素，其化学结构如图 9-5 和图 9-6。在某些昆虫中，α-蜕皮激素是一种"激素原"，本身没有活性，必须转化为 β-蜕皮激素才具有活性。

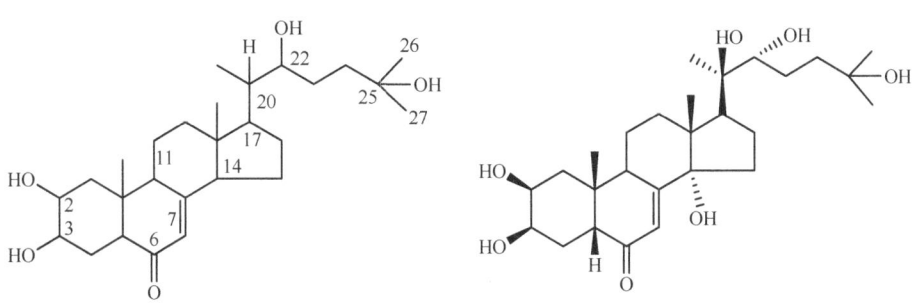

图 9-5　α-蜕皮素的结构　　　　图 9-6　β-蜕皮素的结构

β-蜕皮激素与甲壳纲动物的蜕皮激素完全相同。昆虫自身不能合成蜕皮激素的前体物三萜烯化合物，它需从植物中取得胆甾醇，在前胸腺中将其转化为蜕皮甾醇，而后在脂肪体或中肠细胞中转化为具有活性的 20-羟基蜕皮酮（β-蜕皮激素，20E）。

蜕皮激素的主要功能是促进所有节肢动物的正常蜕皮。在植物中虽也广泛分布蜕皮激素类物质，但具体功能尚不清楚。除了诱导蜕皮外，它们对成虫生殖及胚胎发生也起到一定的调节作用。

经过多年的研究探索，现在普遍认为蜕皮激素的作用模式如下，在昆虫体内，激活的蜕皮激素与细胞内的蜕皮激素受体结合，蜕皮激素的受体被公认为是一个由非共价键连接起来的蜕皮激素受体（ecdysterod receptor，EcR）和超气门蛋白（ultraspiracle，USP）组成的异源二聚体（EcR/USP），这种激素-受体复合物与特定的靶基因序列结合，调节"早期""晚期"基因的转录。早期基因（如 *broad*）可直接被激素-受体复合物激活，而晚期基因则被该复合物抑制。而早期基因的产物通常是一些转录因子，可以激活晚期基因的表达，并可反馈抑制早期基因的表达。

（3）保幼激素（juvenile hormone，JH）：由咽侧体分泌，它是多种倍半萜类的总称，目前发现的主要有 JH0、JHⅠ、JHⅡ、JHⅢ、4-methyl-JHⅠ、JHⅢ-bisepoxide 和 Methyl Farnesoate 七种结构形式（图 9-7）。在不同种类和不同虫期，保幼激素的结构和含量都是不同的，显示出种的特异性。但在多数情况下，昆虫的成虫期只含有 JHⅡ。直翅目昆虫中主要含有 JHⅢ，而鳞翅目中主要是 JH0、JHⅠ和 JHⅡ的混合物，在高等双翅目中存在 JHⅢ双环氧化物，在蜚蠊胚胎和幼虫中发现了少量的甲基法呢醇，它是 JHⅢ的直接前体。咽侧体产生的保幼激素是亲脂性的，在血淋巴中有较高的溶解度。它与载体蛋白质形成的复合体可防止非特异性脂酶的水解。

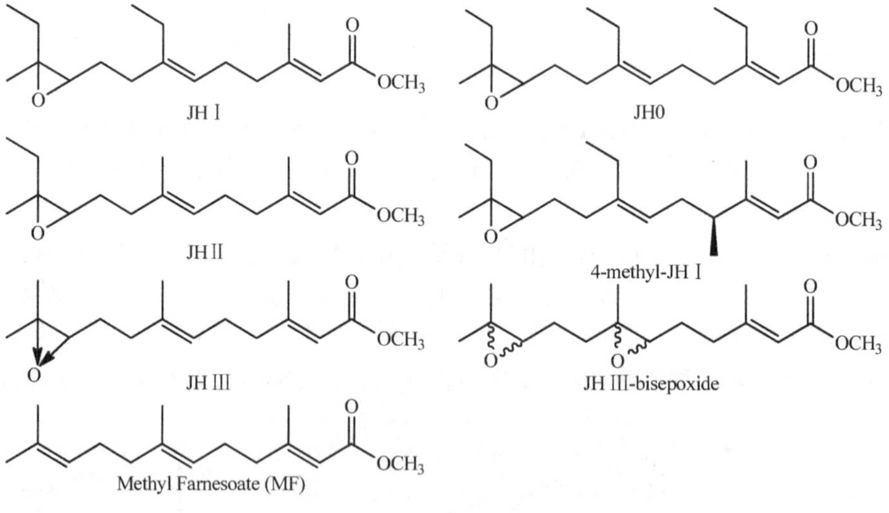

图 9-7　昆虫保幼激素一览表

保幼激素的主要功能是维持幼虫特征，阻止变态发生。Wigglesworth 曾对普热猎蝽进行了典型的接驱试验，将 1 头幼龄若虫与一去头的 5 龄若虫接驱后，5 龄若虫没有发生变态，蜕皮后形成了一个超龄若虫。若将 1 龄若虫在取食后立即切去头部，与 5 龄若虫进行接驱，1 龄若虫则蜕皮变成一个"小型"的成虫。这个实验表明保幼激素是维持幼虫期特征必不可少的激素。当缺乏保幼激素时，幼虫就会早熟，提前变为成虫。通常幼虫期保幼激素的滴度较高。保幼激素在蛹期的作用是抑制成虫构造的形成，导致产生蛹的结构。

JH 对细胞中靶标有多种作用模式。最主要方式是 JH 先与受体 Met（methoprene-tolerant）蛋白结合成复合物，再与 Taiman 结合形成复合物，随后进入细胞核中，与靶基因的部分序列结合，从而改变靶基因的转录活性，起到直接调控作用。如调控 *Krüppel homolog* 1（*kr-h*1）等靶基因的表达，进而调控下游基因如 *broad* 等基因的表达，而 *broad* 编码的蛋白是启动昆虫变态的关键转录因子。JH 还可能有几条间接调控靶基因转录的途径，如 JH 可通过抑制或促进另外一套转录因子的基因表达来间接调控功能蛋白基因的表达。此外，对某些昆虫的研究发现，JH 也能通过调节靶细胞的细胞膜通透性以及二级信号转导过程来发挥作用。

9.2.5.2 蜕皮和变态的激素控制

参与调节的激素主要有促前胸腺激素、蜕皮激素和保幼激素（图 9-8）。促前胸腺激素在蜕皮激素与保幼激素的调节过程中起主导作用。蜕皮激素是引起蜕皮和变态的动力，而保幼激素决定蜕皮的特征，即是从幼虫到幼虫的生长蜕皮，或从幼虫到蛹及蛹到成虫的变态蜕皮。具体来说，当幼虫生长时，保幼激素和蜕皮激素同时分泌引起幼虫蜕皮；但到了末龄幼虫期，由于脑分泌的某些神经肽对咽侧体起到了抑制作用，减少了保幼激素的分泌，当保幼激素分泌的量降低到一定程度，在大量蜕皮激素的影响下，幼虫的特性不再继续表现出来，出现蛹的性状，即化蛹；蛹体内蜕皮激素仍保持活动，当保幼激素停止分泌时则出现成虫性状。

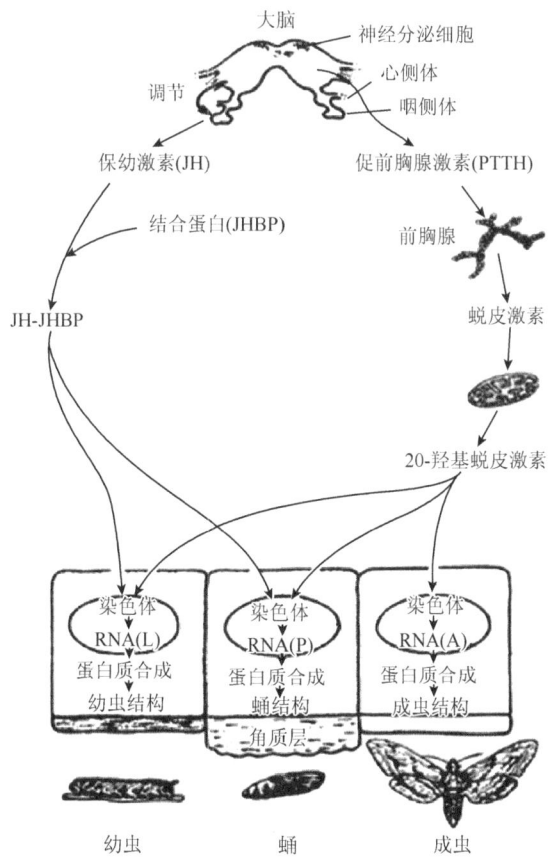

图 9-8　昆虫蜕皮和变态的激素控制（引自顾世红，1999）

保幼激素对形态发生的效应与昆虫体组织所处的敏感时期有关。JH 只在蜕皮前的某个特定时期才会产生效果,在这个时期之后,JH 不再产生生理或发育上的影响,此特定时期即为 JH 敏感期。JH 的敏感期是生长发育过程中事先程序化的,与 JH 本身的存在或消失无关。通常,如果 JH 存在于敏感期,昆虫保持当前的发育状态;如果 JH 不存在敏感期间,生长发育状态则发生变化。因此昆虫只有在某一虫龄早期存在保幼激素的条件下,才能完全保留幼虫特征。另外,保幼激素的存在还能抑制前胸腺对 PTTH 的感受性,从而阻止蜕皮激素的合成。

9.2.6 microRNA 对蜕皮和变态过程的控制

microRNA(miRNA)为广泛存在于真核生物中的一类长度为 19~25nt 的单链非编码小分子 RNA,成熟的 miRNA 是由较长的初级转录物经过 Drosha 酶和 Dicer 酶的剪切加工而产生,随后组装进 RNA 诱导的沉默复合体,可抑制靶基因的翻译过程或通过降解靶基因的信使 RNA,从而在转录后水平上能够调控基因表达。在昆虫中已有大量的 miRNA 的报道,发现 let-7、miR-100、miR-125、miR-34、miR-14、miR-8、miR-281、miR-252-3p 等能够作用于保幼激素或蜕皮激素信号通路中的部分靶基因,对昆虫蜕皮和变态过程起到一定的调控作用。

在果蝇中,let-7、miR-100、miR-125 以及 miR-34 可作用于 20E 和 JH 信号通路中的部分基因,影响果蝇的变态过程。20E 能够诱导 let-7、miR-100、miR-125 的表达,抑制 miR-34 的表达;而 JH 则相反,抑制 let-7、miR-100、miR-125 的表达,诱导 miR-34 的表达。故在果蝇幼虫后期和蛹期,因启动变态 JH 滴度急剧下降、20E 滴度迅速增加,可检测到 let-7 和 miR-125 高表达、miR-34 低表达。在果蝇中若过表达 let-7 和 miR-125,会使幼虫的发育停滞在 1~2 龄期,最终死亡;若缺失 let-7 和 miR-125,会使果蝇变态时翅碟细胞周期紊乱,细胞死亡率增加,导致翅发育缺陷。同时因 let-7 的缺失造成它的靶基因 Abrupt 过表达,影响并减缓成虫背腹部的神经肌肉接头(neuromuscular junctions)发育,从而不具备成虫特征。除了对上述 miRNA 具有调控作用外,20E 还对果蝇 miR-14 的表达具有抑制作用,而其受体 EcR 又受到 miR-14 的负调控作用,所以 20E 通过抑制 miR-14 的表达可减弱其对 EcR 的抑制作用,放大 20E 信号,充分发挥其调控变态的作用。miR-8 是果蝇 Wnt/Wingless 的抑制因子,若缺失 miR-8,果蝇化蛹率低,神经系统发育存在缺陷,对高温敏感,腿部发育缺陷。

在家蚕中已鉴定得到 101 个保守的和 14 个特异的 miRNA。通过生物信息学预测发现,一种特异的 miRNA bmo-mir-2763 的靶基因是滞育激素受体 DHR-4,而该受体是在家蚕前胸腺中表达的,故推测 bmo-mir-2763 可能参与家蚕 20E 的合成。此外,还预测到 bmo-mir-2998 的靶基因是保幼激素酸甲基转移酶(JH acid methyltransferase),bmo-mir-2766 的靶基因是保幼激素酯酶(JH esterase),由于这两种酶是 JH 合成和降解过程中的重要酶类,表明在家蚕变态发育过程中,JH 滴度可能会受到这两个家蚕特异的 miRNA 调节。同样,在家蚕中,miR-281 能特异性地抑制 20E 信号通路中的 EcR-B 的表达,而 20E 又能抑制 miR-281 的表达,于是在幼虫—蛹的变态阶段,由于 20E 的滴度较高,大大降低了 miR-281 的表达,使得 EcR-B 的表达水平较高,这对于促进幼虫—蛹的转变是非常重要的。miR-278 在家蚕化蛹期大量表达,因其在果蝇中对能量的稳态起到重要的作用,推测家蚕 miR-278 可能在变态时的能量代谢中发挥某种作用,进而影响家蚕的变态发育。若下调 let-7 的表达,可导致家蚕发育停滞在幼虫第 3 次蜕皮时和蛹期，表明 let-7 对于家蚕的蜕皮和变态具有重要的调控作用，进一步研究显示 let-7 是通过作用于 FTZ-F1 和 E74 对蜕皮发挥调控作用的。

利用 RNAi 沉默德国小蠊末龄若虫 dicer-1 的表达，可抑制若虫羽化成为成虫，这与阻断 JH 信号通路后的表型非常类似。在飞蝗中也曾得到相似的实验结果，说明 miRNA 在不完全变态昆虫的羽化过程中也发挥着重要作用。进一步研究发现，在德国小蠊羽化过程中，let-7、miR-100 和 miR-125 在末龄若虫中大量表达，在倒数第 2 个若虫龄期中表达水平则相对较低，这和蜕皮激素在体内此时的滴度变化是一致的。若敲减 miR-100，可导致成虫翅明显变小，翅脉畸形；而敲减 let-7 同样导致翅脉畸形，这与干扰 broad 的表型相近。此外，还发现 miR-252-3p 在倒数第 2 龄若虫期高表达而在末龄若虫时表达水平则降低很多，若抑制 miR-252-3p 的表达，可造成德国小蠊若虫生长和发育迟缓。

9.3　两栖动物的变态

两栖动物的个体发育过程中要经过两个生活期，即生活在水中的幼体期和基本上营陆生生活的成体期。由于这两个生活期所面临的生活环境差异极大，为了适应这种环境的改变，故从幼体期向成体期发育时，在形态结构方面会出现明显的改变和重建，即会发生变态。

在变态过程中旧性状的丢失和新性状的获得是在一定时间内逐渐持续进行的，没有绝对的静止阶段，下面以无尾两栖类的蛙为例，来说明其在变态过程中的典型的变化。

在变态初期（prometamorphic period, prometamor phosis），后肢首先出现，稍后阶段蝌蚪从鳃腔中伸出隐藏的前肢，然后逐渐吸收尾部，运动方式由水中游动转变为陆地用腿跳跃。

蝌蚪长出四肢后，变态进入顶峰期（metamorphic climax），此时外部形态变化包括：用于撕裂植物的角质牙脱落，眼球更加突出并移向背部同时长出眼睑以保护眼睛，口加宽和颚肌发达，这些变化将有利于小蛙从空中捕获食物。内部结构的变化主要有：内鳃退化，肺逐渐长大，主动脉弓和一些大血管被改造，成红细胞中合成了一种与氧亲和力较低的血红蛋白新亚类，以适应呼吸方式的改变。肉质长舌生出，消化管变短，泄殖腔萎缩，舌颚骨和一些增强肺部呼吸功能的肌肉都已分化出来。幼体用于检测低频水波和水流状况的侧线感觉系统退化，第一对鳃囊变成耳管，有鼓膜覆盖，参与耳柱声音传导；视网膜色素由鱼类的视紫质转变为陆生脊椎动物特有的视紫红质。

在变态过程中，肝和肾合成产生了新的酶系，能将氨转变为尿素，使成蛙的排泄以尿素为主，明显不同于蝌蚪以排泄氨为主。

变态结束后，由小蛙向成体过渡期间，保留原型的皮肤组织开始进一步变化，如细胞层次增加，并分化出角质细胞层，使整个皮肤变厚变硬；形成黏液腺并进行分泌，使皮肤表面变得更加光滑湿润；色素细胞增加和重新排列使皮肤的彩纹逐渐进入成体模式。

直接控制蝌蚪变态的激素只有甲状腺素，甲状腺素由甲状腺合成分泌，该腺体的活性受到垂体前叶分泌的甲状腺刺激素（thyroid stimulating hormone, TSH）和促乳激素（prolactin）的调控，前者有活化作用，后者有抑制作用。而垂体的活性则受到下丘脑产生的神经激素的影响。

在化学组成上甲状腺素是三碘甲状腺氨酸（triiodothyronine, T_3）和四碘甲状腺氨酸（tetraiodothyronine, T_4）的混合物，对变态起主要作用的是 T_3。变态前，甲状腺素和甲状腺素受体均以低浓度存在于蝌蚪体内，因低于诱导甲状腺素靶基因启动的阈值，所有的相关基因保持沉默；当某些因子（如环境因子）刺激下丘脑分泌促 TSH 释放因子（TSH-releasing factor, TSH-RF），刺激垂体前叶分泌 TSH，然后 TSH 将会刺激甲状腺合成分泌更多的甲状腺素，并与甲状腺素受体结合，启动甲状腺素受体基因的表达，形成正反馈调节，使甲状腺素受体含量快速增加，甲状腺素与甲状腺素受体复合体开始激活变态调控基因的表达，导致变态开始；大量的甲状腺素与甲状腺素受体复合体全面激活变态调控基因，并且一些靶基因产物反馈激活甲状腺产生并分泌更多的甲状腺素，即在总体规模上启动正反馈的调节机制，使变态高潮迅速到来，加速变态发育的进程。

9.4 节肢动物的多型现象

在同一种群内，个体在形态或机能上因存在明显的不同而分为两种或两种以上的类型，这种现象即为多型性。多型现象主要在成虫期出现，只有部分昆虫种类出现在幼期或蛹期，常见的有翅多型现象、体色多型现象等。

多型现象在蜜蜂、蚂蚁和白蚁等社会性昆虫（social insect）中表现最为突出。例如，白蚁，其个体可划分为生殖型和非生殖型两大类型。生殖型能交尾产卵繁殖后代，根据来源与形态的不同又可分3个类型：①长翅型，是原始繁殖蚁；②短翅型，是补充繁殖蚁，常见于地栖种类，只有2对发育不全的翅芽；③无翅型，是完全无翅的个体，很少见，只存在于极原始的种类失去了原来的蚁王蚁后的群体中。非生殖型，不能繁殖后代，都是完全无翅的个体，具体可分为2个类型：①工蚁，头圆，触角长，有雌雄之分，因生殖器官退化而无生殖能力；②兵蚁，体形较大，复眼和口器退化，有雌雄之分，亦不能生殖。

在其他非社会性昆虫如直翅目、同翅目和鳞翅目的一些种类中，受季节、种群密度、食料等影响，也会出现多型现象。例如，在春夏季节的螽斯体色多为绿色，而秋冬季节多为灰褐色；蜘蛱蝶（*Araschnia levana*）春季时通体呈明亮的橙色，带有黑色斑点，而夏季时通体则呈黑色，带有白色条带。再如，稻飞虱，主要包括褐飞虱（*Nilaparvata lugens*）、白背飞虱（*Sogatella furcifera*）及灰飞虱（*Laodelphax striatellus*），属同翅目飞虱科，为水稻主要害虫之一，当食料丰富和种群密度较低时，一些飞虱会出现短翅型，故其成虫期具有长翅和短翅二型现象（图9-9），长翅型是迁飞型，在生境条件不良、营养状况恶化时向外迁移，短翅型是定居型，发育速度较快，繁殖能力强。在基本弄清稻飞虱不同翅型的基本特点和影响稻飞虱长、短翅型发生比率的主要生态因子（温度、湿度、光照、若虫密度等）后，随后国际上众多的科学家主要从神经内分泌的角度探讨飞虱长、短翅型的调控机制。已发现昆虫体内保幼激素与飞虱翅二型现象有关，普遍认为各种生态因子对飞虱长、短翅型分化产生影响主要是通过调控虫体内的保幼激素含量来实现的，当保幼激素超过一定域值时，发育为短翅型，若低于一定域值时，则发育为长翅型。目前也有许多文献从分子生物学或其他角度对飞虱翅二型现象进行了研究和探讨，其中一个非常重要的成果就是发现褐飞虱胰岛素受体在长、短翅分化中起着关键性的作用，当受体2含量低时，胰岛素信号转导通路就会开启，褐飞虱就能生成长翅型，而当受体2含量高时，转导信号就会关闭，褐飞虱就能生成短翅型。此外，当食料质量变化时，一些鳞翅目幼虫，如夜蛾科灰翅夜蛾属（*Spodoptera* spp.）的一些种类和尺蛾科的 *Nemoria arizonaria*（Grote）的幼虫个体大小、体色和头部形状会因食物质量和数量而发生明显的变化等，通常 *Nemoria arizonaria* 在北美一年发生 2 代，春季世代的幼虫取食橡树的花，其外部形态非常类似橡树的柔荑花序，而夏季世代的幼虫由于取食橡树的叶子，其外部形态则非常类似橡树的一年生枝条（图 9-10），这种现象与食物内单宁的含量密切相关。

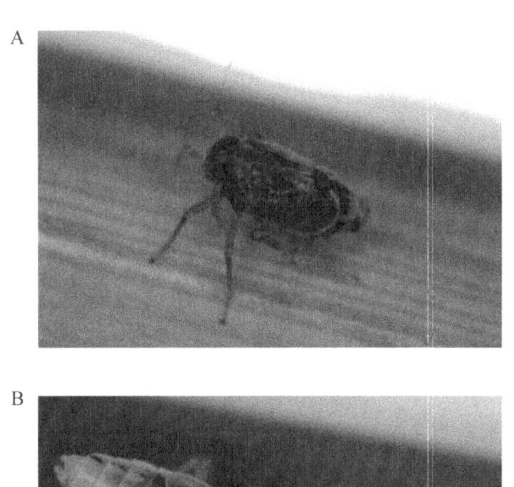
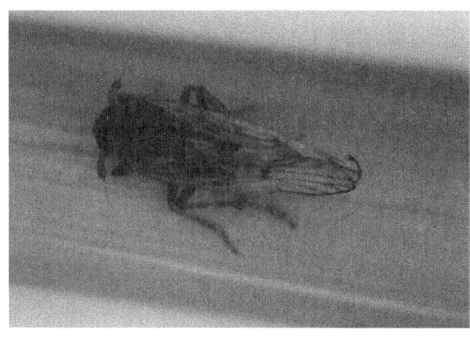

图 9-9　示褐飞虱（A）和白背飞虱（B）成虫期的长短翅型

春季幼虫吃橡树的花，外形似花　　　　　　　夏季幼虫吃橡树的叶，外形似枝条

图 9-10　尺蛾科 *Nemoria arizonaria* 幼虫的多型现象（引自 Gilbert，2000）

9.5　蝗虫多型现象的神经内分泌调控

9.5.1　蝗虫概述

蝗虫是世界性害虫，除南极洲外，各大洲均有发生，全世界的蝗虫有 1 万种以上，其中

对农、林、牧业可造成危害的蝗虫约 300 种，全球除南极洲、欧亚大陆北纬 55°以北地区外均可发生蝗虫。全世界常年发生蝗虫的面积达 $4.68\times10^7 km^2$，全球 1/8 的人口经常受到蝗灾的袭扰。

全世界发生危害最严重的蝗虫为沙漠蝗，其中最大扩散面积可达 $2.8\times10^7 km^2$，包括 66 个国家的全部和部分地区，约占全世界陆地面积的 20%，受灾人口约占全世界人口的 1/10。

我国已知蝗虫种类在 900 种以上，其中对农、林、牧业可造成危害的 60 余种。对禾本科植物可造成较大危害的蝗虫主要有东亚飞蝗、稻蝗、蔗蝗和尖翅蝗等。根据我国几千年来史籍的记载，造成农业上毁灭性灾害的蝗虫，主要就是飞蝗。

飞蝗是世界上分布最广泛的蝗虫，已知有 10 个亚种，其分布遍及欧洲、亚洲、非洲、大洋洲四大洲。我国有 3 个亚种分布如下：东亚飞蝗主要分布在东部季风区，亚洲飞蝗主要分布在西北干旱半干旱草原区，西藏飞蝗主要分布在青藏高寒区的许多河谷与湖泊沿岸地带。

蝗虫是一类具有多型现象的昆虫，具有两种主要型性（图 9-11）：一种称为散居型（solitary phase），该型蝗虫体色较淡，偏绿，体形较大，前胸背板向上凸出或隆起，行动迟缓，相互回避，独居一处，一般不造成危害；另一种称为群居型（gregarious phase），该型蝗虫体色较深，偏黑，体形较小，前胸背板平直或略向下凹，行动活泼，相互吸引，群居在一起，通常对农作物造成严重危害。多年来人们对蝗虫多型性的特点和调控机制展开了大量的研究，试图探明控制蝗虫由散居型向群居型转变的关键因子，以便找到一种阻止蝗虫由散居型向群居型转变的手段或方法，从而达到控制蝗灾的目的。下面主要从神经内分泌系统的角度阐明内分泌激素在蝗虫多型性中的作用与特点。

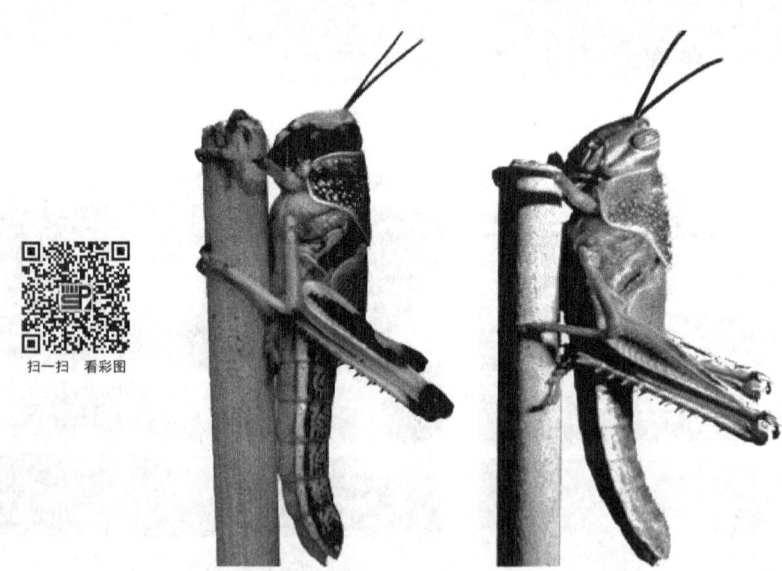

图 9-11 两种不同型性的蝗蝻

9.5.2 咽侧体和保幼激素

9.5.2.1 散居型的咽侧体较群居型的大

Staal 早在 1961 年就研究发现散居型飞蝗 *Locusta migratoria* 的咽侧体较群居型的大，湿度和密度对飞蝗咽侧体体积也有一定的影响。较高湿度可使散居型飞蝗咽侧体体积明显增加，但湿度对群居型飞蝗的咽侧体体积影响很小。若将高密度下饲养的蝗蝻从 3 龄后期分开单独饲养,其发育至5龄期间的咽侧体的体积要比那些一直维持在高密度条件下饲养的大,表明在前面的一个龄期(如4龄)所经受的密度上的差异可以影响后面龄期(如5龄)的腺体体积。

测定沙漠蝗（*Schistocerca gregaria*）最后两龄的雌蛹及雌成虫中的咽侧体体积,同样发现,散居型蝗虫的腺体体积要比群居型的大。

9.5.2.2 咽侧体的保幼激素生物合成活性存有差异

FJoly 等（1977）采用大蜡螟（*Galleria mellonella*）生物分析法研究发现散居型飞蝗4龄和5龄蛹血淋巴中保幼激素滴度比群居型中的高,并且散居型飞蝗成虫羽化后体内保幼激素滴度随着日龄增高的程度比群居型快得多。利用气相层析-质谱联用（GC-MS）等方法,Botens等研究发现,在蝗蛹任一龄期的中段,散居型飞蝗体内血淋巴中保幼激素滴度均明显高于群居型。一般情况下,刚羽化的飞蝗雌成虫体内血淋巴中保幼激素滴度较低,散居型和群居型间无明显差异;但羽化4d后散居型体内保幼激素的滴度明显升高,其保幼激素的增加量大约比在群居型雌虫中高出2倍。

Injeyan和Tobe通过体外放射化学分析法,同样证明了在沙漠蝗最后两龄的雌蛹中散居型咽侧体中保幼激素生物合成的活性比群居型高。但在沙漠蝗成虫中,群居型雌虫血淋巴中保幼激素滴度通常比散居型高,不过,含量动态变化模式却很相似:即第10天较高[散居型（80±17）pmol/mL；群居型（171±34）pmol/mL]，第20~25天下降到较低水平（散居型10~20pmol/mL，群居型20~30pmol/mL），第25天后则又开始升高,至第30天时达到峰值（散居型60pmol/mL，群居型85pmol/mL）。而在散居型雄虫中,羽化第10天的保幼激素滴度很低（2.4pmol/mL），以后逐渐增加,至第30天时到达最高值（150pmol/mL）；在群居型雄虫中,第10天的保幼激素滴度也较低（7.04pmol/mL），至第15天时升高到（233±29）pmol/mL，在第20天时又下降到较低的水平,然后到第25天再次升高。此外还发现在第一次生殖营养循环期间,保幼激素滴度、咽侧体体积和卵母细胞生长间有明显的相关性,但在第二次生殖营养循环期间,这种相关性却不明显。

取3、5、8日龄的群居型飞蝗雌虫的咽侧体进行体外培养,若在培养液中加入钙离子载体A23187,则可明显增加保幼激素生物合成的活性和释放量。A23187对散居型的腺体也有相似的作用,但在统计学上增加不显著。这些结果再次显示群居型和散居型成虫在咽侧体活性上存在一定差异。

9.5.2.3 外源保幼激素可诱导某些散居型特征

Nijhout和Wheeler提出用过量的保幼激素可以诱导散居型形成。保幼激素确实可诱导一定的散居型特征,最好的例证就是诱导散居型成虫所特有的绿色。近来的相关研究也证明保幼激素和保幼激素类似物（JHA）具有诱导绿色的作用,甚至在飞蝗的一种白化品系中亦发现了类似作用。

除了诱导绿颜色的作用外,Schneider等发现JHIII和JHA可加速卵母细胞成熟,在群居型沙漠蝗雌成虫中JHA甚至还可以增加产卵量。在蝗虫中产卵量的增加是一种散居型特点。此外JHIII和JHA也有抑制脂肪体发育和激脂反应,而这些均为"散居化"的特性。

另外,通过研究JH和JHA对飞蝗和沙漠蝗行为型性特点的影响,Wiesel等（1996）认为,这类化合物均降低聚集行为并对同伴蝗虫增加明显的侵略反应,即促进蝗虫形成散居型的特点。继后,Applebaum和Avisar用JHA处理拥挤饲养的蝗蛹,发现这种效果只是短期行为,难以长久维持。如果使用早熟素（precocene）进行精确定时的咽侧体的化学摘除,可导致绿色散居型飞蝗幼虫的绿色消失。

尽管外源 JH 或 JHA 可诱导散居型蝗虫所特有的许多特征，但也发现 JHA 可促进群居型飞蝗雄成虫的黄色形成，并且还显示心侧体也可能对黄色的形成产生促进作用。同样，JHA 在正常或摘除咽侧体的群居型沙漠蝗雄成虫中也有促进黄色形成的作用。而这种黄色的形成是群居型特点之一。

总之，大量研究充分肯定了保幼激素确实影响蝗虫的某些型性特点，但也表明它并不是诱导散居型的最初生理因子。目前普遍认为，存在于散居型和群居型蝗虫间咽侧体活性和保幼激素滴度的差异，可能构成蝗虫对密度反应的另一生理型性特点。同时，这种差异也可能导致某些型性特点的部分变化。因此咽侧体活性和保幼激素滴度的差异可能不是蝗虫型性转换反应的主要机制，而只是某些中间环节。

9.5.3 前胸腺和蜕皮激素

9.5.3.1 前胸腺形态比较

早期的研究发现，在年幼的沙漠蝗成虫中，散居型蝗虫的前胸腺比群居型的大。同时也发现，通常情况下，散居型飞蝗和沙漠蝗成虫的前胸腺持续存在，而群居型成虫的前胸腺则很快降解消失。但进一步研究发现，成虫期蝗虫的前胸腺的存在与否同环境因子密切相关，如群居型飞蝗在长光照下（16L：8D）下前胸腺降解消失，但短光照（12L：12D）下却持续存在；绿色散居型飞蝗的前胸腺在高湿度条件下持续存在，而非绿色散居型飞蝗的前胸腺在干燥环境下则降解消失。然而这种在成虫中持续存在的前胸腺并不分泌蜕皮素或仅仅分泌微量的蜕皮素，因此这些在成虫中后期仍然继续存在的前胸腺的生理重要性还有待进一步研究，也许它们除了分泌蜕皮素外还能分泌一些其他未知的激素，从而对型性的变化产生一定的影响。

9.5.3.2 前胸腺的移植和外源蜕皮激素的处理

在沙漠蝗幼虫中摘除前胸腺可使散居型蝗虫向群居型转变，若将植源性的蜕皮激素注射进群居型的蝗蝻中可使部分个体转变成散居型。在群居的飞蝗幼虫中，前胸腺提取物的注射可降低蝗蝻的迁移行为，并且前胸腺的移植也可降低沙漠蝗成虫的飞行能力。所有这些报道都显示前胸腺具有一定的"散居化"作用，故认为前胸腺或其分泌的蜕皮激素在蝗虫型性转变中应起了一定的作用。但后来 Wilson 和 Morgan 只简单比较了群居型和散居型沙漠蝗最后一龄幼虫中的蜕皮激素含量，发现没有区别，就轻易得出了蜕皮激素在蝗虫多型性的调控中不起任何作用的偏激结论。

9.5.3.3 蜕皮激素的定性和定量分析

近来随着分析技术的发展，通过定量和定性方法详细比较了散居型和群居型沙漠蝗不同发育阶段体内蜕皮激素含量和组分的变化，结果发现：①在 4 龄或 5 龄蝗蝻中，蜕皮激素在两种型性中均以 20-羟基蜕皮素为主，且含量差别不大，但有 2 种微量组分在含量上存在明显差异；②在成虫中，散居型蝗虫血淋巴中蜕皮激素峰值高于群居型，但群居型蝗虫卵巢中蜕皮激素最大含量却比散居型高出 4 倍多；③散居型蝗虫所产的卵在整个胚胎发育过程中，其蜕皮激素含量（第 1 天，14ng/卵；第 12 天，42ng/卵；新孵幼虫，10ng/卵）均明显低于群居型蝗虫所产的卵（第 1 天，85ng/卵；第 12 天，389ng/卵；新孵幼虫，207ng/卵）。这些实验结果重新肯定了蜕皮激素在蝗虫多型性中的调控作用，但具体调控机制尚待进一步研究。

由于在整个胚胎发育过程中散居型蝗虫所产的卵内蜕皮激素含量都明显低于群居型蝗

虫所产的卵，因此本书作者利用人工合成的蜕皮激素类似物 RH-2485 和具有抗蜕皮激素活性的化合物 KK-42 处理蝗虫卵，以期增高或降低虫卵内的蜕皮激素的活性，来观察孵化后蝗蝻的型性特点是否发生某些变化。实验过程中，发现蝗卵在发育过程中不断从外界吸水膨大，往往卵壳受到轻微损伤后就不能正常孵化，故难以采用注射技术向卵内注入 RH-2485 或 KK-42；采用卵壳表面处理方式后，由于这些化合物不能很好地穿透卵壳，以致实验结果不太理想，目前正在寻找新的方法来进行有关实验。

9.5.4 神经分泌细胞、心侧体和神经激素

咽侧体的活性受到脑神经细胞分泌的神经激素的调节，在蝗虫中，脑对咽侧体的主要作用是通过分泌促咽侧体激素（allatotropin）对咽侧体起到激活作用，此外，进一步的神经分泌或神经激活，以及来自脑所分泌的某些抑制因子对蝗虫咽侧体活性也起到某种调节作用。而前胸腺的活性也是由脑所分泌的促前胸腺激素调控。在飞蝗中，Reichhart 和 Charlet 已经证实脑-心侧体提取物可促进体外培养的前胸腺合成和分泌蜕皮素。既然神经激素在控制咽侧体和前胸腺活性中起着主要作用，因此，在群居型和散居型蝗虫中，咽侧体或前胸腺的活性差异可表明脑或脑和心侧体的调节活性也应存在着相对应的某些差异。故脑或脑和心侧体可能与咽侧体和前胸腺本身一样牵涉到多型性的调节，尽管这些神经激素对型性的作用可能是间接的，但它们对型性转变的作用是显而易见的。

9.5.4.1 神经分泌细胞

Highnam 和 Haskell 通过研究沙漠蝗和飞蝗的散居型和群居型雌成虫脑间部神经分泌细胞（the pars intercerebralis neurosecretory cell，PI-NSC）和心侧体中的神经分泌物质对卵母细胞发育的影响，发现导致卵母细胞成熟减慢的实验条件导致神经分泌物质在 PI-NSC 和心侧体中的积累，而提高卵母细胞成熟的条件则促进 PI-NSC 和心侧体中的神经分泌物质的释放。但是相互间没有显示明显的因果关系，也未明确神经分泌物对型性的作用。

近来采用差异显示反转录-聚合酶链反应技术（differential display reverse transcriptase polymerase chain reaction，DDRT-PCR）和半定量 RT-PCR 方法比较了沙漠蝗两种型性成虫脑的基因在表达水平上的差异，共计使用了 26 条引物，产生了 8 条差异带。其中散居型和群居型各有 1 条典型带，用半定量 RT-PCR 进一步分析，在散居型蝗脑中散居型特殊基因表达水平比在群居型高 2 倍；而在群居型蝗脑中群居型特殊基因表达水平比散居型中高 4 倍。序列分析显示散居型特殊基因是一种新基因，而群居型特殊基因则属于已知基因 SPARC（secreted protein，acidic，rich in cysteine）蛋白家族，SPARC 为一类位于细胞外与基质有关的，且与 Ca^{2+} 结合的糖蛋白。这个实验从分子水平上进一步表明脑神经分泌细胞的活性在散居型和群居型蝗虫间确实存有一定差异。

9.5.4.2 心侧体

由于心侧体中储存有大量来自脑神经分泌细胞所分泌的多种神经肽，采用高效液相色谱和质谱仪对拥挤和分离条件下饲养的沙漠蝗的心侧体和血淋巴中的神经肽组分进行分析，结果发现，两种饲养条件下，肽的数量和含量均存在一定的差异，但尚需进一步研究神经肽的类型及其在蝗虫多型性中的作用。

目前已经证实，心侧体中的一种神经肽（neuroparsin A）的含量在群居型飞蝗成虫中比在散居型中高。心侧体中的另一种神经肽（the ovary maturating parsin，Lom-OMP）的相对含量与性成熟有关，在成熟的散居型蝗虫和未成熟的群居型蝗虫中 Lom-OMP 的含量几乎相等，

但完全成熟后，群居型蝗虫中的含量则明显高于散居型。这类激素与型性相关的生理机制尚不清楚。此外，在散居型飞蝗中，心侧体中脂肪动员激素（adipokinetic hormone，AKH）的前体关联肽（adipokinetic hormone precursor related peptides，APRP）的含量比群居型高。在羽化后12~19d，散居型雄虫心侧体中AKH-Ⅰ和AKH-Ⅱ的含量也比在群居型高，但羽化25~30d的雄成虫中这种型性依赖型差异则不显著。其原因可能是群居型蝗虫活动能力强，尤其是在迁飞时需要从心侧体中大量释放出AKH，以动用体内储存的脂肪，从而达到快速且持续不断地提供能量的目的，故其心侧体中剩余的APRP和AKH的含量相对较低；相反，散居型蝗虫活动能力较弱，需要的能量较少，一般只需从心侧体中释放出少量的AKH即能维持活动的需要，故心侧体中AKH及其前体APRP储存的量相对较高。

9.5.4.3 神经激素

与蝗虫型性有关的神经激素目前研究最多的是黑色诱导神经激素（dark colour-inducing neurohormone，DCIN）。该激素由11个氨基酸组成，相对分子质量为1369，氨基酸排列为pGlu-Thr-Phe-Gln-Tyr-Ser-His-Gly-Trp-Thr-Asn-amide，正式命名为[His7]-corazonin。它极其类似1989年从美洲大蠊（*Periplaneta americana*）心侧体中分离出的一种肽，只是后者在位置7上是精氨酸（Arg）而不是组氨酸（His）。后来又发现这种激素在多种昆虫中均存在，如家蚕（*Bombyx mori*）、马得拉蜚蠊（*Leucophea madeira*）、美洲大蠊、美洲蚱蜢（*Schistocerca americana*）、沙漠蝗、地中海蟋蟀（*Gryllus bimaculatus*）等。目前该激素的基因在果蝇和蜡螟中已经被发现和定位。

[His7]-corazonin具有使蝗虫体壁明显变黑的效果，而体色变黑是群居型蝗虫的特征之一。[His7]-corazonin从脑神经分泌细胞分泌出后，暂时储存在心侧体中，在适当的条件或刺激下才释放出来。因此，将正常蝗蝻的心侧体或脑移植进因缺乏[His7]-corazonin而产生的群居型蝗蝻的白化突变体中可诱导黑化现象，一般而言，前胸腺的移植可诱导轻微的黑化现象，围咽神经节的移植基本无效，而咽侧体的移植仅诱导绿色。其他昆虫种类的脑和心侧体的移植也可诱导黑化，地中海蟋蟀的心侧体移植或心侧体抽提物油溶液注射，比飞蝗正常品系的心侧体移植或心侧体抽提物注射甚至更有效果。有意思的是，田间采集的飞蝗正常品系的绿色散居型蝗蝻的心侧体也有效果，显示其心侧体中也应该存在[His7]-corazonin，但该激素在这种蝗蝻中可能未从腺体中释放出来或未被激活。Tanaka和Pener利用上述特殊的白化品系建立起该激素的生物测定方法，并从正常品系的心侧体中提取出高纯度的[His7]-corazonin，向刚进入4龄的白化突变体蝗蝻中一次或多次注射该激素的油溶液可诱导出黑色（dark homochrome），而在该龄期的后期多次注射可在下一龄期诱导出黑色和群居性颜色。

红斑翅蝗（*Oedipoda miniata*）展示出很强的单色，但既不是绿棕色，也不是某种型性蝗虫所具有的特定颜色，将合成的[His7]-corazonin注射进该虫的4龄蝗蝻中，可诱导产生黑化现象，故[His7]-corazonin或类似的肽是控制该蝗虫单色现象的内生激素。现已证明在飞蝗血淋巴中[His7]-corazonin和保幼激素的动态变化在控制体色多型性方面起着非常重要的作用。除了在体色方面外，在沙漠蝗中[His7]-corazonin还参与形态测量学上型性变化的调控，而不参与行为型性变化的调控。如散居型4龄蝗蝻被注射1nmol [His7]-corazonin三次，羽化后，其形态测定值（如F/C的比率）即向拥挤饲养和重新群居蝗虫所具有的典型值方向转变。若通过RNAi的方法降低[His7]-corazonin基因在群居型蝗蝻中的转录水平，羽化后，其形态测定值即向散居型蝗虫所具有的典型值方向转变。

Bernays 指出在拥挤条件下饲养的飞蝗幼虫中,其心侧体内存有一种可降低运动活性的因子。这种因子可促进散居型蝗虫的静止行为(不迁移,具低级的飞行行为);相反,如缺乏这种因子则促进更主动的集聚性行为,但这种假说有待深入研究。

其他神经激素,如羽化激素(eclosion hormone,EH)、利尿激素(diuretic hormone,DH)与抗利尿激素(antidiuretic hormone,ADH)、促前胸腺素(prothoracicotropic hormone,PTTH)、促咽侧体激素(allatotropin,AT)和咽侧体静止激素(allato statin,AS)等,在群居型蝗虫中有大量的研究报道,但在散居型蝗虫中则很少见,因此难以比较两种型性间存在的差异,也就难以确定它们在蝗虫多型性中的作用,有待今后进一步研究。

近年来,科学家围绕飞蝗型变的分子机制展开了大量研究和探索,目前已鉴定出多个飞蝗型变的关键基因及其生物学功能,不但从分子水平上进一步揭示了飞蝗型变的本质,也加深了人们对蝗虫多型现象的神经内分泌调控的理解。

问题与思考

1. 昆虫变态有哪些形态学特征?
2. 昆虫变态可分为哪 5 种类型?
3. 简述果蝇胸部体节足和翅成虫盘分化和定位的分子机制。
4. 与昆虫蜕皮和变态有关的主要激素是哪些?
5. 试述果蝇中 microRNA 对蜕皮和变态过程的控制。
6. 简述两栖动物变态的激素调控机制。
7. 试举出 3 种具有多型现象的昆虫种类。
8. 蝗虫有哪两种主要型性?
9. 外源保幼激素可诱导蝗虫的哪些散居型特征?
10. 简述黑色诱导神经激素的特点和功能。

主要参考文献

安利国. 2010. 发育生物学. 北京:科学出版社
陈永林. 2000. 蝗虫再猖獗的控制与生态学治理. 中国科学院院刊,5:341~345.
丁汉波. 1987. 发育生物学. 北京:高等教育出版社
樊启昶,白书农. 2002. 发育生物学原理. 北京:高等教育出版社
郭郛. 1979. 昆虫的激素. 北京:科学出版社
郭郛,陈永林,卢宝廉. 1991. 中国飞蝗生物学. 济南:山东科学技术出版社:356~374
洪芳,宋赫,安春菊. 2016. 昆虫变态发育类型与调控机制. 应用昆虫学报,53(1):1~8
顾世红. 1999. 家蚕蜕皮与变态的内分泌调控. 昆虫知识,36(2):70~74
缪勒. 1998. 发育生物学. 黄秀英等,译. 北京:高等教育出版社
王秀娟,张育辉,李忻怡. 2015. 环境信号诱导发育的可塑性. 动物学杂志,50(6):974~985
王荫长. 2001. 昆虫生物化学. 北京:中国农业出版社
徐卫华. 2011. 飞蝗型变分子机理研究前沿. 应用昆虫学报,48(2):227~230
张俊玲,施志仪,付元帅,等. 2011. 牙鲆变态中 IGF-I 基因表达及甲状腺激素对其的调节作用. 水生生物学报, 35(2):355~359
张越,刘青. 2010. 海洋无脊椎动物信息素作用及集群附着和变态现象初步研究. 内蒙古民族大学学报(自然

科学版), 25 (6): 664~670

赵连丰, 宋佳晟, 周树堂. 2015. MicroRNA 在昆虫变态及生殖过程中的调控作用. 昆虫学报, 58 (1): 90~98

Applebaum S W, Avisar E B. 1997. Juvenile hormone and locust phase. Archives of Insect Biochemistry and Physiology, 35: 375~391

Ayali A, Pener M P, Girardie J. 1996. Comparative study of neuropeptides from the corpora cardiaca of solitary and gregarious. Archives of Insect Biochemistry and Physiology, 31: 439~450

Ayali A, Pener M P, Sowa S M, et al. 1996. Adipokinetic hormone content of the corpora cardiaca in gregarious and solitary migratory locusts. Physiological Entomology, 21: 167~172

Baggerman G, Clynen E, Mazibur R, et al. 2001. Mass spectrometric evidence for the deficiency in the dark-color-inducing hormone, [His (7)]-corazonin in an albino strain of *Locusta migratoria* as well as for its presence in solitary *Schistocerca gregaria*. Archives of Insect Biochemistry and Physiology, 47: 150~160

Bernays E A. 1980. The post-pandrial rest in *Locusta migratoria* nymphs and its hormonal regulation. Journal of Insect Physiology, 26: 119~123

Botens F W, Rembold H, Dorn A. 1997. Phase-related juvenile hormone determinations in field catches and laboratory strains of different *Locusta migratoria* subspecies. In: Kawashima S, Kikuyama S. Advances in Comparative Endocrinology. Bologna: Monduzzi Editore S.p.A: 197~203

Clynen E, Stubbe D, De Loof A, et al. 2002. Peptide differential display: a novel approach for phase transition in locusts. Comparative Biochemistry and Physiology. (B), 132: 107~115

Dale J F, Tobe S S. 1986. Biosynthesis and titre of juvenile hormone during the first gonotrophic cycle in isolated and crowed *locusta migratoria* females. Journal of Insect Physiology, 32: 763~769

Dale J F, Tobe S S. 1988. Differences in the stimulation by calcium ionophore of juvenile hormone III release from corpora allata of solitarious and gregarious *locusta migratoria*. Experientia, 44: 240~242

Gilbert S F. 2000. Developmental Biology. 6thed. Sunderland: Sinauer Associates Inc.

Guo W, Wang X H, Zhao D J, et al. 2010. Molecular cloning and temporal-spatial expression of I element in gregarious and solitary locusts. Journal of Insect Physiology, 56: 943~948

Highnam K C, Haskell P T. 1964. The endocrine systems of isolated and crowded *Locusta* and *Schistocerca* in relation to oocyte growth, and the effects of flying upon maturation. Journal of Insect Physiology, 10: 849~864

Injeyan H S, Tobe S S. 1981. Phase polymorphism in *Schistocerca gregaria*: assessment of juvenile hormone synthesis in relation to vitellogenesis. Journal of Insect Physiology, 27: 203~210

Islam M S. 1995. Endocrine manipulations in crowd-reared desert locust *Schistocerca gregaria*. I. Effects of juvenile hormone analogues on morphology and reproductive parameters. Pakistan Journal of Zoology, 27: 301~310

Joly L, Hoffmann J, Joly P. 1977. Controle humoral de la differenciation phasaire chez *Locusta migratoria migratorioides* (R. & F.) (Orthopteres). Acrida, 6: 33~42

Kerkut G A, Gilbert L I. 1985. Comprehensive insect physiology, biochemistry, and pharmacology. New York: Pergam on Press

Ma Z Y, Guo X J, Guo W, et al. 2011. Modulation of behavioral phase changes of the migratory locust by the catecholamine metabolic pathway. Proceedings of the National Academy of Sciences of the United States of America, doi: 10.1073/pnas.1015098108/1-6

Nijhout H F, Wheeler D E. 1982. Juvenile hormone and the physiological basis of insect polymorphism. The Quarterly Review of Biology, 57: 109~133

Pener M P, Ayali A, Ben-Ami E. 1992. Juvenile hormone is not a major factor in locust phase changes. In: Mauchamp B, Couillaud F, Baehr J C. Insect Juvenile Hormone Research. Paris: Institut National de la Recherche Agronomique: 125~134

Pener M P, Yerushalmi Y. 1998. Mini review: the physiology of locust phase polymorphism: an update. Journal of Insect Physiology, 44: 365~377

Pener M P. 1991. Locust phase polymorphism and its endocrine relations. Advances in Insect Physiology, 23: 1~79

Rahman M M, Vandingenen A, Begum M, et al. 2003. Search for phase specific genes in the brain of desert locust, *Schistocerca gregaria* (Orthoptera: Acrididae) by differential display polymerase chain reaction. Comparative Biochemistry and Physiology (A), 135: 221~228

Reichhart J M, Charlet M. 1986. Ecdysiotropic activity in brains and corpora cardiaca of larvae and adults of *Locusta migratoria*: in vitro assays. Intnational Journal of Invertebrate Reproduction Development, 10: 17~25

Schneider M, Wiesel G, Dorn A. 1995. Effects of JH III and JH analogues on phase-related growth, egg maturation and lipid metabolism in *Schistocerca gregaria* females. Journal of Insect Physiology, 41: 23~31

Staal G B. 1961. Studies on the physiology of phase induction in *Locusta migratoria migratorioides* R. & F.. Publikatie Fonds Landbouw Export Bureau, 40: 1~125

Sugahara R, Tanaka S, Jouraku A, et al. 2016. Functional characterization of the corazonin-encoding gene in phase polyphenism of the migratory locust, *Locusta migratoria* (Orthoptera: Acrididae). Appl Entomol Zool, 51: 225~232

Tanaka S. 1996. A cricket(*Gryllus bimaculatus*)neuropeptide induces dark colour in the locust, *Locusta migratoria*. Journal of Insect Physiology, 42: 287~294

Tanaka S. 2000. Hormonal control of body-color polymorphism in *Locusta migratoria*, interaction between [His7]-corazonin and juvenile hormone. Journal of Insect Physiology, 46: 1535~1544

Tanaka S. 2001. Endocrine mechanisms controlling body-color polymorphism in locusts. Archives of Insect Biochemistry and Physiology, 47: 139~149

Tanaka S, Harano K I, Nishide Y, et al. 2016. The mechanism controlling phenotypic plasticity of body color in the desert locust: some recent progress. Current Opinion in Insect Science, 17: 10~15

Tanaka S, Pener M P. 1994. A neuropeptide controlling the dark pigmentation in color polymorphism of the migratory locust, *Locusta migratoria*. Journal of Insect Physiology, 40: 997~1005

Tanaka S, Zhu D H, Hoste B, et al. 2002. The dark-color inducing neuropeptide, [His7]-corazonin, causes a shift in morphometric characteristics towards the gregarious phase in isolated-reared(solitarious)*Locusta migratoria*. Journal of Insect Physiology, 48: 1065~1074

Tawfik A I, Li W, Vedrova A, et al. 1997. Haemolymph ecdysteroids and the prothoracic glands in the solitary and gregarious adults of *Schistocerca gregaria*. Journal of Insect Physiology, 43: 485~493

Tawfik A I, Mat'hova A, Sehnal F. 1996. Haemolymph ecdysteroids in the solitary and gregarious larvae of *Schistocerca gregaria*. Archives of Insect Biochemistry and Physiology, 31: 427~438

Tawfik A I, Tanaka S, De Loof A, et al. 1999. Identification of the gregarization-associated dark-pig-mentotropin in locusts through an albino mutant. Proceedings of the National Academy of Sciences of the United States of America, 96 (12): 7083~7087

Veenstra J A. 1989. Isolation and structure of corazonin, a cardioactive peptide from the American cockroach. FEBS Letters, 250 (2): 231~234

Wang F, Sehnal F. 2001. Effects of the imidazole derivative kk-42 on the females and the embryos of *Schistocerca gregaria*. Entomological Science, 4 (4): 387~392

Wang F, Sehnal F. 2002. Ecdysteroid agonist RH-2485 injected into *Schistocerca gregaria* (Orthoptera: Acrididae) females accelerates oviposition and enhances ecdysteroid content in the eggs. Applied Entomology and Zoology, 37 (3): 409~414

Wiesel G, Tappermann S, Dorn A. 1996. Effects of juvenile hormone and juvenile hormone analogues on the phase behaviour of *Schistocerca gregaria* and *Locusta migratoria*. Journal of Insect Physiology, 42 (4): 385~395

Wilson I D, Morgan E D. 1978. Variations in ecdysteroid levels in 5th instar larvae of *Schistocerca gregaria* in gregarious and solitary phases. Journal of Insect Physiology, 24: 751~756

Xu H J, Yue J, Lu B, et al. 2015. Two insulin receptors determine alternative wing morphs in planthoppers. Nature, 519: 464~467

Yerushalmi Y, Pener M P. 2001. The response of a homochrome grasshopper, *Oedipoda miniata*, to the dark-colour-inducing neurohormone (DCIN) of locusts. Journal of Insect Physiology, 47: 593~597

Zera A J. 2015. Juvenile Hormone and the endocrine regulation of wing polymorphism in insects: new insights from circadian and functional-genomic studies in Gryllus crickets. Physiol Entomol, 41 (4): 313~326

Zhou X S, Chen J L, Zhang M, et al. 2013. Differential DNA methylation between two wing phenotypes adults of *Sogatella furcifera*. Gensis, 51 (12): 819~826

第 10 章　滞　育

除了无性生殖以外，大多数动物的发育都要经历胚胎期、幼体期、变态发育期和成体期。在整个生长发育过程中，当遇到变化的环境条件时，可以通过变态或多型现象来适应环境的改变。当环境条件过分恶劣时，如高温、低温、干旱、食物短缺时，此时多数动物很难继续生长发育，面临死亡或绝种的危机，然而部分动物可通过停滞生长发育即滞育来回避这种不利于生长发育的环境条件，并启动各种不同的机制来抵抗极度严寒、干燥或低氧等恶劣生存环境，在适当时期再重新恢复其生长发育的进程。有关变态或多型现象已在上一章里进行了介绍，本章主要以节肢动物昆虫为例来讲述滞育的激素调控机制。

10.1　滞育的基本概念

许多昆虫为了度过不良的环境条件，如高温、低温、干旱、食物的缺乏等，常常在它的生活史中插入了一段滞育期。

所谓滞育是指周期性出现，比休眠更深的新陈代谢受抑制的生理状态，是对于有节奏重复到来的不良环境条件历史性的反应，是昆虫对环境条件长期适应的结果。在自然情况下，滞育的解除要求一定的时间和一定的条件，并由激素控制。

滞育的发生有两种类型：一类是某种昆虫一个世代的某一虫态所有的个体都发生滞育，称为必发滞育或专性滞育，这类滞育多发生于一化性的昆虫。另一类是某种昆虫某一世代、虫态和个体发生滞育，或者是一种昆虫的某一世代的虫体发生滞育，而不是所有世代皆如此，称为偶发滞育或兼性滞育，这类滞育多发生于多化性的昆虫。

滞育可发生在任一虫态，如卵、幼虫、蛹、成虫，甚至在具体的某一虫态中，滞育发生期也有较大的不同，如卵滞育可发生在早期胚形成到第一龄幼虫完全形成的任一环节。但某一具体虫种的滞育往往发生在某一固定的虫态，如棉铃虫总是发生在蛹期，马铃薯叶甲（*Leptinotarsa decemlineata*）总是在成虫期发生滞育。

少数种类能够在两个或更多的不同发育阶段发生滞育。螽斯（*Ephippiger cruciger*）可在幼胚阶段发生滞育，也可再在成熟胚阶段发生滞育。枞色卷蛾（*Choristoneura fumiferana*）的幼虫滞育既可发生在 1 龄阶段，也可紧接着发生在 4 龄阶段。松毛虫属的松蛾则表现出更极端的灵活性，滞育几乎可出现在幼虫的每一龄期，并且绝大多数个体在仅有两年的生活史中滞育两次。

10.2 环境因子和滞育的关系

10.2.1 光周期

多数昆虫在长昼长或短昼长条件下进入滞育，有些种类仅在狭窄的昼长范围内进入滞育状态，少数种类显现出相反的反应，短和长昼长下表现出滞育，而在中间昼长范围内不发生滞育。具体可将诱导昆虫滞育的光周期类型分为以下 5 种：①短日照滞育型，每天光照在 12h 以下可诱导滞育，如苹果蠹蛾（Cydia pomonella）常以滞育的老熟幼虫在树皮裂缝、树枝分叉处等结茧越冬，若将刚孵化不久的幼虫饲养在 20℃、光照时间每天少于 12h 的条件下，则所有观察的虫子发育到老熟幼虫时均进入滞育状态；②长日照滞育型，每天光照在 12h 以上可诱导滞育，多数是夏季滞育昆虫，如小麦吸浆虫；③中间非滞育型，仅在狭窄的光照范围内不进入滞育状态，如桃小食心虫，当温度为 25℃时，光照时长短于 12h 能够诱导老熟幼虫全部滞育，而光照 15h 则老熟幼虫继续发育，基本无滞育迹象，如继续延长光照时间，则又会出现滞育个体，当光照时间每天超过 17h 时，则会有 50%以上的老熟幼虫出现滞育；④中间滞育型，仅在狭窄的光照范围内进入滞育状态，如某种夜蛾只在每天接受 12～12.5h 的光照才能被诱导进入滞育状态；⑤无光周期反应型，光照时间长短对这类昆虫的滞育并无影响，如苹果舞毒蛾、丁香天蛾等。

光周期反应的实现常需要以下 4 部分共同完成：光感受器、可辨别日照长短的光周期钟系统、计数短日照天数的光周期计数器系统、接受光周期刺激后产生各种表现型的信号通路调节系统。生物钟系统负责调节每天 24h 周期中各类基因有节奏地表达，从而有序调节各种生理和行为等活动。生物钟基因在不同物种间高度保守，昆虫中主要的生物钟基因有 period（per）、timeless（tim）、clock（clk）、cycle（cyc）、cryptochrome1（cry1）和 cryptochrome2（cry2）。取喂饲血餐前的滞育诱导组和非滞育诱导组白纹伊蚊（Aedes albopictus）雌蚊进行转录组学分析，发现滞育诱导组中 tim 和 cry1 基因显著上调，推测因 tim 和 cry1 这 2 个生物钟基因参与了光周期测量转化为滞育信号的过程。同时，在滞育诱导组中也发现与 β-氨基丙酸合成相关的二氢嘧啶脱氢酶基因显著上调，认为白纹伊蚊可能同果蝇一样，是通过 β-氨基丙酸回收光感受器神经递质-组胺来发挥测量光周期的作用。

10.2.2 温度

当与光周期结合在一起时，低温绝大多数提高滞育频率并改变诱导滞育的临界昼长。在几种热带麻蝇中和寄生性膜翅目的种类中，是低温而不是昼长给滞育提供了主要环境刺激信号。同样，在夏季，高温 30～43℃是诱导烟芽夜蛾（Heliothis virescens）滞育的主要环境信号。

瞬时受体电位通道（trasient receptor potential channe，TRP channe）是由一类位于细胞膜上的阳离子通道构成的蛋白超家族，在哺乳动物中，已发现 30 种 TRP 通道亚型，分属于 TRPC、TRPV、TRPM、TRPL、TRPA、TRPP、TRPN 7 个亚家族。该通道在脊椎动物和非脊椎动物对温度变化的感知方面都发挥了重要的作用。在昆虫中，TRPA1 和其他 TRPA 亚成员能够调节昆虫对温度变化的感知。在家蚕基因组中共发现 13 个 TRP 通道亚家族成员，并成功克隆了 5 个 TRPA 亚家族基因。研究表明 BmTRPA1 作为一个热敏 TRPA 通道可被大于

21℃的温度激活，然后促进蛹—成虫发育阶段 DH 的释放，从而影响家蚕子代滞育。

10.2.3 食物

在某些种类中，食物的质和量对滞育也能产生影响。在实验室中用蜂蜜或蜂蜜和 *Ephestia kuehniella* 幼虫的血淋巴饲养麦蛾茧蜂（*Bracon hebetor*）的雌虫，发现血淋巴的饲养导致关键光周期变动将近 1h 并降低滞育率。对于几种植食性昆虫来说，所取食植物成分的季节性变化也能给滞育诱导提供重要的环境信号，如用 *Brassica napus* L.的叶子饲养皱纹菜蝽（*Eurydema rugosa*）成虫，此虫能正常生殖，然而即使在长光照下，用种子饲养则进入滞育状态。

食料因子能够影响瓢虫的滞育前期、滞育率等。当食料数量为正常饲喂水平的30%～40%时，与正常饲喂个体相比，茄二十八星瓢虫的滞育光周期敏感性延长一倍，滞育前期也增加了 10d 左右。若仅喂食水或向日葵茎秆时，锚斑长足瓢虫滞育率可达 100%，而喂食地中海粉螟卵与水，滞育率则降至 60%左右。此外，光周期对纤丽瓢虫（*Harmonia sedecimnotata*）和波纹瓢虫（*Coccinella repanda*）等而言，没有明显诱导滞育的作用，食料因子起着决定成虫滞育的主导作用，如取食蚜虫时，成虫很少滞育，而取食其他饲料时，则多数滞育。

同时，昆虫的滞育与遗传、性别和母本史也有一定的关系。绝大多数昆虫含有滞育基因，具有滞育能力，如日本亚洲飞蝗（*Locusta migratona* L.）的滞育由位于常染色体上的多基因控制。棉红蜘蛛（*Tetranychus urticae* Koch.）的滞育由显性基因控制，非滞育由多个隐性基因控制。但亦有少数昆虫不具有滞育基因，缺乏滞育能力。在滞育反应中，不同性别往往有不同的反应，如叉叶绿蝇（*Lucilia caesar*）的雄虫比雌虫更容易进入滞育。在少数种类中，母本接受的光周期信号可决定其后代能否进入滞育，即雌成虫的光周期可影响滞育在它的后代中的表达。在 *Sarcophaga bullata* 中，发现母本的滞育史也可影响其后代的滞育，假如母本已经历了蛹期滞育，其后代即使在很强的诱导条件下也不能滞育。

10.3 昆虫滞育的基本类型及其激素调控方式

根据滞育所发生的虫态的不同，可将昆虫滞育分为 4 种类型，即卵滞育、幼虫滞育、蛹滞育和成虫滞育。由于这 4 种滞育类型的激素调控方式虽有某些相似的地方，但明显存在着区别，无法用统一的模式来说明解释，因此下面我们针对每一种滞育类型，分别具体论述滞育的激素调控机制。

10.3.1 卵滞育

卵滞育是指在卵期的某一阶段，胚胎停止生长发育，必须经过一定的时间或某些条件的刺激才能进一步发育。在多数情况下，卵滞育发生在胚的神经内分泌系统还未成熟之前，致使胚胎缺乏光感受器和成熟的神经内分泌系统，故胚胎对滞育的调节在很大程度上取决于母本。

在众多的卵滞育昆虫中，当数家蚕的滞育机制研究得最为深入，资料极其丰富，故下面主要以家蚕为例来阐述卵滞育的激素调节。

10.3.1.1 家蚕滞育的概述

在商业化的家蚕的二化品系中，长光照和高温作用于胚和早龄幼虫可使长大的雌成虫产滞育卵。卵的发育命运（滞育或非滞育）主要与雌虫食管下神经节释放的滞育激素有关，在滞育激素的影响下，卵巢管产滞育卵；在滞育激素缺乏，且保幼激素出现的同时，卵巢管则产非滞育卵。脑可调节食管下神经节释放滞育激素。

10.3.1.2 滞育激素

滞育激素（diapause hormone，DH）是在以家蚕为模型的卵滞育类型中起主要调节作用的一种神经肽，是研究得较为清楚的一种肽激素。

1）来源　　在家蚕中，DH 是由食管下神经节里的一对大神经分泌细胞所释放的。在产滞育卵的蚕蛾中，这对细胞能够大量释放分泌颗粒；而在产非滞育卵的蚕蛾中，这种颗粒不被释放。另一群毗连细胞具有较高的溶酶体活性，可能与释放 DH 的神经分泌细胞有功能性的联系。

除了食管下神经节中具有较高的 DH 活性外，家蚕蛹脑的抽提物亦显示出 DH 活性，且发现切断围食管链索能提高脑内的 DH 活性，故 DH 或其前体很有可能是在脑中被合成然后通过轴突小路传导到食管下神经节的。当围食管链索被切断时，DH 活性在蛹羽化后仍能在食管下神经节内保持至少 6d 的较高活性，在未手术的蛹中，食管下神经节和脑内的 DH 活性在羽化后即下降。脑和食管下神经节间的精确的相互关系至今虽还不太清楚，但可肯定脑既是 DH（或前体）合成的位点又是调节食管下神经节中的 DH 释放的位点。目前已知道神经递质 γ-氨基丁酸（GABA）可控制家蚕的食管下神经节中的 DH 的释放。

2）理化特性　　Isobe 等用甲醇-二氯甲烷从 100 万个家蚕的头部抽提出 30g 包含有 30 000DH 单位的固体。凝胶渗透柱层析将抽提物分成两个活性成分 DH-A 和 DH-B，相对分子质量分别为 3300 和 2000，DH-B 与 DH-A 相比有较高的活性，通常一个 DH 单位等于 2μg DH-B 或 6μg DH-A。

DH-A 和 DH-B 具有相同的氨基酸部分，均由 24 个氨基酸组成，其氨基酸的排列序列为 Thr-Asp-Met-Lys-Asp-Glu-Ser-Asp-Arg-Gly-Ala-His-Ser-Glu-Arg-Gly-Ala-Leu-Cys-Phe-Gly-Pro-Arg-LeuNH2，由于和其他物质结合程度不同而相对分子质量相异，DH-B 缺乏 DH-A 中所具有的两种氨基糖并且没有自由的氨基或羟基端。但 DH-A 中氨基糖的组分对于激素的活性并不是必需的。

纯化的 DH 制品对温度和光照极其敏感，如用 60℃处理 5h，或者在水银灯下照 2h，活性将完全消失。当纯化的 DH 制品注入虫体内时也会很快失活，然而通过使用牛血清白蛋白或其他分子质量相对较高的蛋白作为载体注射的 DH 活性可被提高 2 倍。

3）靶器官　　DH 的代谢反应只限于卵巢。在卵巢中，DH 只作用于卵母细胞，而不作用于滋卵细胞、滤泡细胞或卵巢的其他组分。且 DH 对重量小于 250μg 或大于 750μg 的卵母细胞也不发生作用，仅仅作用于重量为 500μg 左右的卵母细胞，因此激素在任何一个时间里仅能影响几个卵。只有持续暴露在 DH 下，雌虫才能产出一批滞育卵；当少数卵母细胞在关键时期接受 DH 作用时，此雌虫产出混合卵。

4）滞育激素受体　　滞育激素是通过与卵巢内的滞育激素受体结合，影响下游部分基因的表达（如上调海藻糖基因的表达），从而启动滞育的发生。顾燕燕等采用 RT-PCR 方法克隆出家蚕滞育激素受体 cDNA 序列，开放阅读框长 1311bp，编码 436 个氨基酸，为 G 蛋白偶联受体类，共有 7 个跨膜结构域。与玉米夜蛾性信息素合成激活肽受体和家蚕性信息素合成激活肽受体具有较高的同源性。此外，有研究发现催青温度对家蚕二化性品种滞育激素受体基因在体内时空表达方面具有一定的影响。

10.3.1.3 保幼激素的拮抗作用

蚕蛾卵的发育命运并不是由 DH 的单独作用所决定的，而是由与保幼激素（JH）协同作用所决定。例如，在最后一龄幼虫期，将活化的咽侧体移植进产滞育卵的虫体内，可导致许多受移植者产生大量的非滞育卵或滞育和非滞育卵的混合物。当受移植者在最后一龄幼虫期的最初 3d 内接受移植时，这种作用往往非常明显。同样在最后一龄幼虫期将 JH 类似物注射进产滞育卵的虫体内也可使其产生非滞育卵，但注射进蛹是无效的。

JH 对最后一龄幼虫的作用意味着 JH 和 DH 通过有顺序的发生作用来影响滞育。DH 在最后一龄幼虫的晚期开始产生作用，但至化蛹后的几天内产生主要作用。按照这种思路，滞育的产生是由于在最后一龄幼虫期含有少量的 JH 和化蛹后的几天内含有大量的 DH 所导致；而非滞育的产生是由于在最后一龄幼虫期含大量的 JH 及化蛹后的初期含有少量的 DH 引起。因此在咽侧体和食管下神经节之间应存在着一种有趣的拮抗作用和信息反馈。

10.3.1.4 滞育的解除

滞育的家蚕卵若未经冷冻，放在 25℃下将不能终止滞育。少数卵经过一个月的冷冻后就能够开始发育，但多数卵必须经过 3 个月的 5℃的冷冻后才能开始发育。若卵经过盐酸处理，则不需经过冷冻就能开始发育。通常低温结合浸酸同时处理蚕卵，解除滞育的效果优于任一单独因子的作用。此外，在卵期注射蜕皮激素或保幼激素的类似物 ZR-515 也能促使滞育卵活化，5-环腺苷酸亦有类似作用，5-环鸟苷酸对滞育胚的活化则不产生影响。

在滞育开始时，由糖原产生的山梨醇和甘油在整个滞育阶段均维持在较高水平，到滞育终止阶段时，由于 NAD-依赖性的山梨醇脱氢酶活性的提高，它们又被重新转换成糖原，供给发育的胚用来作为能源。糖原的再合成发生在冷冻期的末尾，或在 HCl 处理后大约一周到达高峰。

滞育末尾，除了糖原的再合成外，另一显著特点就是核糖体 RNA 的大量合成。随着核糖体 RNA 的合成速度的增加，非特异性酯酶的活性亦随着变化。在滞育的早期就能检测到"酯酶 A"，其活性在 HCl 处理后的 30min 内或冷冻开始后 2 周即发生明显的增加，到滞育末尾达到最大值。因其能加速卵黄细胞膜的溶解，使卵黄发生流通，从而可促进滞育胚的发育。

滞育的维持依赖于胚外因子，并不是胚胎本身。如将未经冷冻、产出不超过 2d 的卵中的滞育胚分离出来，用悬滴装置在体外培养，很容易终止滞育，恢复发育，从而说明发育的正常抑制不是起源于胚胎本身，而是从母本获得的掺进卵内的因子。

10.3.2 幼虫滞育

幼虫滞育可发生于鳞翅目、双翅目、膜翅目、鞘翅目、脉翅目、蜻蜓目、直翅目、同翅目、半翅目和襀翅目。幼虫各个龄期均可发生滞育，但报道最多的是在最后一龄幼虫期。多数情况下最后一龄幼虫在化蛹前将打破滞育并主动取食。

在鳞翅目中，幼虫生活的晚期雄性腺就开始发生分化。因此滞育开始时，精子发生可能已经进入较高级的阶段。滞育可使精子发生处于静止状态，并且较高级的精母细胞可能退化，被再度吸收。由于雌虫性腺的发育仅在蛹期阶段才开始，故幼虫滞育对雌性生殖系统的发生分化影响很小。

幼虫滞育仅少数是由母体决定的，如在寄生的膜翅目中和双翅目丽蝇科中就存在着几个著名的由母体决定的幼虫滞育的实例。在母体或非母体决定的物种中直接对幼虫滞育进行调节的激素应是类似的。决定滞育的外界环境因素最终有可能都是通过脑、咽侧体等神经内分泌中心来发挥作用的。

10.3.2.1 脑的作用

脑作为环境信息的直接受体和调节前胸腺及咽侧体的中心，显然是幼虫滞育的主要调节者。然而脑内具体的调控位点的鉴定却比较困难。

有关滞育幼虫脑的组织解剖学工作揭示出许多脑神经分泌细胞活性具有周期性变化的特点，最常见的周期性变化是滞育期间可着色的物质在某些神经分泌细胞内积累，到滞育终止时消失。同样，在心侧体内，发现起源于脑的神经轴突充满某些颗粒物质，此颗粒在滞育末尾被释放。由此人们推测这些观察可能反映了促前胸腺激素（PTTH）的积累和最终的释放。大蜡螟（*Galleria melionella* L.）的滞育幼虫脑在体外具有较高的 PTTH 活性同样说明 PTTH 在滞育期间被积累在脑中。

将玉米螟滞育幼虫的脑植入其他滞育幼虫中发现可立即诱导化蛹。黄刺蛾（*Monema flavescens*）预蛹的滞育脑植入去头的滞育预蛹中同样能促进发育。由此证明滞育脑完全有能力促进发育。这些种类的虫脑在整个滞育期间均有能力释放 PTTH，但通常需接受到合适的环境信号（长光照）才能释放。外科手术期间可能毁坏了脑的正常的分泌屏障，致使滞育脑中所积累的 PTTH 大量释放出来，从而促进滞育幼虫的发育。

10.3.2.2 前胸腺的作用

幼虫滞育的最明显的特征如下，在同样的时间里不能像非滞育幼虫那样正常蜕皮。由此看来，主要由前胸腺产生的 20-羟基蜕皮素，作为控制蜕皮的重要激素，可能参与了幼虫滞育的调节。

从组织解剖学的角度，现已证明麦茎蜂（*Cephus cinctus*）、巨座玉米螟、黄刺蛾及大蜡螟等滞育幼虫的前胸腺，整个滞育阶段均无活性，仅在滞育终止时具有活性细胞的特性。如在光学显微镜下，整个滞育阶段前胸腺的细胞核较小，并且胞质内有大量的液泡；滞育终止时，核体积增加且核和胞质中充满颗粒内含物。电子显微镜研究也同样显示出整个滞育阶段前胸腺的细胞没有变化：核较小，糖原沉积丰富，且细胞被一厚厚的固有膜束缚；分泌活动开始时核体积大大增加，并无规则地延伸进胞质中，胞质内充满分泌物质，且腺细胞周围的固有膜变得非常薄。

前胸腺合成蜕皮素的能力的分析进一步证明滞育的前胸腺无活性或活性很低。无论在体内还是在体外，蜕皮素的生化合成在活性的前胸腺里均能检测到，但在滞育幼虫的腺体里则检测不到。并且在田蟋蟀（*Gryllus campestris*）和苹果蠹蛾（*Laspeyresia pomonella*）中，血淋巴中蜕皮素含量的测定显示：幼虫滞育开始时前胸腺并没有释放充足的蜕皮素以启动一次新的蜕皮。这些结果虽不表明前胸腺完全无活性，但可肯定，前胸腺产生的激素量一定很低，不足以诱导明显的形态发生反应。

如果幼虫滞育仅是由前胸腺无活性所引起，那么外源蜕皮素的掺入应该能打破幼虫的滞育。多数种类确实如此，在滞育中期按每克体重注射 0.9μg 的蜕皮素即能使黑彩带蜂和苜蓿切叶蜂正常化蛹。但在二化螟和巨座玉米螟中，虽然 20-羟基蜕皮素注射进滞育晚期的幼虫里很容易诱导化蛹，但注射进早或中期滞育的幼虫里却只能诱导静止的（幼虫—幼虫）蜕皮，从而说明幼虫的滞育不仅仅是缺乏蜕皮素。

10.3.2.3 咽侧体的作用

在幼虫滞育期间咽侧体活性的最有力证据来自二化螟和巨座玉米螟的实验。巨座玉米螟血淋巴中的 JH 滴度在非滞育幼虫中的最后一龄幼虫的初期很快下降，但在滞育幼虫中则可维持几个月不下降，静止蜕皮时 JH 滴度下降到一个中间水平，然后在滞育终止前进一步下降。二化螟的血淋巴滴度在滞育和非滞育幼虫间显示出类似的情况。在实验室饲养的二化螟体内，滞育幼虫的 JH 水平在整个滞育阶段逐渐下降。采自肯尼亚的一块玉米地中的二化螟同样显示出滞育早期具有较高的 JH 含量（6 月中期），到 9 月初则降到中间水平。

在二化螟和巨座玉米螟中，咽侧体的摘除可使多数幼虫在 30d 内化蛹。用天然 JH 或其类似物处理咽侧体被摘除的幼虫可阻止化蛹，若将 JH 注射进完整的滞育幼虫中则可进一步延长滞育。因此可以肯定 JH 具有维持幼虫滞育的作用。

巨座玉米螟咽侧体的超微结构也反映出腺体活性在滞育过程中具有变化的迹象。早或中期滞育幼虫的活性腺体具有卷曲的核膜、丰富的光滑内质网、较少的溶酶体和适量的胞间沉积物；来自晚期滞育幼虫的非活性腺体有一个非常光滑的核膜、较少的光滑内质网和大量的溶酶体及胞间沉积物。

玉米螟和苹果蠹蛾在幼虫的最后一龄的早期，JH 滴度在注定滞育的幼虫中比在非注定滞育的幼虫中确实高得多，但激素滴度在滞育开始时很快下降。蜕皮素注射进滞育幼虫中导致化蛹或幼虫—蛹中间体的产生，并不出现高 JH 滴度所引起的静止蜕皮现象。因此对于这两个物种来说，高 JH 活性显然与幼虫滞育的开始阶段相关联，但滞育一旦开始后，由于 JH 滴度的迅速下降，可能与滞育的维持毫无关系。

然而拟寄生的蝇蛹集金小蜂（*Nasonia vitripennis*）无论在滞育开始前以及整个滞育阶段，其 JH 活性一直很低，且 JH 和 JH 类似物不能诱导滞育，用 20-羟基蜕皮素处理滞育幼虫可诱导化蛹，但并不产生幼虫—蛹中间体。故在这个物种中，还无法证明 JH 在滞育中究竟有何作用。

JH 可能通过和脑或前胸腺之间的相互作用对幼虫滞育实行调控。例如，在烟草天蛾的幼虫中，JH 滴度的下降是导致蜕皮素产生和化蛹时 PTTH 释放的必要前提。在甘蓝夜蛾的幼虫中，可观察到同样的结果，并且在该种类中用 JH 处理幼虫或体外培养的脑，发现神经分泌物质（或许就是 PTTH）在中央神经分泌细胞的某些细胞群中积累而不释放。在黄刺蛾中，活化的咽侧体对滞育幼虫里的一些脑神经分泌细胞具有抑制作用，腺体植入导致核体积下降，而摘除导致明显增加。因此 JH 有可能通过抑制 PTTH 的生产或释放，而对滞育的启动和维持产生其调控作用。

JH 除了调节滞育之外，还可参与某些代谢作用。例如，用 JH 处理二化螟的滞育幼虫，可降低糖原储存和提高血淋巴中的甘油量。在注定滞育的巨座玉米螟的幼虫中高 JH 滴度可促进特殊蛋白质，即滞育蛋白质的合成。滞育蛋白是 JH-结合蛋白的一种潜在的储存形式，主要由幼虫的脂肪体合成，滞育的早期达到最大滴度，整个滞育阶段被逐渐消耗利用，具有维持高 JH 滴度的作用。

10.3.2.4 调控机制的多样化

从已有的研究资料来看，脑-前胸腺轴的抑制是幼虫滞育所具有的共同特点，然而，对于不同的虫种来说，JH 参与滞育调节的程度很不一样，据此，幼虫滞育的调控机制可分为 4 类：①母体决定；②JH 参与滞育的启动和维持；③JH 仅参与滞育的启动；④JH 无明显作用。

10.3.3 蛹滞育

蛹滞育主要发生在鳞翅目和双翅目中。蛹滞育由于发生在蛹期，无取食现象，活动极其微弱，代谢最为经济节省，如棉铃虫滞育蛹的氧耗率大约为 $0.1\mu L/(mg\cdot h)$，仅为所报道的滞育幼虫和成虫的代谢率的 1/10 左右。

蛹滞育和幼虫滞育一样，都表现出昆虫未成熟阶段期间的发育停止，其滞育调节同样包含脑（图10-1）、前胸腺（图10-2）和咽侧体的作用，但主要以脑和前胸腺的协调控制为主，且调节机制复杂多样，很难用单一的模式来概括。

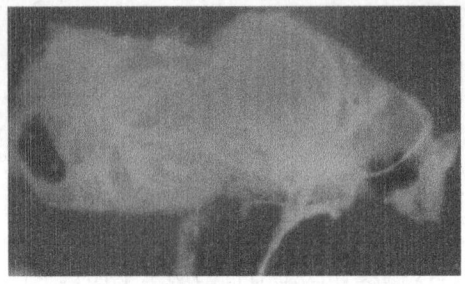
注定非滞育棉铃虫化蛹第2天的脑（×24）

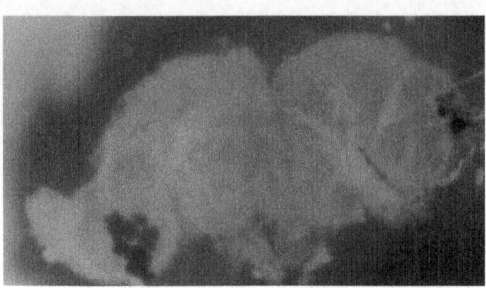
注定滞育棉铃虫化蛹第2天的脑（×24）

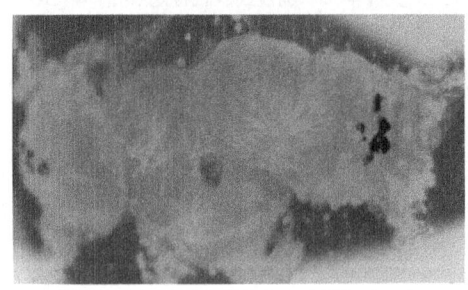
注定非滞育棉铃虫化蛹第10天的脑（×24）

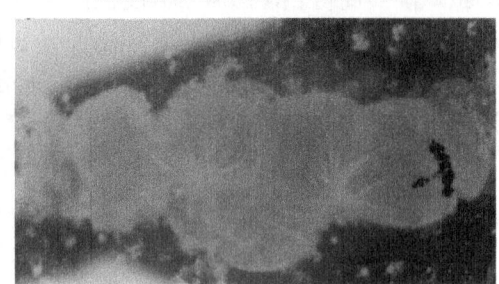
注定滞育棉铃虫化蛹第10天的脑（×24）

图 10-1 棉铃虫注定非滞育和滞育蛹期的脑

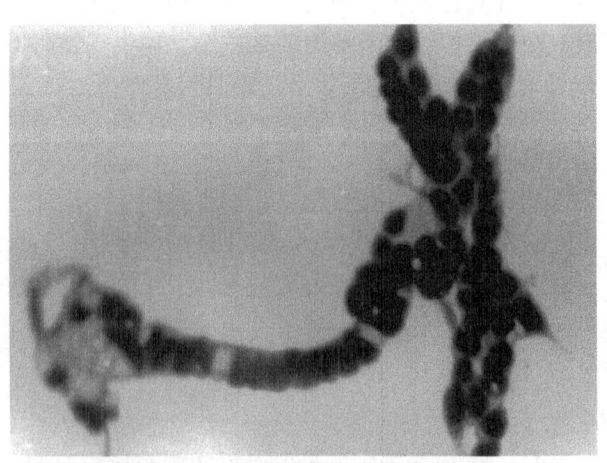
滞育棉铃虫化蛹17d后的前胸腺(×40)(染色30min)

图 10-2 滞育棉铃虫化蛹 17d 后的前胸腺

10.3.3.1 脑的作用

从脑的组织解剖学来看，滞育期间脑的许多神经分泌细胞经历着明显的组织变化，说明脑在滞育中可能起着某种重要的调节作用。目前已经知道脑主要是通过对促前胸腺激素（PTTH）的合成和释放的控制来参与滞育调节的。在非滞育个体中，脑在化蛹前后释放启动成虫发育所需的 PTTH。若在 PTTH 释放前，将脑摘除，蛹则显现出与滞育非常相似的状态，并且能维持好几个月。滞育蛹在成虫发育被启动前，同样需要脑释放 PTTH，以激活前胸腺大量合成和释放蜕皮激素。

Ishizaki 等 1982 年从 200 多万个家蚕的脑中分离纯化出 PTTH。PTTH cDNA 从 5′端依次编码信号肽、2kDa 肽、6kDa 肽、PTTH 亚基。各肽段间以 2～3 个碱性氨基酸相连接，这些肽段间连接的氨基酸也是翻译后蛋白水解酶的作用部位。PTTH mRNA 在细胞内首先翻译为一个多蛋白前体，再经蛋白水解酶修饰后，才释放出有活性的 PTTH，且多蛋白前体降解产生的小分子肽能够参与调节咽侧体的保幼激素合成。不同种昆虫中 PTTH 的蛋白序列保守性较低，如双翅目与鳞翅目昆虫 PTTH 基因编码的前体肽 N 端几乎没有同源性，C 端只在同一物种中具有较高的同源性。在烟芽夜蛾、玉米夜蛾、家蚕、棉铃虫等鳞翅目昆虫中已克隆出大量的 PTTH 基因。

脑何时激活前胸腺？在种与种之间往往表现出明显的不同。例如，天蚕（*Hyalophora cecropia*）的脑通常在滞育的末期对前胸腺产生它的刺激作用。若在滞育末期前摘除蛹脑，整个滞育蛹将永久不能发育。而多数种类，脑通常在滞育的中期对前胸腺产生它的刺激作用，若在滞育早期摘除蛹脑，可使蛹永久地陷于滞育状态，但到滞育中期，发育的恢复则不再依赖于脑的存在。菜粉蝶、烟草天蛾等均属于这种反应类型。美洲棉铃虫（*Heliothis zea*）的脑，通常在滞育的早期对前胸腺产生它的刺激作用。在化蛹后 4h 内，摘除美洲棉铃虫的脑可导致永久滞育，但 24h 后，滞育蛹发育的恢复则已经不再需要脑的存在。

10.3.3.2 前胸腺的作用

1）前胸腺的活性变化　在蛹滞育开始前，注定滞育和非滞育个体的前胸腺均能合成、释放蜕皮激素，形成体内第一个蜕皮激素高峰，从而导致幼虫变态为围蛹（蝇类中）或蛹。但在注定为非滞育的个体中，很快形成蜕皮激素的第二次高峰并导致成虫发育的开始；而注定为滞育的个体，由于前胸腺活性大大降低，则不能释放第二次蜕皮激素高峰，且蜕皮激素在体内的滴度急剧下降到极微量的水平，远远低于启动成虫发育所需要的量。

当前胸腺在滞育终止恢复活性的时候，蜕皮激素并不是以一种短暂的高峰被释放，而是长达几天内，均维持在较高的水平上。例如，经冷冻过的天蚕蛹被转移到 27℃下刺激发育时，血淋巴中的蜕皮激素滴度可升高到 157pg/μL 血淋巴，非常类似于在非滞育个体中引起化蛹和启动成虫发育时蜕皮激素激增中所观察到的水平。通常此种高水平的蜕皮激素含量至少可维持 3d 左右。

腺体形态学上的证据客观地反映了腺体在活性上的变化。无活性的腺体具有细胞小、核规则及细胞质量少且不具液泡的特征。活性腺体则具有细胞大、核不规则及细胞质量多且充满大量液泡的特征。通过对亚显微结构的观察，进一步证明了腺体的活性变化。例如，在天蚕蛾科的几个种类中，滞育早期的前胸腺的细胞质里内质网和高尔基体均不显著，但糖原和自由核糖体却非常丰富，显示其活性较低；在冷冻期后，粗糙内质网变得非常明显，并且到蜕皮激素合成开始时，细胞中除了包含丰富的内质网外，还具有大量的高尔基体，糖原则明显减少，说明其活性较高。

在蛹滞育过程中，通常认为 PTTH 一旦作用于前胸腺就可立即导致其合成和释放蜕皮激素。在天蚕滞育终止及幼虫蜕皮的诱导中，确实如此；但是在蛹滞育的少数例子中，前胸腺的反应并不是如此快捷的，当脑对前胸腺产生刺激作用时，前胸腺往往需要延迟一段时间才会释放出激素产物。因此前胸腺本身也表现为一种重要的调节位点。例如，棉铃虫，在幼虫化蛹后的 24h 内，PTTH 就已对前胸腺产生它的刺激作用，然而无脑蛹被保持在 21℃下时，继续滞育；当把无脑蛹转移到 27℃下，或注射蜕皮激素，可立即引起发育。因此这个物种的滞育并不是由 PTTH 的缺乏所导致，而是因蜕皮激素的缺乏所引起。虽然前胸腺已经被赋予生产蜕皮激素的能力，但低温抑制激素产生。这种仅仅需要蜕皮激素产生的模式属于温度依赖型。

2）对外源蜕皮激素的反应　　由于蛹滞育的发生主要是蜕皮激素含量不足所引起，因此给滞育蛹补充蜕皮激素，理论上应能终止其滞育。许多实验已经证明了这一点，如棉铃虫、甘蓝夜蛾（*Mamestra brassicae*）的滞育蛹当被注射适量的 20-羟基蜕皮素后，均可终止滞育，正常发育；在双翅目中，20-羟基蜕皮素在打破蛹滞育方面的作用也已被证实。

除了在昆虫中通常发现的蜕皮素和 20-羟基蜕皮素外，各种从植物中提取的类固醇蜕皮素亦能终止蛹滞育。事实上，在某些情况下，植物类固醇蜕皮素在打破滞育方面显得更为有效，可能是因为它们在昆虫体内不易被降解的缘故。例如，在红尾粪麻蝇（*Sarcophaga crassipalpi*）中，证明从蕨类植物中提取出来的 5，20-二羟基蜕皮素的活性是 20-羟基蜕皮素活性的 5 倍。

注射外源蜕皮激素可以打破滞育，但蜕皮激素的剂量是控制滞育蛹发育进程的关键。例如，在萼树大蚕中，小剂量蜕皮激素就足够翅真皮的缩回但不足以进一步发育；而中间剂量可使萼树大蚕发育到正常的成虫；但在很高剂量下时，大大加速了从蛹到成虫的变态过程，以致通常需要的 11d 被降为 4d，然而这种结果产生的成虫，无论是内部还是外部明显畸形，且不能彻底地羽化。

在滞育发育的不同阶段，蛹对外源蜕皮激素的反应，往往随着蛹龄的不同有较大的差异。在已被检查过的虫种中，其 ED_{50}（50%的个体终止滞育所需的有效剂量）绝大多数随蛹龄的不同而发生变化。例如，麻蝇属的虫子在滞育刚开始时，蛹可对很低剂量的 20-羟基蜕皮素发生反应，但几周后启动成虫发育的量则增至 40～100 倍。激素敏感性方面的变化也充分地说明滞育并不是一种固定不变的状态。

注射进体内的蜕皮激素之所以能够启动发育，除了作用于非内分泌组织促进形态发生之外，对蛹脑或前胸腺也产生了某些刺激作用。例如，在烟草天蛾中，分离腹部的 ED_{50} 比完整蛹中的 ED_{50} 要高得多，且无脑天蛾蛹的 ED_{50} 几乎与完整蛹的 ED_{50} 是一样的，故表明外源蜕皮激素对前胸腺产生了某种刺激作用。此外，体外培养的甘蓝夜蛾的滞育蛹脑，当用 20-羟基蜕皮素处理时，显示出较大的促前胸腺活性，且观察到体外培养的蜚蠊（*Leucophaea maderae*）脑的神经分泌物的释放，也可被蜕皮激素所促进，据此推测蜕皮激素对脑产生了一定的刺激作用。

10.3.3.3　咽侧体的作用

在天蚕蛾科中，很少的实验能证明咽侧体在蛹滞育中起到某种调控作用。当这种腺体从滞育蛹中被摘除时，可照样轻易地启动成虫发育，生物测定结果亦证明腺体在整个滞育阶段均无活性。

然而，活性咽侧体或保幼激素抽提物可使完整或无脑的天蚕蛾科虫子的滞育蛹终止滞育；如在完全作茧后立即应用高剂量的保幼激素（JH）处理天蚕的老熟幼虫，也能使其避开滞育。这些实验说明咽侧体和 JH 能对前胸腺有一定的刺激作用，可以导致滞育的终止。但无迹象表明咽侧体具有直接启动成虫发育的作用。

在烟草天蛾中，虽然高剂量的 JH 类似物可立即终止蛹滞育，但在血淋巴中检测不出 JH 活性，并且蛹化后立即摘除咽侧体的蛹，保留在滞育状态下的时间与假手术或未手术的蛹一样久。因此，JH 不可能在维持滞育或启动成虫发育中起作用。然而，注定滞育的天蛾科虫子的最后一龄幼虫在进入滞育阶段以前出现特有的 JH 活性高峰；而且饲养在同样的环境条件下，具有轻微的 JH 缺乏症的烟草天蛾的黑色突变体品系与野生型品系相比，显示出较低的蛹滞育率，从而说明 JH 可能参与了滞育的诱导。

在红尾粪麻蝇中，JH 在滞育开始前、滞育期间以及成虫发育刚刚开始时均起着重要的调节作用。在围蛹形成时，非滞育蝇类在与成虫发育相关联的蜕皮激素的峰值升起前，往往先出现单个的 JH 活性高峰，蛹化后 JH 的活性则随之降到极低的水平。但在注定滞育的蝇类中，JH 活性在蛹化后，仍维持在较高的水平，并且大量的活性高峰以 24h 的间隔持续到蛹滞育开始后。在滞育中期，JH 活性与代谢活动的超昼夜循环相关，在耗氧高的日子里，JH 是检测不到的；但在耗氧低的日子里，含量则很高。这种 JH 周期性的活性式样可被利用作一种"计时"机制，它将计算出隐藏的激素效果，并因此决定滞育的持续时间。用外源 JH 处理红尾粪麻蝇的滞育蛹，可大大缩短滞育的持续时间，似乎更证实了这种可能性。

在麻蝇属中，外源 JH 的处理虽然不能导致滞育的立即终止，但可缩短滞育时间，并且还能大大提高 20-羟基蜕皮素在终止滞育方面的作用。同时发现滞育终止时与非滞育蛹启动成虫发育时一样，JH 峰值先于蜕皮激素峰值出现。因此这些证据表明 JH 除了具有促进 20-羟基蜕皮素活性的间接作用之外，或许可使组织直接对蜕皮激素准备好反应。

10.3.4 成虫滞育

成虫滞育非常普遍，在鞘翅目、鳞翅目、双翅目、同翅亚目、半翅目、直翅目、脉翅目、毛翅目以及蜱螨目中均有发生。近几年从神经内分泌的角度对成虫滞育的机制及特点进行了较深入的研究，取得了不少成果。普遍认为成虫滞育的主要特点是生殖的抑制，其调控涉及咽侧体、脑和前胸腺的作用，但主要以咽侧体和脑的协调控制为主，且调节机制复杂多样，也无法用单一的模式来概括总结。

10.3.4.1 成虫滞育的特点

成虫滞育的最大特点是生殖的抑制。在成虫羽化时，虽然雌虫卵巢的原卵区里已经产生初级卵母细胞，但大多数昆虫的卵黄蛋白的合成和吸收仍然没完成；而雄虫的成熟精子虽在成虫羽化时也已出现，但副腺退化，腺体产物仍没被合成。通过副腺的退化和性行为的缺乏可鉴定雄虫的滞育。

正常的生殖过程需要完成一个有次序的生理和行为事件。例如，雌成虫通常寻找一顿蛋白餐以提供卵成熟所必需的原料；代谢器官必须能够生产成熟卵，精子和副腺分泌物；且昆虫还必须有性活动。因此在生殖过程中的许多环节中，只要其中任何一个环节被阻断，即能达到抑制生殖的目的。然而，对于大多数种类，仅仅生殖的某一个方面被抑制是很难鉴定的。成虫滞育通常还包含许多其他特点，如马铃薯叶甲的成虫进入滞育时，它停止取食，变成正趋地性，潜到地里，飞翔肌退化，性活动停止，卵不能成熟，脂类和糖原水平提高，代谢速度明显下降。

成虫滞育除了具有代谢活动低等其他几种滞育类型所具有的共同特点外，还具有某些独特的特点,且这些特点在不同的物种间表现出高度可变性。例如,在注定滞育的马铃薯叶甲中,飞翔肌明显退化;而有些种类,滞育时常常伴随着迁飞行为,其飞翔肌则发育得很好。滞育通常是一种"全或无"的反应,可某些种类却能保留在一种稳定的中间状态,在红斑翅蝗(*Oedipoda miniata*)的雄虫中,性活动和副腺发育从完全抑制状态到具有充分的生殖能力间均有发生,并且任一种稳定的中间水平可通过适当的昼长处理来达到。虽然成虫滞育多数在成虫羽化后就立即开始;但某些种类羽化后先产卵繁殖一段时间,随后才进入滞育状态;并且个别种类还可以重复进入和解除滞育状态。

有些种类,滞育表现出明显的性别差异,甚至滞育仅仅发生在雌虫中。例如,埃及树蝗(*Anacridium aegyptium*),即使雌虫已处在滞育状态下,雄虫却仍保留着充分的性活动。在胡蜂科、蜜蜂科的许多社会性昆虫及以成虫越冬的蚊子和小花蝽中,雄虫在雌虫还未进入滞育状态时,就使其受精,然后死去,不进入滞育状态。

10.3.4.2 咽侧体的作用

1)咽侧体活性 咽侧体在成虫滞育期间通常比在生殖活动期间要小。在较典型的实例中,腺体在整个滞育期间维持较小的体积,且细胞质量少,缺乏液泡,小核在大小上相当一致。当昆虫终止滞育时,其活性腺体的体积通常可增加许多倍。通常情况下,咽侧体体积的大小与其活性的高低呈正相关。

咽侧体的外科摘除和移植实验进一步证明了咽侧体在成虫滞育期间是无活性的。维持在非滞育条件下的马铃薯叶甲雌成虫,当咽侧体被摘除时,可表现出滞育的特征:出现挖洞行为,且氧耗率下降,卵黄沉积被抑制;如用早熟素Ⅱ选择性地破坏咽侧体,也可诱导出相似的反应。当滞育期间摘除黑脉金斑蝶(*Danaus plexippus*)雌虫的咽侧体时,重新回到长光照条件下时,将不能使卵成熟。

咽侧体的移植实验,主要有以下4种类型的结果:①非活性咽侧体移植进其他的滞育成虫中仍保留无活性,如埃及树蝗滞育的雄虫或雌虫的咽侧体未能打破雌虫的滞育。②活性咽侧体移植进滞育的成虫中可成功地终止滞育,如无膜翅红蝽、墨西哥黑蝗(*Melanoplus mexicanus*)和埃及树蝗。虽然活性腺体的移植可明显地促进生殖,但效果往往不能长期维持。③活性咽侧体不能终止滞育,如有人将取自非滞育马铃薯叶甲雌虫的三对活性咽侧体移植进保持在短日照条件下的甲虫中,未能恢复其生殖活动。④无活性的咽侧体移植进滞育的成虫中,可以被激活并促进生殖。在无膜翅红蝽、墨西哥黑蝗中,均能观察到这种结果。

虽然咽侧体的外科摘除和移植的实验结果表明这种腺体应为成虫滞育的主要调控者,但从这些实验中也能看出咽侧体的活性通常被另一种控制中心所调节,如上面提到的移植腺体未能持续启动或维持生殖,以及通过外科处理可激活无活性咽侧体的实验结果均充分证明了这一点。

用生物测定、放射免疫测定或气相色谱-质谱仪等方法,人们成功地测定了多种昆虫血淋巴中的保幼激素(JH)滴度。在马铃薯叶甲中,短日照甲虫的血淋巴在成虫羽化时虽含有JH活性,但在滞育期间活性很快下降到检测不出的水平;而长光照甲虫中,其血淋巴中的JH滴度在成虫生活的起初7d内明显升高,显示其咽侧体活性增加,并且在短日照甲虫的滞育终止时,可见到相似的活性增加。

通过马铃薯叶甲的咽侧体的体外培养,发现咽侧体的合成能力密切地反映了JH滴度的变化,取自发育成虫的腺体,体外合成率高;而取自滞育成虫的腺体,合成速度极低,几乎检测不到 JH 的活性。

2) 对外源保幼激素的反应　　既然成虫滞育的主要原因是由咽侧体活性的降低而导致体内 JH 的量极微所造成,那么理论上人为补充 JH 或其类似物应能终止成虫的滞育。事实上,多数实验已证明 JH 及其类似物确实具有解除成虫滞育的作用。例如,JH 类似物可导致七星瓢虫(Coccinella septempunctata)的滞育雌虫卵黄蛋白的合成和随后产卵,同样可很快终止梨木虱(Cacopsylla pyri)的滞育,但通常需要的量很高,且许多类似物比自然发生的激素明显地更有用。

用 JH 处理滞育个体所导致的生殖活动的恢复,只能视为滞育的暂时中止,而不是滞育的完全终结。正如马铃薯叶甲,假如被处理的个体保留在滞育条件下,成虫最后复归于滞育。仅仅当 JH 被应用到很老的个体,或成虫被转移到长光照下,马铃薯叶甲才将较久地维持生殖活性。在成虫滞育尚未开始前,用 JH 处理,可延迟但不能避开滞育。

需要高剂量的 JH 才能诱出反应,加上成虫反应的时间不能长久地维持,表明外源 JH 很少能成功地持续激活成虫的神经内分泌系统以促进和维持 JH 的内源生产。

10.3.4.3 脑的作用

滞育成虫通常表现出脑中的胆碱酯酶活性、电活性和章鱼胺的下降,且在滞育和非滞育成虫的神经分泌细胞间存在着明显的组织学差异。

脑明显地可通过体液和神经通路对咽侧体产生调控作用。但对于某一具体种类来说,这种调节机制在滞育和生殖期间可能是不同的,并且在同一个种类中的雄虫和雌虫间也有可能不同。

用马铃薯叶甲所做的实验,表现出咽侧体的体液调节。脑间部是脑的重要部位。用烧灼法毁坏这个区域导致非滞育成虫开始在土壤中挖洞并呈现滞育的其他特点。脑间部被毁坏的滞育甲虫转移到长光照条件下未能恢复生殖活性。从后脑复合物的残余部分切断联系脑间部和咽侧体的神经并不能改变甲虫对短光照或长光照信号的反应,因此证明了脑的信息不是通过咽侧体神经被转运到咽侧体的。

同样的,在埃及树蝗中,咽侧体的神经切除并不影响昆虫恢复生殖的能力。当蝗虫的脑间部被电刺激时,分泌物质从中间神经分泌细胞中释放,咽侧体活性增加,并且雌虫恢复生殖能力。虽然咽侧体摘除的雌虫未能对电刺激发生反应,但仅仅割断对脑的神经联系不能改变这种反应。在墨西哥黑蝗的雄虫中,用电凝法毁坏脑间部导致性活动下降,与咽侧体摘除的作用相似。脑间部移植进脑间部已经被毁坏的雄虫中将成功地刺激其性活动。因此刺激能被体液完成。

无膜翅红蝽的咽侧体表现出被体液和神经联结两方面的调节。脑间部的摘除导致滞育和非滞育雌虫生产很少的卵。在长光照条件下,切除咽侧体神经,不能改变生殖活性,因此咽侧体的脑刺激显现出被体液完成。相反,通过切除滞育虫子的咽侧体神经,活性被大大改变,雌虫开始生殖。故在短光照条件下,脑间部显现出通过神经联结抑制咽侧体,切断咽侧体神经或毁坏脑间部中的抑制中心可导致短光照雌虫恢复生殖活性。

目前大量的研究已经证实脑主要是通过分泌促咽侧体激素(allatotropin, AT)(该激素可以使咽侧体的活性增加)和咽侧体静止激素(allatostatin, AS)(该激素可以降低咽侧体的活性),经体液或神经传导,直接作用于咽侧体,对其分泌 JH 的能力产生调控作用。

10.3.4.4 蜕皮激素的作用

由于蜕皮激素在成虫中出现并与成虫的生殖相关联,故人们推测该激素或许也与成虫滞育相关。例如，在马铃薯叶甲中，蜕皮激素的滴度在注定滞育的年幼甲虫中，几乎是注定非滞育的甲虫中的2倍高。羽化后4d，这种滴度很快下降，但随着滞育期的增加又逐渐升高。在卵黄发生期间，雌虫中蜕皮激素的滴度维持在较高的水平上。

在马铃薯叶甲中，虽然在卵黄发生期间蜕皮激素的滴度较高，但将外源蜕皮激素注射进滞育甲虫中并未能终止滞育或刺激卵黄原蛋白的合成，在这里，蜕皮激素到底起何种作用尚未弄清，有待于进一步研究。

另外，位于保幼激素和蜕皮激素上游的胰岛素信号系统通过对这两种激素的调控，参与了滞育的营养调控，并通过对脂肪酸释放激素、神经肽、环磷酸鸟苷激酶、蛋白激酶等的调节作用影响滞育进程。研究表明长日照能够诱导尖音库蚊体内胰岛素样蛋白与胰岛素受体结合，调控保幼激素的合成，抑制多种滞育特征（如寿命、抗压能力、脂肪的积累等）潜在的调节因子——中叉头转录因子 FOX 的表达，呈现出没有脂肪积累、卵巢正常发育的非滞育特征；而短日照诱导则呈现出相反的调控模式，使尖音库蚊呈现出滞育特征。RNA 干扰尖音库蚊未滞育雌蚊的胰岛素受体基因表达或敲除胰岛素样蛋白基因，未滞育雌蚊卵巢停止发育，呈现出滞育特征。在黑腹果蝇中，若切断胰岛素通路，也能导致黑腹果蝇成虫产卵量下降，能量储备增多，致使滞育产生。

问题与思考

1. 什么叫滞育，有哪些类型？
2. 影响滞育的主要环境因子有哪些？
3. 诱导昆虫滞育的光周期类型具体可分为哪5种？
4. 简述滞育激素的来源、理化特性和作用靶标。
5. 幼虫滞育的调控机制可分为哪4种类型？
6. 蛹滞育的激素调控机制是什么？
7. 成虫滞育有哪些主要特点？
8. 简述成虫滞育的激素调控机制。
9. 举例说明用哪些外源激素可以提前解除幼虫滞育和蛹滞育。
10. 简述胰岛素信号系统是如何参与了滞育的营养调控。

主要参考文献

顾燕燕，华荣胜，周耐明，等. 2008. 家蚕滞育激素受体基因（BmDHR）的分子克隆及定量分析. 蚕业科学，34（3）：417～423

郭郛. 1979. 昆虫的激素. 北京：科学出版社

梁瀚清，钟杨生，陈芳艳，等. 2014. 昆虫滞育机制研究进展. 广东农业科学，20：84～90

刘玫静，童晓玲，张高军. 2014. 家蚕滞育机理研究进展. 蚕学通讯，34（4）：23～31

刘月英，罗进仓，周昭旭，等. 2015. 周期和温度对苹果蠹蛾滞育诱导的影响. 植物保护学报，42（1）：39～44

任小云，齐晓阳，安涛. 2016. 滞育昆虫营养物质的积累、转化与调控. 应用昆虫学报，53（4）：685～695

王方海，龚和. 1997. 滞育和非滞育棉铃虫血淋巴类固醇蜕皮素含量变化的比较. 昆虫学报，40（3）：261～264

王方海, 龚和.1997. 滞育和非滞育棉铃虫氧耗率的测定. 中山大学学报, 36 (2): 58~61

王方海, 龚和, 钦俊德, 等.1997. 滞育和非滞育棉铃虫脑的组织解剖学研究. 中山大学学报, 36 (6): 20~24

王方海, 龚和, 钦俊德, 等.1999. 滞育和非滞育棉铃虫前胸腺的形态解剖学比较研究. 昆虫学报, 42 (1): 44~47

王方海, 龚和, 钦俊德. 2002. 棉铃虫脑在控制滞育中的作用. 昆虫学报, 45 (3): 416~418

王方海, 刘永平, 张琼秀, 等. 2004. 蝗虫多型现象的神经内分泌调控. 昆虫学报, 47 (5): 652~658

王方海, 周伟儒, 王韧.1998. 人为打破滞育对东亚小花蝽越冬成虫生殖的影响. 植物保护, 24 (5): 10~11

王方海, 周伟儒, 王韧.1998. 东亚小花蝽的生物学及其人工繁殖. 昆虫天敌, 20 (1): 42~44

王力刚, 宋海韬, 黄勇, 等. 2011. 催青温度对家蚕二化性品种滞育激素受体基因表达的影响及基因的结构特征. 蚕业科学, 37 (2): 215~223

王满囷, 李周直. 2004. 昆虫滞育的研究进展. 南京林业大学学报（自然科学版）, 28 (1): 71~-76

王伟, 张礼生, 陈红印.2011. 瓢虫滞育的研究进展. 植物保护, 37 (5): 27~33

吴传剑, 郝友进, 陈斌. 2015. 蚊科昆虫滞育的研究进展. 重庆师范大学学报（自然科学版）, 32 (6): 35~41

夏丹, 滕萍英, 陈晓光, 等. 2016. 白纹伊蚊滞育及其分子机制. 中国寄生虫学与寄生虫病杂志, 34 (3): 282~289

徐汉福, 马三垣, 王峰, 等. 2011. 适用于实用家蚕品种转基因的蚕卵滞育解除方法. 蚕业科学, 37 (1): 64~68

徐晶晶, 陈斌, 郝友进. 2012. 昆虫滞育相关激素调节的研究进展. 重庆师范大学学报（自然科学版）, 29 (4): 29~33

徐世清. 1989. 外源性昆虫激素对桑蚕滞育卵的活化作用. 蚕桑通报, 20 (3): 18~19

许永玉, 胡萃, 牟吉元, 等. 2002. 中华通草蛉成虫越冬体色变化与滞育的关系. 生态学报, 22 (8): 1275~1280

薛芳森, 李爱青, 朱杏芬, 等. 2002. 大猿叶虫生活史的研究. 昆虫学报, 45 (4): 494~498

于振诚, 李道义, 张风林, 等. 1998. 昆虫激素类似物对柞蚕滞育蛹活化作用的研究. 蚕业科学, 24 (1): 10~12

张晓燕, 翟一凡, 庄乾营. 2015. 昆虫滞育研究进展. 山东农业科学, 47 (2): 143~148

朱佳, 杨靖, 徐卫华. 2010. 棉铃虫滞育解除的相关基因鉴定. 中国科学技术大学学报, 40 (1): 48~52

Alva S M, Momoi S. 1994. Environmental regulation and geographical adaptation of diapause in *Cotesia plutellae* (Hymenoptera: Braconidae), a parasitoid of the diamondback moth larvae. Applied Entomology and Zoology, 29 (1): 89~95

Armbruster P A. 2016. Photoperiodic diapause and the establishment of *Aedes albopictus* (Diptera: Culicidae) in North America. Journal of Medical Entomology, 53 (5): 1013~1023

Cassier P, Cymborowski B. 1993. Physiology of larval diapause in the wax moth, *Gallria mellonella*: An ultrastructural analysis. Comparative Biochemistry and Physiology, 105A (4): 679~689

Goka K, Takafuji A. 1990. Genetical studies on the diapause of the two-spotted spider mite, *Tetranychus urticae* Koch. Applied Entomology and Zoology, 25 (1): 119~125

Hakomori T, Tanaka S. 1992. Genetic control of diapause and other developmental tralts in Japanese strains of the migratory *locusta migratoria* L.: univoltine vs. bivoltine. Japanese Journal of Entomology, 60 (2): 319~328

Hasegawa K, Shimizu I. 1990. GABAergic control of the release of diapause hormone from the suboesophageal ganglion of the silkworm, *Bombyx mori*. Journal of Insect Physiology, 36 (12): 909~915

Hodkova M, Okuda T, Wagner R M. 2001. Regulation of corpora allata in females of *Pyrrhocoris apterus* (Heteroptera) (a mini-review). In Vitro Cellular & Developmental Biology-Animal, 37 (9): 560~563

Imail K, Konno T, Nakazawa Y, et al. 1991. Isolation and structure of diapause hormone of the silkworm, *Bombyx mori*. Proceedings of the Japan Academy, 67B: 98~101

Islam A T, Nankaku N, Marui Y, et al. 2005. Neuroendocrine roles of the brain in the regulation of 20-hydroxyecdysone responsiveness in two types of diapause pupae of the cabbage armyworm, *Mamestra brassicae*. Zoological Science, 22 (7): 775~781

Kerkut G A, Gilbert L I. 1985. Comprehensive Insect Physiology, Biochemistry, and Pharmacology. New York:

Pergamon Press

Lefevere K S, Koopmanschap A B, de Kort C A D. 1989. Changes in the concentrations of metabolites in haemolymph during and after diapause in female Colorado potato beetle, *Leptinotarsa decemlineata*. Journal of Insect Physiology, 35 (2): 121~128

Lewis D K, Spurgeon D, Sappington T W, et al. 2002. A hexamerin protein, AgSP-1, is associated with diapause in the boll weevil. Journal of Insect Physiology, 48 (9): 887~901

Lyoussoufi A, Gadenne C, Rieux P, et al. 1994. Effects of an insect growth regulator, fenoxycarb, on the diapause of the pear psylla, *Cacopsylla pyri*. Entomologia Experimentalis et Applicata, 72 (3): 239~244

Muszynska-Pytel M, Trzcinska R, Aubrg M. 1993. Regulation of prothoracic gland activity in diapausing larvae of the wax moth, *Galleria melionella* L. (Lepidoptera). Insect Biochemistry and Molecular Biology, 23 (1): 33~41

Nijmi T, Yaginuma T. 1992. Biosynthesis of NAD-sorbitol dehydrogenase is induced by accumulation at 5℃ in diapause eggs of the silkworm, *Bombyx mori*. Comparative Biochemistry and Physiology-part B, 102 (1): 169~173

Numata H, Yamamoto K. 1990. Feeding on seeds induces diapause in the cabbage bug, *Eurydema rugosa*. Entomologia Experimentalis et Applicata, 57 (3): 281~284

Saunders S D, Richard D S, Applebaum S W. 1990. Photoperiodic diapause in *Drosophila melanogaster* involves a block to the juvenile hormone regulation of ovarian maturation. General and Comparative Endocrinology, 79 (2): 174~184

Shiga S, Davis N T, Hildebrand J G. 2003. Role of neurosecretory cells in the photoperiodic induction of pupal diapause of the tobacco hornworm *Manduca Sexta*. The Journal of Comparative Neurology, 462 (3): 275~285

Shiga S, Hamanaka Y, Tatsu Y, et al. 2003. Juvenile hormone biosynthesis in diapause and nondiapause females of the adult blow fly *Protophormia terraenovae*. Zoological Science, 20 (10): 1199~206

Sim C, Denlinger D L. 2013. Insulin signaling and the regulation of insect diapause. Frontiers in Physiology, 4 (189): 1~10

Wei Z J, Zhang Q R, Kang L, et al. 2005. Molecular characterization and expression of prothoracicotropic hormone during development and pupal diapause in the cotton bollworm, *Helicoverpa armigera*. Journal of Insect Physiology, 51 (6): 691~700

第 11 章　发育异常与癌

生物体的发育生长，在时空上受到严格的遗传控制。这种调控总体上可分为正、负两个方面。正向调控能促进细胞生长和分裂，但不能使其终末分化，已知多数癌基因（oncogene）能产生正向调控的作用。负向调控则能促进细胞成熟和终末分化、诱发调亡、抑制细胞分裂增殖，如抑癌基因或抗癌基因（tumor suppressor gene or anti-oncogene）就具有负向调控功能。体内的正向和负向调控一旦失衡，必将造成细胞生长、增殖、分化等过程的失控，出现异常发育的局面。如果细胞生长、分裂失控，无限增殖，不再分化，并迁移、扩散、浸润其他组织，建立继发的肿瘤克隆，形成新的浸润灶，便恶变成癌（cancer）。这类细胞便是癌细胞或称转化细胞（transformed cell）。癌症是严重危害人类健康的常见多发病，我国每年发病人数约 160 万，死亡率已超过心脑血管疾病，成为第一位致死疾病。肿瘤的防治与研究正成为全世界科学家日益关注的课题。

11.1　癌 的 类 群

机体内任何组织都有形成癌的可能性，根据癌变涉及的细胞类型的不同，可将其分为 4 个主要类群：①上皮细胞型，涉及的组织或器官有乳腺、肺、胃、肝、子宫、结肠、皮肤、膀胱、子宫颈等，如肺癌、乳腺癌、结肠癌等；②结缔组织细胞型，涉及的组织有平滑肌、横纹肌、血管、淋巴管、骨、软骨等，如软骨肉瘤、骨肉瘤、横纹肌肉瘤、血管肉瘤等；③成血组织细胞型，主要与骨髓、脾、胸腺、白细胞、红细胞等有关，如淋巴瘤、骨髓瘤、红白血病、淋巴细胞性与骨髓性白血病等；④神经组织细胞型，涉及周围神经系统和中枢神经系统，如神经胶质瘤、星形细胞瘤、成神经管细胞瘤、神经瘤、施万细胞（神经鞘或神经膜细胞）癌等。

11.2　癌细胞的主要特征

（1）无限增殖。在适宜条件下能不断分裂繁殖下去，不再存在最高分裂次数上限。
（2）分化能力大大减弱或者完全丧失。
（3）接触抑制丧失。正常细胞生长过程中，一旦相互接触，其运动和分裂活动都要减缓或停顿下来。在体外培养条件下则表现为细胞通过分裂增殖并紧贴培养器皿的表面形成单层后即停止分裂。通常将正常细胞因相互接触而抑制分裂的现象称为密度依赖性生长抑制。若在相同条件下培养癌细胞，其分裂和增殖并不因细胞相互接触而终止，故不存在密度依赖性生长抑制情况，也不会在形成单层后停止生长，可继续分裂增殖并堆积形成多层的立体细胞群。因此调节细胞正常生长和分裂的信号对癌细胞不再有任何效用，其生长和分裂已完全失去控制。

(4) 胞间黏着性减弱，能进行变形运动，可侵袭其他组织，具扩散、转移能力。正常细胞外被中的纤连蛋白是一种细胞外黏着糖蛋白，能增强细胞与细胞外基质间的黏着。而癌细胞的纤连蛋白显著减少或缺失，钙黏蛋白合成发生障碍，从而降低了细胞与基质之间和细胞与细胞之间的黏着性，故癌细胞能侵袭周围组织，进入身体的循环系统，在远离它们最初出现的部位进行定居扩增，通常将癌细胞扩散并在其他部位建立新的生长扩增点的过程称为转移。

(5) 自分泌激活。生长因子是控制细胞周期的信号分子，可调节细胞分裂的速率，部分种类的癌细胞可以分泌刺激本身增殖的生长因子来促进自身分裂。正常细胞在体外培养时，一般要在培养液中补充一定浓度的血清才能正常生长，血清的作用是提供一些细胞生长所需要的生长因子，如表皮生长因子、血小板源生长因子（PDGF）、胰岛素等。而癌细胞本身能够合成分泌生长因子刺激自身的分裂生长，故能在血清浓度很低的培养液中生长，对外在生长因子的依赖性大大减低。某些固体癌细胞还能释放血管生成因子，诱导毛细血管向癌肿生长以获得营养补给。在神经胶母细胞瘤和恶性肉瘤中的癌细胞就分别获得了合成血小板源生长因子和肿瘤生长因子α（TGFα）的能力。有些癌细胞还会大量表达其表面的信号接收器，这样就可以富集周围微环境中的生长信号从而进入生长分化状态。此外癌细胞还会将其周围的部分正常细胞改造成生长信号的生产工厂，持续供其使用，并招募如成纤维细胞和内皮细胞等一些帮凶细胞来帮助它们生长分化。

(6) 失去间隙连接。正常细胞可通过间隙连接与周边细胞保持代谢等方面的联系，从而对细胞和组织的生长具有一定的调控作用。癌细胞的间隙连接减少或缺失，故癌细胞间的通信、代谢等联系大大减少，相互独自发展，不具协调性。

(7) 染色体异常。正常细胞染色体的整倍性破坏，通常会激活细胞程序性死亡信号，导致细胞最终死亡，故在生长和分裂时正常细胞一般能够维持二倍体的完整性。癌细胞因为丧失了程序性死亡机制，对程序性死亡信号不再敏感，所以染色体的整倍性破坏不会引起癌细胞死亡。因此在生长和分裂过程中常常可以观察到癌细胞的染色体缺失、增加和非整倍性等异常情况发生。

(8) 细胞骨架结构紊乱。正常细胞的细胞质存有高度组织化的细胞骨架网络结构，而癌细胞中的细胞骨架明显减少且排列紊乱。细胞骨架结构紊乱可导致细胞外形发生改变，如正常成纤维细胞在培养过程中呈扁平梭形，若用鸟类肉瘤病毒将其转化后，则变成球形，且表面出现小泡。

(9) 调控细胞代谢。即使在有氧的条件下，癌细胞也会通过调控代谢，使其能量主要来源于无氧糖酵解的代谢方式。在神经胶质瘤和其他种类的癌细胞中，发现异柠檬酸盐脱氢酶功能上的突变也许和细胞能量代谢方式的改变有关，且能提高细胞中氧化物的含量从而影响基因组的稳定性，还可以稳定细胞中的 HIF-1 转录因子以提高癌细胞的血管生成和浸润能力。

(10) 引发炎症反应。炎症反应可为肿瘤微环境提供各种生物激活分子，包括生长因子（可维持癌细胞的增殖信号）、生存因子（可抑制细胞死亡）、促血管生成因子和细胞外基质修饰酶（可利于血管生长，癌细胞浸润和转移），以及其他诱导信号（可激活 EMT 和癌细的其他一些特征）。此外，炎性细胞还会分泌一些化学物质，其中 ROS 可以加快临近癌细胞的基因突变，加速它们的恶化过程。

此外癌细胞还易于被凝集素凝集，产生新的膜抗原等，恢复再现了许多胚胎细胞特有能力，故癌不仅是个严峻的医学问题，也是发育生物学的重大理论问题。

11.3 癌 的 起 因

11.3.1 环境致癌因素

11.3.1.1 化学致癌因素

英国医生 Hill 于 1761 年首先提出化学物质可致癌的观念。直到 1775 年，英国的另一位外科医生 Pott 才找到了环境因子与癌发生相关性的有力证据。他发现男性烟囱清洁工人易患鼻腔癌和阴囊皮肤癌的主要原因是过度与煤烟接触，现已证明煤烟中存有多种化学致癌物质。对动物有致癌作用的化学致癌物有 1000 多种，部分可能和人类肿瘤有关。少数化学致癌物在体内可直接致癌，如烷化剂。多数化学致癌物必须在体内进行代谢、活化后才能致癌，常被称为间接作用的化学致癌物或前致癌物，其代谢活化产物称终末致癌物，如 3, 4-苯并芘即为间接致癌物，其终末致癌物为环氧化物。所有的化学致癌物都具有亲电子结构的基团，如环氧化物、硫酸酯基团等，这些基团可与细胞内的核酸大分子的亲核基团共价结合，形成加合物，导致 DNA 的突变，故化学致癌物多数是致突变剂。某些化学致癌物的致癌作用可由于其他无致癌作用的物质协同作用而增大。增加致癌效应的物质有巴豆油、激素、酚和某些药物，常被称为促癌物。主要的化学致癌物质有以下几类。

1) 间接作用的化学致癌物

（1）多环芳烃：主要存在于石油、煤焦油、烟草燃烧的烟雾中，此外，烟熏和烧烤的鱼、肉等食品中也含有该类物质。致癌性特别强的有 3, 4-苯并芘、1, 2, 5, 6-双苯并蒽、3-甲基胆蒽及 9, 10-二甲苯蒽等，极小剂量即可使实验动物患上恶性肿瘤，如涂抹皮肤会引发皮肤癌，皮下注射则会引发纤维肉瘤等。多环芳烃通常是在肝中经细胞色素氧化酶 P450 系统作用形成环氧化物后才具有致癌性的。

（2）芳香胺类与氨基偶氮染料：印染厂工人和橡胶工人的膀胱癌发生率较高，主要与乙萘胺、联苯胺、4-氨基联苯等致癌的芳香胺类物质有关。例如，在食品工业中曾使用过的奶油黄（化学成分为二甲基氨基偶氮苯，是一种黄色染料）和猩红等氨基耦氮染料，可使实验大白鼠患上肝癌。以上两类化学致癌物均需在肝等部位代谢后才会发生致癌作用。

（3）亚硝胺类：该类物质致癌谱较广，可诱发实验动物多种器官发生肿瘤。由于亚硝酸盐通常作为肉、鱼类食品的保存剂与着色剂而容易进入人体，在胃内的酸性环境下，可与食物中的各种二级胺合成亚硝胺，再在体内经过羟化作用而活化致癌。流行病学调查表明，我国河南林县食管癌发病率很高的主要原因就是食物中的亚硝胺含量过高。

（4）真菌毒素：主要以黄曲霉毒素为主，广泛存在于霉变的花生、玉米及谷类等食物中。黄曲霉毒素种类很多，致癌性最强的当数黄曲霉毒素 B1，据估计其致癌强度比奶油黄高 900 倍，且不易被加热分解，煮熟后食入仍有活性，其化学结构为异环芳烃，需在肝内经混合功能氧化酶氧化成环氧化物后才会有致癌活性。这种毒素主要诱发肝癌，肝癌高发区的调查也表明黄曲霉毒素 B1 在食物中的污染水平与肝癌的发病率有关。

2）直接作用的化学致癌物

（1）烷化剂与酰化剂：如抗癌药中的环磷酰胺、氮芥、苯丁酸氮芥、亚硝基脲等。这类抗癌药物的使用常可导致癌症患者发生第二种肿瘤，通常是粒细胞性白血病。此外，使用烷化剂的非肿瘤患者发生恶性肿瘤的概率也大大高于正常人，故这类药物不宜多用。

（2）其他直接致癌物：镍、铬、镉、铍等金属元素对人类也有致癌作用。例如，镍与鼻咽癌和肺癌发生有关，镉与前列腺癌、肾癌的发生有关，铬则可引起肺癌等。某些非金属元素和有机化合物亦能致癌，如砷能诱发皮肤癌，氯乙烯可使塑料工人易患肝血管肉瘤，苯可导致白血病等。

11.3.1.2 物理性致癌因素

（1）电离辐射。包括X射线、γ射线、亚原子微粒（β粒子、质子、中子或α粒子）的辐射以及紫外线照射。因为辐射能使染色体断裂、易位和发生点突变，容易激活癌基因或者灭活肿瘤抑制基因，故能致癌。长期接触各种射线可以引起多种不同的恶性肿瘤，如皮肤癌、急性和慢性粒细胞性白血病、肺癌、甲状腺癌、乳腺癌、甲状腺癌、骨肉瘤等。

（2）热辐射的促癌作用。例如，克什米尔人腹部所患的"怀炉癌"与他们冬季习惯用怀炉取暖有关；我国西北地区居民常在臀部发生皮肤癌，或称"炕癌"，亦与他们冬季用炕取暖有关。因此长期的热辐射应有一定的促癌作用。

11.3.2 病毒因素

能引起细胞癌变的病毒称肿瘤病毒（tumor virus）或致癌病毒（oncogenic virus），包括DNA病毒和RNA病毒。表11-1列出了部分与肿瘤有关的DNA病毒和RNA病毒。致癌病毒常常带有与真核细胞基因组中的癌基因（C-oncogene或Proto-oncogene）同源的基因（V-oncogene），在感染过程中，它们能将V-oncogene整合进宿主基因组中，转录翻译成V-oncogene的蛋白质，从而干扰细胞的正常生长、增殖与分化，使细胞发生转化，引起癌变。此外，致癌病毒介导的细胞融合可引起染色体不稳定，容易造成基因组突变，从而也可以诱导癌变。目前认为与人类肿瘤有密切关系的主要是可诱发原发性肝细胞癌的乙型肝炎病毒、与Burkitt淋巴瘤和鼻咽癌有关的EB病毒及可致宫颈癌的单纯性疱疹病毒Ⅱ型。

表11-1 部分DNA和RNA肿瘤病毒

病毒	诱导的肿瘤	生物
DNA病毒		
吕克氏病毒	肾腺癌	蛙
非洲淋巴瘤病毒（EBV）	非洲淋巴瘤、鼻咽癌	人
禽麻痹病病毒	淋巴瘤	鸡
兔乳头瘤病毒	乳头瘤	兔
SV-40	皮下、肾和肺肉瘤	人
多瘤病毒	肝、肾、肺、骨、血管、神经组织、结缔组织多形瘤	鼠
人乳头瘤病毒	宫颈癌	人
人的腺病毒	皮下、腹膜内、颅内腺瘤	仓鼠

续表

病毒	诱导的肿瘤	生物
RNA 病毒		
劳氏肉瘤病毒	肉瘤	鸟、哺乳动物
鼠白血病病毒	白血病	鼠
人 T 细胞白血病病毒	白血病/淋巴瘤	人
禽类白血病病毒	白血病	鸡
猫肉瘤病毒	肉瘤	猫

资料来源：王金发，2003

11.3.2.1 致癌性 DNA 病毒

已发现有 50 多种 DNA 病毒能引起动物肿瘤。与人类肿瘤发生密切相关的 DNA 病毒主要有以下 3 种。

(1) 人类乳头状瘤病毒（human papilloma virus, HPV）。该类病毒主要与子宫颈、肛门及生殖器区域的鳞状细胞癌的发生有关。有临床资料表明，75%～100%的宫颈癌病例的癌细胞中发现 HPV 的 DNA 序列。并且 HPV 的感染与宫颈癌的进展程度呈正相关，针对该病毒制备成的疫苗能够降低其致癌发生率。HPV 的致癌机制可能与早期病毒基因产物极易和抑癌基因 *Rb* 及 *p53* 的产物结合并使其不能抑制细胞生长有关。体外实验也证实 *Rb* 和 *p53* 基因产物的失活的确能使人类棘细胞转化且长期存活，然而并不形成肿瘤，只有再转染一个突变的 *ras* 基因，才会引发完全的恶性转化，因此 HPV 致癌时应还需要其他因素的协同。在部分食管鳞癌组织中也能检测到 HPV 的存在，且 HPV 感染与食管癌之间存在显著的风险关联，通常 HPV 感染使食管鳞癌的发生率增至未感染人群的 3 倍，故食管癌的发生也可能与 HPV 感染有关。

(2) Epstein-Barr 病毒（EBV）。伯基特淋巴瘤、霍奇金淋巴瘤、T 淋巴细胞/NK 细胞淋巴瘤、T 细胞淋巴增殖性疾病等及鼻咽癌与之有关。伯基特淋巴瘤是一种 B 细胞性的肿瘤，主要流行于非洲东部，并散发于世界各地。调查发现患有该类淋巴瘤的所有患者的瘤细胞都具有 EBV 的基因组成分及特异的染色体易位 t（8：14）。EBV 能使受染的 B 细胞发生多克隆性的增生，在正常的个体中这种增生不会维持太久，可以控制；倘若患者的免疫功能由于疟疾或其他原因受到损害，则受染的 B 细胞将持续增生，如再进一步发生使 c-myc 激活的 t（8：14）类附加突变，就会导致生长控制丧失，最终形成单克隆性的肿瘤。鼻咽癌主要流行于我国南方和东南亚一带，研究发现鼻咽癌细胞可表达 EBV 潜伏期蛋白，如 EBNA、LMP-1 以及小 RNA 等，同时几乎所有患者的肿瘤细胞中均发现带有 EBV 基因组成分，且检测血清中的 EBV DNA 载量对于亚洲人群特别是中国鼻咽癌患者的诊断具有较高的敏感性和特异性。

(3) 乙型肝炎病毒（hepatitis b virus, HBV）。肝细胞性肝癌的发生与慢性 HBV 感染有密切的关系。肝细胞性肝癌患者中多数有 HBV 感染病史，且 HBV 携带者发生肝细胞性肝癌的风险是未感染人群的 10～100 倍，HBV 疫苗的使用能够降低肝细胞性肝癌的发生率和 HBV 的流行区域。HBV 的致癌作用可归纳为如下 3 点：①HBV 侵染会造成肝的慢性损伤，导致肝细胞会不断再生，从而使像黄曲霉毒素 B1 类的其他致癌因素的致突变作用更易发生；②HBV 可能编码一种称为 X 蛋白的调节因子，该因子可激活受感染肝细胞中的部分原癌基因；③HBV 的整合在某些病人中可能会导致抑癌基因 *p53* 的失活。

11.3.2.2 致癌性 RNA 病毒

RNA 病毒有 14 个科，其中反转录病毒科中肿瘤病毒亚科具有致癌作用，称为肿瘤病毒，该亚科的病毒均含有反转录酶，故又称为反转录病毒。RNA 肿瘤病毒致癌作用较广，可使人类产生肉瘤、白血病、淋巴瘤和乳腺癌等肿瘤疾病。在 RNA 肿瘤病毒致癌机制研究过程中，发现了病毒癌基因，随后又发现了与其相关的细胞原癌基因，这些癌基因的发现极大地推动了肿瘤病因学和发病学的研究，并由此开创了肿瘤的分子遗传学。

对动物反转录病毒致癌的研究发现，由于病毒类型的不同，它们是通过转导（transduction）或插入突变（insertional mutagenesis）这两种机制将其遗传物质整合到宿主细胞 DNA 中，并使宿主细胞发生转化的。根据诱发肿瘤的速度和能力，可将反转录病毒分为两种：①急性转化病毒。诱发肿瘤的潜伏期较短，通常只需几周，对体外培养的细胞具有单独转化能力，但该类病毒部分基因丧失，不能单独复制子代病毒，为一种缺陷性病毒。因这类病毒含有从细胞的原癌基因转导的病毒癌基因，如 *src*、*abl*、*myb* 等，感染细胞时，将以病毒 RNA 为模板，通过反转录酶合成 DNA 片断并整合到宿主的 DNA 链中进行表达，从而使细胞发生转化。肉瘤病毒和部分白血病病毒就属于这类病毒。②慢性转化病毒。诱发肿瘤的潜伏期较长（4～12 个月），无单独转化培养细胞的能力，为非缺陷性病毒，病毒复制基因完整，能在被感染的细胞内复制增殖。这类病毒不含癌基因，但有促癌基因，当感染宿主细胞后促癌基因也能借助于反转录酶的作用而插入到宿主细胞 DNA 链中的原癌基因附近，导致原癌基因激活并且过度表达，而使宿主细胞转化。属于这类病毒的有乳腺癌病毒、人 T 细胞白血病病毒等。

11.3.3 其他有关因素

引起癌细胞发生的主要原因就是上述的化学因素、辐射、病毒及后面将要提到的与遗传有关的细胞癌基因，除了这 4 类主要因素外，癌细胞的发生还与以下几个因素有关。

（1）慢性炎症刺激。慢性炎症时常产生某些细胞生长因子，以促使细胞持续增生，并使得 DNA 易发生突变而导致肿瘤。例如，发生慢性皮肤溃疡、慢性胆囊炎、慢性宫颈炎等炎症时常会发生癌变。

（2）异物。石棉和石棉制品能导致人的胸膜间皮瘤，如长期暴露于石棉纤维的工人，胸膜间皮瘤的发生率可达 2%～3%。动物实验也已证明植入动物体内的塑料、金属片、玻璃纤维等异物可诱发各种肉瘤。

（3）社会心理因素。儿童时期父母早亡、离异、不和睦、长期分离，成年后工作学习紧张过度、丧偶、人际关系不协调、事业失败、理想破灭等都是导致癌症的重要社会心理因素。对乳腺癌患者的大量观察也证实，多数患者在发生癌症前 1 年左右出现过生离死别的忧郁、悲伤和焦虑等重大生活事件。据研究，个体的性格特征与恶性肿瘤也有一定的关系，如具有内向、怪僻、多愁善感、易冲动等性格的 C 型个性特征者患恶性肿瘤者较多。

此外，内分泌因素、性别和年龄因素、种族和地理因素等在肿瘤的发生过程中可能也起到了一定的作用。

11.4 癌基因与抑癌基因

肿瘤的发生主要是因为细胞增殖和分化失常，而细胞增殖和分化是受基因调控的，因此细胞癌变的关键应该是基因所发生变化,故认为恶性肿瘤是一类基因性疾病。Huebner 和 Todaro 于 1969 年首先提出肿瘤发生的癌基因假说,认为大多数脊椎动物的细胞内均带有 C 型 RNA 病毒基因组,该基因组中含有能将正常细胞转化为癌细胞的癌基因。正常情况下因阻遏物的存在,癌基因沉默不表达,然而射线、致癌物、肿瘤病毒等因素可使阻遏物活性减退,使癌基因获得表达,产生转化蛋白,将正常细胞转化为癌细胞。20 世纪 70 年代,在 Rous 肉瘤病毒基因组内首次发现可诱导肿瘤发生的基因,即病毒癌基因(viral oncogene,v-onc),从而证实了病毒癌基因确实存在,目前已鉴定出的病毒癌基因共有 30 余种。

20 世纪 80 年代,由于基因转染和基因杂交技术的发展和应用,发现正常哺乳动物细胞基因组中也存在与反转录病毒癌基因有同源序列的基因,被称为细胞原癌基因(cellular proto-oncogene,c-onc),它们编码的蛋白质通常参与细胞的生长和分化的调节,在正常情况下,这类基因不表达或表达量较低,一旦被激活,表达量则很高,可引起细胞癌变。该类基因目前已鉴定出 60 余种,有半数与病毒癌基因同源。

20 世纪 90 年代,应用细胞杂交和谱系分析等方法,发现在正常细胞内存在一类能够抑制肿瘤发生的基因,称为肿瘤抑制基因(tumor suppressor gene),简称抑癌基因或抗癌基因(antioncogene)。与癌基因不同,肿瘤抑制基因正常功能通常是巩固细胞周期和抑制细胞的生长,如果这类基因丢失或失活导致这些限制功能丧失的话,也会具有致癌作用,因其作用方式大多是隐性的,故有时又将肿瘤抑制基因称为隐形癌基因(recessive oncogene)。目前已知的抑癌基因和候选抑癌基因有近 20 种,有人认为广义的抑癌基因还应包括 DNA 修复基因。

癌基因和抑癌基因不仅能导致和抑制癌变的发生,而且也能在细胞里互相配合,共同调控细胞的正常生长发育过程,保持细胞形态和功能的稳定。

11.4.1 癌基因

11.4.1.1 病毒癌基因

根据来自 RNA 肿瘤病毒或 DNA 肿瘤病毒,可将病毒癌基因划分为 RNA 病毒癌基因和 DNA 病毒癌基因。与 DNA 病毒癌基因相比,RNA 病毒的癌基因种类要多得多,表 11-2 列出了部分 RNA 病毒的癌基因及其来源。病毒癌基因的表示方法通常用 3 个英文字母表示,字母的确定主要是依据它们所属的肿瘤病毒的名称和诱发所形成的肿瘤类别。

近几年大量研究发现,许多致癌病毒中的癌基因与正常细胞中的某些 DNA 序列同源。例如,在鸡和人的细胞中均被证实存在与病毒癌基因 src 同源的序列,因此推测病毒癌基因起源于细胞的原癌基因。这很可能是在进化过程中,反转录 RNA 病毒感染宿主细胞后将病毒 RNA 反转录成双链的 DNA,然后整合到宿主染色体的原癌基因附近。在病毒成熟前,病毒 DNA 转录成 RNA 时也将附近的原癌基因一起转录下来,使原癌基因成为病毒 RNA 的一部分被包装进入病毒的蛋白质外壳内,后经过突变,由原癌基因形成癌基因。这表明 v-onc 是在病毒转导过程中从细胞捕获的 c-onc DNA 的片段,或者说 v-onc 是 c-onc 的翻版。

v-onc 缺少类似调节同源 c-onc 转录的内含子(intron)序列,其转录受病毒基因组两端的长末端重复序列控制,转录水平往往较高;此外,v-onc 与同源 c-onc 比较,存在点突变,其编码的蛋白往往缺少 c-onc 编码蛋白的羧基端(C 端),在结构和功能上出现差异,因此 v-onc 通常不需激活就具有诱发肿瘤的能力。

表 11-2 RNA 病毒的病毒癌基因

病毒癌基因	来自于病毒的种类	病毒癌蛋白	同源的细胞成分
生长因子			
sis	猴肉瘤病毒（SiSV）	$P28^{env\text{-}sis}$	血小板衍生生长因子-B（PDGF-B）链
具酪氨酸蛋白激酶活性受体			
erbB	禽类成红细胞增多症病毒（AEV）	$gp65^{erbB}$	表皮生长因子类受体（EGFR）
fms	McDonough 猫肉瘤病毒（FeSV）	$gp180^{gag\text{-}fms}$	集落刺激因子-1 类（CSF-1）受体
kit	HZ4 FeSV	$gp80^{gag\text{-}kit}$	血小板衍生生长因子（PDGF）受体
ros	禽类肉瘤病毒（ASV）	$P68^{gag\text{-}ros}$	胰岛素类受体
sea	S13 AEV	$gp160^{env\text{-}sea}$	细胞表面受体
非受体酪氨酸激酶			
src	Rous 肉瘤病毒（RSV）	$PP60^{src}$	酪氨酸特异蛋白激酶
abl	Abelson 小鼠白血病病毒	$P160^{gag\text{-}abl}$	酪氨酸特异蛋白激酶
yes	Y73 ASV	$P90^{gag\text{-}yes}$	酪氨酸特异蛋白激酶
fes	Snyder-Theilen FeSV	$P85^{gag\text{-}fes}$	酪氨酸特异蛋白激酶
fps	Fujunu ASV	$P130^{gag\text{-}fps}$	酪氨酸特异蛋白激酶
fgr	Gardner-Rasheed FeSV	$P70^{gag\text{-}actin\text{-}fgr}$	酪氨酸特异蛋白激酶
GTP 结合蛋白			
Ha-ras	Harvey 大鼠肉瘤病毒（MuSV）	$P21^{Ha\text{-}ras}$	GTP 结合蛋白
Ki-ras	Kusten 大鼠肉瘤病毒（MuSV）	$P21^{Kj\text{-}ras}$	GTP 结合蛋白
丝氨酸-苏氨酸蛋白激酶			
mos	Moloney 小鼠肉瘤病毒（MuSV）	$P37^{env\text{-}mos}$	丝氨酸/苏氨酸蛋白激酶
raf	3611-MusV	$P75^{gag\text{-}raf}$	丝氨酸/苏氨酸蛋白激酶
mul	禽类髓细胞瘤病病毒（AMV MH2）	$P100^{gag\text{-}mil}$	丝氨酸/苏氨酸蛋白激酶
激素受体			
erbA	禽类成红细胞增多症病毒（AEV）	$P75^{gag\text{-}erbA}$	甲状腺激素受体
核蛋白			
	禽类髓细胞瘤病病毒（AMV）MC29	$P100^{gag\text{-}myc}$	核蛋白
myc	禽类白血病病毒（ALV）OK10	$P200^{gag\text{-}pol\text{-}myc}$	核蛋白
myb	禽类成髓细胞白血病病毒（AMV）	$P45^{myb}$	转录因子
jun	ASV-17	$P65^{gag\text{-}jun}$	AP-1 转录因子
ski	SKV ASV	$P110^{gag\text{-}ski\text{-}pol}$	核蛋白
fos	FBJ 小鼠骨肉瘤病毒	$P55^{fos}$	AP-1 转录因子
ets	E26 AMV	$P135^{gag\text{-}myb\text{-}ets}$	核蛋白
rel	禽类网状内皮组织增生症病毒	$P64^{rel}$	转录因子

资料来源：朱世能和陆世伦，2000

注："P"代表蛋白，"gp"代表糖蛋白，"PP"代表磷酸化蛋白，数字代表相对分子质量 1×10^3 数，"fps"和"fes"分别代表来自禽类肉瘤病毒和猫肉瘤病毒，但为同一种病毒癌基因，"raf"和"mil"分别代表来自小鼠肉瘤病毒和禽类髓细胞瘤病病毒，也为同一种病毒癌基因

11.4.1.2 细胞原癌基因

所谓细胞原癌基因（c-onc），是指在正常细胞中存在的与病毒癌基因几乎完全相同的片段，这些片段在正常细胞中以非激活形式存在，不但不会引起肿瘤，而且具有重要的生理功能，是细胞正常生命活动所必需的。原癌基因一旦活化，即具有转化活性，此时被称为细胞癌基因。

细胞原癌基因在酵母、果蝇、脊椎动物和人类细胞中都存在，在进化过程中，这类基因具有高度保守性，对细胞的增殖、分化和胚胎发育等过程应起重要的调控作用。迄今已从人体正常组织中分离发现 50 多种原癌基因。原癌基因属于人体组织正常基因的一部分，它们的产物分布于细胞膜、细胞质和细胞核中，参与细胞增殖和分化等过程的调控，且各种 c-onc 产物间形成一个有序的细胞调节网络，维持着体内细胞生长与分化的动态平衡，一旦原癌基因受到体外致癌因子（如病毒、射线、化学致癌物等）的作用，而被激活导致表达失控就会引起细胞的异常增殖而导致癌变。

细胞原癌基因是细胞基因组的正常组成部分，平时表达水平很低或不表达，因此不具有致癌性。但在不同致癌因素作用下可被激活，转变成有致癌活性的癌基因，其具体激活机制有如下几种主要方式。

（1）插入诱变。某些病毒本身不含病毒癌基因，但却能致癌。研究发现此类病毒的前病毒基因组两端含长末端重复序列（LTR），感染细胞后，LTR 能插入到 c-onc 附近，LTR 中的启动子和增强子可激活 c-onc，使其表达水平大大提高，从而显现出致癌特性，这种情况即被称为插入诱变。例如，禽类白细胞增生症病毒本身虽无 v-onc，但感染禽类后，其前病毒的 LTR 可整合到细胞癌基因 c-myc 附近，使 c-myc 处于 LTR 中的启动子和增强子的作用下而被激活，其表达水平比正常高 50～100 倍，从而诱导产生淋巴瘤。此外，小鼠白血病病毒和小鼠乳腺癌病毒也能通过插入诱变机制使 c-ras、c-fms 和 c-int-1 等细胞原癌基因激活，分别导致小鼠白血病和乳腺癌。

（2）点突变。所谓点突变是指基因在编码序列的特定位置上有一个或几个核苷酸发生改变，主要形式有碱基替换、缺失或插入。基因点突变多见于 ras 基因家族，如人膀胱癌细胞株的 Ha-ras 序列与正常人膀胱上皮细胞的 Ha-ras 序列非常相似，只有一个碱基不同，在正常膀胱上皮细胞内 Ha-ras 基因的第 12 位编码子的序列为 GGC，而在膀胱癌细胞中则点突变为 GTC，即鸟嘌呤核苷被胸腺嘧啶核苷所取代，导致编码蛋白 p21 中第 12 位的甘氨酸被缬氨酸所取代。由于 ras 基因的表达产物 Ras 是一种小分子 G 蛋白，在信号转导中起重要作用，突变了的 Ras 其性质和功能发生了相应变化，导致增殖信号持续作用，而使细胞发生恶性转化。15%～20%的人类癌肿有 ras 基因的点突变，如人类肺、胰、胆囊、结肠、乳腺、卵巢等许多癌肿均发现有 ras 基因家族的点突变。

（3）染色体易位，又叫基因重排或基因易位。c-onc 在人染色体上都有各自相应的位点，当 c-onc 从染色体上正常位置移到另一染色体的某个位置，称为基因易位或染色体易位。致癌因素通过对染色体脆性部位的作用，使染色体发生断裂，造成断裂点 c-onc 移位和染色体重排。c-onc 易位后，由于其旁邻基因的改变，处于与原来不同的转录控制下，由原来相对静止状态转变为激活状态而呈高表达。c-onc 易位被激活有两种方式：一种为转录性激活，即原无活性的 c-onc 移位至强启动基因附近而被激活，以致 c-onc 表达增强，如多数 Burkitt 淋巴瘤的细胞内位于 8 号染色体的 c-myc 移位至 14 号染色体上，结果使其 5'端部分紧连免疫球蛋白重链 IgH 基因的调节区，受此调节区序列的影响，c-myc 被激活，处于高表达状态；

另一种为融合性激活,在人慢性粒细胞白血病中,出现特征性的费城染色体(Ph),其形成是由于 9 号染色体长臂顶端易位到 22 号染色体的短臂末端。易位结果使位于 9 号染色体的 *c-abl* 移位至 22 号染色体的 *bcr*(break point cluster region)附近,形成了 *bcr-abl* 融合基因,融合基因产生的 *bcr-abl* 融合蛋白因缺少 c-abl 蛋白的氨基端代之以 bcr 蛋白的氨基端而具有较高的酪氨酸蛋白激酶活性,从而促进白细胞增殖,抑制其凋亡,导致慢性粒细胞白血病的发生。在人类肿瘤中,常见的细胞癌基因易位见表 11-3。

表 11-3 各种人肿瘤中细胞癌基因的易位

细胞癌基因	染色体上位置	染色体易位	人类肿瘤
N-myc	2p25	t(2;8)	Burkitt 淋巴瘤
raf	3p25	t(3;8)	肺癌和肾癌
yes	6	t(6;14)	急性淋巴细胞白血病,卵巢癌
myc	8q24	t(8;14),(8;21)	急性粒细胞白血病,Burkitt 淋巴瘤
abl	9q34	t(9;22),(6;9)	慢性粒细胞白血病,急性非淋巴细胞白血病
fes	15q25	t(15;17)	急性粒细胞白血病
sis	22q12	t(9;22),(8;22)	慢性粒细胞白血病,Burkitt 淋巴瘤

资料来源:朱世能和陆世伦,2000

(4)基因扩增。基因扩增是由于基因 DNA 过度复制所致。通常情况下,基因扩增频率约为 1/10 000。原癌基因扩增时,新形成的拷贝往往含游离染色体而形成双微体(DM),或再次整合入染色体中形成均染区(HSR)。DM 为成双的微小染色体,无着丝点,HSR 为缺乏正常明暗交替染色带的染色体片段,内含多个拷贝,DM 和 HSR 在肿瘤细胞内的出现是原癌基因扩增的标志。随基因扩增,基因编码的蛋白量也相应增加,患者表现出生存期缩短,肿瘤易发生转移。在人急性早幼粒白血病细胞株 HL-60 细胞中首先发现有大量 c-myc 扩增,以后在人的乳腺癌、结肠癌、胃癌均可见到 c-myc 扩增,并发现多种癌基因有扩增现象,且这种现象在肿瘤细胞系较原发肿瘤多,具体见表 11-4。

表 11-4 人肿瘤细胞株和原发性肿瘤中细胞癌基因的扩增

扩增的 c-onc	细胞株/原发肿瘤	肿瘤种类
c-myc	细胞株	乳腺癌、结肠癌、胃癌、肝癌 早幼粒细胞白血病、横纹肌肉瘤
	原发肿瘤	乳腺癌、结肠癌、胃癌、肺癌、横纹肌肉瘤 卵巢癌、皮肤鳞癌、急性早幼粒细胞白血病
N-myc	细胞株	神经母细胞瘤、视网膜母细胞瘤、小细胞肺癌
	原发肿瘤	神经母细胞瘤、视网膜母细胞瘤、横纹肌肉瘤
L-myc	细胞株	小细胞肺癌
c-myb	细胞株	结肠癌、急性粒细胞白血病
Ha-ras	细胞株	黑素瘤
	原发肿瘤	膀胱癌、皮肤鳞癌
N-ras	细胞株	胃癌
Ka-ras	细胞株	结肠癌、肺癌、骨肉瘤

续表

扩增的 c-onc	细胞株/原发肿瘤	肿瘤种类
c-abl	细胞株	慢性粒细胞白血病
c-erbB	细胞株	食管癌、皮肤鳞癌
	原发肿瘤	胃癌、乳癌、肾癌

资料来源：朱世能和陆世伦，2000

11.4.1.3 细胞原癌基因与人类癌发生

许多致癌物可通过外源性序列插入、基因易位、扩增等机制，改变 c-onc 的结构和调控序列，使其功能发生改变，并被激活为癌基因。原癌基因突变成癌基因后，通过其编码的癌蛋白使细胞生长不受控制，并使细胞向恶性方向转化，导致细胞癌变。不同 c-onc 被激活成癌基因的方式往往有所不同，且导致的癌症种类也有所不同。表 11-5 列出了部分人体原癌基因被激活的方式及引起的相关癌症。

表 11-5 原癌基因激活方式及引起的人类恶性肿瘤

原癌基因	突变	肿瘤
abl	易位	慢性髓细胞性白细胞
bcl-2	易位	B-细胞淋巴瘤
CYCD1	易位	乳腺癌
Cdk-4	扩增	肉瘤
erbB	扩增	鳞状细胞癌、星形细胞瘤
neu/HER2	扩增	乳腺癌、卵巢腺癌、胃腺癌
gip	点突变	卵巢癌、肾上腺癌
gsp	点突变	垂体腺瘤、甲状腺瘤
myc	易位	非洲淋巴瘤
myc	扩增	肺癌、乳腺癌、子宫颈癌
L-myc	扩增	肺癌
N-myc	扩增	成神经细胞瘤、肺小细胞癌
H-ras	点突变	结肠癌、肺癌、腺癌、黑素瘤
K-ras	点突变	极性髓样和成淋巴细胞白血病、甲状腺、黑素瘤
N-ras	点突变	生殖泌尿和甲状腺癌、黑素瘤
Ret	DNA 重排	甲状腺癌
Trk	DNA 重排	甲状腺癌

资料来源：王金发，2003

11.4.1.4 癌基因编码产物的生物学功能

癌基因编码的产物，即癌蛋白（oncoprotein），按其生物化学性质和功能可分为以下几大类。

1）具生长因子功能的癌蛋白　　生长因子（growth factor）是体内能通过与细胞表面相

应受体结合而刺激细胞生长的一类多肽物质。某些癌基因的编码蛋白在结构和功能上与生长因子相同或类似，故具有生长因子作用。例如，Sis 蛋白与血小板衍生生长因子（PDGF）B 链有很大的同源性，当其与 PDGF 受体结合后，可使受体内酪氨酸磷酸化，启动细胞有丝分裂信号的转入。在人肉瘤和神经胶质母细胞瘤中，就是因为 *sis* 基因被激活，大量产生 Sis 蛋白，并与自身细胞膜上 PDGF 受体结合，导致细胞无限生长。此外，*int-2*、*hst/k-fgf* 基因的编码产物则与成纤维细胞生长因子（FGF）同源，均具有促生长作用。正常 FGF 由于缺失信号序列，其过量表达一般不能诱导细胞转化，而 *int-2* 和 *hst/k-fgf* 基因编码的癌蛋白由于具有信号序列，过量表达可导致细胞转化。

2）类似生长因子受体的癌蛋白　　正常生长因子受体呈跨膜分布，一般分为细胞外配体结合区、跨膜区和细胞内区三部分。部分癌基因（如 *erbB*、*neu*、*fms*、*kit*、*ros* 和 *mas*）的编码产物为生长因子受体蛋白，可构成各种生长因子受体。*erbB* 基因的编码产物与表皮生长因子（EGF）受体高度同源，含有 EGF 受体所具有的跨膜区和胞内区，但缺少胞外区，它无需与 EGF 结合就可使胞内区酪氨酸蛋白激酶（TPK）持续激活，导致细胞无限增殖，故可以认为 *erbB* 编码产物为截去头部（胞外区）的 EGF 受体；*neu* 基因的编码产物含 1255 个氨基酸，其细胞外区与 EGF 受体有 40%同源，细胞内区与 EGF 受体有 78%同源，为类表皮生长因子受体，平时表达较弱，当其跨膜区内氨基酸发生点突变，如 664 位缬氨酸被谷氨酰胺取代时，可使受体内 TPK 活性增强；*fms* 基因编码产物与集落刺激因子-1（CSF-1）受体相似，当其细胞外区氨基酸发生点突变时，会使受体内 TPK 激活；*kit* 基因编码产物为 PDGF 受体，*ros* 基因编码产物为胰岛素样受体，*mas* 基因编码产物为血管紧张素类受体，它们都缺少细胞外区，即使没有配体与之结合也能使受体 TPK 激活，传入生长信号，刺激细胞生长与增殖。由于这类癌基因的编码产物内均含有酪氨酸蛋白激酶，因此也可将其归属为与受体酪氨酸蛋白激酶相关的癌基因。

3）具酪氨酸蛋白激酶活性的癌蛋白　　蛋白质磷酸化是调节细胞增殖和分化的一种重要手段，蛋白质磷酸化往往需要蛋白激酶的参与才能进行，如蛋白质中酪氨酸残基磷酸化就需要酪氨酸蛋白激酶（TPK）的催化。*Src*、*abl*、*fes*、*fgr*、*fps/fes* 和 *lck* 等基因编码产物一般无细胞外配体结合域和跨膜域而具有含 250 个氨基酸的 TPK 结构域，通过脂类与细胞膜呈共价键结合而锚定于膜内侧面，因此，这类癌基因编码产物不是生长因子受体但具有 TPK 活性。*src* 基因家族由于点突变而使其产物具有较高的 TPK 活性，使细胞内某些蛋白质（如纽带蛋白、P36、膜动蛋白和糖酵解酶蛋白等）中的酪氨酸残基磷酸化，导致这些蛋白功能发生变化，最终影响到细胞的形态、结构和功能，使其发生转化。

4）功能类似 G 蛋白的癌蛋白　　在细胞内信息转导系统中存在一种能结合三磷酸鸟苷（GTP）或二磷酸鸟苷（GDP）的蛋白，称为鸟嘌呤核苷（G）结合蛋白，简称 G 蛋白。G 蛋白与 GDP 结合为其非活化形式；与 GTP 结合为其活化形式，能促使腺苷酸环化酶活化，使细胞内 cAMP 增多，促进细胞生长。*ras* 基因家族编码的蛋白质被称为 p21^{ras}，与 G 蛋白非常类似，也能与 GDP 或 GTP 呈可逆性结合。在外界生长信号刺激下，p21^{ras} 与 GTP 结合呈活化状态，使细胞内信号转导系统开放。但 p21^{ras} 又具有 GTP 酶活性，可将 GTP 水解为 GDP，而 p21^{ras} 与 GDP 结合则呈失活状态，使有关的信号转导系统处于关闭状态。ras 基因点突变后，其编码产物 p21^{ras} 氨基端的甘氨酸若被其他氨基酸取代，则会丧失 α 螺旋，降低 p21^{ras} 的 GTP 酶活性，使 GTP 水解为 GDP 的过程受到抑制，导致 p21^{ras} 持续与 GTP 结合，使细胞无休止地增殖，导致细胞转化和恶变。

5）具丝氨酸/苏氨酸蛋白激酶活性的癌蛋白　在细胞中，丝氨酸/苏氨酸蛋白激酶是一类溶解在胞质中的蛋白激酶，参与cAMP和磷酸肌醇信号转导系统，为其下游分子，可催化细胞中大多数蛋白所含有的丝氨酸或苏氨酸残基磷酸化。*Ras*、*mos*、*pim-1* 等基因的编码产物具有丝氨酸/苏氨酸蛋白激酶活性，均为信号转导系统中的下游传导分子，可将细胞膜传入的信号，通过胞质传递到核内。*c-raf* 基因激活为 *raf* 癌基因是由于其 5′端部分核苷酸序列丢失，使其编码产物的氨基端缺失 190～325 位氨基酸调节序列，导致其激酶活性增加；*mos* 基因正常情况下呈低表达，其激活主要是通过基因扩增，而非编码序列的改变；*pim-1* 基因的激活机制也是由于各种诱因导致其表达加强的结果。

6）能与 DNA 结合的癌蛋白　真核细胞基因的转录由转录因子和特异性 DNA 调节序列调控靶基因的表达，其中转录因子对基因表达的调节在细胞增殖和分化过程中起着重要的作用。核癌基因（*c-myc*、*N-myc*、*L-myc*、*myb*、*fos*、*jun* 和 *erbA* 等）编码产物为核癌蛋白，能与 DNA 结合，具有调节转录、参与复制等功能。活化蛋白-1（active protein-1，AP-1）转录因子是由基因 *jun* 和 *fos* 表达的蛋白所形成的同源（两分子 Jun 蛋白）或异源（Jun 蛋白和 Fos 蛋白各一分子）二聚体，其结合位点存在于许多与细胞增殖和分化有关的基因调控区内。*jun* 和 *fos* 基因均可因各种致癌因素导致基因结构改变而被激活，它们编码的蛋白形成的二聚体可结合到许多基因的增强子上，使得许多靶基因表达增强而致癌。*myc* 基因家族编码产物为核磷蛋白，能与核内 DNA 特异性结合起转录调节作用。Myc 蛋白由 439 个氨基酸组成，具有转录激活域、非特异性 DNA 结构域、核定位域和特异性 DNA 结合域 4 个主要功能结构域。Myc 蛋白只有形成蛋白质二聚体后才能与 DNA 发生特异结合，发挥其转录调节功能。正常 *c-myc* 及其产物不具致癌性，但当 *c-myc* 发生易位、扩增而表达增强时，因 Myc 蛋白产生增加而显示致癌作用。此外，*myb* 基因编码的 Myb 蛋白的氨基端有二联重复序列，能与特异 DNA 序列结合，并激活含此序列的靶基因，使其转录加强。

7）抑制细胞凋亡的癌蛋白　细胞凋亡（apoptosis）是没有炎症反应参与的细胞生理性死亡，对组织器官正常形态结构的维持具有重要的作用，然而肿瘤细胞却不易凋亡。*bcl-2* 基因是第一个发现的抑制细胞凋亡的 *c-onc*，位于人 18 号染色体，含有 3 个外显子，基因易位后，受免疫球蛋白 H 链的影响而呈高表达，其产物为含 239 个氨基酸的 Bcl-2 蛋白，定位于线粒体、内质网和核膜上，具有抗氧化作用，能够阻止细胞膜脂质过氧化，抑制细胞凋亡。如依赖白介素-3（IL-3）和 G-CSF 的造血干细胞在撤除 IL-3 和 G-CSF 后，细胞发生凋亡，但加入 Bcl-2 蛋白后，细胞免于凋亡。在 *bcl-2* 转基因动物中，亦发现过量表达的 Bcl-2 蛋白可阻断氧化应激所诱发的细胞死亡。据估计，约 50%的人类肿瘤存在 *bcl-2* 基因高表达的现象，在淋巴瘤、白血病、前列腺癌、结肠癌等 *bcl-2* 基因呈高表达的肿瘤中，应用 *bcl-2* 反义核酸可促进肿瘤细胞凋亡，抑制肿瘤生长。除 *bcl-2* 基因外，细胞凋亡抑制基因还有 *myc* 基因等。

8）与细胞周期有关的癌蛋白　细胞周期的调控分为内源性调控和外源性调控，后者主要通过周期素（cyclin，CYC）和细胞周期素依赖激酶（cyclin-dependent kinase，CDK）进行网络调控而实现。周期素有多种，CYCD 为其中之一，可促进细胞周期及细胞增殖，若将 *CYCD* 基因导入小鼠成纤维细胞，可使后者发生转化。CYCD 为一家族，包括 D_1、D_2、D_3 3 个亚型，分别由在染色体 11q13 上 *CCND₁* 基因、12q13 上 *CCND₂* 基因和 6q21 上 *CCND₃* 基因编码。$CYCD_1$ 是在研究 B 细胞淋巴瘤和甲状旁腺肿瘤中发现的，故又称为 *bcl-1* 或 *PRAD₁* 基因，现被认为是一种癌基因，其编码的产物含有 295 个氨基酸，配体为 CDK 4/CDK 6。

$CYCD_1$ 蛋白和其他癌基因产物的协同作用可引起多种细胞转化，如 $CYCD_1$ 蛋白协同 $p21^{ras}$ 可使肾细胞转化，$CYCD_1$ 协同 Myc 蛋白可诱发产生 B 细胞淋巴瘤。目前在多数人类肿瘤中，如甲状旁腺肿瘤、乳腺癌、淋巴瘤、肺癌、肝癌、食管癌、结肠癌和白血病，均发现 $CYCD_1$ 基因结构因易位和扩增等原因而明显失常，导致其表达加强。

11.4.2 抑癌基因

抑癌基因又称肿瘤抑制基因（tumor suppressor gene，TSG）或抗癌基因（antioncogene），能够抑制细胞增殖和促进细胞分化，因一般只有当其两个等位基因同时丢失或灭活时，才会使细胞恶性生长，产生癌变，故又被称为隐性癌基因（recessive oncogene）。在肾癌中发现的抑癌基因有希佩尔林道（von Hippel-Lindau，VHL）基因、磷酸酯酶及张力蛋白同源物（phosphatase and tensin homolog，PTEN）基因、p16、p53、UNC5H、Chmp1A、KISS-1、CADM2、DLEC1 和 Fibulin-1 等。在卵巢癌中发现的抑癌基因有 RASSF1A、BRCA1、RNASET2、VHL、hMLH1、DLG1、OPCML、COPS2、NOL7、DAPK、RBL1、PARG1、PERP、TCF3 等。

目前推测人的基因组织中有 30 多种抑癌基因。表 11-6 列出了已被克隆的人类抑癌基因。其中了解最多的两种肿瘤抑制基因当数 Rb 基因和 p53 基因，它们的产物都是以转录调节因子的方式控制细胞生长的核蛋白。

表 11-6 已被克隆的人类抑癌基因

基因名称	染色体定位	家族性癌症综合征	散发性癌症	蛋白动能
RUNX3	1p36	—	胃癌	转录因子共激活因子
HRPT2	1q25-32	甲状旁腺肿瘤、颌骨骨化性纤维瘤	甲状旁腺肿瘤	染色质蛋白
FH	1q42.3	家族性平滑肌瘤	—	延胡索酸酶
FHIT	3p14.2	—	许多类型	二腺苷三磷酸水解酶
ras SFLA	3p21.3	—	许多类型	多种功能
TGFBR2	3p2.2	遗传性非息肉性大肠癌（HNPCC）	结肠、胃、胰腺癌	TGF-β 受体
VHL	3p25	von Hippel-Lindau 综合征	肾细胞癌	HIF 泛素化
hCDC4	4q32	—	子宫内膜癌	泛素链接酶
APC	5p21	家族性腺瘤性息肉	结直肠、胰腺癌、前列腺癌	β-CATENIN 降解
$P16^{INK4A}$	9p21	家族性黑色素瘤	许多类型	CDK 抑制因子
$P14^{ARF}$	9p21	—	所有类型 P53 稳定因子	
PTC	9q22.3	痣样基底细胞癌综合征	髓母细胞瘤	hedgehog 生长因子受体
TSC1	9q34	结节性硬化	—	mTOR 抑制因子
BMPR1	10q21-22	幼年性息肉病	—	BMP 受体
PTEN	10q23.3	Cowden 病、乳腺、胃肠癌	胶质母细胞瘤、前列腺癌、乳腺、甲状腺癌	PIP_3 磷酸酶
WT1	11p13	Wilms 肿瘤	Wilms 肿瘤	转录因子

续表

基因名称	染色体定位	家族性癌症综合征	散发性癌症	蛋白功能
MEN1	11p13	多发性内分泌腺瘤	—	组蛋白修饰、转录阻遏蛋白
BWS/CDKNIC	Hp15.5	Beckwith-Wiedemann 综合征	P57CDK 抑制因子	—
SDHD	11q23	家族性副神经节瘤	嗜铬细胞瘤	线粒体蛋白
RB	13q14	视网膜母细胞瘤、骨肉瘤	视网膜母细胞瘤、肉瘤、膀胱、乳腺、食管、肺癌	转录阻遏
TSC2	16p13	结节性硬化	—	mTOR 抑制因子
CYLD	16q12-13	圆柱瘤	—	去泛素化酶
CDH1	16q22.1	家族性胃癌	侵袭性癌症	细胞间黏附
CDH1	1622.1	家族性胃癌	侵袭性癌症	细胞间黏附
BHD	17p11.2	Birt-Hogg-Dube 综合征	肾错构瘤	未知
TP53	17p13.1	Li-Fraumeni 综合征	许多类型	转录因子
NF1	17q11.2	I 神经纤维瘤	结直肠癌、星型细胞瘤	ras-GAP
BECN1	17q1.3	—	乳腺、卵巢、前列腺癌	自噬作用
PRKAR1A	17q22-24	多发性内分泌腺瘤	多发性内分泌腺瘤	PKA 亚基
DPC4	18q21.1	幼年性息肉病	胰腺、结肠癌	TGF-β 转录因子
LKB1/STK11	19p13.3	Peutz-Jeghens 综合征	错构性结肠息肉	丝氨酸/苏氨酸激酶
RUNX1	21p22.12	家族性血小板紊乱	急性髓样细胞白血病	转录因子
SNF5	22q11.2	横纹肌性综合征	恶性横纹肌样瘤	染色体重建
NF2	22q12.2	神经纤维瘤定位综合征	神经鞘瘤、脑室管膜瘤	细胞骨架与膜连接

资料来源：王义善等，2012

11.4.2.1 抑癌基因的发现

早期主要是通过细胞杂交试验和遗传型肿瘤的谱系分析而发现抑癌基因的。

细胞杂交试验：20 世纪 80 年代的细胞杂交试验中，发现正常细胞（如成纤维细胞）与肿瘤细胞（来自自发性肿瘤）融合，所获杂种细胞的后代只要保留某些正常亲本染色体时就可表现为正常表型，然而，随着这些染色体的丢失又可重新出现恶变细胞。这一现象表明，正常染色体内可能存在某些抑制肿瘤发生的基因，它们的丢失、突变或失去功能，可使潜在的致癌因素发挥作用而致癌。此外两个不同的肿瘤细胞系融合后，形成的杂交细胞有时也会丧失恶性性状，说明这两个不同肿瘤细胞系失活或丢失的抑癌基因有所不同，相互融合后，缺失的抑癌基因得到了补偿。随后应用微细胞融合技术，进一步证明染色体中确实存在着抑制肿瘤发生的基因。

遗传型肿瘤的谱系分析：20 世纪 70 年代，Knudson 研究儿童的遗传型视网膜母细胞瘤后，提出两次基因突变假说，认为第一次突变发生于生殖细胞，第二次基因突变发生于视网膜母细胞。而散发型视网膜母细胞瘤的二次突变均发生于视网膜母细胞，故遗传型视网膜母细胞瘤发病年龄要比散发型视网膜母细胞瘤早。后来发现，视网膜母细胞瘤的两次基因突变均发生在 13 号染色体的特定位置上，表现为特定基因的失活或缺失，该特定基因被认为就是抑制视网膜母细胞瘤（RB）发生的抑癌基因，命名为 RB 基因。

抑癌基因应具备下列 3 个条件：①在恶性肿瘤对应的正常组织中能够正常表达；②在肿

瘤细胞中发生丢失、突变或失去功能；③导入缺失该基因的肿瘤细胞，能部分或全部抑制其恶性表型。最近，Sager 认为凡是由于其存在和表达能使机体不能形成肿瘤的基因，都可称为抑癌基因，按此说法，抑癌基因也包括了 DNA 错配的修复基因。

11.4.2.2 抑癌基因 RB

RB 基因是世界上第一个被克隆和完成全序列测定的抑癌基因，为视网膜母细胞瘤易感基因，定位于人染色体 13q14 上，全长 200kb，包含 27 个外显子，由 4757 个核苷酸组成，其 mRNA 为 4.7kb。该基因除在视网膜细胞表达外，还可在人体的其他组织细胞中表达，其缺失或失活不仅会导致 RB，还可能引起小细胞肺癌、骨肉瘤、乳腺癌等多种肿瘤的发生。

编码的蛋白称为 Rb 蛋白，分布于核内，是一类 DNA 结合蛋白。其生物学功能有如下 4 方面：①促进组织细胞生长发育。Rb 蛋白为体内一些组织细胞生存所必需，特别对胚胎期的肝细胞、红细胞和神经细胞的形成至关重要。研究发现，同时有两个 RB 基因缺失的胎鼠，将于妊娠第 14 或第 15 天死于母体子宫内，如果导入 RB 基因的 cDNA，则胎鼠可继续存活。②抑制细胞增殖。Rb 蛋白通过本身去磷酸化和磷酸化来调节细胞基因的转录，进而影响细胞增殖。去磷酸化或低磷酸化 Rb 蛋白可与一种在细胞周期中起重要转录激活作用的活性蛋白——E_2F 蛋白结合，阻止 E_2F 蛋白促进细胞由 G_1 期进入 S 期的作用，从而抑制细胞增殖。当 RB 基因缺失或突变时，由于不能形成去磷酸化 Rb 蛋白，丧失抑制 E_2F 蛋白的作用，E_2F 蛋白将使细胞周期加速而进入非正常增殖状态。如将 Rb 蛋白注射入缺乏该蛋白的细胞中，将使细胞可逆性地阻滞于 G_1 期。③调节基因表达。Rb 蛋白能与特定 DNA 结合而调节其他基因表达，影响 DNA 复制。例如，*TGF-β*、*c-myc* 和 *c-fos* 基因的启动子内均含有 Rb 蛋白调控元件，低磷酸化 Rb 蛋白通过对此元件的作用，可调控这些基因的表达。④与病毒癌蛋白结合。如 SV40 病毒的大 T 抗原、腺病毒 5 型的 E1A 蛋白、人乳头状瘤病毒的 E_7 蛋白均能直接与低磷酸化 Rb 蛋白结合成稳定的复合物，结果使病毒癌蛋白失去致癌作用。

RB 基因异常除存在于视网膜母细胞瘤外，还在小细胞肺癌、骨肉瘤、乳腺癌、前列腺癌、膀胱癌、食管癌、鼻咽癌等肿瘤中存在，估计 15%～20%的人类肿瘤有 RB 基因异常，主要表现为 RB 基因纯合型缺失、杂合型缺失和 RB 基因因点突变或易位而失活，故肿瘤细胞内 RB 基因转录的 mRNA 及其翻译产物 Rb 蛋白含量都极低。将野生型 RB 基因转导入不表达 Rb 蛋白的人视网膜母细胞瘤、骨肉瘤、前列腺癌等肿瘤细胞中，这些肿瘤细胞的生长均能受到一定程度的抑制。此外，用维甲酸处理人白血病细胞后，肿瘤细胞被诱导分化，这也可能与被处理细胞内 Rb 蛋白增多有关。

11.4.2.3 抑癌基因 *p53*

p53 基因是迄今发现与人类肿瘤相关性最高的基因。在人体中位于染色体 17p13 上，基因全长约 10kb，含 11 个外显子和 10 个内含子，转录产物为 2.5kb mRNA，编码一种相对分子质量为 $5.3×10^4$ 的磷酸化蛋白质，命名为 P53。P53 是一种核磷蛋白，主要集中于核仁区，由 393 个氨基酸组成，含有 4 个主要功能区：①由第 1～42 位氨基酸残基组成的转录激活区，可介导蛋白间相互作用，增强基因转录；②由第 102～292 位氨基酸残基组成的 DNA 结合区，能与特异 DNA 序列相结合；③由第 324～355 位氨基酸残基组成的寡聚功能区，可介导 P53 之间的相互作用；④由第 367～393 位氨基酸残基组成的非特异性结合区，能非特异性地结合 DNA。

P53 为一多功能性抑癌蛋白。首先，能调节细胞周期，如低磷酸化 P53 可使细胞停滞于 G_1 期，为细胞从 G_1 期到 S 期的负调控因子。其次，诱导细胞凋亡，细胞 DNA 发生损伤时，通常可被修复，如果修复不成，P53 可通过上调促进细胞凋亡的 *Bax* 基因表达、下调抑制凋

亡的 *bcl-2* 基因表达而诱导细胞凋亡，以去除这些无法修复的细胞，防止具有 DNA 损伤的细胞继续增殖。再次，抑制细胞生长和促进细胞分化，P53 能与 DNA 结合，从而能够影响 DNA 复制和转录功能。P53 可与 *myc*、*fos*、*jun* 基因中 DNA 序列结合，干扰 DNA 多聚酶对 DNA 复制物的作用从而阻止 DNA 复制，抑制细胞生长。P53 还能与某些特异的 DNA 序列结合，激活邻近部位基因的表达，诱导细胞分化，如促进 B 淋巴细胞和红细胞分化。最后，与癌蛋白结合消除其致癌作用。P53 能与某些 DNA 肿瘤病毒的癌蛋白形成稳定的复合物而使后者失去致癌活性，如 SV40 病毒的大 T 抗原、腺病毒 5 型的 E1B 蛋白、人乳头状瘤病毒的 E_6 蛋白、EB 病毒的核抗原-2 和人乙肝病毒的 X 蛋白等都可与 P53 结合，结合后两者活性通常都会丧失。

迄今已在乳腺、食管、胃、肝、结肠、肾、膀胱、子宫、卵巢、脑、软组织和造血系统等约 60% 的人类肿瘤中发现有 *p53* 基因的改变，发生异常，主要表现为纯合型缺失、杂合型缺失、显性负突变和显性正突变。显性负突变是指两个 *p53* 等位基因中，只有一个发生突变，突变后的基因产物本身无活性，半寿期延长，能与另一野生型 *p53* 基因产物结合，使其失去抑癌活性，产生显性负效应；显性正突变则指两个 *p53* 等位基因均已突变，突变后的基因产物均具有致癌作用。*p53* 基因突变多数为点突变，少数是无义突变或终止密码突变，突变的好发部位在第 5~9 个外显子编码的第 130~290 位氨基酸残基中，其中有 3 个突变热点，分别是 175、248 和 273 位编码子。不同组织类型的恶性肿瘤中，突变热点的位置和突变类型各不相同，如结肠癌的 *p53* 基因突变热点在第 175 位编码子上，肺癌在第 273 位编码子上，突变类型有发生在肺癌中的 G→T 转位突变、结肠癌中的 C→T 移位突变及在其他肿瘤中一般为 G→A 之间的转换。

11.4.2.4 抑癌基因的抑癌功能和抑癌机制

抑癌基因的抑癌功能主要表现在：①抑制细胞增殖。肿瘤细胞最大的特点就是细胞高度增殖，而细胞增殖涉及细胞周期，*RB* 和 *p53* 基因翻译的产物均为细胞周期调节蛋白，能够抑制细胞周期进行。②促进细胞分化。抑癌基因产物能促进细胞分化，如 RB 蛋白可促进视网膜细胞分化、WT1 蛋白能促进肾脏细胞分化、而 NF1 蛋白则能促进神经细胞分化。一旦抑癌基因蛋白缺失或失活，就会使细胞因分化受阻而继续分裂。③稳定染色体。染色体碱基的低甲基化使染色体黏性增加，稳定性下降，容易发生基因易位、重排等事件，导致染色体异常。而染色体异常是肿瘤细胞的重要标志之一。在保持染色体稳定过程中，抑癌基因起着非常重要作用。

抑癌基因的抑癌机制主要有：①调节细胞周期，如 *RB* 和 *p53* 基因编码的产物；②维持正常细胞膜表面的黏附能力，如 DCC 基因产物为一种细胞表面糖蛋白，构成黏附分子，如果缺少该基因产物，细胞黏附力则会下降，进而影响到细胞接触抑制，并有利于肿瘤转移；③调节细胞内信号转导，如 NF1 基因产物可激活 GTP 酶，将 GTP 降解为 GDP，GDP 与 G 蛋白结合则能够阻止细胞内促生长信号的转导；④抑制与细胞增殖有关的基因表达，如 *RB* 和 *p53* 基因编码的蛋白可抑制与细胞增殖有关的 *myc*、*fos* 和 *myb* 等基因的表达；⑤灭活病毒癌蛋白，如 *RB* 和 *p53* 基因编码的蛋白可与多种病毒癌蛋白结合而使这些癌蛋白丧失致癌性；⑥促进细胞凋亡，肿瘤细胞通常不会发生凋亡。而某些抑癌基因表达产物可促进细胞凋亡，如 *p53* 基因编码的产物可直接上调促进细胞凋亡的 *Bax* 基因表达，下调抑制凋亡的 *bcl-2* 基因表达，故能够促进细胞凋亡。

11.4.2.5 抑癌基因与肿瘤转移

恶性肿瘤的转移是一个异常复杂的相互关联的过程，牵涉到多种基因的参与。许多研究表明，某些抑癌基因的丢失和失活与肿瘤转移有十分密切的联系。

1) 与细胞黏附有关的抑癌基因与肿瘤转移　　肿瘤细胞能够转移的重要原因之一就是细胞黏附能力的下降。正常细胞表面存在多种介导细胞之间、细胞与细胞外基质之间黏附的分子，如 NCAM、E-cadherin、血凝素等，这些黏附分子除了参与细胞之间、细胞与细胞外基质之间发生的黏附、识别过程外，还可以通过黏附分子的胞内部分与 α，β-catenin、vinculin、radixin 等骨架蛋白相连，将细胞外信号传入胞内，起到调节细胞生长的作用。如果黏附过程中任一环节发生差错或缺失，则会降低细胞的黏附能力，促使肿瘤的发生与转移。研究表明，DCC 基因、NF2、VHL 和 PTEN 等抑癌基因编码的蛋白产物参与了细胞黏附过程，这些蛋白产物一旦失活或缺失将使细胞的转移潜能明显增加。

DCC（deleted in colon cancer）基因最初是从直肠癌中发现和鉴定的，位于 18q21.1，长 1.4Mb，含 29 个外显子。表达产物相对分子质量为 1.9×10^5 的跨膜磷蛋白，膜外部分有 1100 个氨基酸，膜内部分有 324 个氨基酸。由于整个氨基酸序列与 NCAM 及其他相关的细胞表面糖蛋白类黏附分子具有同源性，故 DCC 基因编码的蛋白产物很可能参与了细胞的黏附过程，如果其功能发生变化或缺失，则会导致细胞间接触、黏附能力下降，增大癌细胞的转移能力。事实上，已有报道认为 DCC 基因的等位缺失确实与直肠癌和肺癌远器官转移有关。

NF2 基因位于染色体 22q12，编码产物为相对分子质量为 6.6×10^4 的细胞骨架相关蛋白，可介导细胞骨架蛋白 actin stress fibers、keratohyalin、granules 与细胞膜连接，参与细胞骨架信号转导及细胞间接触联系，故与肿瘤转移有关，实验也确证了 NF2 基因的突变或缺失与淋巴结转移有关。

VHL（von hippel-lindan）基因位于 3p25，其表达的蛋白质产物分布于细胞表面，能够直接参与细胞黏附与信号转导，故亦与肿瘤转移有关。

PTEN 基因，位于 10q23.3，转录产物为 515kb 大小的 mRNA。其蛋白产物含有一酪蛋白磷酸酶的功能区，以及约 175 个氨基酸左右的与骨架蛋白 tenasin、auxilin 同源的区域。PTEN 蛋白产物一方面可能通过去磷酸化参与细胞调控，在肿瘤的发生、发展中起重要作用；另一方面可能像 tenasin 一样，能够影响整合蛋白等因素参与的细胞生长调节、肿瘤浸润、血管生成和转移的过程，从而影响肿瘤转移。

2) DPC4 和 MADR2 与肿瘤转移　　DPC4 和 MADR2 基因，位于 18q 上基因改变最频繁的区域，它们的编码产物参与 TGF-β 信号转导途径的下游调节，故能介导 TGF-β 反应。而 TGF-β 具有多种功能，如抑制细胞生长分裂，刺激细胞外基质中 FN 的合成，提高细胞的黏附能力、抑制肿瘤转移等。因此 DPC4 和 MADR2 的表达产物若失活或缺失，会对肿瘤的发生和发展起着重要的促进作用。例如，它们的失活能促进鳞形细胞癌的转移、复发。

3) *maspin* 基因和肿瘤转移　　*maspin* 基因位于 18q21.3，表达产物具有 375 个氨基酸，与 *serpin* 超家族的丝氨酸蛋白激酶抑制物有高度同源性，其活性环（reaction site loop，RSL）为扭曲的螺旋结构，对胰蛋白酶及胰蛋白酶样的蛋白水解酶的有限蛋白水解非常敏感，且 RSL 能与另一分子 Maspin 蛋白形成二聚体或多聚体，故推测 RSL 可能具有一种"开关"作用，即当 RSL 与一些直接参与细胞生长、浸润的因子结合，可发挥肿瘤抑制作用；但当它被水解时，则 Maspin 蛋白功能关闭，使细胞生长及迁移。

maspin 基因在肿瘤细胞中通常会因其 2 个启动子 Ets、Apl 的功能降低或丧失而显现出表

达量下降或不表达，但很少发生突变。例如，maspin 基因在乳腺上皮细胞中可大量表达，但在浸润性癌中表达有所降低，在转移灶中则不表达。

11.5　致癌的可能机制

癌从本质上说是某些基因发生突变或缺失，而使细胞生长或分化失去控制而造成的。凡能引起遗传物质 DNA 损害（突变）的各种环境与遗传致癌因子可激活癌基因或（和）灭活肿瘤的抑制基因，干扰生长因子的形成或灭活，影响信号的接受、转导和响应，使细胞发生转化。被转化的细胞可先呈多克隆性增生，经过一段时间的演进过程，其中一个克隆可相对无限制地扩增，并通过进一步突变，形成具有不同特点的异质性亚克隆，获得浸润和转移的能力，结果形成恶性肿瘤。

11.5.1　细胞癌变多阶段假说

在对肿瘤发生的多阶段性研究过程中，发现至少存在两个基因的突变，通常都会涉及 Ras 与 p53 这两个基因。随着肿瘤恶性度的增强，发生突变的基因数目还会逐渐增加。表明单个癌基因转化正常细胞能力有限，常需两种或多种基因的共同参与。也就是说，在致癌物作用下，细胞发生的第一个突变可能通过癌基因激活而使细胞永生化，但至少还需发生第二个突变，以使细胞分化受阻，因为只有细胞的增殖和分化都发生异常，才会完全转化。

在这些相关研究中，科学家们着重研究抑癌基因和癌基因在肿瘤不同发展阶段是如何协同起作用的。在转基因动物实验中，已证实某些肿瘤的发生除需癌基因激活外，还需抑癌基因失活或丢失。例如，在人皮肤癌中就有 Ha-ras 基因的点突变和 p53 基因的缺失。

到底有多少基因参与细胞的癌变和肿瘤的发生、发展成为了人们广为关注和研究的焦点。在对胃癌、食管癌、肺癌、乳腺癌和结肠癌、直肠癌等的长期研究基础上，肯定了细胞的癌变及肿瘤的发生、发展是多种基因多种方式变异累积的结果，主要是癌基因和抑癌基因顺序性改变的结果。如图 11-1 所示，结肠癌的发生过程就是一个多阶段的过程，涉及多种基因的变异。首先，正常结肠上皮由于 5 号染色体上 APC 基因的改变而使上皮过度增生；随后，由于 DNA 丢失甲基基团而产生早期肠腺瘤；接着，若 12 号染色体上 ras 基因发生突变则会演变为中期肠腺瘤，进一步发生 18 号染色体上 DCC 基因缺失就会过渡到晚期肠腺瘤，此后由于染色体 17q 上 p53 基因缺失而产生结肠癌，如再有其他基因的改变就可导致肿瘤向远处转移，因此认为癌变过程是多基因改变的多阶段过程。

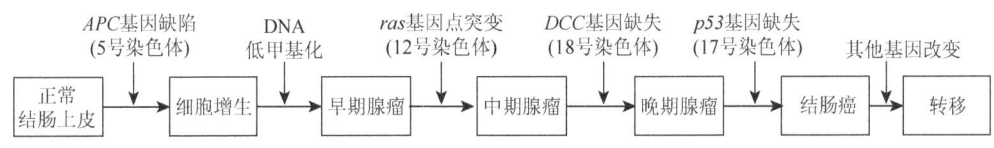

图 11-1　人结肠癌多基因改变的多阶段发展过程（引自朱世能和陆世伦，2000）

11.5.2　原癌基因的激活

细胞原癌基因是细胞基因组的正常组成部分，具有一定的功能，在细胞生长发育过程中起着重要的调控作用，平时表达水平较低，不具致癌性。但在不同致癌因素作用下可被激活为有致癌活性的癌基因,其编码产物能促进细胞无限生长,且不受控制,使细胞向恶性方向转变。其具体激活机制有插入诱变、点突变、染色体易位和基因扩增等几种主要方式,详细内容请见前面有关原癌基因方面的内容。

11.5.3 DNA 甲基化异常对于肿瘤发生的影响

在真核细胞中,胞嘧啶的甲基化约占整个胞嘧啶的 3%,这些甲基化部位 90%存在于 CG 序列中。在细胞生长分化或损伤修复过程中,新复制的 DNA 为半甲基化,还需由 DNA 甲基转移酶将 5-腺苷甲硫氨酸的甲基转移至胞嘧啶环的第 5 位碳原子上,以维持 DNA 甲基化的稳定水平,从而维持细胞表型和遗传的稳定性。任何因素只要干扰了甲基转移酶的作用或激发了再甲基化作用,均可导致 DNA 的异常甲基化,使得有关基因的功能发生变化,出现一系列的生理、病理特征。一般来说,DNA 甲基化与基因表达呈负相关,甲基化对基因功能的影响主要表现在以下 3 个方面:①DNA 链上转录活化因子结合位点的 CG 甲基化后,使转录活化因子不能与之结合;②基因启动子区的 CG 被甲基化后与特异的识别 M5 CG 的结合蛋白(methyl CpG binding protein)结合,阻止了转录因子与基因起始位点的结合;③DNA 甲基化还会干扰特殊的蛋白因子对 DNA 位点的识别。在肿瘤组织中,发现 DNA 甲基化模式发生了改变,常表现为 DNA 广泛的低甲基化和局部区域的高甲基化共存于一种组织,这种改变将会导致基因组的不稳定。

肿瘤细胞 DNA 普遍低甲基化现象早在癌前病变就出现,且随着肿瘤的发展,甲基化程度逐渐下降。Feinberg 首次在人肺癌、直肠癌发现 *H-ras* 和 *K-ras* 癌基因的甲基化程度低于周围正常组织,以后又相继在人肝癌、膀胱癌以及淋巴瘤等肿瘤组织发现 *H-ras*、*myc*、*mos* 等癌基因的低甲基化。并发现 *myc* 癌基因在不同分期分级的膀胱癌中的甲基化程度不一样,*myc* 癌基因的甲基化程度越低,肿瘤显现出的侵袭能力则越强,说明癌基因的甲基化程度与肿瘤的进程存有一定的关联。部分致癌剂可通过与 DNA 甲基转移酶的巯基结合而抑制该酶活性,还有的致癌剂能与 DNA 形成加合物,使其接受甲基的能力大大下降。故多数致癌剂能干扰甲基化反应,使 DNA 甲基化减少。如用多环烃类致癌物转化体外培养的鼠气管上皮,发现转化细胞中 *myc*、*H-ras* 基因均被低甲基化。

肿瘤细胞 DNA 也存在局部高甲基化现象,如在肺癌、结肠腺癌、结肠癌以及淋巴瘤组织中,位于 11 号染色体短臂的降钙素基因即为高甲基化。具体以卵巢癌为例,在侵袭性卵巢癌中,*RASSF1A* 出现高甲基化,而交界性卵巢肿瘤及正常卵巢组织中 *RASSF1A* 则不发生甲基化;*BRCA1* 启动子的甲基化率伴随着卵巢癌的发展不断增高,表现为超甲基化,而在正常卵巢组织或良性卵巢肿瘤中该基因则表现为低甲基化;*MLH1* 基因启动子的甲基化在上皮性卵巢癌中占 37.5%;在卵巢癌中 *OPCML* 的 CpG 岛启动子 53.4%出现超甲基化;*DAPK* 基因启动子在正常卵巢组中未发生甲基化,在良性卵巢肿瘤、交界性卵巢肿瘤和恶性卵巢肿瘤中甲基化率则逐渐升高,最高可达 67%。此外,研究发现许多肿瘤及其细胞系的 p16、p15、p14、p53、RB、APC、RUNX3、NDRG2、PAQR3 等多数抑癌基因也为高甲基化,正常组织的抑癌基因不发生甲基化,当其发生甲基化后,就不能正常转录、翻译成抑癌蛋白,失去其抑癌作用,导致细胞过度生长或永生化,从而使细胞生长失控,形成肿瘤。

肿瘤细胞基因组局部高甲基化现象的发生可能与肿瘤细胞株的甲基转移酶活性较高有关,为正常细胞株的 4～3000 倍;另外只有肿瘤细胞株才具有再甲基化酶活性的特点也许是肿瘤细胞基因组局部高甲基化现象发生的又一个重要原因。若在转基因小鼠中，超表达 DNA 甲基转移酶 DNMT3b，导致的基因表达谱变化与在人类大肠癌中所观察到的一致。

目前对肿瘤组织高甲基化、低甲基化共存现象的解释是：一方面致癌物与 DNA 相互作用形成加合物，阻碍了甲基转移酶的甲基化作用，使 DNA 甲基化降低；另一方面，致癌物又可激发 DNA 的再甲基化作用，使一些未受致癌物影响的 CpG 序列发生甲基化。

DNA 甲基化异常可能通过影响染色质凝聚以及癌基因和抑癌基因的表达而参与肿瘤的发生、发展。①染色质结构异常。当 DNA 低甲基化时，中期染色体便不能很好地凝聚，致使染色单体配对和分离障碍，从而造成染色体结构、数目异常，并使染色体脆性位点的不稳定性增加。②基因表达的调控。基因 5′端调控区序列的甲基化改变了 DNA 的构型，使其很难与转录因子结合并进行正常的表达。相反，基因低甲基化则为基因的顺利表达创造了必要的结构基础，是基因得以高效表达所必须具备的条件。因此，低甲基化与癌基因的过度表达相关，而高甲基化则与抑癌基因的表达水平下降或完全失活有关。

11.5.4 端粒酶、ALT 和肿瘤发生

端粒是真核生物染色体的末端序列，由串联重复的 TTAGGG 序列及其相关蛋白质所组成。其生物学功能是提供非转录 DNA 的缓冲物、保护染色体末端免于融合和降解，并在染色体定位、复制、保护和控制细胞生长及寿命等多个方面发挥重要作用。端粒长度的维持通常依靠端粒酶依赖型的端粒维持机制（mechanism for telomere maintenance by telomerase，TA）和比较少见的端粒酶非依赖型的端粒维持机制即端粒延伸替代机制（alternative mechanism for lengthening of telomere，ALT）。ALT 主要是通过同源重组和复制转换来维持端粒长度的，端粒末端发生重组后，较短的末端以较长端粒为模板进行复制来延长，从而使端粒的长度能够得到一定的维持，由于同源重组发生位点的差异，因而 ALT 细胞端粒长度非常不均，表现为极端异质性，长的可达 48kb，而短的则不足 5kb。大多数体细胞因不含端粒酶，细胞复制一次，端粒就缩短一点，细胞复制一定次数后，即会死亡。绝大多数恶性肿瘤往往通过活化端粒酶而不是 ALT 机制来维持端粒长度的稳定，端粒不会因细胞复制而缩短，故瘤细胞可以永生。

自 1994 年 Kim 等开始应用一种灵敏的基于 PCR 的端粒酶检测方法 TRAP（telomeric repeat amplification protocol）法来探测人体组织中的端粒酶活性以来，现发现 90%的恶性肿瘤组织中都存在端粒酶活性，如肺癌、结肠癌、乳腺癌、前列腺癌、膀胱癌、卵巢癌、肾细胞癌、多数白血病、淋巴瘤等。而人体大多数正常细胞和组织中不具端粒酶活性，虽然在生殖细胞、造血细胞、肾细胞、前列腺细胞、成人肝细胞等少数种类细胞中也检测到了端粒酶活性，但活性往往都很低。这表明端粒酶的活化与肿瘤的发生发展存在密切的相关性，而且端粒酶对于维持肿瘤细胞的长久生存能力似乎也是必不可少的。

端粒酶的激活除了能够阻止端粒缩短以维持染色体与基因组的稳定外，还可以促进肿瘤的形成及裂变。研究发现，在缺失端粒酶的裸鼠细胞中引入致癌基因 ras，可以表达 SV40 抗原，但很难形成肿瘤；相反，若引入端粒酶催化亚基基因与非致癌基因 ras 共表达，则细胞极易形成肿瘤。说明端粒酶有助于肿瘤的形成。然而，又有实验证明端粒酶的激活并不是肿瘤形成所必需的，如 Blasco 等敲除小鼠中的端粒酶 RNA 基因，以使端粒酶活性丧失，虽发现在快速增殖的器官中，细胞会因缺失端粒酶而凋亡。但丧失端粒酶活性的细胞在培养液中

能够永生化，且能被病毒癌基因转化及在裸鼠中形成肿瘤，这些肿瘤细胞可能通过激活 ALT 途径来维持端粒长度，从而能够不断分裂生长，但不具转移扩散潜能。现普遍认为端粒酶能增强癌细胞的转移能力，而 ALT 却无此功能，因此端粒酶缺失虽不会影响肿瘤的初步形成，但要维持肿瘤的发生、发展及恶性转化，则必须要有端粒酶的参与。

11.5.5 核糖体与肿瘤发生

核糖体是合成蛋白质的细胞器，主要成分为核糖体 RNA 和核糖体蛋白质（ribosomal protein，RP），其功能主要是参与蛋白质的合成。若核糖体蛋白基因表达异常则将影响核糖体的功能，除能够引发免疫、代谢等疾病外，也能够导致肿瘤发生。

大量研究表明，RP 的表达水平在多数肿瘤中均发生了改变。选择性增高的 RP 在前列腺肿瘤中有 L7a、L37、S14；乳腺肿瘤中有 L19；横纹肌肉瘤中有 L38、S4；肝脏肿瘤中有 L5、L9、L35、L39、S3a、S10、S17；恶性脑瘤中有 L7a、L35a；卵巢癌中有 S18、L3、L8；食道癌中有 L15 等。这些蛋白的增高范围从 40% 到 37 倍不等。选择性降低的 RP 在结肠癌中有 9a、S8、S12、S18、S24、L13a、L28、L32、L35a；在头颈部鳞状细胞癌中有 S19。此外，还有一些肿瘤中存在多种核糖体蛋白的缺失或突变。

早在 20 世纪 70 年代人们就发现癌细胞中有核糖体成分的失调或错误的表达，但当时并未重视这种现象在肿瘤中的作用。对于 RP 上调，一般认为这是因为肿瘤细胞分裂加强，需要与之相符的高水平的蛋白合成所致，但发现在成神经细胞瘤中，虽然有大量 RP 转录上调，蛋白合成水平并未全面增加。再如某些肿瘤中存在部分 RP 的下调或突变，这显然与适应癌细胞生长无多少关联。此外，多种 RP 过表达于结肠癌，却不表达在胃癌和肝癌。这些都表明核糖体蛋白在肿瘤的发生、发展和转移过程中可能发挥着某种重要作用。

S6 是一种涉及翻译启动的多功能 RP。通过基因敲除获得 S6 缺陷的小鼠，发现其肝脏细胞增生功能受到抑制，证明 S6 可能参与了细胞增生和组织修复。在淋巴系统中，若 S6 基因发生突变而使表达产物原有功能丧失时，并不会引起细胞死亡，而是造成淋巴组织过度生长，表现为细胞过度增殖和异常增大，最终形成黑色素瘤，这说明 S6 具有拮抗癌基因的作用。

先天性纯红细胞再生障碍性贫血的主要特征是红细胞分化受阻而导致的严重贫血，伴有发育障碍、生长延迟和造血系统恶性肿瘤易感性等症状，该疾病患者核糖体蛋白 S19 因基因发生突变而产生变异、功能丧失，这充分说明某些 RP 功能的丧失可引起肿瘤。

核糖体蛋白参与肿瘤发生的主要机制可能有如下 3 点：①调节癌基因和抑癌基因的表达。如核糖体蛋白 L7a 在前列腺癌、结肠癌和脑肿瘤中都过表达，可激活 trk（tyrosine receptor kinase）原癌基因，产生癌症，故认为 L7a 是癌基因激活剂。核糖体蛋白 L10 在人肾母细胞瘤中则表现出有抑制癌基因的作用。而核糖体蛋白 L11 可激活抑癌基因 $p53$，抑制癌症的发生。②调节转录和翻译。例如，在直肠、结肠癌中表达增高的核糖体蛋白 L18，为双链 RNA（double-stranded RNA，dsRNA）激活蛋白激酶（PKR）抑制剂。PKR 作用是使真核细胞翻译启动因子-2α（eIF-2α）磷酸化，抑制蛋白合成。L18 可与 dsRNA 竞争结合 PKR，逆转 dsRNA 与 PKR 结合，使 PKR 对蛋白合成的抑制作用取消，促进有关蛋白合成，从而参与结肠癌的非调节性生长。③调节凋亡。例如，L7、S11 均与肿瘤细胞的凋亡有关，而过表达于恶性多形性脑胶质瘤和 Jurkat 淋巴细胞白血病中的 L35a 则能抑制细胞死亡。实验也证实被转染进 L35a 的 cDNA 序列的细胞，其生存时间确有所延长。

11.5.6 基因组"巨变"与肿瘤发生

英国血癌专家 Campbell 带领其团队对不同种类的人类癌细胞进行了大规模基因检测,发现部分癌细胞在一条或多条染色体的局部区域发生了结构巨变,而这些变化是很难用传统的 DNA 损伤模型来解释的。他们推测在细胞内的某一生理过程中,由于电离辐射、端粒损耗等原因造成一条或多条染色体断裂成若干碎片,在细胞即将恶变的情况下,DNA 修复元件试图将染色体碎片重新连接到一起,在此过程中常会发生很多错误,正是这些错误促使了癌症的发生。因此他们提出了一种全新的癌发生观念,认为在一些癌症发展中,细胞内的某一生理事件中的染色质巨变能够引发许多致癌突变,导致癌症的快速发生。这颠覆了癌症的发展是缓慢而有序的传统观点。目前已在白血病、膀胱癌、乳腺癌、结直肠癌等 40 多种肿瘤中发现染色体发生了结构巨变现象。

基因组"巨变"导致肿瘤发生的原因主要有:①增加原癌基因的拷贝数,提高这些基因的表达水平,从而引起肿瘤发生。如在小细胞肺癌细胞系 SCLC-21H 的基因组中存在一些高度扩增的片段,而其中一段包含了原癌基因 *Myc*,该基因在 10%~20% 的小细胞肺癌中出现扩增。在食管癌中,染色体巨变产生的双微体的复制导致 *Myc*、*MDM2* 等基因拷贝数增加。②抑癌基因的丢失或失活。在发生染色体巨变的细胞中,发现一些抑癌基因拷贝数降低或者功能受损,如脊索瘤 PD3808a 患者中抑癌基因 *CDKN2A* 和 *FBXW7* 的拷贝数减少;慢性淋巴细胞白血病患者 PD3175a 中 *CDKN2A* 和 miR-15a/16-1 拷贝数减少;在遗传性眼癌中,发现一个发生染色体粉碎的样本中,抑癌基因 *RB1* 正好处在染色体粉碎区域内,导致 *RB1* 失活,无法发挥正常功能。③导致基因融合,而一些融合基因也是肿瘤发生的重要因素。在侵袭性甲状腺癌中,*STRN* 和 *ALK* 基因的融合,导致 *ALK* 基因组成性激活;在高阶的卵巢癌中,非编码基因 *SLC25A40* 的启动子和 1 号外显子与一个跟药物外排相关的基因 *ABCB1* 的 2 号外显子融合,导致 *ABCB1* 基因表达量上升。

问题与思考

1. 试述癌细胞的主要特征。
2. 间接作用的化学致癌物有哪些?
3. 与人类肿瘤发生密切相关的 DNA 病毒主要有哪 3 种?
4. 细胞原癌基因的具体激活机制有哪几种主要方式?
5. 按照生物化学性质和功能可将癌基因编码的产物分为哪几大类?
6. 抑癌基因 RB 编码的蛋白质有哪些生物学功能?
7. 简述抑癌基因的抑癌机制。
8. 结肠癌的发生过程中先后涉及哪几种基因的变异?
9. 简述 DNA 甲基化异常对于肿瘤发生的影响。
10. 简述细胞癌变多阶段假说。

主要参考文献

方祎,查锡良. 1999. 抑癌基因和肿瘤转移. 生命的化学,19(1): 13~17
高鹏,郑杰. 2010. 病毒介导的细胞融合:癌症发生和发展的新观点. 生命科学,22(1): 59~63

韩晓. 2011. 基因组"巨变"诱导癌症发生. 中国生物化学与分子生物学报, 2: 167

何倩, 王邈, 孟静岩. 2016. DNA 甲基化与大肠癌相关性的研究. 天津中医药大学学报, 35 (6): 361～365

李岩, 蒋仲敏, 陈自平, 等. 2006. 肿瘤学理论与实践. 济南: 山东科学技术出版社

梁晶, 崔玉兰. 2015. 肿瘤抑制基因 DNA 甲基化与卵巢癌的研究进展. 中国优生与遗传杂志, 23 (4): 6～8

刘厚奇, 蔡文琴. 2007. 医学发育生物学. 北京: 科学出版社

刘志坚, 孙英丽. 2011. 癌表观遗传调控与癌症治疗. 中国生物化学与分子生物学报, 27 (4): 310～315

马伟杰, 张君. 2014. 肾癌相关抑癌基因. 中国肿瘤生物治疗杂志, 21 (3): 337～341

齐菲菲, 贺福初, 姜颖. 2009. 肿瘤转移研究的现状与趋势. 生物化学与生物物理进展, 36 (10): 1244～1251

孙静哲, 杨学习. 2011. 抑癌基因甲基化异常在肝癌中的研究进展及临床应用. 广东医学, 32 (4): 519～521

孙莹, 邹亚学, 郑梅竹, 等. 2007. 端粒酶与细胞衰老及肿瘤的研究进展 (综述). 河北科技师范学院学报, 21 (2): 73～77

王金发. 2003. 细胞生物学. 北京: 科学出版社: 611～625

王倚天, 张蒙, 王波, 等. 2014. 端粒酶逆转录酶在泌尿生殖系肿瘤中的研究进展. 生命科学, 26 (8): 804～808

王义善, 于学勇, 许刚. 2012. 现代肿瘤基础与临床. 石家庄: 河北科学技术出版社

杨华, 饶力群, 郭纯, 等. 2004. 端粒维持的机制. 生命的化学, 24 (2): 103～105

杨健, 蔡浩洋. 2017. 染色体粉碎—基因组灾难性事件产物. 生物化学与生物物理进展, 44 (1): 21～30

易盼盼, 黄燕, 范学工. 2015. 病毒感染与肿瘤发生的研究进展. 中国病毒病杂志, 5 (1): 1～4

张世良, 王立东. 2003. 肿瘤分子细胞遗传学. 郑州: 郑州大学出版社

张娴. 2015. DNA 异常甲基化在宫颈癌中的研究进展. 现代妇产科进展, 24 (5): 381～383

朱世能, 陆世伦. 2000. 肿瘤基础理论. 2 版. 上海: 上海医科大学出版社

Hanahan D, Wagner E F, Palmiter R D. 2007. The origins of oncomice: a history of the first transgenic mice genetically engineered to develop cancer. Genes & Development, 21: 2258～2270

Hanahan D, Weinberg R A. 2011. Hallmarks of cancer: the next generation. Cell, 144 (5): 646～674

Jafri M A, Ansari S A, Alqahtani M H, et al. 2016. Roles of telomeres and telomerase in cancer, and advances in telomerase-targeted therapies. Genome Medicine, 8 (69): 1～18

Kazanets A, Shorstova T, Hilmi K. 2016. Epigenetic silencing of tumor suppressor genes: Paradigms, puzzles, and potential. Biochimica et Biophysica Acta, 1865: 275～288

Stephens P J, Greenman C D, Fu B, et al. 2011. Massive genomic rearrangement acquired in a single catastrophic event during cancer development. Cell, 144 (1): 27～40

第 12 章　衰　老

衰老（senesence/aging）是细胞在正常环境条件下发生的功能减退，逐渐趋向死亡的现象，它是随着时间的推移而逐渐持续演变的过程，是机体内各种细胞的微观变化长期累积的结果，最终导致器官组织的功能不可逆转地、全面地、逐渐地丧失。衰老具有普遍性、内因性、进行性（老化是在生物生长过程达到成熟期以后，随着增龄而连续发生的一系列的持续进行性变化过程）及递减性（在老化过程中，各种组织结构逐渐发生退行性变化，相应的各种生理机能也逐渐减退，机体自稳状态也渐趋崩溃）四大特点。

每个人都希望健康长寿，但不同时代对长寿的认识和寻求方法迥异。我国研究延缓衰老的历史非常悠久，早在先秦和春秋战国时期就已提到"养生"。战国后期，秦国吕不韦著《吕氏春秋》，提出人的寿命是有一定限制的；春秋战国时期的另一部经典著作《黄帝内经》，则总结了先秦时期诸子百家有关养生、长寿的理论和实践经验，丰富了延缓衰老的理论，明确提出"天年"概念，认为生命本质是生、长、老、死，认为衰老是自然规律。东汉王充著有《养生书》16 篇、《论衡》85 篇，他认为人的寿命与先天禀赋有关，也与后天养生的优劣相关。唐代孙思邈著有《备急千金要方》与《千金翼方》，两书中都有养生专论，首先提出了"养老大例"和"养老食疗"，创立了我国初具规模的老年医学体系。宋代陈直撰《养老寿亲书》，元代邹铉续增篇幅后，改名为《寿亲养老新书》，这是我国最早的老年医学专书。此外明代杰出医学家李时珍所著的《本草纲目》、清代人徐大椿著的《医学源流论》、程国彭著的《医学心悟》及曹庭栋著的《老老恒言》都涉及了不少有关衰老方面的知识和延缓衰老的方法。

国外有关衰老与抗衰老方面的研究，比我们国家要晚一些。公元前 460 年，著名医学家 Hippocrates 认为"老"是体内的"温热"和"湿"的减少所导致的"冷和干"增长的现象，这是较早提出的衰老理论学说。1869 年法国内分泌创始人 Broum、Seguard 提出性腺激素分泌衰退与衰老有关。1908 年，美国医学家 Minot 提出细胞分化及核质比例降低导致细胞衰老。1960 年，Hayflick 等明确提出细胞供体年龄决定细胞分裂代数，年龄越大，细胞分裂代数就越少，人的寿命由细胞分裂代数决定，使衰老的研究有了质的突破和飞跃。1989 年，Linnane 等正式提出线粒体衰老假说。在 20 世纪 50 年代以后，随着各种实验技术的发展，老年医学研究发展较快，老年医学研究机构在多数发达国家和较发达国家相继成立，进一步推动了老年医学事业的发展。

尽管衰老是人类生命过程的必然规律，是不可抗拒的自然现象，但由于衰老涉及广泛的社会问题，如人口年龄结构、社会福利保障、医疗卫生等，同时每个人都希望有一个幸福的晚年，都希望健康地活到最大的自然寿限，因此，对如何延缓衰老增加寿期的研究无论对于发育生物学还是老年医学（gerontology）都是非常有意义的活跃研究领域。

12.1 衰老的基本特征

衰老在生物体不同层次水平上都有其特征性表现。下面从分子、细胞、组织、器官、整体几个水平分别叙述。

12.1.1 在分子水平上

如酶等蛋白在体内自由基、离子强度、pH 等多种因素的影响下，其空间结构会发生变化，导致原来特有的功能活性丧失。同时在衰老相关的过程中，由于核糖体及延伸因子的数量、活性及准确性等方面出现下降趋势，致使蛋白质合成速率明显下降。

DNA 的损伤。自由基的作用是导致 DNA 损伤的主要因素。细胞呼吸是产生超氧基的主要来源，随着老化的进程，体内积累的自由基水平不断增高，于是自由基引起 DNA 的氧化破坏或交联而导致核酸变性的事件亦随之增多，结果破坏了 DNA 的正常生理功能，如传递遗传信息、自身复制以及转录等，从而影响了蛋白质的生物合成和酶的活性，最终引起细胞的衰老死亡。

DNA 受损或某种原因引起分子结构发生变化时，常会发生基因突变，基因突变的类型很多，主要有碱基置换、移码、缺失和插入等 4 种突变，基因突变可造成个体表型和素质的改变，无疑会对机体的健康和衰老的进程产生一定的影响。在机体衰老过程中，突变产生的原因可能有以下 3 个方面：辐射和环境诱变；生物自身产生的诱变物质的作用，如过氧化氢；碱基的异物互变效应。一般来说，基因可分为两类：决定着每种蛋白质一级结构的氨基酸顺序和排列的结构基因；在一定细胞内环境中控制特定的蛋白质合成速率的调节基因。普遍认为，衰老过程的原发改变可能发生于调节基因，这种改变损坏了蛋白质生物合成的机制，改变了细胞蛋白的组成和性质，最终会损坏细胞的功能，导致细胞的死亡。另外，随着生物体的衰老，其 DNA 修复的能力也会随之下降，且不同物种的寿限与其 DNA 修复能力呈正相关。

交联反应系指生物体内的大分子与交联剂相互作用而发生的一种化学反应。这种交联反应如发生在 DNA 上，可引起 DNA 两股螺旋结构之间的交联，最终会影响蛋白质的合成；如发生在胶原蛋白纤维上，则可引起胶原纤维的变性，从而影响机体的生理功能。随着年龄的增长，由于异常的或过多的大分子交联，导致细胞丧失其自身的完整性，促进了细胞的衰老死亡。因此，交联反应是引起生物衰老的一种重要起因。常见的交联剂有细胞代谢过程中产生的自由基和甲醛类物质。临床上常见的由于年老而发生的皮肤皱缩、关节僵硬、腰背弯曲等改变，以及弹性、压缩性的减低等都可能和老年人胶系纤维的过多交联反应有关。

12.1.2 在细胞水平上

衰老表现在细胞分裂周期延长，通常是 G_1 期和 S 期随增龄而延长，导致老年个体的细胞增殖率下降，细胞更换时间延长；在膜的组成方面，胆固醇与磷脂的比值随年龄增长而加大，细胞膜处于凝胶状态，脂分子及其镶嵌的蛋白分子移动缓慢或不能移动，导致膜的流动性减弱，同时膜上出现裂隙，且位于膜上的酶和激素受体也发生了一定的变化，使其选择透性等多项功能受损；细胞核固缩，核结构模糊不清，染色加深，核膜内折，RNA 含量降低；线粒体数量减少，体积变大，其内环境发生改变，如脂质过氧化、膜透性增加、离子紊乱等，使线粒体的功能下降，同时观察到衰老时线粒体 DNA（mtDNA）存在固定片段的缺失或插入突变，并随着年龄的增长显著升高；内质网排列无序，膜腔膨胀，且粗面内质网上的核糖体减少；高尔基复合体出现肿胀、空泡变性，甚至膜结构断裂崩解；溶酶体膜的通透性因膜质过氧化而劣变，引起多种酶类的释放，从而对细胞、组织等产生一系列损害；细胞骨架的微丝系统结构、成分发生变化，相关的信号传送系统亦随之改变。

同时，细胞水分减少，细胞内出现色素或蜡样物质沉积，如脂褐素（lipofuscin）等。脂褐素主要是由蛋白质、脂质和糖等组成，"老年斑"就是因为这类物质在皮肤细胞中沉积所致。

12.1.3 在组织、器官水平上

真皮层中胶原纤维、弹力纤维和透明质酸减少及黏多糖类变性，表皮基底层有增殖分裂功能的细胞数量减少和功能减退，皮脂腺、汗腺也出现萎缩和机能减退，致使皮肤细胞数减少，干燥变薄、无光泽、弹性减退、皱纹增多。心肌功能下降，心脏衰弱，血液及其组成成分在老年人中变化较小，但发现随着年龄的增长，血红蛋白浓度降低，血沉加快，发生贫血的概率增大，此外炎症后的白细胞增多的反应减弱。胸腺退化、萎缩，具免疫功能的淋巴细胞生成减少，功能降低，对外源性抗原的应答能力差，而对内源性抗原的反应性相对增高，故机体整体免疫功能下降。膀胱容量减少，排空能力减退，常出现不可控制的收缩。功能上表现为肾小球滤过率下降、肾小管排泄及再吸收功能减退，肾脏的酸碱调节作用减弱。

总之，各种组织器官呈衰退之势，相应的功能明显减退，行动迟缓，对外界刺激反应能力下降。

12.1.4 在整体水平上

整体水平的衰老，从外部特征来看，以人为例，主要表现在：①皮肤松弛，皱纹增多，额和眼角处尤为明显，这跟细胞失水、皮下脂肪减少、胶原纤维交联键增加及皮肤弹性降低等有关；②毛发逐渐变白而稀少，变白是由于毛发中色素减少而空气增多所致，稀少则主要与皮下血管营养不良，毛囊组织萎缩，毛发得不到营养而脱落有关；③老年斑出现，这是一种称为脂褐素的沉淀所致；④眼的变化，老年眼睑多松弛无弹性，下眼睑可见囊状下垂，眼球下陷，角膜因一种类脂质沉着出现"老人环"，还可出现老年性白内障等；⑤齿骨萎缩和脱落，人到了中年以后，由于牙齿长期磨损，牙根吸收以及牙周组织的病变，导致牙齿松动脱落，并引起颌骨、颌关节发生相应的变化，使唇部及颊部干瘪；⑥背柱弯曲、身高下降，因软骨钙化变硬，失去弹性，导致关节的灵活性降低，造成脊椎弯曲、身高下降，出现驼背弓腰的现象，通常70岁前后的老人身高一般比青壮年时期减少6～10cm。

从功能特征来看，主要表现在视力、听力减退；记忆力、思维能力下降；心肺功能衰退、代谢功能失调；反应迟钝，行动缓慢，适应力低；免疫力下降，易受病菌侵害，甚至会产生自身免疫病；同时易患高血压、心血管病、肺气肿、支气管炎、糖尿病、癌症、前列腺肥大和阿尔茨海默病等老年性疾病。

12.1.5 人体器官开始衰老的时间

①脸部皮肤：随着年龄增长，支持皮肤的胶原质的水平慢慢下降，使皮肤保持弹性的蛋白弹性开始减弱，女性25岁开始衰老，会逐渐出现皱纹，而男性35岁时脸部皮肤开始出现干燥、粗糙、松弛等衰老迹象。②肺：20岁开始衰老。肺活量从20岁起就开始缓慢下降，到70岁时，男性每次呼吸所吸入的空气量降至473mL左右，只有30岁时吸入空气量的一半。③大脑和神经系统：22岁开始衰老，大脑中的神经细胞会随着年龄的增长慢慢减少，40岁

后，神经细胞差不多每天减少 1 万个，从而会影响记忆力和大脑功能。④头发：通常男性头发 30 岁后开始变白，女性则从 35 岁左右开始，到 60 岁以上，毛囊变少，头发变稀。⑤乳房：35 岁开始衰老，40 岁后，乳房开始下垂，乳晕会急剧收缩。⑥肌肉：30 岁开始衰老，此时肌肉的衰竭速度大于生长速度，40 岁后，人们的肌肉开始以每年 0.5%~2%的速度减少。⑦骨骼：35 岁开始衰老。25 岁前骨密度不断增加，到 35 岁时骨质开始流失，进入老化过程。80 岁时人们的身高会降低 5cm 左右。⑧心脏：40 岁开始衰老，此时由于血管弹性减弱、动脉开始变硬或堵塞等，导致心脏向全身输送血液的效率降低。45 岁以上的男性和 55 岁以上的女性心脏病发作概率增高。⑨牙齿：40 岁开始衰老，超过 40 岁，人的唾液分泌量会减少，由于唾液可冲走细菌，故其减少使牙周的牙龈组织更易腐烂流失，从而出现萎缩。⑩眼睛：40 岁开始衰老。近距离观察事物会越来越费劲，适应不同强度光的能力降低，对闪耀光更敏感。⑪肾：50 岁开始衰老。肾滤过率从 50 岁开始减少，到 75 岁时，肾滤过率仅有 30 岁时的一半。⑫前列腺：50 岁开始衰老。前列腺增生可引发尿频等一系列问题，正常的前列腺和胡桃差不多大小，而增生的前列腺则有橘子那么大。⑬听力：55 岁左右开始衰老。60 多岁以上的人半数会出现老年性耳聋，同时老人的耳道壁变薄和耳膜增厚，导致听高频度声音吃力，故人多嘈杂的地方，交流困难。⑭肠：55 岁开始衰老。健康的肠道内，有害和"友好"细菌之间处于良好的平衡状态。而 55 岁后，肠内"友好"细菌的数量开始大幅减少，导致人体消化功能下降，肠道疾病风险上升，便秘增多。⑮舌头和鼻子：60 岁功能开始下降。最初舌头上分布大约 1 万个味蕾，到 60 岁后味蕾数量可能减半，生理功能逐渐衰退。⑯声带：65 岁开始衰老。此时喉部软组织开始衰弱，从而影响到说话的音调、大小和声音质量，故我们的声音随着年龄的增长会变得越来越沙哑。声音开始衰老后，女人的声音变得越来越沙哑，音质越来越低沉，而男人的声音则会变细、变高。⑰膀胱：65 岁开始衰老。65 岁后，膀胱肌肉的伸缩性下降，使得其中的尿液不能彻底排空，导致尿频、尿道易感染等。⑱性器官：55 岁后，女性阴道萎缩、干燥、阴道壁弹性降低；男性 65 岁后则渐渐出现勃起功能障碍。⑲肝脏：70 岁开始衰老。肝脏是体内衰老进程较慢的器官，其再生能力非常强大，若切除部分肝脏后，3 个月之内可再生出缺损的部分。

12.2 机体与细胞的寿限

12.2.1 动物寿命

寿命指从出生到死亡的存活时间，各种生物的自然寿命都有一个相当稳定的极限，多数研究表明动物的自然寿命约为其成长期的 5~6 倍，按这个关系可推算出人的最高寿限约为 150 岁，表 12-1 为人和几种动物的可能寿限。

表 12-1 人和动物的可能寿限 （单位：年）

生物名称	成长期	最大寿限	生物名称	成长期	最大寿限
蜉蝣		朝生暮死	牛	4.0	20~28
猫	1.5	8	马	5.0	20~30
狗	2.0	10~15	骆驼	8.0	40

续表

生物名称	成长期	最大寿限	生物名称	成长期	最大寿限
乌鸦		70	象		150~200
鹦鹉		117	梭鱼		230~250
鸱鹰		100~120	鳄鱼		300
鲤鱼		150	鲸		300~400
龟		175	人	20~25	100~150

资料来源：张秀华，1995

12.2.2 细胞的寿命

和生物体一样，细胞也有一定的寿命，正常人的成纤维细胞（human fibroblast），在体外培养条件下，即使创造适宜的条件，其分裂次数也有限，在最初的活跃增殖之后，其分裂能力逐渐丧失，最终停止分裂而死亡，来自胚胎的成纤维细胞可分裂传代 50 次左右，而来自成年组织的成纤维细胞在体外培养过程中只能分裂传代 15~30 次（图 12-1）。Hayflick 据此认为，细胞也会衰老，具有一定的寿命，其增殖能力不是无限的，而是有一定的界限，即 Hayflick 界限，动物体细胞在体外可传代的次数与该物种的寿命成正相关，如龟的培养细胞代数较多，为 90~120 代，其寿命也长达 200 年左右；而小鼠的培养细胞代数仅为 14~28 代，其寿命也相应较短，只有 3 年左右。

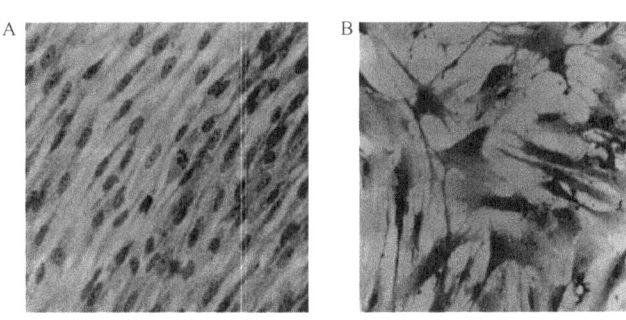

扫一扫 看彩图

图 12-1 体外培养的人成纤维细胞的显微形态图（引自 Kleinsmith and Kish，1995）

A. 只分裂了几代的细胞，较为年轻，呈薄层，细长的形态；B. 分裂了 50 次的细胞，开始衰退老化，并很快死亡

来自同一动物个体的不同组织的细胞，其寿命并不一致，往往差异很大。以成年小鼠为例，体内各类细胞的寿命各不相同，根据其衰老速度大致可将其分为以下 3 类：①寿命接近或等于小鼠自身寿命的细胞，如神经元、肾上髓质细胞、骨细胞、肌细胞、胃酶原细胞、脂肪细胞、肾髓质细胞等，这类细胞一般在出生后停止分裂增生，数量趋于恒定，不再增加，但随着机体的生长，体积可以增大，当机体衰老时，这些细胞会不断萎缩或死亡，数目将逐渐减少；②更新缓慢的细胞，通常需要一个月以上的时间才能更新一次，这类细胞的衰老速度相对缓慢，有一定再生能力，其寿命要短于小鼠本身的寿命，如肾上腺皮质细胞、肾皮质细胞、唾液腺细胞、胰脏腺泡细胞及胰岛细胞、胃壁细胞、肝细胞等；③快速更新的细胞，通常更新一次所需时间少于 1 个月，如皮肤表皮细胞、口腔和胃肠道上皮细胞、红细胞和白细胞、角膜上皮细胞等，这类细胞新陈代谢速度快，衰老、再生的速度也快，因此经常更新换代，寿命不长，会大大短于小鼠本身的寿命。

12.3　影响人类寿命的各种因素

总体来说，与人的寿命有关的因素可分为两大类，第一是先天性因素，主要与遗传基因有关，是内因；第二是后天性因素，包括所有能够引起基因突变和代谢异常的各类因素，如生理因素、心理因素、社会因素、自然环境因素等，这些都是外因。内外因相互作用的最终结果决定人的寿命长短，下面就各类因素分别加以叙述。

12.3.1　遗传因素

遗传因素从根本上控制着衰老的速度和进程，进而对寿命长短的影响起着决定性的作用。例如，生物的寿限因物种不同而差别很大，家蚕成虫能活 10d 左右，马可以活 20 余年，鳄、鲸的寿命则可长达 300~400 年。即使分类上来源于同一类的不同物种，其寿限往往也有较大的差异，如都是来源于灵长类的猕猴、大猩猩、黑猩猩，它们的寿限分别为 29 年、40 年和 45 年，明显不同。此外，发现长寿者的父母多是长寿的，且多数具有长寿家族史的现象。以上实例充分说明了个体寿命和衰老进程是由物种和家族的遗传因素决定。

12.3.2　后天因素

遗传因素虽然对寿命的影响非常重要，但并不是唯一因素，人类的最终寿命往往还受许多后天性因素的影响，具体来说有以下几个方面。

1）环境因素　　从人口调查中发现，大部分长寿老人多居住在山区和农村，这可能与幽雅的环境，空气无污染，阳光充足，人口居住分散有关，说明优良的环境条件可以促进人类健康长寿。现代工业发达国家的城市，由于人口居住密度高，工业的"三废"污染严重，加上汽车喇叭声、机器的轰鸣音、人群密集的嘈杂声等噪音干扰，整个居住环境变得越来越差，通常居住在工业发达城市的市民，其寿命一般要比居住在农村的少 5 年左右。不同地区的水与食物中的化学元素组成常会有一定的差异，如不含碘或含量很微，可引起当地居民患上甲状腺肿，生长发育受到影响；如铅、镉、汞、锑、砷等重金属含量严重超标，则会对居民的身体产生不利的影响，最终会使寿命相应地缩短；如硒含量较高的话，因其有抗环氧化物和过氧化物作用，能增强人体免疫功能，延缓衰老，故有利于长寿。这些都说明环境可以影响人的寿命。

2）营养因素　　营养因素也是影响人类寿命的重要因素之一。人的生长、发育与各项活动，都需要足够的营养物质和能量。一般人体需要碳水化合物、蛋白质、脂肪、维生素、无机盐、微量元素六大营养素。同时还需要适量的纤维素。各种营养素虽然是人体所必需的，但缺少或过多均不行，只有均衡合理的营养才会有益于健康，延缓衰老并减少疾病。营养不足、营养不平衡，或过剩均可导致某些疾病的发生或未老先衰，缩短生命，如营养过剩常会导致肥胖、高脂血症、高血压、冠心病、糖尿病等多种疾病的发生，对人类的长寿构成巨大威胁。此外蛋白质对老年人的营养非常重要，众所周知，人体细胞主要是蛋白质组成的，且体内具有重要作用的酶和激素等物质基本也是以蛋白质为主要成分，如果蛋白质摄入不足则会影响酶的活性和相关物质的缺乏，导致细胞容易衰老或死亡，从而缩短人体寿命。因为老年人分解大于合成，为了保证蛋白营养的充分，应适当提高优质蛋白的比例，多吃含脂肪少的蛋白质，如豆制品、鱼、奶、蛋等。

3）运动因素　适量的运动，可提高脑的血流量和氧的供给，促进脑的代谢，延缓脑细胞老化，有利于神经细胞的修复和功能的提高，并使体内释放一种β-内啡呔物质，使人心情舒畅，有助于缓解和消除忧郁、烦恼和悲伤等不良的心境，所以有利于防止神经系统的老化。除了提高神经系统的功能以外，适量的运动还可提高心脏、肺、胃肠、免疫等功能，故合理的运动可以促进人体健康，有助于延年益寿。有的研究人员发现，即使轻微运动也有助于延缓衰老。美国哈佛大学的研究人员为探索运动与寿命的关系曾进行过大规模的调查研究，发现凡每星期步行14.5km以上，消耗热量超过900千卡的人，比每一周步行不足5km的人死亡率低21%；若每星期运动量达到消耗3500千卡热量的人，其死亡率要比不参加运动的人低50%以上。又如野生动物为了生存常到处寻食，不停运动，其寿命要比家养的长很多，通常野兔可活15年，而家兔只活4～5年。

4）精神因素　人的情绪、思维等精神反应是由神经系统支配的，各种外界刺激和压力最后都会反映到中枢神经系统上来。当人的大脑反复受到恶性刺激（如精神创伤）时，会产生一定的应激反应，如使血液中肾上皮质激素含量上升等。如果应激反应时间比较长久，产生的过多激素则会麻痹免疫系统，造成人体抵抗力下降，代谢失常，导致生病早衰。精神健康和心理平衡的人，不但神经内分泌系统运转正常，且大脑会合成分泌出20多种使人愉快的多肽类物质，具有镇痛、扩张血管、增强免疫力和延缓衰老的作用。对200多人40多年跟踪调查结果表明，精神舒畅者衰老确实推迟，而长期受到较大压力的人则明显早衰。

5）生理因素　生理因素常常干扰某些基因表达，最终导致发育上的异常变化。如甲状腺功能亢进，激素分泌过多，会加速代谢，使人早衰；胰岛素分泌不足会患糖尿病，并使肾脏功能受损；排泄系统功能下降或不足，会使二氧化碳、酮体、脂褐素和自由基等代谢废物在体内积聚过多，从而促进衰老。

6）生活方式　生命活动本身有一定的内在规律，如果打破其规律，使人体生物钟不正常运转，则必然会造成代谢紊乱。许多不良生活方式，如起居无常、饮食无节、劳逸不均、抽烟酗酒、纵欲无度等，不但会加速衰老，且易诱发各种老年病，最终导致早衰早亡。例如，抽烟，对人的健康有非常大的危害，研究表明香烟含有750多种细胞毒性物质、40多种致癌物质，因此吸烟者易患肺癌、胃癌、食道癌等各种恶性肿瘤，发病率是不吸烟者的2.6倍。我国因吸烟死亡人数每年多达75万人，经过尸体解剖发现吸烟10年以上者，高达93.2%的人都会发生支气管上皮细胞癌变。

7）社会因素　许多社会因素，如制度、职业、宗教、意识形态、经济、人际和家庭关系等，在一定程度上都会影响到人的精神风貌和心理状态，一旦处理不当，肯定会影响健康，并促进衰老。

12.4　衰老的机制

衰老是人的生命过程中各组织器官退行性改变的综合表现。随着人类生存环境的改善，生活水平的不断提高，老年健康及衰老等问题引起人们的普遍关注，对衰老机制及抗衰老对策的研究日益增多，并取得了不少成果，提出了众多的有关衰老的观点或学说，如遗传程序学说（genetic program theory）、差误灾难学说（error catastrophe theory）、交联学说（cross linkage theory）、端粒学说（telomere theory）、自由基理论（free radical theory）、免疫学说（immune theory）、线粒体损伤论（mitochondrial damage theory）等。下面主要介绍各学说的主要观点。

12.4.1 遗传程序学说

这种学说偏重于机体的遗传因素对衰老的作用，认为生物或细胞的衰老死亡是生物种属的特性，是生命周期中已安排好的固有程序，也就是说生物体的老化和死亡是由特定的遗传程序所控制。

这一理论已经得到多方面的证据支持：①Hayflick 的细胞培养实验发现，人体成纤维细胞体外培养平均只能传代 40~60 次，最后会表现出明显的衰老、退化和死亡。这一发现为该理论提供了很好的实验基础。②人从 35 岁开始，人体肺、心脏等各种器官的功能有 1%开始衰退。③早老症（symptom of early aging）则说明了部分少数基因可影响和控制整个衰老过程。具有早老症的儿童很早就会脱发，皱纹满面，并有严重的关节炎等，面容看起来就像一个 70 岁以上的老人（图 12-2）。

扫一扫 看彩图

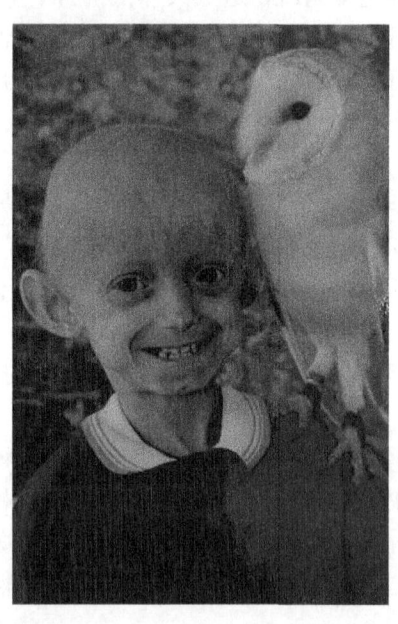

图 12-2 患有早老症的英国女孩埃利奥特 6 岁时的照片，具有脱发、皮肤松弛起皱等老年人的特征
（引自网络：http://big5.cri.cn/gate/big5/gb.cri.cn/27824/2010/06/09/3525s2880710_9.htm）

此外，研究者发现了大量与衰老和长寿有关的基因。现已实验确定的与衰老和长寿有关的基因已达 10 多种，它们分别是 *age-1*、*ras2*、*lag-1*、*lac-1*、*daf-2*、*daf-16*、*daf-23*、*clk-1*、*spe-26*、*gro-1* 等。这些基因往往有重要的生理功能，或与抗氧化酶类的表达有关，或与抗紧张、抗紫外线伤害有关，或能增加某种受体的表达，也有的与哺乳动物精子的产生相关。由于实验技术和实验周期等条件的限制，长寿基因的研究仍以线虫、果蝇等较低等的模式动物为主要对象，对哺乳动物和人类长寿基因的探索则相对较少，尚处于初期阶段。

12.4.2 差误灾难学说

差误灾难学说由 Medevedev 和 Orgel 于 20 世纪 60 年代提出，认为在 DNA 复制、转录和翻译过程中经常会发生误差，这种误差可以不断扩大，并随年龄增长越积越多，导致正常生理功能的丧失，造成细胞衰老、死亡。例如，DNA 转录 mRNA 的过程只要发生微小的差异，则会翻译出带有差错的蛋白质，该蛋白质如果属于 DNA 聚合酶类，又会合成差异程度更大的 DNA，这样的差错经过每一次信息传递都会不断扩大，在细胞内积累到一定程度，则会造成灾难，严重影响细胞的正常功能，最终导致细胞衰老、死亡。

有关合成生物大分子所需的酶存在年龄依赖性变化的研究和报道给这一假说提供了支持。例如，小鼠肝 DNA 多聚酶、人体成纤维细胞 DNA 多聚酶，它们合成的正确性都随着年龄的增加而降低；同时 DNA 的修复速度也随着年龄的增加而下降。

假如衰老是因为蛋白质合成时的差错引起的，那么能够加快这一过程的因素应该会缩短培养细胞的寿命，然而实验结果并非如此。例如，应用亚致死浓度的氨基酸类似物诱导培养细胞，并未观察到细胞提前衰老或寿命缩短；用诱变剂连续处理几个周期也不会缩短体外培养的成纤维细胞的寿命；此外肿瘤细胞系可以无限制地繁殖传代，并不会出现衰老死亡的现象，也与差误学说不符。

用病毒分别感染幼年和老年培养细胞，结果发现来自这 2 类细胞中增殖的病毒在致病性、蛋白质组成等方面并没有明显差别，由于病毒是利用细胞的各种元件来合成蛋白质的，这个实验结果说明老年细胞中仍然可以维持与合成蛋白质有关的各元件的精确性；事实上，在老年的人或其他动物体内也未发现蛋白质的氨基酸组成与年轻时有明显差异。因此该学说肯定有一定的局限性，并不能说明衰老发生的根本机制。

12.4.3　交联学说

交联学说由 Bjorksten 于 1963 年提出，认为体内甲醛、自由基（free radical）等物质可以引起体内 DNA 分子双链间、蛋白胶原纤维间等大分子间的交联，异常或过多的大分子交联将会导致衰老。DNA 双链的交联可在 DNA 解链时形成"Y"形畸形结构，使转录不能顺利进行，影响细胞的正常生存。胶原纤维间的交联可使纤维结缔组织出现过度交联，对小分子物质的通透性降低，使结缔组织发生变性，从而影响该组织的张力及韧性，导致人体组织失水、皮肤发皱、骨骼变脆、动脉硬化等衰老特征的出现，其与衰老的确切关系还有待进一步证实。

12.4.4　自由基学说

人体内的自由基（亦称自由基或活性氧）是具有一个不配对电子的一个原子（团）、分子或化学基团。自由基由于具有不成对电子，很容易从周围的分子上夺取一个电子，或失去一个电子，恢复成对电子，因此自由基化学活泼性很强，极易还原或氧化。

自由基的种类很多，活性最强的就是氧中心自由基，简称氧自由基，包括超氧自由基（$\cdot O_2$）、羟自由基（$\cdot OH$）、过氧化氢（H_2O_2）等。在正常条件下，自由基可在机体代谢过程中不断产生。外界环境因素，如可见光、紫外线、氧分压过高、烟雾（香烟）、金属离子污染、抗癌药、杀虫剂、病毒感染等可促进自由基的生成。一般只要能使共价键均裂的均可产生自由基，通常将加热导致均裂反应，生成活泼的自由基过程称为热解，如炒菜、煎炸食品，就可以使脂肪酸断裂成脂类自由基；而由可见光、紫外线、射线、电磁辐射等波长不等的光导致共价键裂解生成自由基的过程称为光解。

自由基由于活性极强，很容易与细胞内的各种分子发生反应，造成机体的损伤。①体内的碳水化合物在自由基的作用下，可氧化产生羰醛类产物，如 D-葡萄糖可产生葡萄糖醛酮，这些产物能与 DNA、RNA 和蛋白质发生交联，使这些大分子的功能不能正常发挥，最终导致细胞衰老和死亡。②自由基可造成蛋白质的肽链断裂，引发交联，破坏其高级结构等。③生物膜中富含多种不饱和脂肪酸和磷脂，很容易受到自由基的攻击，引起脂质过氧化，并产生新的自由基，常会导致线粒体、微粒体、溶酶体等有膜细胞器的损伤，使其功能失常，扰乱细胞的正常代谢途径。④自由基可与核酸分子中的碱基发生加成反应，使核酸单键断裂或双键断裂，也可使核酸碱基变成自由基，进而生成稳定性的氧化产物，致使核酸的生理功能受到破坏，引发细胞突变，甚至癌变和衰老。

自由基学说是具有代表性的衰老学说之一，是 20 世纪 50 年代由美国学者 Harman 首先提出。该学说认为人体衰老是由于体内过量的自由基所引起的。人体中有几种酶类，如谷胱甘肽过氧化物酶、超氧化物歧化酶等，具有清除刚形成的自由基的作用，从而防御自由基的损伤，但随着年龄的增长，这种防御能力将逐渐减弱，使自由基产生和清除的平衡状态难以维持，结果自由基不断积累增多。自由基性质活泼，攻击力强，会引起脂质过氧化，对生物膜、小动脉或中枢神经都有一定的损害作用，过氧化产生的丙二醛类化合物可将相互独立的大分子聚合在一起形成脂褐素，在人的手、脸等部位的皮肤上沉积，形成"老年斑"。过多的自由基还会破坏细胞膜及线粒体等许多重要的细胞器，使蛋白质和核酸变性、功能出现障碍。当自由基引起的损伤积累超出了机体的自身修复能力时，将会使机体功能紊乱、代谢失常，人体便呈现衰老特征。

12.4.5 端粒学说

端粒是指真核生物染色体末端由许多简单重复序列和相关蛋白质组成的复合结构，这种重复序列的碱基组成及长度因物种而异，人类染色体端粒由 250~1500 个高度保守的 TTAGGG 重复序列组成。端粒的功能主要有两个：一是防止染色体间的端端融合及保护染色体末端不被核酸外切酶降解；二是能有效地填补染色体在复制过程中形成的末端空隙，维持染色体结构的完整性。

端粒酶是一种 RNA 依赖的 DNA 聚合酶，主要由 3 部分组成：①端粒酶自身的 RNA 模板，人的端粒酶 RNA 由 450 个核苷酸组成，模板区为 5′-CUAACCCUAAC-3′；②端粒酶的催化亚基，为该酶的活性部分，人端粒酶的催化亚基现统一称为 hTERT，其 cDNA 已被克隆，全长 40kb，单拷贝定位于 5p15.33；③端粒酶的相关蛋白，其与端粒酶的活性无必然联系，具体功能仍不清楚。端粒酶的功能主要是以自身 RNA 为模板，合成端粒重复序列，加到新合成的 DNA 链末端或者弥补已丢失的端粒部分，以维持染色体端粒长度的稳定。

Harley 等发现人体内成纤维细胞端粒每年缩短 14~18bp，在体外培养时，DNA 每复制一次，端粒就缩短一段，故随培养代数的增加，这类细胞的端粒长度将不断缩短；Hastie 亦发现人结肠端粒长度随着供体年龄的增加而呈缩短趋势，每年平均缩短约 33bp；人体血细胞与皮肤细胞端粒长度也随着增龄相应缩短，因此，端粒记录着细胞的年龄并预示其死亡的时限。端粒的稳定性由端粒酶维持，体细胞端粒酶活性较低，常处于抑制状态；精细胞和肿瘤细胞的端粒酶活性则相对很高，端粒长度很稳定，不会因年龄的增长而缩短。

1990 年，美国抗衰老专家 Harley 提出衰老的端粒学说，认为端粒的长度与衰老和寿命密切相关。高度分化的体细胞由于端粒酶活性极低，细胞分裂时引起的端粒 DNA 的部分丢失难以依靠端粒酶的活动来修复补偿，所以随着细胞分裂次数的增加，端粒将不断缩短，从而有可能造成靠近染色体两端的基因缺失，引发染色体畸变，使突变发生。当端粒缩短到一定程度时，细胞不再分裂，表现出 Hayflick 极限。少数细胞由于端粒酶被激活，获得修复端粒的能力，从而可以越过临危点成为永生化细胞。已有研究资料表明，端粒酶活性的高低直接影响端粒长度的增减，而端粒的长短则会影响细胞内基因的表达，最终影响到细胞的增殖和寿命。若将人的端粒酶基因导入正常的细胞中，使得端粒酶异常表达，则会导致端粒序列异常延长，细胞增殖旺盛，寿命大大延长。

12.4.6 免疫学说

1962 年，美国病理学家 Walford 首先提出免疫衰老学说，认为在衰老过程中，胸腺发生萎缩导致 T 细胞数目减少，B 细胞功能改变，导致免疫功能明显降低，易感染疾病和发生肿瘤，同时由于体内自身抗体的增加，会发生自身免疫病，如老年人易患的恶性贫血、类风湿性关节炎等。也就是说免疫系统从根本上参加了衰老过程，是衰老过程的主要调节系统之一。

老年人的免疫器官表现为明显的退化，其中以胸腺的改变最为明显。老年人胸腺的组织学特征主要表现在衰老的胸腺皮质中含有大量的充满类脂质颗粒的巨噬细胞，只剩下少量的淋巴细胞。在髓质和皮质中，均分布有大量的浆细胞和肥大细胞，且大部分胸腺组织被结缔组织和脂肪所代替。如将老龄鼠的胸腺植入幼鼠体内，腺体可重新获得较高的活力；但将幼龄鼠的胸腺植入到老龄鼠体内却不能改变老龄鼠的低免疫反应状态；倘若将老龄鼠的骨髓干细胞植入幼龄鼠体内，虽然对宿主鼠的 B 细胞生成和功能的影响很小，但却大大增强了 T 细胞的功能。这些充分表明，在衰老的过程中，不但胸腺结构发生了退行性改变，其功能也显示出明显的下降。

T 淋巴细胞是最重要的免疫细胞，老年机体的免疫反应性降低主要与 T 细胞的变化有关。随着机体年龄增大，T 细胞总数明显减少，如 24 月龄大鼠的 T 细胞数量只有新生期的 0.7%，T 细胞的数量下降除与胸腺的退化和萎缩有关外，可能还与自身免疫所致的细胞死亡有关。随增龄，T 细胞的另一个重要变化就是童贞 T 细胞降低，记忆 T 细胞增高，最终导致机体的免疫应答向记忆型转变，即对曾经遇见的抗原能够产生应答，而对初次抗原刺激的应答能力下降。由此看来随增龄老年个体的童贞 T 细胞/记忆 T 细胞比例降低，对抗原刺激无反应的 T 细胞比例增多，加上 T 细胞表面标记和受体减少等，均可造成 T 细胞功能随增龄而降低。

B 淋巴细胞主要介导体液免疫，并能分泌 IL-2、IL-5、IFN 等多种细胞因子调节免疫应答。随年龄增长，B 细胞胚系基因编码库发生变化和 B 细胞抗原受体的体细胞突变下降等，造成 B 细胞对外来抗原反应能力降低而对自身抗原反应能力增加，抗体同种型由 IgG 变为 IgM，抗体亲和力下降等一系列变化，导致机体的体液免疫应答与抗体介导的防御功能均随增龄发生明显减退。

NK 细胞、粒细胞、单核吞噬细胞等其他免疫细胞参与天然免疫，并在特异性免疫应答中发挥协同作用。随着年龄的增大，粒细胞、单核吞噬细胞的功能与免疫系统其他成分一样，也是逐渐下降的。然而，应用流式细胞仪分析百岁老人、中年、青年三组个体的 NK 细胞活力，发现随增龄高活力的 NK 细胞增多，而中度或低活力的 NK 细胞变化很少，来自百岁老人的 NK 细胞杀伤靶细胞的能力与年轻个体相近，对趋化刺激的迁移反应良好，说明机体 NK 细胞在老年个体中仍能正常发挥作用，其天然免疫功能不随增龄而下降。

12.4.7　DNA 甲基化与衰老关系的学说

较高等的真核细胞 DNA 中有 2%～7%的胞嘧啶在 DNA 甲基化酶催化下被甲基化，DNA 甲基化是基因表达调控的重要方式之一，参与胚胎发育、衰老、肿瘤发生等许多重要的生命过程。俄罗斯的 Mazin 经过多年的研究，提出了甲基化衰老理论，认为个体衰老是由于特定突变累积而导致细胞的破坏引起的，而基因突变和累积的最主要原因可能与在增龄过程中发生的 DNA 甲基化的丢失，特定基因的高甲基化或去甲基化累积有关。也就是说，随着年龄的增大，DNA 甲基化发生了一系列的变化，而这些变化将会引发基因突变和在细胞中的不断累积，最终导致机体的某些功能改变和疾病的发生，呈现出衰老之势。

衰老过程中 DNA 甲基化的变化主要表现在以下 3 个方面：①整体 DNA 甲基化水平降低。大多数哺乳动物如大鼠、小鼠、牛、人等，5-甲基胞嘧啶（5mC）总体含量都随增龄呈降低趋势。在胚胎时期，牛、仓鼠、人等个体丢失其甲基化 DNA 的 32%～51.5%，而到成年期，正常体细胞的甲基化程度则只剩下个体发育开始时的 47%～62.6%。大马哈鱼的成鱼组织中 DNA 甲基化也只有其鱼卵时期的 30%。在体外培养小鼠或人的正常二倍体成纤维细胞过程中，发现随培养代数的增加，基因组 5mC 含量显著降低。若用 DNA 甲基化抑制剂 5-氮杂胞嘧啶处理体外培养细胞，则可明显缩短细胞寿命。通过甲基化酶基因的敲除而得到的肺癌细胞系 A549，明显表现为 DNA 复制受阻，并产生衰老的特征和表象。这些实验都充分说明了 DNA 甲基化程度的降低与衰老存在一定的关联性。②对于部分基因来说，其甲基化水平的改变具组织特异性。例如，β-*actin* 甲基化水平在大鼠脾组织中随增龄降低，而在脑和肝中没有变化；*c-myc* 在小鼠脾组织中去甲基化，但在肝组织中却有部分"CG"高甲基化；*c-fos* 甲基化水平在脾和脑组织中无变化，在肝组织中则增加。③CpG 岛的甲基化改变。衰老细胞在基因组 DNA 甲基化降低的同时，也存在某些特异性基因的高甲基化。例如，抑癌基因 *ER*，在人的直肠、结肠组织中，其启动子部位 CpG 岛的甲基化在年轻细胞中非常低，但以后随着细胞的衰老，甲基化逐渐增加，并伴随着转录水平的逐渐降低，最终导致该基因沉默。*IGF2* 是母系印记基因，在较年轻的细胞中，只有来自母方的等位基因启动子部位发生甲基化，但随着衰老进程的发展，甲基化范围将不断扩大，最终来自父方的等位基因启动子也将发生甲基化。另外，E-钙黏着蛋白（*E-cadherin*）、*myoD*、*N33* 等基因的启动子部位甲基化程度都是随着细胞逐渐衰老而不断增加的。与衰老相关的 CpG 岛的高甲基化通常也与肿瘤的发生有一定的联系。

衰老过程中总体 DNA 甲基化水平降低的主要原因可能是 DNA 甲基转移酶表达水平降低及 DNA 复制时胞嘧啶类似物如 5 氮杂脱氧胞苷的掺入等。此外食物中若缺乏叶酸、胆碱、蛋氨酸及微量元素锌、硒等都会降低 DNA 的甲基化水平；部分药物可诱导某些细胞的 DNA 去甲基化，如普鲁卡因酰胺类抗心率失常药和硫酸肼苯哒嗪类降血压药均可诱导 T 淋巴细胞 DNA 去甲基化；重金属砷、镍及紫外线等也具有抑制 DNA 甲基化的功能。

造成与衰老相关的 CpG 岛高甲基化的原因可能有以下几个方面：DNA 甲基转移酶 1 的短暂性增加可引起特异位点的 CpG 岛甲基化水平增加；羟基脲和阿拉伯糖苷等 DNA 合成抑制剂能引起 DNA 甲基化水平增加；甲基化从异染色质向常染色质的扩展；细胞对不同 CpG 岛甲基化的差异性调节也可造成某些 CpG 岛的甲基化增加；在甲基化过程中，与 DNA 甲基转移酶起拮抗作用的蛋白因子，其表达的降低也能导致特异基因的高甲基化，如 ER 基因的高甲基化常伴随着机体雌激素水平的下降。

12.4.8 线粒体衰老学说

线粒体是真核细胞内重要的细胞器，其电子传递链的氧化磷酸化反应为有机体生成约90%的能量（ATP），是细胞的氧化中心和"动力工厂"，也是机体内产生自由基的主要场所。线粒体的氧化损伤是细胞衰老和死亡的基础，有人称线粒体为衰老的生物钟。自 1989 年 Linnane 等提出线粒体衰老假说以来，线粒体与衰老的关系受到了人们的普遍关注，下面简述一下衰老过程中线粒体发生的结构和功能的改变。

随着年龄增长，mtDNA 的相对数量也随着增长。人细胞内的 mtDNA 是多拷贝的，且野生型和突变型 mtDNA 可存在于同一类细胞中，其数量变化与细胞功能状态密切相关。Lee 等研究发现，80 岁以上的人肺 mtDNA 的数量比不足 20 岁的人高 2~6 倍，并认为这可能是衰老时肺功能下降的一种补偿机制。关于 mtDNA 含量增加的机制有多种说法，主要有：①代谢反馈机制。与衰老相关的线粒体功能的缺陷，除了通过增加正常线粒体工作量来进行补偿外，还可反馈刺激细胞增加线粒体的含量来补偿。②快速复制机制。有缺失和功能缺陷的 mtDNA 较正常 mtDNA 短，复制较快，结果导致细胞内积累大量的无功能的 mtDNA。③调节失控机制，野生型 mtDNA 的控制作用因基因突变而被抑制或失活，结果导致突变型 mtDNA 的过度增殖。

衰老过程中 mtDNA 容易发生各种突变。mtDNA 本身缺乏组蛋白保护及相应的修复系统，易受氧自由基攻击而诱发突变。与衰老相关的 mtDNA 突变主要有：缺失、重排和点突变。①缺失：与衰老相关的 mtDNA 缺失最早见于 Ikebe 等对帕金森病患者脑组织 mtDNA 缺失的研究中，发现所有患者均检测到 4977bp 缺失。之后又相继在人的心肌、骨骼肌、肝、肾等多种组织和细胞中也发现了缺失的存在。例如，在一名 69 岁健康老年人心肌、骨骼肌中曾同时发现了 10 种不同类型的缺失。不同 mtDNA 缺失出现的年龄个体差异较大，如通过 PCR 方法检测可发现，在心肌组织中 4977bp 缺失出现的年龄大于 21 岁、7436bp 缺失要到 40 岁后才出现，而 3610bp 缺失仅存在于 60 岁以上的老年人中。通常 35 岁以前很难检测到 mtDNA 缺失，35 岁以后 mtDNA 缺失逐渐增多，63~74 岁时 mtDNA 缺失比 35 岁增加 14 倍，80 岁时 mtDNA 缺失继续明显增多。在与衰老相关的退行性疾病中，mtDNA 缺失突变明显增加，如 5kb 缺失片段在慢性冠心病患者中比正常个体升高了 7~2200 倍。②重排：在衰老的骨骼肌、脑组织中均可发现 mtDNA 重排，且到了 45 岁以后，在多个组织中不同的 mtDNA 重排可随年龄增大而不断累积。mtDNA 重排的积累可降低线粒体氧化磷酸化能力，从而与衰老有一定的关联。③点突变：Michikawa 等发现正常的老年人皮肤成纤维细胞的 mtDNA 非编码区存在 T414G 点突变，在随机抽样的 14 名 65 岁以上的老年人中 T414G 点突变的比例达到 57%，而在 13 名 65 岁以下的个体中却没发现，推测此突变可能与年龄有关。在骨骼肌中也有报道发现了 mtDNA 非编码区的 A189G 和 T408A 两种点突变，且随年龄的增大而不断积累。由于非编码区 mtDNA 点突变多发生在 mtDNA 复制和转录的关键区，可能对人的衰老起到一定的促进作用。

线粒体在氧化过程中产生大量的超氧阴离子、羟自由基、过氧化氢等活性氧（ROS），在正常生理情况下，线粒体内存在能清除 ROS 的抗氧化防御系统，可阻止 ROS 的过度生成，使得线粒体内 ROS 处于一定的动态平衡状态，不会对机体造成损伤，但随着年龄的增长，抗氧化防御系统的功能有所下降，导致 ROS 生成过量。过量的 ROS 不但攻击位于线粒体内膜上的脂类、蛋白质，影响线粒体的功能，造成能量缺损和氧化性损伤，引起细胞凋亡；而且还可攻击 mtDNA，使其产生极高的突变率，这些突变的积累可引发许多退行性疾病，与衰老密切相关。

12.4.9 脂褐素累积学说

脂褐素累积学说又叫衰老的色素学说或衰老的渣滓学说等。脂褐素又叫衰老色素，可能由溶酶体、线粒体等细胞器中的铜发生的脂质过氧化产生，是一种褐色自发荧光的不溶性颗粒，早在 1842 年，在动物神经细胞内就发现其存在，1911 年被正式命名为脂褐素。脂褐素与体内氧自由基生成有关。过度加剧的脂质过氧化反应会产生过量的脂褐素，从而使得脂褐素广泛存在于动物体内，并随着年龄的增长其在体表、神经、肌肉等组织器官系统中沉积的量也逐渐增多。脂褐素可使胞质 RNA 持续减少，当 RNA 减少到一定程度时，会导致细胞不能维持正常的代谢和各项功能，出现萎缩、退化或死亡的现象。目前，普遍认为脂褐素沉着对机体非常有害，是机体走向衰老的原因之一。

12.4.10 神经内分泌功能减退学说

1972 年，美国加利福尼亚大学的 Finch 提出内分泌失调学说，1976 年，Everitte 等提出神经内分泌学说。随后 Frolkis 和 Meites 相继提出了衰老与神经内分泌功能减退有关。神经系统和内分泌系统共同控制人体衰老，下丘脑和垂体是调控衰老的中枢。人体有多种内分泌激素，作用于特定的靶器官，对许多生理功能起到重要的调节作用。但随着年龄的增加，机体靶组织对内分泌激素的反应性发生改变或明显降低（如受体表达的降低），同时内分泌系统合成功能以及分泌、调节功能等也都发生某些衰老性改变，这些因素促使机体整个内分泌系统功能的紊乱和减退，从而影响代谢和机体的某些生理功能，加速机体衰老过程。例如，有报道称老年人垂体前叶分泌的生长激素（GH）含量下降，从而导致老年人肌肉组织减少，蛋白质合成减少及脂肪组织增多等老化现象的发生。另有实验证明老龄大鼠受到刺激时 GH 分泌水平及生理活性低于青年大鼠，且其分泌的昼夜间脉冲式的规律与幅度均出现了下降，同时调节 GH 分泌的儿茶酚胺类递质的含量与更新率也出现了下降。事实上，脑垂体、甲状腺、性腺、产生胰岛素细胞、肾上腺等均随着年龄增大而出现结构和功能的退行性变化。

12.4.11 细胞凋亡学说

细胞凋亡是一个主动的、有控的，在调节机体细胞数量上起着与有丝分裂互补作用的重要的生理学过程，与细胞坏死有本质的区别。通常母代细胞凋亡，子代细胞就会代替其进行各项生理功能，各组织器官的细胞始终保持在一定的数量平衡状态。老化过程中，细胞凋亡速度加快，导致凋亡细胞数大于新增殖的细胞数，打破了凋亡与增殖之间的平衡，从而表现出一系列衰老的症状。

12.5 延缓衰老的措施或方法

衰老是一切生物发展的自然规律，任何人都难以逃避。然而绝大多数人均未活到人类应有的自然寿命，因此可以借助于现代的科学技术和措施延缓衰老，使寿命延长。延缓衰老或抗衰老（anti-aging）的最终目的就是使人们既健康又长寿。

已有的研究认为，人类的自然寿命极限可能在 120 岁左右，但事实上能活到百岁以上的人却很少。随着科学技术发展，生活富裕，医疗卫生的改进及个人自我保健意识的增强，人们渴望健康长寿的愿望不再难以实现，而现代人的寿命也确实比过去有了大幅度的提高。由于衰老是多种因素促成的，故要想延缓衰老进程就必须采取综合性抗衰老措施或方法，只有这样才能够达到既健康又长寿的目的。目前延缓衰老的措施主要有以下几个方面。

12.5.1 体育运动

众所周知，生命在于运动，健康在于锻炼，即使轻微运动也有助于延缓衰老。如果长期缺少体育锻炼，则会促进衰老。人在 30 岁以后，随着增龄机体各器官均会出现组织结构和功能的变化，如老年人肺的生理死腔和残气量增加，导致肺活量减少 1/4，最大通气量下降近一半，故有效气体交换明显减少。再如脑细胞每年递减 10 万个，肌肉组织减少 3%～4%，这些变化虽然是人体衰老的必然规律，但运动确实可以推迟各器官组织的衰老进程。研究发现运动员脑神经细胞的功能比非运动员明显推迟衰老，经常锻炼的人，肌肉的萎缩和力量减少可推迟 10 年或更长。

若要延缓人体生理上的退化，使心理或生理上的病态得到康复，达到减慢衰老进程、提高生活质量的目的，适当从事体育运动应是一种有效的途径。体育运动的抗衰老效应主要表现在运动对各器官系统均有良好的作用。主要包括以下几个方面：①提高神经系统的功能。适量的运动，提高脑的血流量和氧的供给，促进脑的代谢，减少了因大脑缺氧而造成的头晕脑胀、记忆力减退、反应迟钝、精力不足、失眠等现象的发生，使脑细胞老化和功能递减的进程得到了延缓，也有利于脑内神经细胞的修复和功能的提高。适量的运动还能使体内释放出一种 β-内啡肽类物质，该物质使人心情舒畅，并有助于缓解和消除忧郁、悲伤等不良的情绪，亦有利于防止神经系统的老化。②增强心肺功能。老年人由于心肌和心血管的老化等而使心肌功能和储备功能均随着增龄而减退，适量的运动能提高心肌血循环量，增加氧的供给，改善心肌代谢和营养，延缓心血管老化，从而可以改善或提高心排血量。另外，适量运动还有利于防止和减轻动脉硬化作用，使原有心血管病变得到不同程度的逆转或减缓。老年人由于肺组织结构老化，肺功能明显衰退，而运动可以改善肺部血液循环，延缓肺组织老化，使肺功能得到提高，如增加肺活量和最大通气量、减少残气量等，另外，运动还能提高呼吸肌的功能，延缓其老化。③提高胃肠功能。老年人通常胃肠蠕动机能和腺体分泌功能减退，运动可以促进胃肠道的血供给，使其营养状况得以改善，延缓老化的发生，从而增强胃肠道蠕动和腺体的分泌功能，这将有利于营养物质的消化和吸收，减少便秘。④提高免疫功能。老年人常有免疫功能衰退，适当运动可通过神经内分泌系统和血液循环系统等的作用影响到免疫系统，使免疫细胞数量增多，受体表达量增大，因此免疫功能得到了提高，抵抗力增强，有利于减少感染性疾病和预防肿瘤的发生，从而有利于延缓衰老的发生。此外，适量运动还可减少骨质疏松的发生率，促进内分泌系统和性腺功能的正常发挥等。目前也有从表观遗传学角度解析规律运动延缓人类衰老进程的机制，认为适当的有规律运动对端粒相关蛋白的表观遗传修饰延缓了端粒缩短的速率，或通过改变基因表观遗传修饰而有效降低了衰老进程中个体患代谢性疾病的风险，或通过对组蛋白去乙酰化酶（HDAC）和组蛋白乙酰转移酶（HAT）产生直接影响，进而对癌细胞基因组蛋白甲基化修饰产生影响，最终影响到肿瘤的发生和发展，降低其发生率和恶化风险等。

12.5.2 合理饮食

营养均衡的饮食,不但对人的生长发育和新陈代谢影响重大,而且对增强机体免疫力、抗病延年等方面都有非常重要的作用。某些食品,如蜂王浆等能减缓人群生物学年龄的增长,因为合理服用蜂王浆会对骨髓、淋巴组织及整个免疫系统产生有益的影响,增加抗体产生,显著增强细胞免疫功能和体液免疫功能,从而达到延缓衰老的作用。一些食物成分对免疫反应可直接造成影响,如缬氨酸的缺少可以改变体液免疫反应,但对细胞免疫影响较小,而缺乏赖氨酸,则两种免疫反应均会降低。某些氨基酸可能会影响 5-羟色胺、去甲肾上腺素等脑神经介质的合成,故缺乏色氨酸的饮食使大鼠的生长和成熟过程推迟,结果 20 月龄大鼠看上去像 10 月龄大鼠那样年轻且仍具有生殖能力;而饮食中较高的酪氨酸含量,可明显延缓小鼠衰老和成熟过程,使其寿命延长 50%左右。近几年的研究发现食物中的小肽类活性物质由于相对分子质量小,结构紧凑,不仅能最大限度地捕捉和消除体内过多的自由基及有害物质,还可以通过激活机体内清除自由基的抗氧化酶,抑制氧化酶的活性,以及螯合金属离子等多种途径来阻断过氧化反应,从而起到抗氧化作用、抑制自由基对自由基质的过氧化作用,使细胞功能修复,保持肌体活力,减少色素沉着的发生,阻止和推迟"寿斑"的出现。并且活性肽能有效增强机体免疫功能,维护细胞正常代谢,延缓细胞衰老,使人延年益寿。另有研究表明,N-组氨酸的疏水性部分能与脂肪酸分子发生某种相互作用,阻断了自由基的链式反应,从而使含有组氨酸的小肽起到延缓油脂氧化的作用。此外,酸奶营养价值高,且富含钙质、磷、维生素 B_2 和维生素 B_{12} 等,这些物质均有助于神经系统健康,恢复肠蠕动并加强免疫系统的功能,加上酸奶还能通过调节消化系统,排除废气,治疗腹泻或便秘,故饮用发酵乳品在某些长寿地区也成为很受青睐的一种延缓衰老的方法。

微量元素是一类重要的营养物质,几乎参与机体所有的生命活动,如新陈代谢、免疫功能、神经内分泌活动等。在体内凡具有抗氧化作用的微量元素都具有一定的抗衰老作用,可将其统称为抗衰老微量元素,如硒、锰、锌、铜等。此外,某些具有预防特定老年性疾病的微量元素,在某种程度上也起到了延缓衰老的作用,故该类元素也可划入抗衰老微量元素之列。实验证明,硒是谷胱甘肽过氧化物酶的重要组成成分,具有抗环氧化物和过氧化物作用,其抗氧化物能力为维生素 E 的 500 倍;硒与生物膜的酶蛋白上—SH 结合,可保护膜免遭自由基损害,减少大分子间交联的发生;此外硒还具有提高机体免疫功能的作用,故能延缓衰老;锰、铜、锌是人体 2 种超氧化物歧化酶(锰超氧化物歧化酶及铜、锌超氧化物歧化酶)的组成部分,是酶的活化中心,而超氧化物歧化酶是一种重要的抗氧化酶,故这些微量元素与机体的抗氧化能力有一定的关系,动物实验也证明了锰确有抗衰老作用,甚至被誉为"长寿金丹";铬可预防糖尿病、动脉硬化等老年性疾病,还能阻止肿瘤的发展,提高免疫系统功能,延长寿命等;钴则对预防心血管病有良好作用。鱼、瘦肉、蛋、海产品、黄豆、坚果类食物和谷物的麸皮、胚芽等都含有较丰富的微量元素。因此平时不要偏食,或经常吃某一类食物,应做到食物的多样化,并注意合理搭配,这样才能从食物中摄取、补充足量的微量元素,从而有利于防病益寿,延缓衰老。

限制饮食也可抗衰老。早在 1935 年 Mecay 等就发现,从生长期开始限制大鼠热量的摄入,可延长寿命。随后很多学者通过鼠、蝇等不同动物来实验,均证明限食能延缓衰老进程。在大鼠实验中,若以相当于自由进食量的 80%喂养大鼠一生,结果雄鼠延长生存 150d,雌鼠延长 116d;如在自由摄食 12 周以后改用自由摄食量的 60%或 80%来喂养,实验鼠的寿命均比自由摄食组大为延长。进一步研究表明,限食不仅使平均寿命延长,而且还能延缓机体衰老和疾病的发生。Wostmann 等曾报道,无菌大鼠正常平均寿命 36 个月,一般于 30 月龄开始发生各种肿瘤,若喂养时给予自由进食量的 70%,无菌大鼠存活时间明显延长,36 月龄时全部存活且无肿瘤发生。目前认为,限食个体疾病发生率较低的原因是限食可以阻止免疫功能的衰退。摄取热量过多或不足均可引起免疫异常,适当地限制热量,能增强免疫功能,抑制肿瘤的发生,延长寿命。对啮齿类动物限制食量,让其只摄取总热量的 50%～70%,就能减少乳腺癌、肺癌和肝癌的自然发生。另外,限食也能减少自由基的产生,而自由基在体内蓄积过多也是诱发各种疾病的重要原因之一。总之,饮食量限制是恒温动物延缓衰老最有效的措施之一,既可延长寿命,推迟和阻止老年病发生,还能延缓机体功能的衰退。

12.5.3 中草药

中医中药已有几千年的历史,人们对中药的延缓衰老、增强免疫功能进行了大量的研究,取得了不少成果,研究出很多抗衰老的药方和成药,特别是用现代科学技术和方法逐步完善了抗衰老中药的筛选和鉴定,确定了多种中草药确实具有抗衰老作用。例如,应用生存实验及细胞体外传代培养实验,筛选出人参、黄芪、首乌、灵芝、枸杞等 45 种单味药有延寿效应;根据抗自由基效应,则确定人参、当归、黄精、玉竹、五味子等 55 味中药有抗衰老作用;还有根据对免疫系统的影响来筛选药物的,已知 76 种中药对免疫有促进作用,如人参、黄芪等能激活 T 淋巴细胞,枸杞、菟丝子等可改善 B 淋巴细胞功能,黄芪、山药等可促进干扰素的生成;此外,还有从药物对中枢神经系统、内分泌系统和机体代谢方面的影响来筛选抗衰老药物的。目前认为功能比较全面的中草药有首乌、人参、枸杞、黄芪、灵芝、女贞子、菟丝子、五味子、黄精和党参等。

传统中药抗衰老方剂有百种以上,代表性方剂有:①六味地黄丸。该方剂可提高昆明种小鼠腹腔巨噬细胞吞噬力和吞噬指数,增强免疫机能,且方中的熟地、淮山药均有抗自由基效应。②金匮肾气丸。能明显升高老龄雌鼠体内雌激素水平,增加雄性大鼠睾酮含量及睾丸重量,具有调整下丘脑-垂体-性腺轴功能的效用。③首乌延寿丹(益龄精)。能延长果蝇平均寿命,提高小鼠生命活力,降低实验动物心肌中的脂褐素含量,并提高其血液里的超氧化物歧化酶含量。且业已证明方中首乌、菟丝子、桑椹子等 7 味药分别具有降压、降脂、降血糖、强心利尿、抗自由基和提高免疫功能等作用。④龟龄集。可增强内分泌系统和免疫系统功能,还能改善动物中枢神经系统功能,提高识别和记忆能力。⑤四君子汤。由人参、白术、茯苓、甘草组方。该方剂能改善衰老小鼠肝细胞超微结构,延长脾虚小鼠生命活力,增加其胸腺重量,提高免疫能力,亦能降低实验动物肝中脂褐素含量。⑥左归丸。通过调节衰老相关的基因表达,具有可提高免疫力、抗氧化、调节内分泌、提高应激水平、补充微量元素等作用,从而具有抗衰老功效。⑦右归丸。可能通过降低大鼠下丘脑促肾上腺皮质激素释放激素的表达,进而降低肾上腺皮质分泌的皮质醇,起到抗衰老作用。

12.5.4 抗氧化剂

抗氧化剂能清除自由基,防止其对生物膜的破坏,具有一定延缓衰老的作用,很多实验证明抗氧化剂可以延长实验动物的平均寿命,临床实践证明抗氧化剂确能减少动脉粥样硬化、冠心病和糖尿病等老年性疾病的发生发展,并能降低死亡率。抗氧化剂按其作用机制大致分为三大类:①能阻断氧自由基产生的物质,如过氧化氢酶、谷胱甘肽过氧化物酶等;

②链式反应阻断剂，如维生素C、维生素E和还原型谷胱甘肽；③兼有两方面作用，如超氧化物歧化酶等。动植物组织中有许多物质具有清除自由基的作用，下面简单介绍几种。

（1）维生素E。极易被氧化，能终止或降低脂质过氧化速率，有效地清除自由基，发挥抗氧化作用，稳定生物膜结构，维持膜正常功能，防止脂褐素形成。临床实验证明补充维生素E能改善动物的免疫功能。增强血管和中枢神经系统功能，降低冠心病的危险性，减慢老年性痴呆的发展。在小鼠饲料中加入0.5%维生素E，平均寿命可延长30%。在细胞传代过程中，若加入维生素E，将使细胞的分裂次数从50次增加到120次左右。

（2）维生素C。又称抗坏血酸，是水溶性自由基清除剂，是人体不可缺少的维生素，能抗氧化并参与细胞间质胶原蛋白的合成，提高血管壁的强度，降低血压，防治坏血病；维护细胞膜的完整性，可使氧化型谷胱苷肽还原成还原型谷胱苷肽；能与体内毒物结合，将其转变成无毒化合物随尿排出；预防感冒，提高免疫力，提高机体应激能力。清除动脉壁的脂肪积存，降低胆固醇，防治动脉粥样硬化，抗辐射；减少哮喘、慢性支气管炎、肺炎及呼吸系统问题的出现；预防白内障和其他老年性眼疾的发生；预防基因和病毒激活癌症的出现，延缓肿瘤的生长。每天250~1000mg的剂量被认为足以对付一般的衰老和老年病的发生。

（3）褪黑激素（MT）。又称松果体素、脑白金，是松果体合成的一种重要激素，其分泌具有白天低、夜间高的生理节律，因MT为高脂溶性分子，故在细胞核中的积累浓度往往比较高。1994年得知MT有明显清除自由基作用，能有效地清除最活泼也是最具有危害性的羟自由基，对于过氧自由基和氮氧自由基等均有明显清除作用。黄樟素为致癌物，可诱发机体产生大量自由基，造成DNA损伤，Tan等给大鼠注射这种致癌物后，发现给予MT后能明显抑制黄樟素引起的DNA加合物的形成，呈剂量依赖关系，即使是生理浓度的MT也可起到保护DNA的作用。MT不仅有直接清除自由基作用，且能明显提高谷胱甘肽过氧化物酶的活性，从而增强机体的抗氧化能力。Barlow和Walden等给大鼠施加外源性MT，发现其脑中谷胱甘肽过氧化物酶的活力可增加2倍左右。研究还证明MT能提高人体免疫功能，改善应激水平，延缓老年疾病的发展进程，服用后还表现睡眠深熟、肠道功能好转、性功能改善等。通过小鼠和大鼠实验表明，喝含MT饮用水的最高寿限至少延长20%。MT在体内分泌量，以青年期最高，老年人随着年龄增加，MT在体内的合成分泌也随之减少，60岁后仅及年轻时的一半，为了弥补体内MT含量减少，中老年人应适当补充，将有益于提高生命活力，延缓衰老。

动物实验表明，这些抗氧化剂的使用可以使衰老速度减缓，寿命延长，故国际抗衰老医学在临床治疗中已普遍使用这类抗衰老药物。

12.5.5 抗交联剂

人体内的蛋白质、酶和核酸等大分子之间一旦形成交联键，将会严重影响这些大分子物质的生物活性，使细胞机能受损。随着年龄增长，交联程度会不断提高，导致胶原纤维变硬，皮肤失去弹性，许多组织器官的功能开始衰退，显现出衰老症状。故使用B-氨基丙脂、青霉胺等抗交联剂，有一定的抗衰老作用。在对大鼠的实验中，这些药物确实可以阻止胶原熟化，并能延长实验大鼠的平均寿命。

12.5.6 免疫调节剂

免疫功能减退是机体易感性增高和衰老的重要因素，使用免疫调节剂来提高和维持正常机体免疫功能，延缓免疫老化，不仅可以减少很多老年病发生和发展，甚至对许多致命性疾病的成功治疗均有着重要意义，而且也能推迟衰老的到来。免疫调节剂种类很多，常用制剂有转移因子、免疫胸腺因子与胸腺素、干扰素诱导剂、卡介苗、左旋咪唑等。

目前，世界各国开发出的胸腺免疫调节药，主要有日达仙和胸腺五肽。胸腺五肽简称TP-5，是由胸腺上皮细胞分泌的多肽类激素（胸腺生成素Ⅱ）的活性片段，氨基酸序列为H-Arg-Lys-Asp-Val-Tyr-OH，具有胸腺生成素Ⅱ的生物活性。TP-5能促使T细胞分化、增殖，增进抗原诱导外周淋巴细胞增殖，增强巨噬细胞的吞噬功能和自然杀伤细胞活性，提高嗜中性白细胞的酶和吞噬功能，促进内在T细胞反应及白细胞介素2合成水平，明显提高红细胞免疫功能。正是由于胸腺五肽具有明显提高或维持人体免疫功能的作用，老年人适当服用，将会减少心血管疾病、肿瘤、感染性疾病的发生，延缓衰老，延年益寿。

12.5.7 膜稳定剂

根据"生物膜损伤学说"，认为衰老是细胞膜或广义的生物膜受损所致，特别是溶酶体膜稳定性下降会使溶酶体膜内的水解酶超常释放，给细胞带来严重后果。因此理论上应用膜稳定剂来保护生物膜，可使其不易受到损伤，且能抗衰老，达到延寿之效果。主要的膜稳定剂有氢化可的松、阿司匹林、乙酰水杨酸、泼尼松等。事实上，已有大量实验证明这些膜稳定剂确实具有延寿效果。

12.5.8 艾灸

艾灸可延缓衰老，其作用机制主要有以下几个方面：清除自由基，艾灸后机体内清除体内超氧阴离子自由基的能力提高，特别是SOD活性增强，过氧化脂质的主要降解产物MDA减少；提高免疫功能，艾灸后可提高小鼠和大鼠脾脏指数和胸腺指数，自然杀伤细胞活性增强，T淋巴细胞数目、CD3和CD4细胞数目、白细胞介素2合成分泌、血浆里免疫调节神经递质含量、红细胞C3b受体及免疫复合物百分率等均有所增加或提高；调整脂质代谢，如艾灸更年期雌性大鼠，可降低血清中TC、TG、LDL-C含量，提高HDL-C含量，从而改善了脂质代谢；改善血液流变性质，老年人普遍血液黏稠度异常、纤维蛋白原增高等，呈现出一种嗜血栓状态，艾灸健康人后，红细胞聚集程度和血液黏稠度降低，血流速度加快，外周血管阻力降低；调节内分泌，艾灸后，可提高老年人体内β-内啡肽含量和血清中褪黑素含量，若艾灸更年期雌性大鼠则可提高血清中E2含量，降低FSH和LH含量；调节微量元素，一般认为人体内锌（Zn）、钙（Ca）、锰（Mn）、铜（Cu）、铁（Fe）等必需微量元素随年龄的增加而减少，与人体衰老有密切关系，研究发现电热隔药贴灸"神阙"穴能提高血液中Zn、Cu、Mn等微量元素的含量；调节神经递质，艾灸能改善衰老大鼠脑内单胺类神经递质的增龄性变化，提高乙酰胆碱（ACh）的含量及胆碱乙酰转移酶（ChAT）的活性，降低胆碱酯酶（AChE）活性，提高衰老大鼠的学习记忆能力；此外，艾灸还可通过调控细胞凋亡、细胞周期及学习记忆等相关通路发挥延缓衰老的功效。

12.5.9 针刺和按摩

电针取"足三里、悬钟"治疗可减少D-半乳糖致衰老小鼠神经元细胞的变性、凋亡，降低D-半乳糖造成的氧化损伤，改善脑的空间学习记忆能力，从而延缓脑的老化。耳针可减慢衰老大鼠脂褐素在松果体中的沉积速度，延缓松果体的衰退进程，从而维持内源性MT的分泌水平，进而延缓机体衰老。运用足部反射区推拿法能够下调老年大鼠 IL-1β、IL-6 基因表达水平，改善机体神经内分泌和免疫功能，从而延缓衰老。推拿足少阳胆经可以使枢机流畅，预防疾病，延缓衰老。

12.6 去衰老技术

去衰老（de-aging），又叫衰老逆转，是指把人体看作由各个配件构成的一部机器，这些所谓的配件就是对应于构成人体的各个组织、器官等，我们可以预先单独生产制造各种人体配件，当发现人的某些细胞、组织、器官出现老化、功能发生缺陷或障碍时，就可以用新的配件更换这些旧的有缺陷的细胞、组织、器官，达到去衰老或逆转衰老的目的。"去衰老"与"抗衰老"的主要区别有两点：首先"去衰老"主要是逆转衰老；而"抗衰老"则主要是延缓衰老。其次"去衰老"通常要等各个组织、器官出现老化衰退后才进行，人体一般要到 55 岁以后才会利用到这类技术；"抗衰老"则通常要在各个组织、器官未出现老化衰退前就进行，理论上在人体发育成熟后就应该进行，故这类技术应该在 20~25 岁时就可以利用。去衰老技术也需要衰老生物学基础知识的支持和抗衰老技术的配合，尽量使更换的配件在体内能保持较久的生命力，减少更换次数。去衰老技术除了延长寿命，使高龄的人显得更年轻、健壮外，还可用于残疾者和帕金森病、阿尔茨海默病、脑萎缩、心肌坏死、糖尿病等老年性疾病的治疗。去衰老技术的发展必须具备 3 个前提：①制造的配件必须不遭受受体的免疫排斥；②新制造的配件必须比将要取代的构件年轻有活力；③不能违背伦理和法律的规则。

12.6.1 移植疗法

传统的去衰老方法就是将年幼的动物胚胎浸出液、组织或器官移植入年老者体内，以使某些衰退或丧失的功能恢复，使机体显得年轻更有活力，甚至达到返老还童的目的。例如，为了恢复老年人性功能，曾有人尝试将狒狒或犬的睾丸移入人体内，并取得了一定的疗效。若给老年鼠输入同品系幼年鼠的干细胞，并同时植入年幼的胸腺组织或胸腺上皮细胞，将会明显提高老年鼠的免疫功能，使其抗感染和抗肿瘤能力大大加强，许多衰老迹象逐渐消失，整个机体的生命力有了明显地上升。研究表明，经衰老大鼠尾静脉注射同种异体骨髓间充质干细胞，可使心脏组织碱性成纤维细胞生长因子表达升高，P53 mRNA 表达下降，改善衰老心脏的病理形态，对衰老心脏具有一定的治疗作用。

国外也曾有人报道用移植疗法成功治疗了动物的老年病。小鼠的生理节律通常在衰老过程中逐渐减弱直至消失，由于上交叉核（SCN）是哺乳动物生理节律的主要起源点，故推测老年鼠在衰老过程中的生理节律丧失应该与 SCN 的病变或损害有关，事实上研究者将带有 SCN 的胎鼠组织移植进老年鼠体内，确实使其生理节律又逐渐重现，并不断增强。

移植疗法虽然在动物实验中取得了一定疗效，但真正应用到人类临床治疗方面还有较大的难度，主要原因是人类之间的移植难以找到与接受者不产生免疫排斥反应的供体细胞、组织或器官，通常新移植的细胞、组织或器官很快就会被接受者的免疫系统排斥。因此，如果能用自身细胞培养出需要移植的组织，无疑将会解决上述免疫排斥问题，使移植疗法能真正进入临床，达到帮助人们去衰老的目的。随着克隆技术和人类胚胎干细胞系培养和诱导技术及其他各种新技术的发展和完善，相信在不久的将来，移植疗法定能在临床上普遍应用，造福于人类。

12.6.2 自身器官干细胞分离培养技术

干细胞是一类具有自我更新和分化潜能的细胞。所谓的干细胞生物工程是指在体外对干细胞进行增殖、定向诱导分化、基因修饰和组织成形等操作，以达到特定的目的，如培育出供移植用的人类或动物细胞、组织或器官。按照发育潜能可将干细胞分为全能干细胞、多能干细胞和单能干细胞。参与某些特定细胞系发展的成熟干细胞，在一定条件下能转向发育成其他类型的细胞。1999年12月，美国科学家首次发现小鼠肌肉组织干细胞可以"横向分化"成血液细胞。最近的小鼠实验也表明，当神经干细胞置入骨髓时，能转分化产生多种类型的血细胞。大鼠实验亦表明在骨髓中的干细胞能被诱导形成肝细胞。这些实验说明我们可以使一种组织的成体干细胞按照人为需要分化为其他组织细胞，因此，临床上将来就有可能通过移植患者正常组织的干细胞来取代衰老或病变组织的细胞以达到去衰老的目的，同时也能很好地避免异体移植出现的免疫排斥问题。

近几年有关干细胞的临床应用研究已取得很大的进展，涉及软骨、皮肤、胰腺、肝脏、肾脏、膀胱、输尿管、神经、骨骼肌、肌腱、心脏瓣膜、血管、肠、乳房等，其中皮肤和软骨已有试验产品问世。下面列举几个主要事例来说明这个领域的重大进展：①以色列科学家首次从胚胎干细胞中培养出可以自然跳动的人类心脏组织。证明将来用细胞移植治疗心脏病的思路是可行的。②英国科学家用骨髓干细胞成功培育出了肾脏组织，使得医生将来可通过注射骨髓干细胞修补受损肾脏来达到治疗的目的，从而使那些等待器官移植的患者不必再依赖于器官捐献。③德国医生利用患者自己的干细胞治疗心肌梗死取得了一定疗效。④瑞典科学家从流产胎儿脑中分离出神经组织干细胞，将其移植到患者的脑中来治疗帕金森病，移植的神经元在10年后仍然存活，并继续产生多巴胺，且患者的病症得到了明显改善。⑤美国佛罗里达大学科研人员从尚未发病的糖尿病小鼠的胰岛导管中分离出胰岛干细胞，并在体外成功诱导这些干细胞分化为产胰岛素的β细胞。进一步移植实验表明，被移植的糖尿病鼠血糖浓度受到了良好调控，处于正常水平，而对照的小鼠却死于糖尿病。这项实验为将来用干细胞治疗人类糖尿病打下了一定基础。⑥利用干细胞和一些特殊材料，科学家成功重建了小猎兔犬膀胱、大鼠胸腺等各类器官。并用重建的膀胱代替原犬膀胱，能正常发挥功能。从理论上说，多数器官均可在体外重建，从而可以获得大量的器官用来进行人体移植，以取代因病变或衰老而出现功能缺损或障碍的器官。从上述几个实例也不难看出，利用干细胞治疗各种疑难病症，提供器官移植，以及减轻老化，恢复青春活力等是确实可行的，随着技术的不断改进，将来应该可以广泛应用于临床，服务于普通百姓。

问题与思考

1. 什么叫衰老和细胞衰老？
2. 细胞衰老的形态学变化有哪些？并以人为例描述衰老的外部和功能特征。
3. 简述人体主要器官开始衰老的时间。
4. 什么叫寿命？影响人类寿命的因素有哪些？
5. 简述遗传程序学说的主要内容。

6. 目前关于衰老的假说有多种，你比较倾向于哪种或哪些学说？简述其内容并说明理由。
7. 什么是Hayflick界限？
8. 结合实际生活谈谈延缓衰老的途径有哪些？
9. 说明细胞凋亡和细胞衰老的区别。
10. 简述线粒体和衰老的关系。
11. 传统中药抗衰老代表性方剂有哪些？
12. 目前研究的去衰老技术有哪些？

主要参考文献

安利国. 2010. 发育生物学. 北京：科学出版社

陈万, 章岚, 谷中德. 2011. 衰老的生物学特征与运动健身效果的国外研究进展. 山东体育学院学报, 27（1）：38~43

冯艺萍. 2006. 抗衰老药物的使用现状及研究进展. 华夏医学, 19（2）：360~363

傅文庆. 2002. 抗衰老与去衰老的研究与应用. 实用老年医学, 16（2）：69~72

高凌云, 李国栋, 童坦君. 2010. 延缓衰老相关的小分子物质研究进展. 生物化学与生物物理进展, 37（9）：932~938

龚萍, 印大中. 2003. DNA与衰老. 激光生物学报, 12（1）：71~75

韩丽, 刘铜华, 赵百孝, 等. 2014. 艾灸用于养生延缓衰老的研究进展. 世界中医药, 9（12）：1693~1700

郝群. 2003. 免疫系统衰老的研究进展. 上海免疫学杂志, 23（1）：60~62

姜晓光, 宋博, 迟春萍, 等. 2006. 生物活性肽的生理功能及研究进展. 微生物学杂志, 26（5）：82~85

李军, 潘晓琳, 潘泽民. 2007. 衰老与DNA甲基化. 国际遗传学杂志, 30（2）：134~136

李艳菊, 丁元廷, 周媛. 2016. 同种异体来源骨髓间充质干细胞移植可改善衰老心脏的功能. 中国组织工程研究, 20（6）：814~819

刘厚奇, 蔡文琴. 2007. 医学发育生物学. 北京：科学出版社

吕占军. 2004. 衰老逆转、分化控制与肿瘤治疗. 北京：人民军医出版社

马文熙. 2014. 抗衰老与健康. 南京：东南大学出版社

梅慧生. 2003a. 人体衰老与延缓衰老研究进展——衰老的原因与机理. 解放军保健医学杂志, 5（2）：120~122

梅慧生. 2003b. 人体衰老与延缓衰老研究进展——主要衰老学说介绍及评价. 解放军保健医学杂志, 5（3）：182~184

奇云. 2001. 干细胞研究与治疗性克隆. 世界科技研究与发展, 23（5）：33~43

乔玉成, 王卫军. 2016. 规律运动干预人类衰老过程的表观遗传学机制研究进展. 北京体育大学学报, 39（1）：61~67

覃永亮, 曾慧兰. 2010. 端粒、端粒酶与间充质干细胞衰老的研究进展. 实用医学杂志, 26（24）：4603~4604

任保莲, 陈叶坪. 2005. 健身运动延缓免疫系统衰老机制的研究进展. 体育科学研究, 9（3）：88~90

孙青菊, 朱克军, 王学敏. 2005. 线粒体与衰老相关研究进展. 中国老年学杂志, 25（9）：1135~1136

遆冬冬, 张咸宁, 祁鸣. 2007. 人线粒体DNA与衰老和退行性疾病的研究进展. 浙江大学学报（医学版）, 36（1）：93~97

王怀颖, 石少慧. 2003. 线粒体与衰老. 实用老年医学, 17（5）：264~267

王金发. 2003. 细胞生物学. 北京：科学出版社：591~599

夏云阶, 张韬玉, 刘汴生, 等. 2001. 衰老与抗衰老学. 北京：学苑出版社

杨仕明, 吴延瑞. 1999. 端粒、端粒酶：人类长寿及肿瘤治疗的新策略. 医学哲学, 20（4）：16~19

姚建平, 李亚敏, 冯银曼. 2015. 衰老的中医药研究概述. 光明中医, 30（7）：1598~1601

游庭活, 温露, 刘凡. 2015. 衰老机制及延缓衰老活性物质研究进展. 天然产物研究与开发, 27：1985~1990

曾尔亢. 2006. 衰老机理研究的新进展. 中国老年保健医学, 4 (3): 3~5

张德福, 汪铮. 2003. 端粒酶和细胞衰老. 动物医学进展, 24 (5): 32~35

张可勇, 郭红艳, 王海君. 2006. 衰老机理及其研究进展. 齐齐哈尔医学院学报, 27 (10): 1223~1224

张清华. 2002. 战胜衰老. 北京: 中国社会出版社

张秀华. 1995. 人的衰老. 生物学通报, 30 (6): 18~20

郑全辉, 张宗玉, 童坦君. 2003. DNA 甲基化在细胞衰老中的作用. 生命的化学, 23 (4): 263~265

周玉, 赵燕, 马晖. 2016. 中医药抗衰老作用机制研究进展. 亚太传统医药, 12 (17): 50~52

左伋. 2006. 医学细胞生物学. 上海: 复旦大学出版社: 137~145

Beckman K B, Ames B N. 1998. The free radical theory of aging matures. Physiological Reviews, 78 (2): 547~581

Bouaziz W, Vogel T, Schmitt E, et al. 2017. Health benefits of aerobic training programs in adults aged 70 and over: a systematic review. Archives of Gerontology and Geriatrics, 69: 110~127

Dyer C A E, Sinclair A J. 1998. The premature ageing syndromes: insights into the ageing process. Age and Ageing, 27: 73~80

Fontana L, Partridge L, Longo V D, et al. 2010. Extending healthy life span-from yeast to humans. Science, 328 (5976): 321~326

Karen H, Sridevi N, Dhanaraj K A, et al. 1995. Alteration of DNA and RNA binding activity of human telomere binding proteins occurs during cellular senescence. Experimental Cell Research, 218: 241~247

Kim S K. 2007. Common aging pathways in worms, flies, mice and humans. The Journal of Experimental Biology, 210: 1607~1612

Kleinsmith L J, Kish V M. 1995. Principles of Cell and Molecular Biology. 2nd ed. New York: Harper Colins College Publishers

Martus H J, Dolle M E, Gossen J A. 1995. Use of transgenic mouse models for studying somatic mutations in aging. Mutation Research, 338 (1-6): 203~213

Morley A A. 1995. The somatic mutation theory of ageing. Mutation Research, 338 (1-6): 19~23

Perez C R, Lopez T M, Cadenas S. 1998. The rate of free radical production as a determinant of the rate of aging: evidence from the comparative approach. Journal of Comparative Physiology B, 168 (3): 149~158

Weinert B T, Timiras P S. 2003. Theories of aging. Journal of Applied Physiology, 95: 1706~1716